油气田开发安全能力提升指南

王和琴　编著

中国石化出版社

图书在版编目(CIP)数据

油气田开发安全能力提升指南/王和琴编著. —北京：
中国石化出版社，2022.6
ISBN 978 - 7 - 5114 - 6686 - 0

Ⅰ.①油…　Ⅱ.①王…　Ⅲ.①油气田开发
Ⅳ.①TE3

中国版本图书馆 CIP 数据核字(2022)第 074563 号

中国石化出版社出版发行

地址:北京市东城区安定门外大街 58 号
邮编:100011　电话:(010)57512500
发行部电话:(010)57512575
http://www.sinopec-press.com
E-mail:press@sinopec.com
河北宝昌佳彩印刷有限公司印刷
全国各地新华书店经销
*
787×1092 毫米 16 开本 24.75 印张 627 千字
2022 年 6 月第 1 版　2022 年 6 月第 1 次印刷
定价:168.00 元

前　　言

油田企业具有劳动密集、工艺技术复杂、生产场站点多面广、生产过程连续的特点，且油气介质及生产过程的易燃易爆、高温高压、腐蚀性强等高风险特性，对有效控制生产安全风险，实现安全、清洁、高效、绿色生产运行提出了挑战，对持续有效提升员工 HSE 能力、提高 HSE 管理水平等提出了更高的要求。

中国石化于 20 世纪 90 年代借鉴国外安全生产管理经验的有效做法，推行实施了 HSE 管理体系，截至 2021 年已更新修订七版。新修订的中国石化《HSSE 管理体系手册》不仅在要素"1.1 领导引领力"中提出了各级领导的"引领力"的十条要求，还在"3.2 能力和培训"中明确了岗位 HSE 履职能力要求：经营管理人员的守法合规意识、风险意识、体系思维、领导引领力、风险管理能力和应急管理能力等；专业技术人员的专业技术能力、专业 HSE 管理能力、风险管控和隐患排查治理能力、应急处置能力等；技能操作人员的"五懂五会五能"能力。并进一步明确"培训"要求：集团公司、企业根据岗位 HSE 履职能力要求，完善岗位培训矩阵，明确培训内容、方法、频次和效果；集团公司建立 HSE 关键岗位人员的培训机制，对党组管理的领导人员、安全总监，总部各部门、事业部/专业公司 HSE 关键岗位人员，企业与生产相关的专业部门负责人，进行任职资格培训和能力提升培训。企业应组织开展经营管理人员、专业技术人员的履职能力培训和相关制度培训；企业应重视基层单位负责人、安全员、技术员、设备员的履职能力培训；基层单位应组织开展技能操作人员的履职能力培训和相关制度培训，围绕岗位能力要求实施精准培训。这也是中国石化《关于推体系 夯基础 控风险 全力筑牢新时期中国石化安全新防线的指导意见》等相关制度的要求，是员工适应新时代新时期岗位 HSE 能力的要求。

为了深刻领会习近平总书记关于安全生产的重要论述，落实集团公司、国内上游工作会及油田事业部事故反思会议精神，夯实油田"全面排查 全面整治 全面提升"安全管理专项行动基础，深刻汲取机械伤害事故教训，有效推行和实施 HSE 管理体系，明确各层级 HSE 责任，中原油田组织实施了全员安全能力提升培训工程，培训活动从 2020 年 9 月启动，2021 年 5 月结束，培训中层管理人员 244 人，基层级管理人员 2648 人。通过系统化安全管理的理论、方法及工具的学习及辅导，持续强化了工艺、操作、劳动纪律的执行和监督；通过设置风险识别管控、隐患排查管控、基层应急处置等提升课程及实操考核，辅助了各级领导安全引领力发挥，提升了安全风险防控能力，更督促固化了全员持续学习习惯，持续提高了企业 HSE 管理水平。2021 年底，以新版体系手册为课题内容新修订了 HSE 培训矩阵、培训大纲及考核标准，为持续提升全员 HSE 能力奠定了基础。

本书是以新版 HSE 管理体系、管理理念为导向，用体系思维谋划全篇，在总结油田开展全员 HSE 能力提升经验基础上，汇总油田企业管理经验及 HSE 培训矩阵、培训大纲及考核标准修订等相关经验，由中原油田教授级高级工程师王和琴策划并主编，共分三篇九章。其中，第一篇第一章由杨文强、肖琪、曹凤英、张金宇编写；第二章由孙富科、杨文强、赵玉红、马静、陈燕华编写；第三章第一节由王媛、王萍、赵宇、田龙、曹凤英、高旭编写，第二节由李小蓉、丁庆海、黄兵编写，第三节由张健全、杨文强、魏雯星编写，第四节由王正平、赵玉红、管国胜编写，第五节由杨帆(胜利油田)、杨文强编写，第六节由张雪晶、康静雯、耿玉谦、吴志红编写，第七节由张荣梅、马静、李红编写；第二篇第一章由王和琴、孙富科、马传根、孙敢闯、杨文强、孟祥涛、李小蓉、张建全、孟凡忠、付新新、李涛、潘洁萍、杨忠文、王燕妮、李艳丽、雷明军、张丽红、程万仓、肖琪、赵玉红、田龙、康静雯、娄京伟等编写；第二章由杨文强、孟祥涛、付新新、樊苏楠、潘洁萍、孙晓涛、吕合军、董海滨、田龙、曹凤英、魏文星、徐慧丽等编写；第三章由杨文强、张建全、丁庆海、吕合军、鲍路路、王正平、康静雯、许海娟、杨鹏、袁德军、董海滨、田龙、李涛、田雪莲、杨高喜、刘宇、谢忠胜、吴志红、薛晓东、曹凤英、魏雯星、马亮、杨玮芬、李珊、李莉、管国胜编写；第三篇第一章由王和琴、杨文强编写；第二章由杨文强、邵建忠、荣琳、于薇、孙丰、丁文田、魏文星编写；第三章由肖琪、管国胜编写。

全书由王和琴、杨文强通稿，王和琴审定。

本书在编写过程中得到了中原油田安全环保部、人力资源部、濮城采油厂、天然气处理厂等油田直属单位的大力支持，在此一并感谢。编者水平有限，不妥之处在所难免，恳请读者批评指正，以便今后修订完善。

目　　录

第三篇 业务承揽项目 HSE 培训

第一篇

油气开发企业HSE培训概述

第一章　HSE 管理体系简介

第一节　HSE 管理体系发展历程

中国石化健康、安全与环境(简称 HSE)管理体系是中国石化集团有限公司现代企业管理经验的成果，它体现了一体化系统管理理念，是石油化工系统现代企业管理制度的重要组成部分。

中国石化 HSE 管理体系建设可分为两个阶段。第一阶段，HSE 管理体系阶段(2001 年 3 月—2018 年 9 月)；第二阶段，HSSE 管理体系阶段(2018 年 10 月以后)。

1　HSE 管理体系

石油石化行业具有技术含量高、生产场所分布广、生产装置大、工艺复杂、过程连续、介质及过程易燃易爆、高温高压、腐蚀性强、风险程度高等特点。石油化工企业如何有效控制各类风险，实现安全、清洁、高效、绿色生产运行，并持续提高竞争力实现石油天然气工业现代化管理，走向国际大市场，是企业的立足之本。

为了在安全、环境与健康管理上与石油化工企业国际惯例接轨，并在安全、环境与健康管理上创国际一流的业绩，中国石化于 2001 年 2 月 8 日正式发布了《中国石油化工集团公司安全、环境与健康(HSE)管理体系》(Q/SHS 0001.1—2001)，并于 2001 年 3 月 1 日开始实施。

该体系主要包括：领导承诺、方针目标和责任，组织机构、职责、资源和文件管理，风险评价和隐患治理，承包商和供应商管理，装置(设施)的设计和建设，HSE 管理体系的运行和维修，变更管理和应急管理，HSE 管理体系的检查和监督，事故处理和预防，审核、评审和持续改进 10 个要素，其十大要素内容及运行模式如图 1－1－1。经过多年的推行和实施 HSE 管理体系，中国石化坚持以风险管理为核心，突出了领导承诺、全员参与、预防为主、持续改进的科学管理思想，HSE 管理理念持续更新，HSE 事故稳步下降，保证了各项健康、安全、环保管理

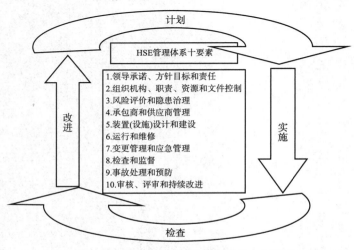

图 1－1－1　HSE 管理体系模式十大要素

目标的实现，HSE 管理取得了较好绩效。

但随着企业经营战略的转型调整，境外施工作业队伍及人员持续增加，以及在 HSE 管理上明显存在"两张皮"现象，HSE 管理体系已不能完全适应中国石化新时期的安全管理理念和管理需求，版本的升级迫在眉睫。主要原因包括：

一是中国石化作为一个庞大的企业集团，拥有油气田、石油工程、炼油化工、炼化工程、销售等上、中、下游企业，各企业的生产特点、风险重点、管控要求存在较大差异。尽管分板块、分系统建立了 HSE 管理体系实施指南和要点，但保持有效运行、持续改进仍有一定难度。

二是各级管理者的传统管理思维比较严重，没有认识到建立并运行 HSE 管理体系是世界石油化工企业的潮流，是实现国际接轨的需要，是创建国际一流能源化工公司的必然要求，走不出传统管理的"怪圈"，未建立体系思维。

三是对 HSE 体系培训不到位，管理人员没有准确理解体系运行要求及各要素的相互关系，系统化管理方法不能有效融入日常 HSE 工作中。

四是注重体系建立，忽视体系运行。许多单位因闯市场或认证需要，建立了 HSE 管理体系，但对体系的运行和审核不重视，内部审核、管理评审流于形式，导致体系的有效性、充分性、适宜性均不能满足要求，使 HSE 管理体系成为一种"摆设"，更未实现 HSE 管理体系融入各专业管理。

2 HSSE 管理体系

《安全生产法》及相关法律法规在新时代依法治理的顶层设计，风险分级管控与隐患排查治理预防机制及安全生产标准化的新要求，以及中国石化在领导及责任、风险评估、过程管控、基层管理、检查考核等方面的 HSE 管理实践经验和教训，不断召唤 HSE 管理体系的与时俱进。

2018 年 1 月，中国石化集团公司在对原 HSE 管理体系运行经验认真总结分析的基础上，首次提出 HSSE 管理体系，在原有 HSE 的基础上，增加了代表公共安全的"S"，同时发布了《中国石化 HSSE 管理体系的通知》(中国石化安〔2018〕380 号) 和《中国石化 HSSE 管理体系管理规定(试行)》(中国石化安〔2018〕385 号) 等文件，以董事长发布令的形式发布了《中国石油化工集团有限公司 HSSE 管理体系(要求)》，全面规范了健康、生产安全、公共安全和环境管理体系(以下简称 HSSE 管理体系) 的建立、运行、审核及持续改进工作。这是基于企业管理实践的提升和 HSE 管理体系建设的需要，是推动中国石化全面安全的必然之路。

HSSE 管理体系是健康(Health)、安全(Safety)、公共安全(Security) 和环境(Environment) 融合为一个整体的管理体系，它以风险管理为核心，突出强调事前预防，遵循 PDCA (计划、实施、检查、改进) 动态原则，以追求"零事故、零伤害、零损失"为目标，基于风险的原则和系统化的管理方法，以持续改进为手段，达到提升 HSE 管理绩效的目的。

中国石化集团公司在融合了职业健康、生产安全、公共安全、环境及设备完整性、管道完整性和过程安全等管理体系的目标和要求，形成与时俱进的 HSE 管理新模式，HSE 管理已进入到全面提升、持续改进的快车道。

此版本中国石化 HSE 管理体系由《中国石化 HSSE 管理体系(要求)》《中国石化

HSSE 管理体系实施要点》和 HSSE 管理制度组成。《中国石化集团公司 HSSE 管理体系（要求）》是 HSSE 管理的纲领性文件，是各级管理者的管理工具；《中国石化 HSSE 管理体系实施要点》是所属各板块建设运行 HSSE 管理体系的程序指导；HSSE 管理制度是基层夯实 HSSE 管理的作业文件。《中国石化集团公司 HSSE 管理体系（要求）》主要内容及运行如图 1－1－2 所示。

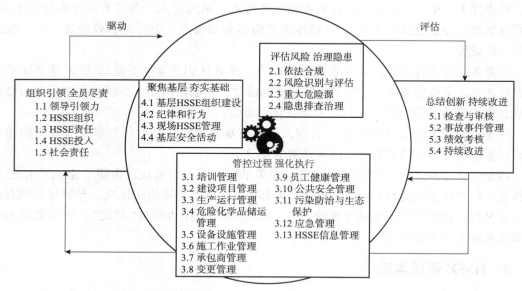

图 1－1－2　中国石化 HSSE 管理体系内容及运行示意图

3　HSE 管理体系（2021 版）

中国石化始终以 HSE 管理体系有效运行为主线，持续推进公司 HSE 管理系统化、规范化、科学化。为适应新时代新时期国家对 HSE 工作新要求，围绕"一基两翼三新"的产业格局对 HSE 管理提出更高要求，尤其是新能源、新材料、新经济的产业布局给 HSE 管理带来更多新的挑战，防范和预防各类生产安全事故，保护环境，助力打造世界领先洁净能源化工公司，2021 年，重新修订编制了 HSE 管理体系手册。

新修订的 HSE 管理体系手册融合了《环境管理体系要求及使用指南》（GB/T 24001）、《职业健康安全管理体系要求及使用指南》（GB/T 45001）、《企业安全生产标准化基本规范》（GB/T 33000），以及国家其他有关要求，形成了符合国际惯例、继承优良传统、顺应时代发展、具有中国石化特色的 HSE 管理体系。

新修订的 HSE 管理体系更加体现出国际化公司 HSE 工作的先进性，并保持了管理体系的连续性。坚持以问题为导向，基于风险管控的理念，加强了领导引领、鼓励全员参与等薄弱管理项，注重关键岗位的专业能力，强化了业务领域或部门的"三个必须"，聚焦了基层建设的重要性，瞄准管理痛点、难点，提升了体系运行的可操作性，确保体系运行与企业一体化管理要求基本保持一致，为 HSE 管理体系与企业的管理相融合奠定基础。

新修订的 HSE 管理体系将管理范围扩展至集团公司总部层面；明确 HSE 承诺、HSE 理念、HSE 禁令和保命条款；优化调整体系结构，融入国家新要求和外部经验；强化与业务过程和专业管理的融合；明确 HSE 管理体系运行管理模式；重新规范了体系文件的层级和内容，强化文件闭环管理；统一规范术语定义等。

4　国际及国内 HSE 管理体系的形成与发展

国际石油行业的重特大事故以血的教训推动了 HSE 管理体系的形成和持续更新。从时间节点上，HSE 管理体系的形成和发展可以简单概括为以下几个阶段：

4.1　HSE 管理的开端

1985 年，壳牌公司首次在石油天然气勘探开发论坛倡导新的管理思想，提出强化系统安全管理(SMS)的构想和做法。

1986 年，在强化系统安全管理(SMS)思想基础上，形成手册。

1987 年，壳牌公司发布了环境指南(EMG)，1992 年修订再版。

1989 年，壳牌公司颁发了职业健康管理意见。

4.2　HSE 管理体系的开创发展期

20 世纪 80 年代后期，国际上的几次重大事故推动安全工作不断深化和发展。

1987 年，瑞士的 SANDOZ 大火。

1988 年，欧洲北海英国大陆架发生了最严重的帕玻尔·阿尔法平台事故，167 人死于该事故，这是海上作业当时伤亡最大的事故。

1989 年，埃克森(Exxon)公司泄油事件引起了国际工业界的广泛关注。英国政府组织了由卡伦爵士率领的官方调查组，所形成的报告和 106 条建议强调了安全研究工作。

1991 年，壳牌公司委员会颁布了 HSE 方针指南。同年，在荷兰海牙召开了第一届石油天然气勘探开发的 HSE 国际会议，HSE 这一完整概念逐步被广泛接受。

4.3　HSE 管理体系的蓬勃发展期

1992 年，壳牌公司出版安全管理体系。

1994 年，油气勘探开发 HSE 国际会议在印度尼西亚雅加达召开，原中国石油天然气总公司参加了本次会议。同年 7 月，壳牌公司为勘探开发论坛制定了《开发和使用 HSE 管理体系意见》，9 月壳牌公司正式颁发。

1995 年，壳牌公司针对英国政府调查报告所提出的 SMS 和 SC，本着与 ISO 9000 体系相一致的原则，充实了 HSE 这三项内容，形成了完整的 HSE 管理体系(EP95—0000)。

1996 年 1 月，ISO/TC67 SC6 分委会发布了 ISO/CD 14690《石油和天然气工业 HSE 管理体系》，成为 HSE 管理体系在国际石油行业普遍推行的里程碑。

4.4　我国 HSE 管理体系的引进和发展

1995 年，中国派代表参加了国际标准化组织 ISO/OHS 特别工作组工作。

1999 年 10 月，国家经贸委颁发了《职业安全卫生管理体系试行标准》。

2001 年 12 月，国家经贸委颁发了《职业安全卫生管理体系指导意见》和《职业安全健康管理体系审核规范》。

1997 年，中国石油天然气总公司颁布实施了石油天然气行业标准《石油天然气工业健康、安全与环境管理体系》(SY/T 6267—1997)。

2001 年，中国石化集团公司颁布了《安全、环境与健康(HSE)管理体系》(Q/

SHS000.1.1—2001）。

2018 年，中国石化集团公司发布《中国石化集团公司 HSSE 管理体系（要求）》。

2021 年，中国石化集团公司发布《中国石化集团有限公司 HSE 管理体系手册》，持续推进 HSE 管理现代化，坚定不移地走低碳、绿色、安全、负责任的可持续发展道路，全力打造世界领先洁净能源化工公司。

第二节　中国石化 HSE 管理体系

中国石化高度重视 HSE 工作，始终以 HSE 管理体系有效运行为主线，持续推进公司 HSE 管理系统化、规范化、科学化。

2021 年，中国石化立足于新时代新时期 HSE 发展要求，重新修订编制了 HSE 管理体系手册。手册融合了《环境管理体系要求及使用指南》（GB/T 24001）、《职业健康安全管理体系要求及使用指南》（GB/T 45001）、《企业安全生产标准化基本规范》（GB/T 33000），以及国家有关要求，形成了符合国际惯例、继承优良传统、顺应时代新发展、具有中国石化特色的 HSE 管理体系。

新版 HSE 管理体系，是中国石化深入贯彻习近平总书记生态文明思想及关于安全生产重要论述的实际行动，是推进 HSE 管理现代化，坚定不移地走低碳、绿色、安全、负责任的可持续发展道路，全力打造世界领先洁净能源化工公司的重要保障。

新版 HSE 管理体系，继承发扬优良传统，借鉴先进经验，追求标本兼治，运用体系思维系统解决 HSE 管理体系和生产经营"两张皮"的困局，推动体系完善提升，打通体系在基层运行的"最后一公里"。

《中国石化集团有限公司 HSE 管理体系手册》是中国石化集团公司 HSE 管理的纲领性、强制性文件，是集团公司各级管理者和全体员工在生产经营活动中必须遵循的准则。

1　HSE 管理体系构建

1.1　HSE 管理体系文件架构

HSE 管理体系文件包括手册、HSE 管理制度、相关专业管理制度及标准、作业文件等。各层级、各专业按照职责和权限，将生产经营活动各环节 HSE 风险管控要求，分别融入业务流程和管理制度，形成相应的 HSE 管理体系文件，实现 HSE 管理与生产经营活动一体运行。

集团公司发布 HSE 管理体系手册，建立健全通用业务管理制度、标准和基本要求。各事业部/专业公司根据集团公司 HSE 管理体系文件要求，结合所属领域 HSE 风险管控需要，建立健全管理领域内的专业管理制度。

企业承接集团公司、事业部/专业公司 HSE 管理体系文件，结合地方、行业等相关要求和本企业实际，建立健全企业 HSE 管理体系文件，编制发布 HSE 或 QHSE 管理体系手册。企业二级/基层单位识别企业 HSE 管理体系文件要求，建立健全基层文件。

1.2　《中国石油化工集团有限公司 HSE 管理体系手册》架构

《中国石油化工集团有限公司 HSE 管理体系手册》包括四部分：第一部分总则，第二部分管理要求，第三部分术语解释，第四部分要素对照，附件制度对照。其中：第一部分总则展示了 HSE 管理体系的适用范围、部分引用文件、HSE 管理理念和禁令、体系构成、文件架构等内容；第二部分管理要求是手册的重点内容，明确了 HSE 管理体系对集团公司生产经营全过程、全生命周期的要求；第三部分术语解释对手册中出现的不易理解或容易产生分歧的术语进行统一规范，在集团内达成共同认知。第四部分要素对照：与 GB/T 45001 和 GB/T 24001 的要素进行对照，为管理体系一体化整合提供参考；制度对照提供了各要素管理支撑制度，作为管理参考。

第二部分管理要求是 HSE 管理体系的主要内容，包括：领导、承诺和责任，策划、支持、运行过程管控、绩效评价、改进 6 个一级要素，下设 34 个二级要素，构成 PDCA 循环（图 1-1-3）。其中：

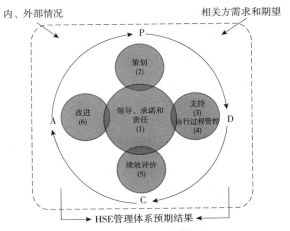

图 1-1-3　HSE 管理体系要素运行关系

领导、承诺和责任：各级领导应充分发挥 HSE 工作核心推动作用，推进 HSE 管理体系与企业管理深度融合，引领全员尽职尽责，持续改进 HSE 绩效。

策划：在组织策划 HSE 工作时，应全面考虑公司内外部环境，充分识别需应对的 HSE 风险，并将风险识别管控贯穿于体系各个要素。

支持：以有效管控风险为目标，保障 HSE 管理体系所需资源投入，提升员工意识和能力，保持良好的内外部沟通，为 HSE 管理体系运行提供有力支持。

运行过程管控：风险管控贯穿于生产经营全过程，通过完善管理制度和技术标准，严格执行管理流程，落实各方责任，确保风险可控受控。

绩效评价：有效开展绩效监测、分析和评价，定期组织 HSE 管理体系审核和管理评审，把握规律，寻求不断改进的机会。

改进：开展事故事件和不符合溯源分析，落实纠正措施，持续改进，不断提升 HSE 管理体系的适宜性、充分性与有效性。

2　HSE 方针目标承诺及 HSE 价值观

《中国石化集团有限公司 HSE 管理体系手册》明确了中国石化 HSE 方针、HSE 愿景目标和 HSE 承诺，并以 HSE 管理理念、安全环保禁令及保命条款的形式阐明了 HSE 价值观。

2.1　HSE 方针

以人为本、安全第一、预防为主、综合治理。

2.2　HSE 愿景目标

零伤害、零污染、零事故。

2.3　HSE 承诺

(1)在任何地方，遵守所在国家和地区法律、法规，尊重当地风俗习惯，在所有业务领域对 HSE 的态度始终如一。

（2）关爱生命健康，保护生态环境，始终坚持违章零容忍，追求零伤害、零污染、零事故的目标。

（3）实施绿色洁净战略，向社会提供清洁、绿色、优质的产品和服务。

（4）为保证目标的实现，提供人力、物力和财力等资源支持。

（5）定期向社会公布 HSE 业绩，关注投资者、客户、承包商等相关方需求，主动接受社会各界监督，实现持续改进。

2.4　HSE 价值观

2.4.1　HSE 管理理念

（1）HSE 先于一切、高于一切、重于一切。

（2）一切事故都是可以预防和避免的。

（3）对一切违章行为零容忍。

（4）坚持全员、全过程、全天候、全方位 HSE 管理。

（5）安全环保源于设计、源于质量、源于责任、源于能力。

2.4.2　HSE 禁令

2.4.2.1　安全生产禁令

（1）严禁违反操作规程擅自操作。

（2）严禁未到现场安全确认签批作业。

（3）严禁违章指挥他人冒险作业。

（4）严禁未经培训合格独立顶岗。

（5）严禁违反程序实施变更。

2.4.2.2　生态环境保护禁令

（1）严禁无证或不按证排污。

（2）严禁擅自停用环保设施。

（3）严禁违规处置危险废物。

（4）严禁违反环保"三同时"。

（5）严禁环境监测数据造假。

2.4.3　保命条款

（1）用火作业必须现场确认安全措施。

（2）高处作业必须正确系挂安全带。

（3）进入受限空间必须进行气体检测。

（4）涉硫化氢介质的作业必须正确佩戴空气呼吸器。

（5）吊装作业时人员必须离开吊装半径范围。

（6）设备、管线打开前必须进行能量隔离。

（7）电气设备检维修必须停验电并上锁挂牌。

（8）接触危险传动、转动部位前必须关停设备。

（9）应急施救前必须做好自身防护。

3 HSE 管理体系手册主要内容

《中国石化集团有限公司 HSE 管理体系手册》第二部分是 HSE 管理体系重要部分，是新时代新发展新阶段国家对 HSE 工作的新要求的具体落实，是中国石化"一基两翼三新"的新管理要求，主要内容包括：领导、承诺和责任，策划，支持，运行过程管控，绩效评价，改进，6 个一级要素，34 个二级要素。

3.1 领导、承诺和责任

该部分强调，各级领导应充分发挥 HSE 工作核心推动作用，推进 HSE 管理体系与企业管理深度融合，引领全员尽职尽责，持续改进 HSE 绩效。包括领导引领力、全员参与、HSE 方针管理、组织机构和职责、社会责任 5 个要素。

3.1.1 领导引领力

参照《职业健康安全管理体系要求及使用指南》（GB/T 45001）中领导的 13 条承诺，《中华人民共和国安全生产法》第 21 条、第 25 条对企业各级领导及管理人员职责的规定提出管理要求。

主要包括：各级主要负责人是 HSE 工作的第一责任人，负责建立健全本单位安全生产责任制，组织制定 HSE 管理制度，为员工提供健康安全的工作环境；集团公司、企业主要负责人应明确 HSE 方针，组织制定 HSE 年度目标和工作计划，并提供人力、物力和财力等资源支持；各级主要负责人应持续推进 HSE 管理体系和生产经营、专业管理深度融合，HSE 管理体系的要求要融入业务、融入制度，落实到基层；集团公司、企业主要负责人应组织召开 HSE 委员会会议，决策 HSE 工作重要事项。企业主要负责人应每月组织召开 HSE 工作例会，以问题为导向，研究解决体系运行中存在问题，协调推进 HSE 工作；各级领导应积极践行有感领导，带头实施个人行动计划，带头承包 HSE 风险，带头开展 HSE 检查和安全观察，以实际行动展现领导安全引领力；各级领导应检查、推动全员履行 HSE 职责，评估所管理人员的 HSE 履职能力和表现，并将 HSE 履职情况作为个人绩效评价的重要依据；各级领导应积极引导员工参与 HSE 管理，支持员工查找制度缺陷、开展隐患排查，畅通信息沟通渠道，采纳合理化建议；各级领导应鼓励员工主动报告事件和风险隐患等信息；各级领导应坚持体系思维，关注绩效监测、体系审核和管理评审结果，开展溯源分析并及时纠偏，持续改进 HSE 管理。各级领导应积极倡导 HSE 理念，建设敬畏生命、敬畏规章、敬畏职责的 HSE 文化。

3.1.2 全员参与

为体现全员 HSE 管理理念，强化企业员工的主人翁意识，对企业、全体员工及工会组织提出了底线要求。明确集团公司、企业应建立健全员工协商和参与机制，畅通双向沟通渠道，保障员工 HSE 知情权、建议权、监督权。企业 HSE 方针、政策及重要的管理制度发布前，应充分征求员工意见。全体员工应遵章守纪，积极参与 HSE 工作，主动接受 HSE 培训和能力培训，开展风险识别与管控，报告 HSE 信息，参与管理制度的有效性检查，提出 HSE 合理化建议等。工会应依法组织员工对 HSE 工作进行民主监督，维护员工合法权益。

3.1.3 HSE 方针管理

HSE 方针是企业战略发展方针的一部分，随着企业战略目标的变化而变化，故需明确企业 HSE 方针的管理。手册明确集团公司制定和发布 HSE 方针，并根据内外部环境变化定期评审更新。企业 HSE 方针应与集团公司 HSE 方针保持一致，并采取多种形式宣传和沟通，在生产经营活动中贯彻落实。

3.1.4 组织机构和职责

《安全生产法》对设置安全管理机构及全员履责进行了明确规定，该条承接了法律法规相关要求，并结合中国石化实际情况进行进一步要求。集团公司设立 HSE 委员会，委员会主任由集团公司董事长担任。委员会下设专业分委员会。集团公司 HSE 委员会办公室设在安全监管部。企业设立 HSE 委员会，根据需要设立相关专业分委员会；配备安全总监和安全生产相关专业的副总师，设置安全环保管理机构，建立安全环保督查队伍，设立环境监测机构或委托具有相应资质的第三方机构承担环境监测工作。集团公司、企业设置的各级、各专业部门等应满足 HSE 管理要求。

按照新版《安全生产法》"严格落实全员岗位责任"的要求，建立健全集团公司全员安全责任制体系，并强化全员安全生产责任制落实情况考核。集团公司、企业按照"党政同责、一岗双责、齐抓共管、失职追责"要求，建立健全 HSE 责任体系。各部门和事业部/专业公司按照职责分工，落实业务范围和专业领域的 HSE 管理工作。集团公司 HSE 委员会统筹集团公司 HSE 管理体系的建设和运行管理，明确体系各要素的主管部门。专业分委员会牵头负责专业领域的 HSE 管理工作，为 HSE 管理体系运行提供专业指导。各要素主管部门牵头负责将体系管理要求融入专业管理制度，并督促落实。集团公司 HSE 委员会办公室负责集团公司 HSE 管理体系运行的监督管理，制定体系审核计划；事业部/专业公司负责组织体系审核，指导和监督体系的有效运行。企业是 HSE 管理体系建设和运行的责任主体，负责落实体系要求。参照集团公司体系要素管理分工，结合企业实际，明确体系要素主管部门，建立完善体系要素监测、报告、分析、持续改进工作机制，推动体系有效运行。各级管理部门、各单位应将本部门、本单位 HSE 职责分解落实到相关岗位。集团公司、企业定期对 HSE 责任制进行评审，当法律法规、部门职责变化时，应及时修订完善。

3.1.5 社会责任

集团公司将安全发展、绿色发展、和谐发展作为履行社会责任的首要任务，积极参与公益活动，主动承担社会责任。采用年报、可持续发展报告、社会责任报告等形式，定期对外披露 HSE 信息。同时要求企业持续改进生产技术与工艺，提供安全绿色产品和服务，积极推进安全风险分级管控和隐患排查治理双重预防机制，避免发生安全环保事故事件。并应向员工及相关方告知有关危险物品及危害后果、预防及事故响应等措施；告知周边社区紧急情况下的应急措施，并主动为社区提供应急援助。

3.2 策划

在组织策划 HSE 工作时，应全面考虑公司内外部环境，充分识别需应对的 HSE 风险，并将风险识别管控贯穿于体系各个要素。主要包括：法律法规识别、风险识别与评估、隐患排查治理、目标及方案。

3.2.1 法律法规识别

将原"依法合规"拆分为"法律法规识别"与"合规性评价"两个要素，强调 HSE 相关法律法规和其他要求的收集、传递机制，及识别、转化、落实机制，强调对最新法律法规和其他要求的动态收集、识别、转化，强调对集团公司管理制度的承接。集团公司建立国家、行业 HSE 相关法律法规和其他要求的收集、传递机制，识别、转化、落实最新的法律法规和其他要求，及时完善 HSE 相关管理制度。企业动态收集最新的国家、行业和地方法律法规和其他要求，承接集团公司相关管理制度，并识别、转化到企业相关管理制度中。企业应具备法律法规要求的生产经营条件，依法取得 HSE 行政许可，并保持其有效性。

3.2.2 风险识别与评估

统计分析 2014—2020 年期间的事故事件，45% 以上事故发生在检维修环节，风险识别与评估工作明显不到位，故风险识别与评估关注的环节增加"检修维护"。同时强调风险控制措施应考虑：工程技术、管理、个体防护、应急响应等措施(制度)。对风险进行分级管控，风险等级依据中国石化安全风险矩阵、环境风险等级评估指南等确定。企业每年应至少开展一次全面风险识别与评估。企业采用新技术、新工艺、新设备和新材料时，应进行风险评估。

(1)企业应对风险再次进行识别与评估的情形：

a)法律、法规和标准发生变化；

b)重大危险源发生变化；

c)环境因素或风险物质量、环境受体敏感度发生变化；

d)风险管控措施失效；

e)发生事故或突发环境事件；

f)外部发生较大影响的事故；

g)内外部环境发生重大变化；

h)内部发生重大变更。

(2)生产过程安全风险。在生产过程安全风险管控中，聚焦生产重大风险点，如"三高"油气井井控、危险化学品码头/装卸设施；聚焦企业战略新变化，如加氢(气)站、充换电站、大型储油(气)库等；同时总结事故教训强调企业应对生产过程，特别是工艺异常、操作失误、设备(设施)故障等可能引起的突发泄漏、火灾、爆炸、中毒和窒息等过程安全风险进行识别与评估，实施过程安全管理。生产过程安全风险重点关注：

a)高含硫天然气(原油)处理装置、设施；

b)"三高"油气井井控；

c)气田与煤矿交叉开采、煤炭开采；

d)重点监管的危险化学品、重点监管的危险化工工艺、重大危险源；

e)大型机组、高温油泵、液化烃泵等重点设备；

f)大型储油(气)库、油气输送管道；

g)危险化学品码头、装卸设施；

h)加氢(气)站、充换电站；

i)VOCs 收集处理系统；

j)涉海(水)油气生产、输送设备(设施)；

k)临时设立的人员集中办公或休息场所；

l)员工能力。

（3）作业过程安全风险。在作业过程安全风险管控中，突出不同板块特点，如石油工程板块需关注钻井、修井，打开油气层（目的层）的风险管控；同时总结事故教训，加强清罐、清池、清渣作业、清堵封堵作业等活动的风险管控。明确应对工程建设、检维修等作业安全风险进行识别与评估，特别是对作业过程中可能存在的高处坠落、物体打击、机械伤害、火灾、爆炸、中毒、窒息、触电、淹溺、灼伤和跌倒等风险进行识别与评估。作业过程安全风险重点关注：

a）特殊作业；

b）非常规作业；

c）交叉作业；

d）脚手架搭设、拆除作业；

e）边生产边施工作业；

f）容器、管线打开作业；

g）爆破作业；

h）深基坑、大型管沟施工作业；

i）抢修、抢险作业；

j）劳动组织和个人技能等。

（4）员工健康风险。员工健康风险识别与评估应重点关注：

a）职业病危害因素集中及超标场所；

b）现场防护设施、个体防护装备失效；

c）长期在异地艰苦地区工作员工；

d）身体、心理健康异常人员；

e）传染病防控。

（5）公共安全风险。主要应对自然灾害、恐怖袭击、刑事犯罪、社会治安事件、公共卫生事件等风险进行识别与评估。公共安全风险识别与评估应重点关注：

a）各级生产调度应急指挥中心；

b）主要生产装置区、危险化学品码头和装卸区，油气输送管道、储油（气）罐、油气处理/净化站场；

c）放射源库、民用爆炸物品库、剧毒/易制毒/易制爆危险化学品存放场所；

d）"两特两重"涉及地和政府发布的恐怖威胁指向地；

e）境外企业（项目）；

f）疫情地区、自然疫源地；

g）厂区周界报警设施和反无人机主动防御系统。

（6）环境风险。环境风险识别与评估时，应重点关注：

a）危险化学品装置、罐区；

b）油（气）、污水输送管道；

c）化学品码头及危险化学品装卸、运输过程；

d）危险废物的贮存、转运和处理处置过程；

e）涉海（水）设备设施和作业活动；

f）环境敏感区域生产作业。

（7）重大危险源辨识与评估。企业应组织开展重大危险源辨识与评估，确定重大危险源等级，建立档案，并按要求报备。企业应实施重大危险源安全包保责任制，落实相关责任人。企业应构建监测预警系统，实现动态监测和跟踪，及时研判事故风险，发布预警信息。

3.2.3 隐患排查治理

建立隐患排查治理长效机制，完善隐患排查、评估、分级管控管理制度，保障隐患治理投入，对重大隐患重点监管。企业应持续开展隐患排查，制定隐患治理方案，重大隐患应落实"五定"要求，并挂牌督办。企业应按要求向集团公司和当地政府报告重大隐患。隐患排查治理时，应重点关注：

a) 区域布置合规性；

b) 生产工艺本质安全性；

c) 酸性气田及井控关键装置；

d) 设备（设施）完整性；

e) 厂际管道及油气集输管道；

f) 电气与仪表系统可靠性；

g) 安全设施及其附件完好性；

h) 环保设施运行稳定性及有效性；

i) 存在噪声、毒物、粉尘的工作场所；

j) 危险化学品装卸运输作业；

k) 特殊作业、非常规作业；

l) 废气、废水排放及固废储存、处置情况；

m) 土壤、地下水污染及生态损害恢复（修复）情况；

n) 重大风险管控措施有效性；

o) 劳动组织和人员行为。

3.2.4 目标及方案

根据 HSE 方针和管理实际，集团公司按年度制定、下达 HSE 目标指标，企业根据下达的 HSE 目标、风险管控要求和生产经营管理实际，制定并分解 HSE 目标指标，逐级签订 HSE 责任书。企业分级制定 HSE 目标实施方案，组织落实并定期评估考核。

3.3 支持

以有效管控风险为目标，保障 HSE 管理体系所需资源投入，提升员工意识和能力，保持良好的内外部沟通，为 HSE 管理体系运行提供有力支持。

3.3.1 资源投入

明确体系运行所需投入不仅限于资金，还包括人员、技术、装备、信息等。要求集团公司、企业应提供 HSE 管理体系运行、改进所需的人员、资金、技术、装备、信息等资源，并定期评估资源投入效果。建立安全生产投入保障机制，保证各项 HSE 资金投入，应实施科技兴安策略，支持和鼓励 HSE 技术研究，推广先进技术和装备，运用信息化手段提高管理效率。

3.3.2 能力和培训

企业管理的痛点包括岗位任职资格不明确，选人用人不严格；经营管理人员、专业技术人员、技能操作人员能力滑坡；技能操作人员培训内容宽泛，缺少针对性等急需确定工作人员所必备的能力及确保人员具备胜任工作的能力。该要素首次系统性地明确了对经营管理人员、专业技术人员和技能操作人员三类人员的分类能力要求，使能力要求更加具有针对性、可操作性，同时明确技能操作人员应具备"五懂五会五能"能力。明确选人用人时，参考教育、培训和经历多方面证据对人员的 HSE 履职能力进行评估；明确各类、各级人员培训组织形式；强调人员取证，证明其具备所需能力；强调定期开展履职能力评估，HSE 关键岗位通过资格证考试合格，持证上岗，对"集团公司总经理 2 号令"的要求进行了固化。

3.3.3　沟通

分内部沟通和外部沟通。内部沟通强调集团公司和企业之间、企业内部之间应建立信息双向沟通机制。通过会议、公文、信息系统等方式，将法律法规变化、政府部门 HSE 工作要求、系统内外 HSE 事故事件、公司工作安排等通告企业，并收集企业各类反馈信息，掌握企业工作动态，实现上情下达、下情上传的良性互动。企业应建立内部信息沟通机制，通过会议、公文、培训、信息系统等方式，开展企业内部各层级部门、人员间的沟通，及时传递和宣贯上级相关要求，收集和分享风险、隐患、变更、事故事件等信息。企业各级领导应经常深入一线与员工沟通，通过定点承包、开展安全观察等方式，及时掌握基层 HSE 动态。外部沟通是指公司或企业对政府或属地周边相关企业责任的履行，包括与社区、承包商、媒体等外部相关方的沟通渠道，收集 HSE 信息，反馈相关方的合理诉求；行业之间的沟通交流；利用全国安全生产月、世界环境日、全民国家安全教育日、全国消防日、《职业病防治法》宣传周、公众开放日等活动，宣传 HSE 政策，树立负责任的企业形象等。

3.3.4　文件和记录

明确集团公司、企业主要文件类型及管理要求，集团公司、企业应逐级承接上级文件的管理要求，实施获取、转化、宣贯、执行、检查、评审、改进闭环管理。主要文件类型包括：

a）HSE 管理体系手册；

b）管理制度，如管理规定、责任制等；

c）作业文件，如操作规程、应急处置方案等；

d）工作标准，如任职要求、岗位说明书等；

e）记录格式，如记录表单、信息报送模板等；

f）其他文件，如工作方案、工作计划，以及外来文件等。

记录的类型与控制要求包括：企业应确定 HSE 管理体系所需的记录，定期梳理分析，持续优化融合，确保有效、简洁。记录主要包括：

a）国家、地方要求建立的台账；

b）生产经营相关的记录；

c）各级 HSE 监督检查记录。

3.4　运行过程管控

风险管控贯穿于生产经营全过程，通过完善管理制度和技术标准，严格执行管理流程，落实各方责任，确保风险可控受控。集团公司分别对建设项目管理、生产运行管理、设备设施管理、危险化学品储运管理、采购质量管理、承包商管理、施工作业管理、员工健康管理、公共安全管理、环境保护管理、现场标识管理、变更管理、应急管理、事故事件管理、基层管理 15 项管理流程提出了管理的底线要求。企业及所属单位可根据实际情况具体明确要素(业务)的主控部门、关联部门,梳理并顺畅业务流程,明确管理要求。

如要素 4.7 施工作业管理,结合《关于推体系夯基础控风险全力筑牢新时期中国石化安全新防线的指导意见》(集团公司总经理 2 号令)要求,"十条措施"具体要求,按照 9 项保命条款的底线原则,明确了施工作业过程管控要求:企业应从严控制现场双边高风险作业数量,通过作业计划管理、提高预制深度、提高票证办理效率、提高有效作业时间等手段,减少现场作业时间,控制现场作业风险。施工作业应制定安全环保技术措施,环境影响大、危险性较大的分部分项工程应编制专项施工方案,并组织审查。企业应提供安全的作业条件和工作环境,明确交接界面和管理职责,落实隔离、清理、吹扫、置换、气体检测等措施。企业应在作业前,识别设备设施或系统中的危险能量或物料,制定隔离方案,实施能量隔离,对能量隔离有效性进行验证,并上锁挂牌警示。施工现场实行封闭化、标准化管理,对进入作业现场的人员、施工设备、工器具进行检查确认,施工过程中实施动态检查和管理。企业应指定经培训考试合格的专门人员负责脚手架、起重安全条件验收。企业应明确需要开展作业安全分析(JSA)的活动,并在作业前组织相关人员开展 JSA,现场落实安全管控措施,根据不同施工阶段的风险特点,对施工人员分阶段开展安全培训和安全技术交底。对特殊作业、非常规作业以及生产区域内的临时性作业应实行许可管理,未经审批不得改变作业人员、范围、时间、地点和作业程序;签票人员不到现场、措施不落实、监护人员不在现场,不得开展作业。对特级用火、一级起重、Ⅳ级高处作业、无氧作业、情况复杂的进入受限空间作业等高风险作业,企业必须明确管理人员带班,并由专业人员实施现场监护。应采取错时、错位等措施管控交叉作业,不可避免的交叉作业应采取硬隔离等工程技术措施。企业应对高风险作业实施视频监控。施工过程中应落实扬尘、噪声等污染防治和生态保护措施,按要求开展环境监测,依法合规处置污染物。施工结束后,应做到工完、料净、场地清。

3.5 绩效评价

有效开展绩效监测、分析和评价,定期组织 HSE 管理体系审核和管理评审,把握规律,寻求不断改进的机会。明确建立要素监测体系的要求,各要素主管部门应对所负责要素监测指标进行实时监测、定期汇总分析,各分委员会在 HSE 例会上汇报所负责要素监测指标和要素运行情况。HSE 委员会办公室可根据实际,组织部分要素主管部门专题汇报要素运行中存在的问题。建立健全 HSE 绩效监测管理机制,确定监测和分析评价的内容、方法、准则、时机,组织开展 HSE 绩效分析和评价,持续提升 HSE 绩效。明确审核深度和频次,并提出管理评审的要求,明确 HSE 委员会每年对体系的适宜性、充分性和有效性进行评审,研究确定 HSE 工作的改进措施和目标。

3.6 改进

明确开展事故事件和不符合溯源分析的要求,落实纠正措施,持续改进,不断提升 HSE 管理体系的适宜性、充分性与有效性。对管理评审发现、审核发现、合规性评价发现、各级各类检查发现、绩效监测发现、事故事件暴露的问题等不符合项进行汇总、分类、分级,采取措施,及时整改。纠正措施的制订应对不符合项开展类比排查,从职责、制度、能力、资源、考核方面按"五个回归"开展溯源分析，制定并落实纠正措施。明确并通过培育良好 HSE 文化、推动全员参与 HSE 事务、鼓励学习和创新、借鉴内部和外部优秀做法、使用新技术、新方法等持续改进 HSE 管理体系的适宜性、充分性和有效性。

4 HSE 管理体系运行

为规范 HSE 管理体系运行的具体要求，聚焦 HSE 管理体系运行各环节的执行瓶颈与潜在问题，中国石化集团公司修订了《中国石化 HSE 管理体系运行管理办法》，明确了职责分工、体系运行管理、持续改进的具体要求，为集团公司、企业开展体系运行各项工作提供指导与基本遵循。HSE 管理体系的运行模式及要素间关系如图 1-1-4 所示，其有效运行的特征至少包括：

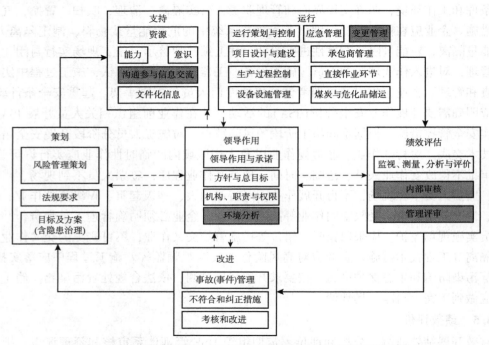

图 1-1-4 中国石化 HSE 体系运行模式及要素间关系示意图

（1）各级领导主动发挥安全环保引领作用，各部门 HSE 责任清晰，基层单位属地责任得到落实，全体员工主动履职尽责；

（2）企业 HSE 管理体系的要求在各专业管理制度、标准及操作（作业）规程中得到有效落实；

（3）火灾爆炸、可燃及有毒气体泄漏等重大风险有效管控，重大隐患及时治理，承包商管理与直接作业环节管控有效；

（4）HSE 信息采集、传递、分析及时，HSE 事故（事件）统计调查真实准确、原因剖析到位；

（5）HSE 考核严格、公正，奖惩及时、公平；

（6）HSE 管理体系审核、管理评审有效开展，各类问题及时整改，HSE 管理体系和专业管理制度、标准及操作（作业）规程持续改进，HSE 管理绩效持续提升。

第三节　油气开发企业 HSE 管理体系建设

企业的 HSE 管理是一个由多要素组成的有机的整体，事故频发并非简单的单个因素的失效而导致的，而是要素在运行过程中出现了要素管控不当、衔接失效、执行与实施脱离企业实际、未能持续改进等问题。需要通过防控事故系统化的思想和手段来开展新时期下的安全管理工作，HSE 管理体系就是系统化管理的体现。2019 年 2 月，集团公司下发了《关于全面推进企业 HSE 管理体系建设工作的通知》，明确了企业 HSE 管理手册编制说明，提出了每个要素要明确"谁来做、做什么、怎么做、做到什么程度，并建立 KPI（关键绩效）指标"的要求，2020 年 4 月，下发《中国石化 HSSE 管理体系运行管理办法》，规范了管理体系运行，明确了体系运行特征和要素监测指标设置。

1　HSE 管理体系建设

HSE 管理体系建设是一个系统工程，涉及企业管理的多资源重新分配，牵连到管理程序的调整优化，影响到职责的调整分担等多方面的工作，需整体谋划，有序推进，实时纠偏完善，以最终明确 HSE 职责，优化管理程序，提升管理绩效。

1.1　明确思路

按照要求，成立企业主要领导为负责人的编制组，提供相应资源，明确编制思路，协调编制过程困难；确定以中国石化《HSE 管理体系手册》为承接引领蓝本，参照《关于全面推进企业 HSE 管理体系建设工作的通知》的要求，融入油田企业生产业务管理流程、HSE 管理历史经验，突出油田特色及实施要点、相关制度，编制油田企业《HSE 管理体系手册》；以集团公司系列 HSE 制度为基础，梳理油田企业组织机构设置及职责、专业功能，理清各项业务流程，修订和完善本企业的 HSE 管理制度（含专业安全管理制度）和操作（作业）规程，建立以"HSE 管理手册为纲、HSE 管理制度为本，作业文件为根"的 HSE 管理体系，构建 HSE 管理长效机制。

1.2　确定要素

油气田企业具有高温高压、易燃易爆、种类繁杂、点多线长面广等特点，在识别、承接上级体系各管理要素时，必须对生产经营活动情况进行认真分析，梳理业务流程和部门机构的责任界面，研判集团公司 HSE 管理体系规定的 34 个要素是否能够满足本企业的 HSE 管理要求，在保证符合性的前提下，以体系有效性提升为目标初步确定体系二级要素。结合油田企业生产工艺特点和管理经验，可增加要素，但需考虑承接要素的能级是否匹配，即要素代表的此项业务或工作是否明确了主责部门岗位，是否有过程控制程序，能否进行量化考核，该要素的增加是否能形成多方共识等。

1.3　任务分解

按照"谁主管、谁负责""谁的业务谁负责"的原则，参照集团公司管理体系各要素承接专业部门的业务承接，依据企业专业部门（单位）管理业务和部门职责，将编制相关要素的任务分解到企业各专业部门，明确每个二级要素的主责部门、牵头部门和相关责任部门，进一步补充完善了每个要素的管理要求。因油田企业业务繁杂，要素可能涉及多个主责部门（单位）及相关责任部门，各部门均参与编写，但必须明确牵头部门。如要素仅涉及一个主责部门并需其他部门配合的，不存在争议。如：领导引领力、社会责任；涉及多个主责部门的一些要素，因与安全环保专业紧密相关，安全环保部门应该牵头。如安全风险识别、评估与管控，环境风险识别、评估与管控，隐患排查治理、重大危险源等；涉及多个主责部门并需其他部门配合的某些要素，明确牵头部门非常难，按照程序需报请主要领导决定；实在无法确定牵头部门，只能由安全环保处牵头。如：变更管理、承包商管理等。此过程也是宣贯体系思维的基础。

1.4　梳理补充

HSE 管理体系手册各要素代表是与 HSE 相关的各项业务或工作，编制建设过程中，需按照《关于全面推进企业 HSE 管理体系建设工作的通知》要求，结合油田企业工艺和管理特征，参照依据已经发布的 HSE 制度及相关专业管理制度，解决"怎么做、做到什么程度、如何考核"的问题，补充完善资源调配、管理程序、责任分担、目标考核兑现等。

因各要素代表是与 HSE 相关的各项业务或工作流程、资源等差别很大，故各要素编制倚重不尽相同。如针对领导引领力要素，在集团公司管理体系手册中是参照《职业健康安全管理体系要求及使用指南》（GB/T 45001）中领导的 13 条承诺考虑集团多板块提出的底线要求，未完全承接《中华人民共和国安全生产法》第 21 条、第 25 条对企业各级领导及管理人员职责的规定，企业在编制过程中需统筹考虑，还需从集团公司及本企业相关制度中提炼总结，具体明确企业各级领导承诺什么，领导引领什么，领导行为怎么公示和考核等；结合属地政府法规要求，需突出一些要素的基本要求底线标准，如安全环保风险的分类分级、隐患的分类分级、变更的分级等；或者将集团公司下发的相关管理制度的核心要求纳入手册中。如安全风险识别、评估与管控，按照安全风险的识别与评估、安全风险控制、安全风险监控 3 项内容组织编制。针对个别要素涉及的范围较广，必须依据相关专业标准规范和制度分类编写，如油田企业的建设项目管理涉及物探、油气勘探开发、地面工程建设等项目，生产运行管理涉及采油（气）、油气集输、井下作业、天然气净化与处理等；也可以借鉴成熟经验，总结提炼管理要求，如基层管理，建议围绕"三基"建设（基层建设、基础工作、基本功训练）、"三个标准化"（基层管理标准、岗位操作标准化、作业环境标准化）管理要求，进行丰富完善，既体现了管理的延续性，与基层日常工作贴近，更利于管理体系融入基层管理。

1.5　汇总通稿

此步骤是确保《HSE 管理体系手册》编写质量的关键，力争做到编制文件每个要素均要从管理职责、管理要求、管理程序等方面进行准确描述。不仅层次和逻辑性比较强，而且还要做到语言精练。一般做法是编制组成员及审核领导集体办公，逐字逐句推敲研读通过，或采用头脑风暴研讨通过后，企业领导再参与联合审核，提出修改建议。

1.6　研讨完善

组织相关领导及编制人员共同讨论，补充编写表述不完善的要素，同时汇编 HSE 管理制度，修订完善 HSE 职责及全员安全生产责任制，汇编操作（作业）规程。

2　油气田企业 HSE 管理体系特色

编制过程中，需结合油田企业实际，突出石油天然气勘探开发、石油工程技术服务、地面工程建设、油气深加工、矿区服务与协调等生产经营活动及相关辅助支持活动业务管理特点，落实公司近期重点工作要求，如总经理令第 1 号、第 2 号，"一把手安全连线"重点要求，《能量隔离管理规定》等制度要求等。重点关注专业管理流程、全员 HSE 责任落实、各级领导引领力、风险防控、隐患排查治理等重点要求。如某油田在修订编制新版体系时，在全面承接集团公司体系手册的基础上，将旧版体系二级要素由 36 个调整为 41 个；将 HSE 投入修改为资源投入；新增全员参与、目标及方案、采购质量管理 3 个要素；将施工作业管理融入油气勘探工程管理、油气开发工程管理、施工作业管理 3 个要素中；将应急管理和消防管理合并为应急管理。新版管理体系要素设置承接了集团公司体系要素，并结合油田开发板块进行了部分变动，将集团公司 34 个二级要素调整为 41 个；新增安全绿色健康文化、井控管理、海上生产管理、外部市场管理等 4 个二级要素；将风险识别与评估拆分为安全风险识别与评价、环境因素和环境风险管理；将施工作业管理融入油气勘探工程管理、油气开发工程管理、施工作业管理；将危险化学品储运管理修改为危险化学品管理；将能力和培训要素中培训、取证合并为培训和取证。体系的发布实施后，促进了 HSE 管理体系与法律法规要求融合、与分专业委员会职责融合、与职能部门业务流程和制度融合，有利于实施一体化运行，着力解决职责不清、推诿扯皮、"两张皮"的问题。

3　管理体系监测指标

企业绩效考核指标是现代企业中受到普遍重视的业绩考评方法，也是编制的重点和难点，是把企业的战略目标分解为可运作的远景目标的工具，是企业绩效管理系统的基础，可使部门主要负责人明确本部门的主要责任，并以此为基础，明确部门人员的业绩衡量指标。体系要素监测指标是针对每个要素的管理要求，从合法合规、计划制定与实施、管理绩效等方面综合考虑。能够量化的应量化，不能量化的应定性，建立要素监测指标体系。如：安全环保行政许可取证合格率 100%；各级安全风险清单建立率 100%；全员安全生产责任制覆盖率 100%；培训计划完成率 100%；是否建立岗位安全培训矩阵；定期组织全员健康体检等。

第二章 油气开发企业岗位 HSE 培训矩阵

第一节 岗位 HSE 培训矩阵概述

培训矩阵就是一种先进、有效的培训管理工具，在指导企业员工培训中发挥着重要的作用。目前，中国石油、中国海油等石油石化企业已在各类安全环保培训工作中推广应用 HSE 培训矩阵，同样作为石油石化企业，研究开发并推广 HSE 培训矩阵很有必要。

1 HSE 培训

1.1 HSE 管理体系

HSE 管理体系是中国石化在原有 HSSE 管理体系基础上，基于风险管控的理念和系统化的方法，以解决油田企业生产经营过程中的 HSE 问题为导向，融合职业健康、生产安全、环境以及设备完整性、管道完整性和过程安全等体系的要求，打造的符合新时代发展战略需求，满足健康、生产安全、环境保护等工作需要的新管理模式。中国石化及各所属企业编制两级 HSE 管理体系(管理手册)文件是对一段时期以来生产经营过程中 HSE 问题的梳理汇总，并针对症状开出的靶向方案，反映了企业发展战略调整 HSE 管理工作及岗位能力适应的需求，也是开发 HSE 培训课题的依据和基础。

1.2 HSE 培训及培训内容

1.2.1 HSE 培训

油气开发企业 HSE 工作是一项复杂的系统工程，它不仅要从制度、职责、预防、教育培训入手，更要狠抓实施 HSE 管理的主体从人的意识入手，突出"安全第一、环保优先、身心健康、严细实恒"的理念，提高各级、各类岗位人员对 HSE 管理的认识程度，为实现 HSE 主动式管理奠定基础。如何把对人的管理引入 HSE 管理之中提高人的素质，不断地夯实企业 HSE 管理的运作和最终效果，有效开展 HSE 培训是必要措施。

HSE 培训是 HSE 管理体系过程管控的重要因素，是以企业管理规范、程序和操作规程为重点内容，以在岗训练、集中培训、混合教学等多种形式实现的员工能力提升管理行为或过程，是提高员工岗位风险辨识与控制的能力，确保岗位操作安全的有效手段。按照 HSE 管理体系建立、运行及持续更新的要求，定期或实时开展 HSE 培训是强化企业 HSE 理念、方针、目标的有效手段，是统一企业员工及相关人员 HSE 价值观的必要途径。

1.2.2 HSE 培训内容

HSE 培训内容是根据企业各类岗位 HSE 培训需求的识别结果来设置的，可概括为：HSE 意识、HSE 知识和 HSE 技能 3 部分，主要包括 HSE 法律法规、HSE 规章制度、HSE 程序文件、HSE 体系管理要求、HSE 专业知识、HSE 专业技能等。

中国石化《HSE 管理体系　手册》明确要求：经营管理人员的守法合规意识、风险意识、体系思维、领导引领力、风险管理能力和应急管理能力等；专业技术人员的专业技术能力、专业 HSE 管理能力、风险管控和隐患排查治理能力、应急处置能力等；技能操作人员的"五懂五会五能"能力。其培训内容的比例基本按照图 1-2-1 所示。

图 1-2-1　岗位人员 HSE 培训内容

其中，HSE 意识培训是全员岗位教育的重要组成部分，反映了企业发展战略在生产安全风险理念的统一，是企业生产经营依法合规行动的落实，是企业生产经营 HSE 价值观的整合和统一过程，还包括思想理念教育和劳动纪律教育。思想理念教育主要是提高企业管理人员、技术人员和广大员工对劳动保护和 HSE 工作重要性的认识，奠定安全生产、清洁生产的思想基础。劳动纪律教育是提高企业管理水平和安全生产的条件、减少工伤事故、保障安全生产的必要前提。HSE 知识教育是提高企业全体员工 HSE 技能的重要手段，是提升各项 HSE 能力的基础。其内容不仅包括企业的基本生产概况、生产技术过程、作业方法和工艺流程；还需有关电气设备方面的安全知识、清洁生产的工艺环节控制管理、有关企业防火、防爆、防中毒等方面的基本知识、职业健康管理及个人防护用品的选用、使用维护等。HSE 技能教育是巩固员工 HSE 知识的必要途径，是提升员工综合能力的。新版《HSE 管理体系手册》概括了操作人员的能力培训"五懂五会五能"，"五懂"指懂工艺技术、懂危险特性、懂设备原理、懂法规标准、懂制度要求；"五会"指会生产操作、会异常分析、会设备巡检、会风险辨识、会应急处置；"五能"指能遵守工艺纪律、能遵守安全纪律、能遵守劳动纪律、能制止他人违章、能抵制违章指挥。

1.2.3　HSE 培训方式及周期

培训方式及周期的确定一般与设置的培训课题密切相关，培训课题的特征决定了培训方式，意识、知识和技能的强化要求决定了培训周期。培训方式主要有课堂讲授、课堂讲授+考试、各种 HSE 会议、部门主管主持的专题研讨会、实际操作以及网络培训等。培训周期也应根据法律法规的更新、规章制度的改版、程序文件以及管理文件修订等情况的变化来确定，以确保培训对象掌握最新的 HSE 知识和技能。培训周期最长应不超过 HSE 管理规范的修订周期，一般为 3 年。

2　培训矩阵

为了提升项目管理的有效性和针对性，融合借鉴等是管理模式创新的好方式。20 世纪 50 年代末，英美等国某些大公司在执行宇宙航行计划时，借用高等数学概念的"矩阵"管理模式就应运而生，并逐步完善形成了矩阵式管理模式，提升了管理水平。

借用"矩阵"的概念及完善的矩阵管理模式的理念，培训机构及培训管理部门设计了培训矩阵，相对于纯文字叙述，矩阵形式可以表达出更为广泛和全面的信息，也可以将复杂的信息简单化，是一种非常有效的管理工具。培训矩阵的建立和持续更新运行满足了企业员工培训的需求，提升了培训运行管理水平，促进了企业发展和现代企业管理制度的创新和完善。

培训矩阵的建立和持续完善，基于企业员工各类岗位能力需求和风险分析，针对各类岗位的职责和履职能力要求进行评判，利于制订制定各类岗位培训计划；培训矩阵能促进培训课程体系的建设，利于基础课程和标准课程设计、开发、评估与管理，利于促进定制课程和标准课程有机融合；培训矩阵与信息化学习方式结合，更利于促进企业各类岗位的经济便捷学习，利于把课程通过信息化网络培训平台实时精准推送，方便员工利用碎片化时间在手机、电脑、平板等终端随时学习和考核；通过使用线上培训管理系统或信息化网络培训平台，可实现智能派课和排课、各类岗位的入职/转岗/提岗培训管理、实时在线考试/阅卷管理、员工一人一档终生培训记录管理及培训学习状态的实时测评等。

3　油田企业 HSE 培训矩阵

HSE 培训矩阵是适应中国石化 HSE 管理体系新要求的管理工具，它将 HSE 培训课题与企业各类岗位的培训需求列入同一个表中，以矩阵的样式明确说明企业各类岗位需要接受的 HSE 培训课题、掌握程度、培训方式等，这样的矩阵表称为企业 HSE 培训矩阵。

油田企业 HSE 培训矩阵也是矩阵在油田企业各岗位培训需求管理上的一种应用，《中国石化 HSE 管理体系手册》明确要求，"集团公司、企业根据岗位 HSE 履职能力要求，完善岗位培训矩阵，明确培训内容、方法、频次和效果。"相关制度明确了培训矩阵、培训考核大纲的相关要求和架构，"企业应依据法律法规、岗位职责等，分析岗位安全能力要求，制定安全培训矩阵，矩阵应覆盖基层岗位，每年进行评估、更新。""安全培训矩阵应明确各层级、各岗位的培训内容、培训方式、培训频次和掌握程度等要求，作为开展基层培训的依据，并且基层岗位安全履职能力评估应当基于培训矩阵设定内容进行。""企业应针对国家法律法规、地方政府和集团公司要求的岗位和频次等确定安全培训科目，编制培训与考核大纲，大纲应明确安全各项培训内容的培训要点和考核要求，大纲应每年进行评估、更新。"

油田企业是中国石化所属重要的生产经营板块，其 HSE 培训矩阵是集团公司提高 HSE 培训质量的基础，突出了油气勘探开发工艺过程的 HSE 特征和工艺特点，是推进油田企业 HSE 管理体系运行、建立各类油田企业 HSE 培训体系的一种重要工具。

第二节　油气开发企业岗位 HSE 培训矩阵开发

将培训矩阵引入到 HSE 培训管理中，体现了中国石化整体策划及有计划、前瞻性实施 HSE 培训的新理念。HSE 培训矩阵的开发及推广，有利于油气开发企业 HSE 管理体系的推进和与时俱进，有效提升企业各类岗位员工的 HSE 能力和意识，有利于提升油田各企业 HSE 管理水平，持续提高各类岗位 HSE 履职能力。

油气开发企业 HSE 培训矩阵是企业对各大类岗位 HSE 培训的总览，包括四大要素，即企业员工岗位类别、培训内容、掌握程度、培训方式。油田企业 HSE 培训矩阵的开发一般经过准备、开发、审核完善的过程，需组织岗位骨干、培训专家、培训管理专员等共同协作，并经过培训实践及岗位验证等过程。

1　油气开发企业 HSE 风险特征

油气开发企业具有易燃易爆、有毒有害、高温高压、连续作业、点多线长面广等特点，面临着较大的风险。主要表现在：

（1）生产场所及周边环境风险因素复杂。石油勘探开发等生产场所，遍布陆地和海洋，形成了两栖勘采的格局。陆地勘探开发区域多在山丘、沙漠、沼泽及江河湖泊，地况复杂恶劣，生产作业条件艰苦，油气生产厂站因多种原因存在设计标准低、布局不合理、安全消防设施不配套、施工质量较差等"先天性"隐患，整改工作任重道远；油气输送管道长期遭受不法分子打孔盗油危害，无法保证安全运行，且严重污染环境；管道及油气设施保护范围受违章建筑侵害严重；电力线路私拉乱接严重等。

（2）油气生产全过程中危险因素繁多。油气生产有高温和高压；生产、使用、贮存的介质多属易燃易爆且有毒有害物质，不仅石油天然气产品易燃烧爆炸且具有职业危害和环境污染等特性，生产运行过程中使用的辅料助剂等也有危险品的特性。

（3）施工作业工艺复杂、风险大、频度高。野外施工作业频繁，受自然气候影响严重，危害因素多且复杂；施工作业频繁使用放射性物质和火工器材，防护及管理要求高；施工作业工艺过程危险性大，突发事故多，风险性大，对安全隐患的控制要求高且复杂，难度也大。

（4）生产管理及作业人员综合素养参差不齐。生产管理及作业人员综合素养与石油企业战略调整、HSE 管理的要求有差距；直接作业环节事故频发和恶性事件社会影响，急需提升油田企业各类岗位人员的 HSE 管理能力、操作能力。开展 HSE 培训具有迫切需求，也有很重要的意义。

2　企业员工岗位的归类整合

按照《关于推体系夯基础控风险全力筑牢新时期中国石化安全新防线的指导意见》（集团公司总经理 2 号令）及 HSE 管理体系要素 3.2 能力和培训的提升岗位 HSE 能力的要求，HSE 培训矩阵要根据岗位 HSE 职责、明确岗位 HSE 能力，并按照岗位特征制定。按照油田企业现有三级管理模式，HSE 培训矩阵的总体设计应按照三级架构：即企业级 HSE 培训矩阵、直属单位级 HSE 培训矩阵、基层单位级 HSE 培训矩阵。

油田企业各类岗位既有国家职业目录通用岗位工种，有包括油气开发、油气服务等原油天然气开采、石油工程服务的特有工种岗位，故油田企业级 HSE 安全培训矩阵的开发编制应整合岗位类别，合并岗位 HSE 职责、能力需求相同的岗位，贯彻 HSE 管理职责"横向到边、纵向到底"原则，横向覆盖不仅限于安全环保、生产、技术、设备、工程等专业部门管理人员，覆盖各辅助专业部门的管理岗位，要考虑采油（气）、集输、井下作业、天然气处理等主体工种岗位，还要谋划公共服务、石油工程综合服务等辅助岗位人员；纵向从企业领导、中层管理人员、机关部门管理人员、直属单位领导、基层级管理人员，基层管理技术人员，延伸至基层单位操作人员，全面梳理全员岗位，切实做到覆盖全员。

2.1　各专业系统岗位梳理整合

油田企业主要专业系统包括油气开发、油气服务、公共服务等，专业系统各岗位类别的 HSE 管理要求及管理流程差别较大，各管理层级的施工作业活动 HSE 管理和技术要求差别也很大，故应依据专业技术岗位目录清单梳理岗位大类，参考各岗位 HSE 职责和岗位说明书，与各专业部门负责人沟通，与人事组织或人力资源部门沟通，按照上级部门对各专业岗位人员 HSE 能力需求和 HSE 培训的要求，以及现岗位人员 HSE 能力的普遍现状，细致梳理出有共同 HSE 培训需求的岗位进行类别整合。其中，油气开发、油气服务、公共服务三个专业系统，包括油田岗位目录中 1283 种岗位，各专业基层单位专业技术岗位 750 类岗位列别，同时参阅了各采油厂、天然气厂、处理厂、采油气工程中心、抢维修中心、水务技术服务中心等单位专业岗位的 HSE 职责和岗位说明书，并结合现有管理体制改革，和基层单位"一室一中心"的架构等要求，归类整合管理及技能操作人员岗位类别。

2.2 管理人员岗位同级梳理整合

按照《关于推体系夯基础控风险全力筑牢新时期中国石化安全新防线的指导意见》(集团公司总经理 2 号令)中国石化《HSE 管理体系 手册》及相关制度的要求，HSE 管理人员岗位层级整合过程中，应考虑 HSE 关键岗位管理人员的管理要求。按照管理能级的不同，如 HSE 责任基本相同，KPI 考核指标要素要求相同，则各专业的管理岗位类别设置相同，故油田企业管理人员岗位大类可按照岗位层级包括：企业领导及关键岗位中层管理人员、油田企业关键岗位中层管理人员、其他中层管理人员、基层级关键岗位管理人员、其他基层级管理人员等五个专业管理岗位。按照与油气开发风险是否密切相关，按照 A、B 类直属单位把基层单位技术管理人员按照现有管理体制改革的意图，按照班组长及技术管理人员(A 类单位)、班组长及技术管理人员(B 类单位)两大岗位类别进行整合。各管理层级涉及的岗位人员见表 1-2-1。

2.3 技能操作岗位人员归类综合安排

通过梳理油气开发、油气服务、公共服务专业系统技能操作岗位涉及的工种、人员构成、年龄、人数及岗位 HSE 能力要求，归类"五懂五会五能"相同的课程设置，超前结合油气开发、油气服务相关基层单位新的运行模式，综合考虑企业级、直属单位级矩阵需整合岗位大类以便于脱产培训的开展，基层级矩阵可更细化岗位特征，采用岗位练兵、师带徒等灵活、方便的培训方式开展培训活动，提升岗位能力。故油田级技能操作人员的岗位类别设置包括 7 大类：采油(气)及注水(气)、油(气)集输及油(气)田水处理、天然气加工(净化、硫黄回收及储运)、管道巡护、井下作业、综合维修操作、公共服务等。各技能操作人员涉及的岗位工种见表 1-2-1。

表 1-2-1　油田企业 HSE 培训矩阵岗位类别梳理表

序号	岗位类别		涉及岗位或工种	备注
1	企业领导及中层管理人员	企业领导及关键岗位中层管理人员	企业领导、安全总监；油田安全环保、生产、技术、设备、工程等专业部门主要负责人	集团公司 HSE 关键岗位管理人员
2		企业关键岗位中层管理人员	油田勘探局、分公司机关生产、安全环保、设备、工程、技术、运行等专业主要负责人以外关键岗位中层管理人员，享受中层管理人员待遇的技术类专家；直属单位(A 类)中层管理人员及油田专家；直属单位安全总监	企业 HSE 关键管理人员
3		其他中层管理人员	油田勘探局、分公司机关及直属单位(A 类)党务、经营、财务等专业中层管理人员、油田专家等及享受同级待遇的技术类专家；直属单位(B 类单位)中层管理人员、油田专家等及享受同级待遇的技术类专家	

续表

序号	岗位类别		涉及岗位或工种	备注
4	基层级管理人员	基层级关键岗位管理人员	企业机关及直属单位（A 类）机关生产、安全环保、设备、工程、技术、运行等岗位基层级管理人员、专家、高级主管、主管及享受基层级管理人员待遇技术管理岗位人员；油田机关及直属单位（A 类）机关生产、安全环保、设备、工程、技术、运行等岗位业务主办；直属单位（A 类）基层单位基层级管理人员及专家、高级主管、主管等享受基层级管理人员待遇的技术管理岗位人员；直属单位（A 类）技能大师、首席技师、主任技师等岗位	企业 HSE 关键管理人员
5		其他基层级管理人员	企业机关及直属单位（A 类）党务、经营、财务等专业岗位基层级管理人员、高级主管及主管等享受基层级管理人员待遇技术管理人员；油田企业机关及直属单位（A 类）党务、经营、财务等专业业务主办；直属单位（B 类）机关及基层单位基层级管理人员、专家、高级主管、主管等享受基层级管理人员待遇的技术管理人员；直属单位（B 类）机关各专业业务主办，基层单位主管技师等	
6	基层班组长及技术管理人员	班组长及技术管理人员（A）	企业直属单位基层（A 类）班组长、业务主办、技师、高级技师，各类技术序列的管理人员（主任师、副主任师、主管师、助理师、技术员）	
7		班组长及技术管理人员（B）	企业直属单位基层（B 类）班组长、业务主办、技师、高级技师，各类技术序列的管理人员（主任师、副主任师、主管师、助理师、技术员）	
8	技能操作人员	采油（气）及注水（气）	采油运行岗、采气运行岗、注水运行岗、注气运行岗、采油地质岗、采油化验岗等。包括但不仅限于以下工种：采油工、采气工、注水泵工、气举增压工、采油地质工、采油化验工等	
9		油（气）集输及油（气）田水处理	集输运行岗、原油加热岗、轻烃装车岗、油气装运安检岗、油气装卸岗、油（气）田水处理运行岗、污水化验岗、输油岗、输气岗、综合计量岗	
10		天然气加工（净化、硫黄回收及储运）	轻烃装置操作岗、中控室净化内操岗、净化装置外操岗、LNG 装置操作岗、LNG 充装岗、火炬岗、碱渣处理岗、空分空压岗、硫黄成形岗、液流罐区操作岗、胺液净化岗等	
11		管道巡护	采油巡护岗、集输巡检岗、巡线岗、管网巡护岗等	
12		井下作业	井下作业岗、作业机修理岗、作业井架安装岗、工具维修岗、特车驾驶岗等	

序号	岗位类别	涉及岗位或工种	备注
13		电气焊岗、油气管线安装岗、抽油机安装岗、机修钳工岗(注输泵修理岗)、电机检修岗、采油维修岗等	
14	技能操作人员 综合维修操作 公共服务	主要含交通运输(客运);电工作业;热力及水务处理;后勤服务等岗位。包括但不限于:油田专职、兼职驾驶员、特殊岗驾驶员及外租车驾驶员;热力运行岗、水暖管线维修岗、锅炉水质化验岗、热力司炉岗(燃煤、气)岗、供水岗、化学水处理岗、循环水处理岗、油气田水处理岗、水质检验岗、污水处理岗;物资供应;通信电视服务;检验检测、实验试验;清洁保安物业服务;应急救援作业;客房服务、餐饮服务、培训服务等岗位	

3 HSE 培训内容

3.1 培训课程体系

HSE 培训课程体系架构,首先应满足《关于推体系夯基础控风险全力筑牢新时期中国石化安全新防线的指导意见》(集团公司总经理 2 号令)各级管理干部 HSE 履职能力要求,《HSE 管理体系手册》要素 3.2 能力和培训的提升岗位 HSE 能力的要求,《中国石化安全培训与安全能力提升管理规定(试行)》对安全培训的要求,还应结合油田企业管理现状,分析油田生产各专业系统工艺特点和施工作业特征,研究油田生产经营管理流程及专业管理对 HSE 培训课题设置要求的异同程度等。综合考虑,确定按照油田企业管理层级、专业及岗位特征等谋划 HSE 培训课程,构架与生产经营业务流程高度融合的各岗位 HSE 能力提升课程体系,形成三大部分课程:第一部分 HSE 管理基础,是以依法合规生产经营为目标设置的 HSE 法律法规、技术标准规范课程,防火防爆、机械基础等专业技术基础;第二部分体系思维,突出以 HSE 管理体系精髓为核心,设置 HSE 方针、愿景、管理理念、禁令、承诺、保命条款等课程,以及集团公司、油田及直属单位 HSE 管理体系承接等课程;第三部分 HSE 管理,突出 HSE 管理体系 PDCA 循环的闭环管理,以《HSE 管理体系手册》六项管理内容为主线,找准六项具体管理内容包含的 34 个二级要素为开发 HSE 培训课题的切入点,结合油田企业各岗位特征,分岗位类别开发 HSE 培训课题,构建培训课程体系,编写安全培训矩阵、大纲和考核标准。构建 HSE 培训课程体系构架初稿,见表 1 - 2 - 2。

3.2 培训课题优化

根据中国石化集团公司三类人员(技能操作人员、专业技术人员、经营管理人员)培训要求(图 1 - 2 - 1),结合专题研讨会工作部署,开发编制人员围绕 HSE 培训课程体系构架,认真研读集团公司 136 项 HSE 管理制度,分析油田 HSE 管理现状及安全培训工作开展的情况,对照各专业 HSE 管理特性与专业岗位操作要求,推敲 HSE 管理基础、体系思维、HSE 管理三部分培训内容,以基于风险管理的超前管理的理念,以突出风险管控、隐患排查治理与应急处置为重点,以强化过程管控和夯实基础为落脚点,并整理各岗位类别的安全培训需求与课题结合,细致梳理出不少于 106 项的培训课题,为开发油田企业各专业系统 HSE 培训矩阵奠定了基础。优化后的培训课题实例见表 1 - 2 - 2。

表 1-2-2 油田企业岗位人员 HSE 培训矩阵（示例）

序号	培训模块	培训课程	培训内容	企业领导及关键岗位中层管理人员	关键岗位中层管理人员	其他中层管理人员	企业基层级关键岗位管理人员	其他基层级管理人员	班组长及技术管理人员（A类单位）	班组长及技术管理人员（B类单位）	采油（气）注水（气）	油（气）集输/油（气）田水处理	天然气加工（净化、流黄回收）	管道巡护	井下作业	综合维修操作	公共服务	培训方式
1	HSE 管理基础	HSE 法律法规	HSE 相关法律法规中的职责、权利、义务，管理要求和法律责任	√	*	√	√	√	√	√	*	*	*	*	*	*	*	M1+M5+M7
2		HSE 标准规范	HSE 规范中的 HSE 要求，安全生产标准化、绿色企业、健康企业创建	*	*	*	√	√	√	√	*	*	*	*	*	*	*	M1+M5+M7
3		HSE 技术	防火防爆、防静电、电气安全、机械安全、环境保护管理等	*	*	√	√	√	√	√	√	√	√	√	√	√	*	M1+M5+M8
4	体系思维	HSE 理念	HSE 方针、愿景、管理理念、禁令、承诺、保命条款	√	√	√	√	√	√	√	√	√	√	√	√	√	√	M6/M9
5		HSE 管理体系	集团公司 HSE 管理体系架构及承接	√	√	√	√	√	*	*	*	*	*	*	*	*	*	M1/M5
6			油田公司（单位级）HSE 管理体系	√	√	√	√	√	√	√	*	*	*	*	*	*	*	M1/M5/M7
7	领导引领	领导力引领	职业健康安全管理体系（GB/T 45001）中"领导作用和承诺"的 13 条要求。（践行有感领导；落实直线责任）	√	√	√	√	*	*	*								M1/M5
8			领导干部安全履职能力评估；领导力评价标准	√	√	√	√	*	*	*								M1/M5/M9
9			个人安全环保行动计划的编制、实施及考核	√	√	√	√	*	*	*								M1/M5/M9
10		全员参与	引导员工积极参与 HSE 管理，支持员工开展隐患排查、采纳合理化建议、畅通信息沟通渠道，鼓励员工主动报告事件和风险、隐患等信息	√	√	√	√	√	√	√	√	√	√	√	√	√	*	M1/M5/M7/M9
11			全员安全行为规范、通用安全行为，安全行为负面清单；中石化安全记分管理规定	√	√	√	√	√	√	√	√	√	√	√	√	√	√	M1/M5/M7/M9
12		组织机构和职责	组织机构设置要求	√	√	√	√	√	*	√								M5/M9
13			HSE 责任制的制、修订	√	√	√	√	√	√	√	*	*	*	*	*	*	*	M1/M8/M9
14		社会责任	企业年报、可持续发展报告、社会责任报告的编制、发布；危险物品及危害告知、预防及事故应急措施告知	√	√	√	√	√	√	√	*	*	*	*	*	*	*	M5/M6

续表

序号	培训模块	培训课程	培训内容	企业领导及关键岗位中层管理人员	关键岗位中层管理人员	其他中层管理人员	企业基层级关键岗位管理人员	其他基层级管理人员	班组长及技术管理人员（A类单位）	班组长及技术管理人员（B类单位）	采油（气）、注水（气）	油（气）集输、油（气）田水处理	天然气加工（净化、硫黄回收）	管道巡护	井下作业	综合维修操作	公共服务	培训方式
				企业领导及中层管理人员			基层级管理人员		基层级班组长及技术管理人员		技能操作人员							
15	法律法规识别	法律法规清单建立	HSE相关法律法规和其他要求的识别、清单建立、发布	√	√	√	√	√	√	*								M6/M7
16		法律法规承接转化	HSE相关法律法规和其他要求的传递、宣贯、转化	√	√	√	√	√	*	*								M1/M5/M6
17	风险管控	双重预防机制	风险管控和隐患排查治理双重预防机制建设	√	√	√	√	√	√	√	*	*	*	√	*	*	*	M1/M6/M7
18		安全风险识别	生产安全风险概念、分类与分级；风险识别与危险源辨识方法	√	√	√	√	√	√	√	*	*	*	√	*	*	*	M1/M6/M7
19			风险评价（SCL, JSA等）工具，风险管控措施	*	√	*	√	*	√	√	*	*	*	√	*	*	*	M1/M5
20			生产过程安全风险	*	√	*	√	*	√	√	√	√	√	√	√	*	*	M1/M5
21			施工（作业）过程安全风险	*	*	*	*	*	√	√	√	√	√	√	√	√		M1/M5/M7+M9
22			交通安全风险	√	√	√	√	√	*	*	√	√	√	√	√	√	√	M1/M5/M7+M9
23	策划		公共安全风险	*	*	*	*	*		*							*	M1/M5/M7+M9
24			管理及服务过程安全风险	*	√	√	√	√	*	*							*	M1/M5/M7+M9
25		环境风险管控	环境因素识别评估与管控；环境风险评价与等级划分	*	√	√	√	√	√	*								M1/M5
26		隐患排查治理	隐患排查方案的组织制定；"五定"措施实施的监督检查	√	√	√	√	√	√	*								M1/M5/M7+M9
27	隐患排查和治理		隐患治理方案的实施；隐患分级管控；隐患排查及实施的监督检查；隐患治理重点确定；隐患治理项目申报；隐患治理项目管理（"五定"方案制定与及隐患查落实）	√	√	√	√	√	√	√	*	*	*	*	*	*	*	M1/M5
28	目标及方案	目标设定与落实	目标的制定、分解、实施与考核；目标管理方案制定与实施	*	√	√	√	√	√	√	*	*	*	*	*	*	*	M1/M5/M9
29	科技管理	成果转化能力提升	专利申报、成果撰写与编制等	√	√	√	√	√	√	√								M1/M5/M7+M9
30				*	*	*	*	√	*	*	*	*	*	*	*	*	*	M1/M7

续表

序号	培训模块	培训课程	培训内容	企业领导及关键岗位中层管理人员	关键岗位中层管理人员	其他中层管理人员	企业级关键岗位管理人员	其他基层级管理人员	班组长及技术管理人员（A类单位）	班组长及技术管理人员（B类单位）	采油（气）注水（气）	油（气）集输油（气）田水处理	天然气加工（净化、硫黄回收）	管道巡护	综合维修操作	公共服务	培训方式
				企业领导及中层管理人员			基层级管理人员		基层级班组长及技术管理人员		技能操作人员						
31	资源投入	人员配备	各层级HSE管理人员配备管理要求（含外部市场承揽项目、技术服务项目要求）	√	√	√	*										M1/M5
32		HSE投入	安全生产费用、安保基金、隐患整治理费用提取与使用	√	√	√	*	*									M1/M5
33	能力、意识和培训	培训需求	岗位持证要求；HSE履职能力评估；HSE培训矩阵的建立	√	√	√	*	*	*	*							M1/M2
34		培训实施	HSE培训需求调查、计划编制、培训实施需求及培训效果评估	√	√	√	*	√	√	*							M1/M2/M3
35			培训档案管理	*	*	*	√	√	√	√							M1
36	支持	安全信息管理系统	安全信息管理系统使用	√	√	√	√	√	√	√							M1
37		信息沟通	沟通的方式及注意事项、沟通和公关技巧、仪表礼仪	*	*	*	√	√	*	*	*	*	*	*	*	*	M1+M5+M7
38		文件管理	协同办公系统文件管理要求；文件的创建与获取；文件识别与修订；文件保护、文件发布及置换、文件作废处置	*	*	*	√	√	√	√		√	√				M1+M5+M7
39		记录管理	记录格式创建、记录销毁	√	√	√	√	√	√	√	√	√	√	√	√	√	M1/M2
40			记录填写、修改、保存	√	√	√	√	√	√	√	√	√	√	√	√	√	M1/M2
41	运行管理	项目管理	项目管理"三同时"；项目的可研、论证、立项、设计、方案编制、审批、实施和验收；招标管理、合同管理、HSE协议	√	√	√	√	√	*	*	*						M1/M5
42		物化探项目	物化探项目设计、开工、施工、完工验收	√	√	√	√	√	√	*	*						M1/M5
43		勘探、开发建设项目	勘探、开发建设项目井位踏勘、设计、施工管理、钻前管理；完井后验收	√	√	√	√	√	*	*		√					M1/M5
44		地面建设项目	地面建设项目管理设计、建设、试生产与竣工验收	√	*	*	√	√	√	*					*		M1/M5

续表

序号	培训内容划分 培训模块	培训课程	培训内容	企业领导及中层管理人员 企业领导及关键岗位中层管理人员	关键岗位中层管理人员	其他中层管理人员	基层级管理人员 企业基层关键岗位管理人员	其他基层级管理人员	基层级班组长及技术管理人员 班组长及技术管理人员（A类单位）	班组长及技术管理人员（B类单位）	技能操作人员 采油（气）、注水（气）	油（气）集输、油（气）田水处理	天然气加工（净化、硫黄回收）	管道巡护	井下作业	综合维修操作	公共服务	培训方式
45	运行管理 生产运行管理	生产协调管理	生产运行管理流程、制度及HSE要求；生产协调及统计分析；事故事件及异常的报告、统计	√	√		√	*	√		√	√	√	*		*		M1+M6+M7
46		生产技术管理	工艺管理；工艺流程图绘制；工艺卡片；操作规程、开停工方案编制；采油、注水、储气库、集输站（库）、高含硫净化、天然气运行处理、电力、水务、通信、热力、新能源等技术	√	√		√	√	√		√	√	√	*		*		M1+M3
47		生产操作管理	规程、装置运行工；岗位巡检、交接班制度；岗位操作、温度、压力、流量等数据管控；生产运行手指口述确认程序；运行报表填写	*	*		√	*	*		√	√	√	*	*	√		M2+M4
48	井下作业管理	管理机制	相关管理制度、管理职责、操作规程；作业管理流程、应急预案的编制及审查；作业井工程设计标准化要求；作业现场标准化管理	*	*		*	*	*					*	√	*		M1+M3
49		技术管理、监督	工程设计、地质设计的方案编制及审查；工程施工方案、压裂、酸化等大型施工的方案编制及审核管理	*	*	*	*	*	*						√	√		M1+M3
50		现场管理	作业井施工HSE管理、现场标准化；作业工艺技术、应急演练	*	*		√	*	√		√	√	√		√	*		M2+M4
51	井控管理	井控管理机制	井控管理制度、职责及管理例会；井控三色管理要求；油气开发井控管理	*	*	*	√	*	√	√				*				M1+M6
52		工程井控	石油工程井控管理；探井、"三高"井井控管理	√			√	√	√	*				*	*	*		M1+M3
53		井控管理	生产井、长停井、废弃井井控管理；井控预案演练	√	√		√	√	√	√	√			*	*	*		M2+M4
54	异常管理	异常分析	生产异常的分析、报告和处置措施；异常溯源分析及防范措施	*	*		√	*	*	*	*	*	*	√	√	*		M1+M6
55		异常信息报告及处置	生产异常信息自动采集、生产异常的发现、处理、处置；生产异常报告	*	*		√		*	*	√	√	*	√	√		√	M1/M5/M6+M4

续表

序号	培训模块	培训课程	培训内容	企业领导及关键岗位中层管理人员	关键岗位中层管理人员	其他中层管理人员	企业基层级关键岗位管理人员	其他基层级管理人员	班组长及技术管理人员（A类单位）	班组长及技术管理人员（B类单位）	采油（气）注水（气）	油（气）集输、油（气）田水处理	天然气加工（净化、硫黄回收）	管道巡护	井下作业	综合维修操作	公共服务	培训方式
56	外部市场管理	外部市场管理	外部市场管理制度；承揽（或技术服务）项目开发；项目合同管理；HSE 风险评估及外部项目运营地管理；路途及驻地管理；项目人员审、监督、检查及考核	*	√												*	M1/M3/M9
57		设备设施管理要求	设备全生命周期及分级管理；设备（长输管道）完整性管理；HSE 设施管理评价标准；管道高后果区识别、风险评价以及完整性管理	*	√	*	*		*	√								M1/M5/M9
58	设备设施管理	设备设施现场管理	设备设施的操作与保养规程编制；生产工艺和设备运行案件；生产设备 "5S"；设备缺陷识别；电气设备管理；设备设施的安全附件管理	*	√		*		*	*	*	*	*	*	*				M1/M8+M2/M3
59	运行管理	设备设施及仪表运行维护	设施（装置）操作和运行规程使用；设备及 HSE 设施维护保养	*	√	√	√	√	√	√	√	√	√	√	√	√	√	M1/M8+M2/M3
60		机械设备及仪表基础	机械设备管理、抽油机三措施一禁令；仪表基础知识	*	√	√	√	√	√	√	√	√	√	√	√	√		M1/M8+M2/M3
61	泄漏管理	泄漏预防	泄漏预防、腐蚀管理	*	√	√	√	√	√	√	√	√	√	√		*	M1/M5
62		泄漏分析评估	泄漏监测、预警、处置、分析评估	*	√	√	*		√	*	√	√	√	√	√	*		M1/M6/M8+M2/M3
63		泄漏典型案例	生产、设施常见设备、管道泄漏事故案例及相关责任	*	√	√	*		*	*	√	√	√	√	√	√		M1/M6/M8+M2/M3
64	危险化学品安全	危险化学品管理要求	油田常用危险化学品分类、生产、储存、装卸、运输、使用、废弃及管理责任，重大危险源识别、评估及相关管理	*	√	√	√		*	√	√	√	√	√	√		*	M1/M6+M2
65		现场使用危险化学品管理	危险化学品 "一书一签"；油田危险化学品生产、运输、装卸、储存、使用及废弃防护及注意事项	*	√	*	√		√	√	√	√	√	*		√	*	M1/M5/M9+M8

续表

序号	培训内容划分			培训对象类别															培训方式
	培训模块	培训课程	培训内容	企业领导及中层管理人员			基层级管理人员		基层级班组长及技术管理人员		技能操作人员								
				企业领导关键岗位中层管理人员	关键岗位中层管理人员	其他中层管理人员	企业基层级关键岗位管理人员	其他基层级管理人员	班组长及技术管理人员（A类单位）	班组长及技术管理人员（B类单位）	采油（气）、注水（气）	油（气）集输、油（气）田水处理	天然气加工（净化、硫黄回收）	管道巡护	井下作业	综合维修操作	公共服务	
66	承包商安全管理	承包商管理要求	承包商资审查、招标、合同管理、分包管理；承包商监督检查、考核评价、责任追究	√	√		√	√	√									M1/M5/M9+M8
67		承包商典型案例	承包商事故案例及追责	√	√	√	√	√	√	*	*	*	*	*	*	√	*	M1/M5/M9+M8
68	采购供应管理	采购供应管理	供应商资质审查、考评标准及制定、采购、验收管理；物资采购计划审查、绿色采购	*	√	√	√	√	*	*								M1/M5
69	施工作业管理	施工作业管理要求	施工方案制定、评估、审查、完工验收标准；能量隔离措施的落实；特殊作业、非常规作业及文件管理施工现场标准化	*	√	*	√	√	√	*	*	*	*	*	*	√	*	M1/M5/M6/M9+M8
70		施工作业现场领导的作用	领导带班；安全观察	√	√	*	√	√	√	*								M1/M5/M6/M9+M8
71		现场管理	JSA分析、票证办理；现场管理（特殊施工作业管理流程、注意事项及施工安全技术）；完工验收	*	*	*	*	*	√	√	*	*	√	*	*	√	*	M1/M5/M6/M9+M8
72		施工作业典型案例	油田常见施工作业案例及相关责任	*	*	*	*	-	√	*	*	*	*	*	*	*	*	M1/M5/M7+M8
73	变更管理	变更分级管理	变更分类及监管：工艺、设备变更重点关注内容	*	√	*	√	√	√	*	*	*	*	*	*	*		M1/M5/M9
74		变更方案	变更方案编制、变更申请、风险评估、审批、实施、验收、关闭等流程管理	*	√	*	√	√	√	*	*	*	*	*	*	*		M1/M5/M9
75		变更后岗位适应	变更后信息系统调整；相关技术文件修订；人员培训	*	√	*	*	*	√	*	√	*	*	*	*	*	*	M1/M5/M9
76	员工健康管理	健康管理要求	员工健康管理和风险管控；健康风险识别、评估及监测管理"三同时"；职业病害因素动态监控和定期检测；公示；领导沟通设施"三同时"管理；个体防护用品、职业病防护设施配备；职业健康监护档案；员工帮助计划（EAP）	*	*	*	√	√	*	*	*	*	*	*	*	*	*	M5 +M7
77		职业危害防范	身体健康识别；心理健康管理；现场；害因素识别、救互教技能；个体防护用品、防护设施的使用	*	*	*	√	√	√	√	√	√	√	√	√	√	√	M1/M5/M6/M8+M2/M3

续表

序号	培训模块	培训课程	培训内容	企业领导及关键岗位中层管理人员	关键岗位中层管理人员	其他中层管理人员	企业基层关键岗位管理人员	其他基层级管理人员	班组长及技术管理人员（A类单位）	班组长及技术管理人员（B类单位）	采油（气）、注水（气）	油（气）集输、油（气）田水处理	天然气加工（净化、硫黄回收）	管道巡护	井下作业	综合维修操作	公共服务	培训方式
				企业领导及中层管理人员			基层级管理人员		基层级班组长及技术管理人员		技能操作人员							
78	自然灾害管理	自然灾害管理	地质灾害调查评估；自然灾害分类、预案编制、评估；地质灾害信息预警；企地应急联动机制	*	√	*			*	*	*	*	*	√	*	*	*	M1+M5+M8
79	治安保卫与反恐防范	公共安全管理	油（气）区、重点办公场所、人员密集场所治安防范系统、反恐防范及日常管理；"两防两重"管理	*	√	*		*	√	*	*	*	*	√	√	*	√	M1+M5+M8
80		治安防范及处置	治安防范系统、安防器材使用及维护；突发事件的处置	*	*	*		√	√	*	*	*	√	√	√	*	√	M1/M6/M8+M2/M3
81	公共卫生安全管理	疫情防控	新冠等传染病和群体性不明原因疾病的防范	√	*	√		√	*	*	*	*	*	*	*	*	*	M1+M5+M8
82		公共卫生管理	公共卫生管理；食品安全；食物中毒预防及控制	*	*	√		√	*	*	*	*	*	*	*	*	*	M1+M5+M8
83	运行管理	交通管理要求	交通安全相关法律法规内容及相关管理要求和法律责任	*	*	*		√	*	*	*	*	*	*	*	*	*	M1+M5+M8
84		车辆管理	车辆调派、租赁等管理	*		*			*									M1+M5+M8
85		驾驶员管理	驾驶人员管理；车辆安全行驶情况技术；急救技能培训、交通紧急应急处置	*	*	*		*	*	*	*	*	*	*	*	*	*	M1+M2+M3+M8
86		环保管理要求	环境保护、清洁生产制度管理；环境监测与统计；环境信息管理；危险废物管理；突发环境事件应急管理	*	√	*	√	√	*	*	√	*	*	*	*	*	*	M1/M5+M8
87	环境保护管理	污染防治管理	水污染防治、废气污染防治、固体废物污染防治、噪声污染防治、土壤和地下水生态保护、放射性污染防治管理	√	√	√	√	√	√	*	√	√	√	√	√	√	*	M1/M5+M8
88		现场环保管理	作业现场环保管理要求及污染防治措施；清洁生产	*	√	√	√	√	√	*	√	√	√	√	√	√	√	M1/M8+M2/M3

续表

序号	培训内容划分			培训对象类别														培训方式
	培训模块	培训课程	培训内容	企业领导及中层管理人员			基层级管理人员		基层级班组技术管理人员		技能操作人员							
				企业领导及关键岗位中层管理人员	关键岗位中层管理人员	其他中层管理人员	企业基层关键岗位管理人员	其他基层级管理人员	班组长及技术管理人员（A类单位）	班组长及技术管理人员（B类单位）	采油（气）、注水（气）	油（气）集输、油（气）田水处理	天然气加工（净化、硫黄回收）	管道巡护	井下作业	综合维修操作	公共服务	
89	现场管理	现场标识及5S管理	现场5S管理；生产现场管理；标识管理；习惯性违章	*		*	√	√	√	*	√	√	√	*	√	*	√	M1/M8+M2/M3
90		封闭化及能量隔离管理	封闭化管理；责任区域的划分、承包、检查、监督；考核；视频监控；能量隔离挂牌上锁	*		*	√	√	√	*	√	√	√	*	√	*	√	M1/M8+M2/M3
91		典型案例	典型事故案例及相关责任	*		*	√	√	√	*	√	√	√	√	√	√	√	M1/M5/M8+M3
92	运行管理	应急准备	应急管理相关制度；应急资源调查、配备、管理和应急能力评估；现场处置方案；岗位应急处置卡与评估；应急响应及处置管理完善	√	√	√	√	√	√	√	√	√	*	√	√	*	M1+M3+M5+M8
93		岗位应急准备	应急知识与技能；现场应急处置卡（135处置原则）；某面维演；应急演练	√	√	*	√	√	√	√	√	√	√	√	√	√	M1+M2+M3+M8
94		演练及处置	应急演练计划、实施、评估；现场急救处理的识别、原则和方法、步骤；器具使用；现场防护、火灾智能视频识别	√	√	*	√	√	√	√	√	√	√	√	√	√	M1+M2+M3+M8
95	消（气）防管理	火灾预防	消防重点部位分级管理、档案建立；防火门管理；消（气）防器材、设施的管理；火灾预防；设施的适用与维护	*		√	√	√	√	√	√	√	√	√	√	*	*	M1+M2+M3+M8
96		消防器材使用及维护、火灾初期处置	灭火初期处置、灭火方法和步骤和"三看八定"；消防器材使用；消防器具的分类与使用、维护、检查、检测；设施的适用与气防器材与设施	*		√	√	√	√	√	√	√	√	√	√	√	√	M1+M2+M3+M8

续表

序号	培训内容划分 培训模块	培训课程	培训内容	企业领导及关键岗位中层管理人员	关键岗位中层管理人员	其他中层管理人员	企业基层关键岗位管理人员	其他基层级管理人员	班组长及技术管理人员（A类单位）	班组长及技术管理人员（B类单位）	采油（气）、注水（气）	油（气）集输、油（气）田水处理	天然气加工（净化、硫黄回收）	管道巡护	井下作业	综合维修操作	公共服务	培训方式
97	事故事件管理	事件事故管理教育	事故（事件）管理（含分类、分级）；事故调查处理、报告、统计分析等；责任追究及整改措施	*	*	*	√	√	*	*							√	M1/M5+M8
98		事故防范及警示教育	"岗前、作业前5min"；生产现场的唱票式工作法	*	*	*	√	√	√	*	√	√	√	√	√	√	√	M1+M2+M3+M8
99	基层管理	基层建设	"三基"建设；岗位标准化；劳动纪律	*	*	*	√	√	√	√	√	√	√	√	√	√	√	M1+M2+M3+M8
100		基层活动	班组安全活动；常态化事故案例、经验分享；五懂五会；岗位技能训练	*	*	*	*	√	√	√	√	√	√	√	√	√	√	M1+M2+M3+M8
101	绩效评价	绩效监测	绩效监测指标（结果性监测指标、过程性监测指标）；监测与考核要求	√	√	√	√	√	*	*	*	*	*	*	*	*	*	M1/M5+M3
102		合规性评价	合规性评价制度编制；合规性评价实施	*	*	√	√	√	*	*								M1/M5+M3
103	运行管理	审核	审核类型及频次；HSE审核方案、计划；报告编制；审核实施；HSE管理体系审核人员及培训	*	√	√	√	*	*	*								M1/M5
104	改进	管理评审	管理评审类型及要求、管理评审输入人、管理评审输出	*	√	√	√	√	*	*								M1/M5+M3
105		不符合纠正措施	不符合来源、分类、溯源分析（五个回归）、纠正及纠正措施个回归	√	√	√	√	√	√	√								M1/M5+M3
106		持续改进	识别持续改进机会、持续改进方式	√	√	√	√	√	√	√								M1/M5

注：
① √为掌握；*为了解。
② 企业领导指省直及二级单位主要负责人。
③ 安全管理人员指企业安全总监、安全管理部门管理人员；二级单位主管安全副经理、安全总监、安全管理部门管理人员；安全管理部门（科室）安全活动。
④ M—课堂讲授；M2—实操训练；M3—仿真训练；M4—预案演练；M5—网络学习；M6—班组（科室）安全活动；M7—生产会议或HSE会议；M8—视频案例；M9—文件制度自学。其中M1~M5表示M1至M5；M1+M5表示M1或M5。
⑤ 附加培训方式：M7-生产会议或HSE会议；M8-视频案例。

4 掌握程度确定及培训方式

HSE 培训矩阵编制应当遵循"一级培训一级、一级考核一级、一级对一级负责"的直线管理原则，由企业所属各直属单位及下属基层单位逐级组织，成立以各直属单位主要领导及下属基层单位负责人为组长的编制小组，制定编制方案，明确职责分工、进度与方法，按照岗位梳理职责、划分操作项目、确定 HSE 培训内容和 HSE 培训要求等步骤，组织开展编制工作。只有完成基层单位 HSE 培训矩阵编制开发，构建各直属单位所属专业系统 HSE 培训矩阵，才可能打好编制开发油田企业各专业 HSE 培训矩阵的基础，利于确定各基层岗位掌握程度和培训方式。

4.1 掌握程度

掌握程度是根据油田企业各专业系统的基层单位岗位人员 HSE 岗位责任和技能操作要求，按照整合各类别岗位的多岗位说明书的岗位描述要求的 HSE 意识、知识和技能的最低学习程度，也反映了便于组织开展企业级 HSE 培训活动的培训内容。油气开发企业级企业主要分为掌握(用"√")、了解(用"*")、扩展(空白)学习三个层次。

4.2 培训方式及周期

培训方式及周期的确定一般与设置的培训课题密切相关，培训课题的特征决定了培训方式，意识、知识和技能的强化要求决定了培训周期。培训方式主要有课堂讲授、课堂讲授+考试、各种 HSE 会议、部门主管主持的专题研讨会、实际操作以及网络培训等。培训周期也应根据法律法规的更新、规章制度的改版、程序文件以及管理文件修订等情况的变化来确定，以确保培训对象掌握最新的 HSE 知识和技能。一般情况下，培训周期最长应不超过 HSE 管理规范的修订周期，一般为 3 年；对于关键内容或变化较快的培训内容，培训周期为 2 年；对于需要实际操作训练的内容，培训周期为 1 年。

企业级的 HSE 培训矩阵系列是各直属单位、基层 HSE 培训矩阵的总纲和基础，但对培训方式及周期的要求只具有指导性，具体的实施需结合直属单位、基层单位岗位人员的需求调整。如采用师带徒的培训方式，其培训周期就需比较长，长周期内还需制定因材施教的循序渐进的计划，做好阶段性总结等工作才可能达到预期培训目标，因此方式基本是"一对一"或"一对几"的规模，各级 HSE 矩阵的指导只是参考或阶段目标。

为了更突出培训内容或课题与培训方式及周期的密切关系，一般与 HSE 培训矩阵配套各岗位 HSE 培训与考核大纲，凸现岗位特征和培训课题的特点，也便于因材施教；突出面向基层面向岗位，利于岗位能力提升；培训内容与考核项目的结合，利于"学"与"考"的融合，有针对性。

5 开发编制油田企业 HSE 培训矩阵注意事项

(1)做好法律法规、安全技术标准调查，防范岗位 HSE 培训法律法规风险。主要包括国家、地方政府有关安全生产、环境保护、职业病防治的法律法规，安全技术标准；集团公司有关健康安全与环境和员工教育培训规章制度、企业标准规范；本企业有关健康安全与环境和员工教育培训规章制度、标准规范等，并进行收集，对收集的法律法规、专业安全技术标准、规章制度进行辨识，确定有关法律法规、专业安全技术标准、规章制度对员工 HSE 培训的最基本要求。

（2）认真做好各专业系统岗位管理单元调查，根据生产工作、劳动组织形式、定员确定岗位分工，明确生产工作岗位，确定岗位职责；在结合岗位职责，梳理岗位及与岗位具有关联的工作流程、设备设施、工作区域等，确定岗位管理单元，分解操作内容，确定具体的操作项目，罗列各项目操作风险清单，并与设置的培训课题、掌握程度、培训周期、培训方式、考核项目对照，形成岗位实际与培训内容的对应。必要时，还需征求岗位员工意见，保证无遗漏、无交叉，符合岗位实际。

（3）培训方式的确定需根据不同的培训内容、培训效果、培训对象可采取的培训手段或形式，针对一些特殊培训内容或条件较特殊的对象也可以不限定具体的培训形式。需要动手操作的项目，以实际操作培训为主，课堂讲授与现场演练相结合；属于理念性的内容，以课堂授课和会议告知为主；最好不限定员工自学。

（4）HSE 培训矩阵编制完成后应当由各编制小组进行评审，通过后由负责人批准，报HSE 培训主管部门备案。HSE 培训初始阶段，可由企业 HSE 部门组织生产、设备、人事及培训部门成立小组对培训矩阵进行审定，审查后组织实施培训。

第三章 油气开发企业 HSE 培训课程

第一节 安全生产法及相关法律法规

法律是治国之重器，法治是国家治理体系和治理能力的重要依托。党的十八大提出要全面推进依法治国，加快建设社会主义法治国家。党的十九大强调坚持全面依法治国，把坚持全面依法治国作为新时代坚持和发展中国特色社会主义的基本方略。依法治国落到企业的安全生产领域就是要依法治安，知法、懂法、守法、用法，全面落实企业的安全生产主体责任，规范从业人员的安全生产行为，创造良好稳定的安全生产环境，保障企业持续健康稳定发展。

1 我国安全生产法律体系概述

1.1 安全法律体系的概念和特点

安全生产法律体系，是指我国全部现行的、不同的安全生产法律规范形成的有机联系的统一整体。我国安全生产法律体系具有三个特点：一是法律规范的调整对象和阶级意志具有一致性。国家所有的安全生产立法，体现了工人阶级领导下的最广大人民群众的最根本利益，都要围绕"三个代表"重要思想和科学发展观以及习近平总书记系列讲话精神，围绕执政为民这一根本宗旨而制定；二是法律规范的内容和形式具有多样性，安全生产贯穿于生产经营活动的各个行业、领域、各种社会关系非常复杂，这就需要针对不同生产经营单位的不同特点，针对各种突出的安全问题，制定内容不同、形式不同的安全生产法律规范；三是法律规范的相互关系具有系统性，安全生产法律规范的层级、内容和形式虽然有所不同，但是它们之间存在着相互依存、相互联系、相互衔接、相互协调的辩证统一关系。

1.2 安全生产法律体系的基本框架

1.2.1 宪法

宪法是国家的根本法，具有最高的法律地位和法律效力，是安全生产法律体系的最高层级，"加强劳动保护，改善劳动条件"是有关安全生产方面最高法律效力的规定。

1.2.2 法律

法律指由享有立法权的国家机关依照一定的立法程序制定和颁布的规范性文件。我国有关安全生产的法律是全国人民代表大会及其常务委员会制定和修订的有关安全生产的规范性文件，其法律地位和法律效力高于行政法规、地方性法规、部门规章、地方政府规章等。

1.2.3　行政法规

行政法规是国家行政机关制定的规范性文件的总称。行政法规有广狭二义，广义的行政法规泛指包括国家权力机关根据宪法制定的关于国家行政管理的各种法律、法令；也包括国家行政机关根据宪法、法律、法令，在其职权范围内制定的关于国家行政管理的各种法规。狭义的行政法规专指最高国家行政机关即国务院制定的规范性文件。行政法规的法律地位和法律效力次于宪法和法律，但高于地方性法规、行政规章。

1.2.4　地方性法规

地方性法规是指地方国家权力机关依照法定职权和程序制定和颁布的、施行于本行政区域的规范性文件。地方性法规的法律地位和法律效力低于宪法、法律、行政法规，但高于地方政府规章。

1.2.5　行政规章

行政规章是指国家行政机关依照行政职权所制定、发布的针对某一类事件、行为或者某一类人员的行政管理的规范性文件。行政规章分为部门规章和地方政府规章两种。部门规章是指国务院的部、委员会和直属机构依照法律、行政法规或者国务院的授权制定的在全国范围内实施行政管理的规范性文件。地方政府规章是指有地方性法规制定权的地方的人民政府依照法律、行政法规、地方性法规或者本级人民代表大会或其常务委员会授权制定的在本行政区域实施行政管理的规范性文件。

1.2.6　法定安全生产标准

安全生产标准是安全生产法律体系的一个重要组成部分，也是安全生产管理的基础和监督执法的重要技术依据。法定安全生产标准主要是指强制性安全生产标准，分为国家标准和行业标准。安全生产国家标准是指国家标准化行政主管部门依照《标准化法》制定的在全国范围内适用的安全生产技术规范。安全生产行业标准是指国务院有关部门和直属机构依照《标准化法》制定的在安全生产领域内适用的安全生产技术规范。

1.3　我国安全生产法律体系的现状

当前，我国已经形成了以《中华人民共和国安全生产法》为龙头，以相关法律、行政法规、部门规章、地方性法规、地方政府规章和安全生产国家标准和行业标准为主体的具有中国特色的安全生产法律体系，并在不断发展和完善中。据统计，目前，我国人大、国务院和相关主管部门已经颁布实施并仍然有效的安全生产法律法规一百六十多部，其中包括安全生产法律十多部，安全生产行政法规五十多部，安全生产部委规章一百多部等，法律、法规及规章实例见表 1 - 3 - 1。

我国安全生产法律体系的建设和完善，为做好安全生产工作提供了重要的制度保障，有利于保障人民群众的生命和财产安全；有利于依法规范生产经营单位的安全生产工作；有利于各级人民政府加强对安全生产工作的领导；有利于安全生产监管部门和有关部门依法行政，加强监督管理；有利于提高从业人员的安全素质；有利于增强全体公民的安全法律意识；有利于制裁各种安全违法行为。

表1-3-1　法律、法规及规章实例

安全生产法律	安全生产法规	安全生产规章
《安全生产法》 《消防法》 《特种设备安全法》 《突发事件应对法》 《道路交通安全法》 《矿山安全法》 《劳动法》 《劳动合同法》 《工会法》 《职业病防治法》 《刑法》 ……	《安全生产许可证条例》 《危险化学品安全管理条例》 《生产安全事故报告和调查处理条例》 《生产安全事故应急条例》 《工伤保险条例》 《建筑工程安全管理条例》 《大型群众性活动安全管理条例》 《民用爆炸物品安全管理条例》 《特种设备安全监察条例》 ……	《生产经营单位安全培训规定》 《劳动防护用品监督管理规定》 《生产安全事故隐患排查治理暂行规定》 《生产安全事故应急预案管理办法》 《建筑工程消防监督管理规定》 《危险化学品输送管道安全管理规定》 《建设项目职业病防护设施"三同时"监督管理办法》 ……

2　《安全生产法》相关内容

　　为了加强安全生产工作，防止和减少生产安全事故，保障人民群众生命和财产安全，促进经济社会持续健康发展，全国人大常委会通过施行了《中华人民共和国安全生产法》，对所有生产经营单位的安全生产普遍适用。《中华人民共和国安全生产法》，是在党中央领导下制定的一部"生命法"，也是我国第一部安全生产基本法律，是我国安全生产法制建设的重要里程碑。它是各类生产经营单位及其从业人员实现安全生产所必须遵循的行为准则，是各级人民政府和各有关部门进行监督管理和行政执法的法律依据，是制裁各种安全生产违法犯罪行为的重要法律武器。《中华人民共和国安全生产法》历经2014年、2021年2次修订，与新时代新发展要求相适应。

2.1　修订的必要性

　　安全生产的新形势和新要求，出现一些安全生产的新特点，同时党中央国务院和中央领导更加重视安全生产，也提出了一些新的要求，安全生产法需进行再次修改。

　　（1）机构改革。原安全生产监督管理总局改为应急部，法律中相应的执法部门也应该从安全生产监督管理部门改为应急管理部门。

　　（2）《中共中央国务院关于推进安全生产领域改革发展的意见》（以下简称《意见》）发布并实施，全面部署了安全生产方面的工作任务，包括安全监管监察体制的改革、健全法律法规体系等要求，需要相应的法律支持。

　　（3）习近平总书记重视安全生产，关爱人民群众的生命健康，对安全生产作出了一系列批示指示，为了更好地贯彻实施，需要将其写入法律条文。

　　（4）经济的发展，生产方式的转变，生产力的提高。一些新业态、新材料、新工艺、新技术的发展，以及一些新的生产组织和管理模式的变化，都给安全生产带来了一些新的挑战和机遇，原法律也有相应的不适应之处，需要补充修改完善。

2.2　贯彻习近平总书记重要指示精神，加强体制机制建设

2.2.1　加强党的领导

　　"安全生产工作坚持中国共产党的领导。"一句话，是历史性的、里程碑的重大事件，

充分说明了党对安全的重视，预示着安全生产问题的根本性转变。

在我国行政法规中，很少提到党的领导，包括环境、安全以及经济方面的法律。但事实上，我们国家的体制是党领导一切，各级都是党委领导，没有党的领导，没有各级各部门的支持，安全搞不好。因为安全生产涉及很多大事，比如组织机构、职务任命、发展方向、舆论主导、甚至大额预算等。

2.2.2　安全发展理念

将原来安全发展改为理念，在此基础上增加了"坚持人民至上、生命至上，把保护人民生命安全摆在首位"这句话出自党的十九届五中全会《中共中央关于制定国民经济和社会发展第十四个五年规划和二〇三五年远景目标的建议》。

"人民至上、生命至上"，党的十九大报告提出："树立安全发展理念，弘扬生命至上，安全第一的思想。"习近平在 2020 年 5 月 22 日，参加十三届全国人大三次会议内蒙古代表团审议时的讲话，以后在很多场合，他都深入阐述了这一观点，这也成为近两年我国抗击新冠疫情中贯穿始终的一个主导思想。

"把保护人民生命安全摆在首位"，也是习近平同志的一贯思想。早在 2013 年 6 月 6 日，针对当年上半年全国多个地区接连发生多起重特大安全生产事故，造成重大人员伤亡和财产损失的问题，习近平指出，人命关天，发展决不能以牺牲人的生命为代价。这必须作为一条不可逾越的红线。这里，首先表明了安全生产工作的承继和发展。因为安全发展，是科学发展观的产物，是对于安全和发展的一种辩证思维或者说理念，应该予以发扬光大。其次，这些话充分表达了党和国家领导对于人民生命安全的重视，已经把这点放到了超越一切的一个至高无上的地位，一个真正的安全第一，没有并列。发展的目的是为了人民的幸福，发展过程中可以有很多代价，但绝不以人民的生命作为代价。还有，对于生命的敬畏和尊重，是最基本的人权，也是现代文明的标志。人没有贵贱之分，每一个生命都有存在的价值和独立的尊严，这就是最基本的人和人的权利。

2.3　安全生产责任体系

2.3.1　"三个必须"

这次安全生产法最大的亮点就是将"管行业必须管安全、管业务必须管安全、管生产经营必须管安全。"（以下简称"三个必须"）写入法律。"三个必须"这是习近平同志批示的原话，最早见于习近平同志 2013 年 11 月 24 日关于青岛"11·22"爆炸事故的讲话，以后在《中共中央国务院关于推进安全生产领域改革发展的意见》（以下简称《意见》）也作为安全生产的原则提出。"三个必须"主要是为了解决安全监管体制问题，按照国家要求，在 2020 年安全生产监管体制基本成熟。

这里有两个层次，一是对于政府部门管理的问题，《安全生产法（2021 版）》以下简称《新安法》第十条提出"交通运输、住房和城乡建设、水利、民航等有关部门依照本法和其他有关法律、行政法规的规定，在各自的职责范围内对有关行业、领域的安全生产工作实施监督管理"。这里"部门"一般称之为行业领域的主管部门，要求其在管业务和生产经营活动的时候，必须管安全。"三个必须"的第二个层次是对于企业。依据"三个必须"的原则，《新安法》也对企业负责人安全责任给予明确，如在第五条指出企业"主要负责人是安全生产第一责任人"，"其他负责人对职责范围内的安全生产工作负责"。按照现在我国多数企业的管理体制，企业领导层设有分管安全和分管工艺、设备、购销、人事等不同方面的负责人，同时还设有安全环保部门和其他部门，很多情况下，一说到安全，主要负责人往往认为就是分管安全的负责人以及安全环保部门的事情，其他负责人和部门干脆不管，这种管理模式下前者肯定管不好。所以正确的应该是安全的各个方面应由分管领导和各个部门负责，在其管相关业务工作时候，同时管自己业务范围内的安全。如管设备的，应该管设备安全，管财务的，要保障安全的经费来源，管人事的，要保障人员的安全素质和安全准入。主管安全的负责人和安全环保部门仅仅应该起到上下沟通、协调组织和监督的作用，主要工作应该是监督和督促各个部门履行自己业务范围内的安全职责。

"三个必须"是我们国家安全生产管理体制中分工负责的原则。也就是按照"党政同责、一岗双责、齐抓共管"原则落实安全管理责任，要求各行业、各领域、各部门及其所有人员都要对自己工作职责范围内的安全生产负责。

2.3.2 部门职责的划分

按照"三个必须"的原则，现在在安全生产法中政府安全监管有两类部门，一类是应急管理部门，一类是其他行业领域主管部门，称之为有关部门。两类部门统称为负有安全生产监督管理职责的部门。

《新安法》第十条提出两种监督管理，一种是由应急管理部门负责的"综合监督管理"，另一种是有关部门负责的"监督管理"。两种监管源于党中央《意见》第（五）条提出的综合监管与行业监管。根据通常理解，"监督管理""行业监管"属于直接监管，综合监管属于间接监管，即通过直接监管部门监管。《新安法》指出了"交通运输、住房和城乡建设、水利、民航等有关部门"为直接监管的部门，关键是"等"的范围，按照"三个必须"提出的行业、业务、生产经营主管部门，应该还包括教育、卫生、体育、文化、农业、林业、商业、城市管理以及工业主管部门，自然也应该有环保、特种设备、食品药品、国土资源等主管部门。事实上，最近一次刘鹤副总理的讲话就提出：各有关部门要积极承担起"三个必须"安全监管责任，分兵把口形成合力。应急管理部门要牵头开展化工矿山等整治工作，住建部门要牵头开展燃气管道整治工作，工信部门牵头开展各类工业园区整治工作，能源部门牵头开展长输油气管道、化学储能电站，交通运输部门牵头开展规划性运输，水路、陆路运输，铁路局牵头开展铁路整治工作。

那么，作为综合监管部门的应急管理部门有没有直接监管的责任呢？不管是安全生产法还是党中央《意见》都没有写，但是在国务院新闻办召开的《新安法》发布会上，应急管理部宋元明副部长说"也有直接监管的行业，比如冶金、有色、建材、轻工、纺织、机械、烟草、商贸这八大行业，还有危化品、烟花爆竹等，这都是我们应急管理部直接监管的"。显然，为安全生产的大局着想，对国家和人民担当，应急管理部精神可嘉。

2.3.3 各级政府部门的具体分工

由于我国管理体制的复杂性和体制改革的不断进展，部门之间具体明确的分工很难。考虑到有些职责不清的地方，《新安法》新增第十五条，要求"县级以上各级人民政府应当组织负有安全生产监督管理职责的部门依法编制安全生产权利和责任清单。"实际上，就是将省级以下负有安全生产监管职责的部门的具体分工放到地方政府和部门。当然，分工原则除了"三个必须"，还有就是责权利相统一的原则，是权力和责任清单，部门的权力和责任应该完全对应。

2.3.4　强制性国标的分工

与我国标准化体制改革相适应，《新安法》新增第十二条，提出安全生产强制性国家标准的分工。即有关部门提出和技术审查等，应急管理部统筹立项计划，标准主管部门立项、编号和发布。由此纠正了目前在标准化工作中政出多门的现象。注意这里是强制性的国家标准，不包括非强制性国标，也不包括行业标准、团体标准和地方标准。

2.3.5　开发区、工业园区、港区、风景区的要求

《新安法》第九条在原来乡镇政府和办事处职责中增加了开发区、港区、风景区的要求，"应当明确负责安全生产监督管理的有关工作机构及其职责"，包括对企业进行"监督检查"，协助上级或自己按照授权履行安全监管职责。这里有两个意思：首先是地方经济发展中，许多新设立的开发区、港区、景区等管理体制不健全，管理机构性质不甚清楚，如设立的这类区的管委会很多不明确是行政机关还是事业单位，有些还和区的开发公司或招商公司在职责和业务方面形成政企不分的局面。这里，就是考虑到这种情况，《新安法》规定不管管委会是什么性质，什么体制，一定要有安全管理机构并承担职责，以避免政府安全管理的空白。其次，我们国家的法律体系中，许多执法权设在县级以上政府，乡镇以下和这类开发区等区的监管和执法权不明确，相应容易形成监管的空白。所以这里明确了这些区的执法权限，即监督检查(执法监察)，按照上级授权监管(如行政审批和许可等)，或协助上级监管。第三，这类区中安全至关重要的是化工园区，这些园区风险集中，安全管理任务重，政府监管不可或缺。这里，也是针对目前化工园区安全监管的薄弱环节，确定的政府职责。

2.3.6　部门的安全风险与评估论证机制

《新安法》第八条新增了有关部门"建立完善安全风险评估与论证机制，按照安全风险管控要求，进行产业规划和空间布局"。根据其业务性质，可以认为这些部门主要是指规划和国土资源等部门，结合本条第一款新增安全规划与空间规划的相衔接，可以理解为要求这些部门在规划和空间布局时候要进行安全风险评估或论证。这点不同于现行的只有在项目落地或项目审批阶段才开始考虑安全。进一步表明了党和国家在安全方面关口前移的主导思想。

2.3.7　政府和企业的安全责任

一段时间内，安全生产的主体责任争论非常激烈，有说企业、有说政府、也有说政府和企业两个主体责任。由于思想的不明确，也由于当时在政府监管中存在管得太多、太细，导致企业丧失了安全生产的主动权和自主权，企业安全生产的机制体制难以形成和运行，企业安全生产的责任难以落实。所以 2014 年安全生产法修改中明确了企业安全生产的主体责任。这种强调和明确非常必要，对于企业安全生产的积极性和主动性，对于企业安全生产的机制体制建立完善和运行有很大的积极意义。由此促成了这些年我国安全生产形势的逐年好转。

但同时，关于政府监管的定位一直没有定论，部门职责不清，如何才能够依法依规准确地履行安全监管责任，甚至要不要履行安全监管责任也有争论和犹豫。这一次安全生产法在原来企业主体责任的基础上增加了政府监管责任，明确要求深化和落实政府安全监管责任。这就明确了政府和企业在安全生产中的定位，明确了两个责任之间的关系。即在安全生产中企业仍然是主体责任，而政府也应该履行监管责任，不能缺位。显然，这也是一

个责任的主次关系，并未冲淡企业的主体责任。

2.3.8 全员安全生产责任制

依据"三个必须"的原则，《新安法》在所有出现安全生产责任制的地方都增加了"全员"，明确了全员的安全生产责任制，如第四条、第二十一条、第二十二条，包括新提出的平台经济的安全管理。也就是说全员的安全责任制已经作为法律的强制性，强调企业每一个人都有安全的法律责任，并且要明确具体的责任和考核标准，对于落实情况进行严格的监督考核，这样，安全再也不是少数人的事了。同时第五十七条在规章制度和操作规程前边增加岗位责任制，这样企业最重要的安全资料应该增加一厚本，就是全员的责任制。

2.3.9 企业内部的安全生产责任

《新安法》明确了企业内部主要人员的安全生产责任，包括主要负责人是安全生产第一责任人，对安全生产工作全面负责，并且在第二十一条中明确提出七条应该履行的职责。

《新安法》首次提出其他负责人对职责范围内的安全生产工作负责（第五条）。这些其他负责人应该是指除分管安全的负责人以外的其他分管业务的负责人，如分管人事、财务、工艺、设备、供应等，这些人员对自己分管工作范围内的安全生产负责，也是"三个必须"的体现。

《新安法》第二十五条明确了安全生产管理机构和安全生产管理人员的具体责任。同时首次提出"生产经营单位可以设置专职安全生产分管负责人，协助本单位主要负责人履行安全生产管理职责。"依照这条规定，分管安全的负责人在安全工作方面是协助主要负责人，而不是单独负责。而安全生产管理机构和管理人员的主要工作是参与或配合主要负责人负责的一些具体工作，同时对本单位安全生产工作进行监督检查和督促整改。

2.3.10 危险作业的安全要求

《新安法》第四十三条沿袭了危险作业的提法，但增加了动火、临时用电作业。要求在这些危险作业时候，要安排专人进行现场安全管理。

危险作业也叫特殊作业，也是通常说的八大作业，其特殊就在于其作业的危险性大，作业环境、时间、条件一直在变化，安全管理难度大。对于危险作业的管理，我们国家由来已久，但一直没有统一。包括其范围、要求等。目前只有一个国标《化学品生产单位特殊作业安全规范》（GB 30871—2014）规定了化工企业危险作业的范围和操作要求。所以《新安法》规定危险作业应由应急管理部门会同有关部门来规定。

2.4 安全生产措施方法的发展创新

《新安法》充分体现了我国法制建设的发展和创新，提出一些新的有力的措施保障安全生产，其中有些是目前正在做的行之有效的，现在以法律的形式确定更有利于实施。

2.4.1 资金支持

《新安法》多处提出了对于安全生产的资金保障措施：在第四条提出企业要"加大对于安全生产资金、物资、人员的投入保障"，在第八条中要求各级政府将"加强安全生产基础设施建设和安全生产能力建设所需经费列入本级预算"，加上原来法律原文已经有的要求主要负责人保证本单位安全生产投入的有效实施，以及安全生产费用提取的规定。这样就从制度上、渠道上以及责任方面明确了安全生产的资金来源和保障措施。

2.4.2 安全生产责任险

这次《新安法》最主要的亮点是安全生产责任险的强制执行。安全责任险的两个背景情况：一是原来的工伤保险，本来也应该用于工伤事故的预防，但由于机构改革，工伤保险归人力资源部门管理。由于管理体制问题，这些资金大多用于工伤事故以后对于伤残人员的赔偿，用于事故的预防和安全生产渠道不很畅通，数量也往往不能满足需要。所以需要一个专门用于安全生产的保险资金来源。二是根据国家有关部门要求，原来很多企业实施安全风险抵押金。当时的形成是为了鼓励企业的管理层搞好安全生产，将其作为奖惩的资金运用。但是，这些资金的主要投入方向还不是安全生产的基础设施和各项措施。所以2017年《中共中央国务院关于推进安全生产领域改革发展的意见》要求：取消安全生产风险抵押金制度，建立健全安全生产责任保险制。所以，安全责任险的主要目的是安全生产的资金投入渠道。

安全生产责任保险的保障范围，不仅仅包括本企业的从业人员，还包括第三方的人员伤亡和财产损失，以及相关救援救护、事故鉴定、法律诉讼等费用。最重要的是安全生产责任保险具有事故预防的功能，保险机构必须为投保单位提供事故预防的服务，帮助企业查找风险隐患，提高安全管理水平。当然，由于保险领域与生俱来的信用特征，推行安全生产责任险，也是建立安全生产信用体系的一个重要组成部分。

2.4.3 信用体系

新的安全生产法保留了《安全生产法》(2014版)(以下简称《原安法》)关于信用体系的内容，但新增了对于该体系的具体要求，包括：

(1)对象从单位扩展到个人。《新安法》对于失信的惩戒对象从原来的单位扩展到"有关从业人员"，增加对个人的震慑力和惩罚，包括个人罚款和信用惩戒、行业禁入等。

(2)失信行为更广泛及时地通告、公告和惩戒。《新安法》对于公告要求"及时"，对于受到行政处罚的要在三个工作日内曝光，在二十个工作日内通过企业信用信息公示系统向社会公示。

(3)具体的惩戒措施。《新安法》对于政府部门规定了更加详细的惩戒措施，包括加大执法频次、暂停项目审批、上调有关保险费率、行业或者职业禁入等，并要求向社会公示。

2.4.4 重大危险源的部门共享

《新安法》第三十八条，重大危险源由原来在应急管理部门备案的基础上，还要求通过相关信息系统实现和有关部门共享。

2.4.5 严厉的举报制度

第七十一条更加明确举报的处理部门和职责，为防止部门之间的推诿应付，强调如果不是本部门处理的，要移交其他部门。对于涉及死亡的，是政府组织核查，不是部门。充分显示了重视程度，也避免有些部门人员参与隐瞒事故等。

2.4.6 心理学和行为科学

《新安法》增加了"关注从业人员的生理、心理状况和行为习惯"，提出了"心理疏导和精神慰藉"的要求。这是安全生产的所有相关法律中第一次将心理和行为写入。也是安全科学向更高层次发展的一个标志。研究表明，在所有的工伤事故中，90%是由于人的失误造成，其中心理和行为习惯占了很大比例。所以，用心理学和行为科学来研究人的安全行为，借助心理学和行为科学手段解决作业人员的相关问题，是减少和避免事故发生的最有效手段和最短途径。

2.4.7 新兴行业的安全

近几年随着经济社会的发展，一些新兴行业得以迅猛发展，如各种平台、网购、快递，还有"农家乐"，既涉及旅游，也涉及餐饮，还涉及农业农村。这些属于新兴行业，但也算是生产经营单位，属于安法调整范围。因此，《新安法》对于这些新兴行业领域提出了一些安全生产要求，包括第四条中的全员安全生产责任制，从业人员的安全教育和培训等。

同时，在政府监管方面，《新安法》第十条规定，这些新兴行业领域的安全监管职责不明确的，由县级以上地方人民政府按照业务相近的原则确定监督管理的部门。由此也防止了部门之间互相推诿而形成监管的"盲区"。

2.4.8 安全生产新问题的应对

对近几年生产安全事故中暴露的一些新问题，《新安法》做出了一些有针对性的规定，如在第三十六条规定："餐饮等行业的生产经营单位使用燃气的，应当安装可燃气体报警装置，并保障其正常使用。"在第四十九条新增施工项目安全管理，"不得倒卖、出租、出借、挂靠或者以其他形式非法转让"等。主要是我国工程领域这种现象很普遍，已严重危及安全生产。所以《新安法》强调对于高危行业禁止，并且在后边一百零三条有相应罚则。

2.4.9 双重预控和安全生产标准化

这两项工作与职业安全健康管理体系和 HSE 管理体系类似，都是偏重企业安全方面的管理体系，也都是这些年实践证明行之有效的安全生产管理方法，也是近年来国家一直在倡导推行的。但是，这两项工作的意义和区别，是否应该强制性推行，一直有争论。尽管二者都有在管理方面的重合和紧密关联，但还是各自有所侧重的。标准化是源于管理体系，实际上本来是职业安全健康体系的简化版，本来适用于一些中小企业不太适合体系较为复杂的结构和庞大的系统，是一种适合我国大部分企业的行之有效，简便易行的安全生产管理体系或模式。只是在后期演变过程中，结合我国现行的安全许可制度，增加了若干安全方面的基础硬件要求。当然，其侧重的仍然是管理方面的一个体系，其运行依然是按照通用的以 PDCA 循环为特征的体系。

双重预控侧重的不是体系，而是安全生产工作的两个关口，或者说是预防生产安全事故的两方面的重要内容。即在正常情况下对于风险的识别、分级与控制，以及在形成隐患以后即非正常情况下对于隐患的排查和治理。《原安法》和《意见》中都提到，企业要"推进安全生产标准化建设"，没有强制的意思。

尽管《原安法》四十八条提的是"国家鼓励生产经营单位投保安全生产责任保险"，但在《意见》中要求高危行业领域(危险物品、矿山等行业，《新安法》中有变化)"应当投保安全生产责任险"，同时在后边的罚则中也有相应的处罚数额。显然，属于强制性的表述。

《新安法》第四条要求生产经营单位"构建安全风险分级管控和隐患排查双重预防体系"，并在后边的罚则中对于未能建立制度和采取管控措施的给予相应处罚，显然属于强制性要求。同时把"安全生产标准化建设"从"推进"改为"加强"，表明了力度加强，但也不属于强制性表述，同时后边也没有相应的处罚措施。所以，标准化和双重预控，其侧重点和作用不尽相同，在《新安法》中的要求也不同。需要注意一点和现行做法不一样，在提到双重预控和标准化的时候，都是要求企业创建，而没有提到第三方的任何机构，也没有提到相关的评审、组织、咨询服务，也没有提到相关机构和人员资质。这表明了这项工作完全是企业自主行为，没有给任何部门设立机构和人员资质的理由，也避免了第三方给企业增加额外负担的可乘之机。

2.4.10　事故救援的新思想

《新安法》在事故救援和处理方面一个突出特点就是对于人的保护和人的生命的价值体现。第五十四条新增对于生产经营单位发生事故以后的两处：一是"应当及时采取措施救治有关人员"。体现生命至上，先救人，然后才是救物，或其他报告什么的。目前这一点很多应急预案中不甚清楚。此外，对于现场人员，出事以后也应该确定首先撤离的原则，首先保障自身安全，其次才是别的。恰如在飞机上佩戴氧气面罩所告诫的，在帮助别人之前首先要自己戴好面罩。二是事故受害者除工伤保险外，还有获得民事赔偿的权利。这里去掉了《原安法》"向本单位提出"的限定词，意味着受害者可以多渠道提出赔偿诉求。

2.4.11　应急救援系统与预案

《新安法》第七十九条明确了各级政府及其部门在应急救援体系中的分工合作，即应急管理部门统一协调指挥，并建立全国统一的应急管理系统，各部门和地方政府建立自己行业领域和地方的系统，各个系统之间互联互通、信息共享。第八十条新增了"乡镇人民政府和街道办事处，以及开发区、工业园区、港区、风景区等应当制定相应的生产安全事故应急救援预案"要求。从而避免了现行预案体系的不完整。

2.4.12　事故后整改的评估

《新安法》在第八十六条首次提出对于事故处理以后整改情况的评估，要求"负责事故调查处理的国务院有关部门和地方人民政府应当在批复事故调查报告后一年内，组织有关部门对事故整改和防范措施落实情况进行评估，并及时向社会公开评估结果；对不履行职责导致事故整改和防范措施没有落实的有关单位和人员，应当按照有关规定追究责任。"这一条内容基本上是党中央《意见》中要求"建立事故暴露问题整改督办制度"的原话。将其写入法律，更有利于该项制度的事实，也确保了出事故的单位和人员能够深刻吸取教训，切实落实整改和防范措施建议，防范同类事故再次发生。评估部门是负责事故调查处理的部门。事实上，应急管理部从 2018 年开始就多次组织了这项工作，取得了良好效果。今年 3 月份，以国务院安委办文件正式印发了《生产安全事故防范和整改措施落实情况评估办法》（以下称《办法》）。《办法》中对评估主体、评估内容、工作方式、问题处理等方面都作了明确规定。

2.4.13　风险和隐患的管理

《新安法》突出了安全生产中风险和隐患的管理，除了双重预防机制的提出以外，还新增了以下内容：

（1）企业隐患的公开。《新安法》突出了企业员工对于安全状况和隐患的知情权，第四十一条，要求企业排查的事故隐患通过职工大会、信息公示栏等多种形式公开并且向有关人员通报。这最主要是有关人员对于安全和风险的知情权，有利于采取措施保障自己和他人的安全，消除隐患。

（2）重大隐患报告制度。明确重大隐患报告制度，不仅是企业报告，也要求有关部门将重大隐患纳入相关信息系统。

2.4.14 举报的处理

《新安法》要求各级政府和有关部门更加严肃地对待安全生产违法行为的举报。在第七十七条规定除了原有的举报电话、邮箱以外，还要建立"网络举报平台"。对于不属于本部门职责的，要进行移交，同时要求对于涉及人员死亡的，由政府而不是部门组织核查处理。

2.4.15 检察院单独起诉

《新安法》在第七十四条新增检察院单独起诉的条款，规定"因安全生产违法行为造成重大事故隐患或者导致重大事故，致使国家利益或者社会公共利益受到侵害的，人民检察院可以根据民事诉讼法、行政诉讼法的相关规定提起公益诉讼。"注意这里不仅是事故，也包括未造成事故之前的重大事故隐患。《新安法》都表明可以直接起诉。

2.5 加大处罚力度

2.5.1 联合惩戒方式

《新安法》对于安全评价、认证、检测等中介机构违法行为的罚款力度增加，同时采用了联合惩戒方式，即对"机构及其直接责任人员，吊销其相应资质和资格，五年内不得从事安全评价、认证、检测、检验等工作；情节严重的，实行终身行业和职业禁入。"

对于严重违法被关闭的生产经营单位主要负责人，也是在大大加重罚款数额的基础上，实施行业禁入，"五年内不得担任任何生产经营单位的主要负责人；情节严重的，终身不得担任本行业生产经营单位的主要负责人"。

2.5.2 新增处罚事项

《新安法》新增一些处罚事项，如第九十七条，未按照规定配备注册安全工程师的；第九十九条"关闭、破坏直接关系生产安全的监控、报警、防护、救生设备、设施，或者篡改、隐瞒、销毁其相关数据、信息的""餐饮等行业的生产经营单位使用燃气未安装可燃气体报警装置的。"第一百零一条，未对重大危险源定期检测的，以及在风险预控和隐患排查双重预控中的违法事实；第一百零三条高危行业在施工项目安全管理方面的违法现象；第一百零七条，不落实岗位安全责任；第一百零九条，高危行业未投保安全生产责任险等。

2.5.3 罚款金额更高

《新安法》普遍大幅度提高了罚款数额，有8处罚款增加1倍以上，只有第一百零二条取消了发现事故隐患未整改的对于单位的罚款，增加了对于造成隐患责任人的处罚数额。

2.5.4 违法行为以后直接处罚

将《原安法》中大量的逾期未改正、拒不执行以及可以处的罚款前提全部改为违法行为发生以后直接罚款，共有8处这样的表述；同时新增的4处违法罚款也是发现违法事实后的直接罚款。至此，安全生产法规定的违法行为发生以后，全部是在要求整改的同时，直接处以罚款。而不是以逾期未整改等前提，也没有"可以""不可以"的选择项。

2.5.5 未整改的连续计罚

对于违法行为《新安法》采取了更加严厉的整改要求，对于违法后拒不整改的，可以责令停产停业整顿，并且可以按日连续计罚。

3　《中华人民共和国刑法》相关内容

刑法是规定犯罪、刑事责任和刑罚的法律。我国《刑法》的立法宗旨是为了惩罚犯罪、保护人民，整部法律始终贯穿着罪刑法定原则、适用刑法平等原则和罪刑相适应原则。它是规范社会关系的最后一道防线，也是社会的最后一道防线。刑法肩负着预防和打击犯罪、保护法益、矫正失衡秩序等多重使命，是我国安全生产法律体系中关键一环，其一举一动都对依法治安产生重要影响。2020 年 12 月 26 日，中华人民共和国主席习近平签署《中华人民共和国主席令》(第六十六号)，公布《中华人民共和国刑法修正案(十一)》，自 2021 年 3 月 1 日起施行。刑法经过这次修正，将原有的"强令违章冒险作业罪"修改为"强令、组织他人违章冒险作业罪"，新增加了"危险作业罪"，不再局限于结果犯罪，而是安全生产结果犯和危险犯并重并存并罚，在实际事故发生之前，进行积极预防，以预防为导向来加大立法，并依法治理。修正后，与安全生产刑事责任有关的罪名见表 1 – 3 – 2。

表 1 – 3 – 2　与安全生产刑事责任有关的罪名

第一百三十四条	重大责任事故罪；强令、组织他人违章冒险作业罪；危险作业罪
第一百三十五条	重大劳动安全事故罪；大型群众性活动重大安全事故罪
第一百三十六条	危险物品肇事罪
第一百三十七条	工程重大安全事故罪
第一百三十九条	消防责任事故罪；不报、谎报安全事故罪

3.1　重大责任事故罪

在生产、作业中违反有关安全管理的规定，因而发生重大伤亡事故或者造成其他严重后果的，处三年以下有期徒刑或者拘役；情节特别恶劣的，处三年以上七年以下有期徒刑。

3.2　强令、组织他人违章冒险作业罪

强令他人违章冒险作业，或者明知存在重大事故隐患而不排除，仍冒险组织作业，因而发生重大伤亡事故或者造成其他严重后果的，处五年以下有期徒刑或者拘役；情节特别恶劣的，处五年以上有期徒刑。

3.3　危险作业罪

在生产、作业中违反有关安全管理的规定，有下列情形之一，具有发生重大伤亡事故或者其他严重后果的现实危险的，处一年以下有期徒刑、拘役或者管制：

(1)破坏安全系统并数据作假型：关闭、破坏直接关系生产安全的监控、报警、防护、救生设备、设施，或者篡改、隐瞒、销毁其相关数据、信息的；

(2)拒不整改重大事故隐患型：因存在重大事故隐患被依法责令停产停业、停止施工、停止使用有关设备、设施、场所或者立即采取排除危险的整改措施，而拒不执行的；

(3)擅自、非法生产型：涉及安全生产的事项未经依法批准或者许可，擅自从事矿山开采、金属冶炼、建筑施工，以及危险物品生产、经营、储存等高度危险的生产作业活动的。

3.4 重大劳动安全事故罪

安全生产设施或者安全生产条件不符合国家规定，因而发生重大伤亡事故或者造成其他严重后果的，对直接负责的主管人员和其他直接责任人员，处三年以下有期徒刑或者拘役；情节特别恶劣的，处三年以上七年以下有期徒刑。

3.5 大型群众性活动重大安全事故罪

举办大型群众性活动违反安全管理规定，因而发生重大伤亡事故或者造成其他严重后果的，对直接负责的主管人员和其他直接责任人员，处三年以下有期徒刑或者拘役；情节特别恶劣的，处三年以上七年以下有期徒刑。

3.6 危险物品肇事罪

违反爆炸性、易燃性、放射性、毒害性、腐蚀性物品的管理规定，在生产、储存、运输、使用中发生重大事故，造成严重后果的，处三年以下有期徒刑或者拘役；后果特别严重的，处三年以上七年以下有期徒刑。

3.7 工程重大安全事故罪

建设单位、设计单位、施工单位、工程监理单位违反国家规定，降低工程质量标准，造成重大安全事故的，对直接责任人员，处五年以下有期徒刑或者拘役，并处罚金；后果特别严重的，处五年以上十年以下有期徒刑，并处罚金。

3.8 消防责任事故罪

违反消防管理法规，经消防监督机构通知采取改正措施而拒绝执行，造成严重后果的，对直接责任人员，处三年以下有期徒刑或者拘役；后果特别严重的，处三年以上七年以下有期徒刑。

3.9 不报、谎报安全事故罪

在安全事故发生后，负有报告职责的人员不报或者谎报事故情况，贻误事故抢救，情节严重的，处三年以下有期徒刑或者拘役；情节特别严重的，处三年以上七年以下有期徒刑。

第二节 油气开发企业三年专项整治行动

21 世纪以来，全国安全生产形势保持了稳定向好的态势，事故起数及伤亡人数保持了两位数的下降，但危险化学品、煤矿、非煤矿山、消防、交通运输、建筑施工等传统高危行业风险还没有得到全面有效防控，污染防治、城市建设、新能源等领域新情况新风险又不断涌现，重特大事故时有发生。特别是安全发展理念还不够牢、安全责任不落实、本质安全水平不高、安全预防控制体系不完善等瓶颈性、根源性、本质性问题仍未得到有效解决。为认真贯彻落实习近平总书记关于安全生产重要论述，特别是近期作出的"从根本上消除事故隐患"的重要指示精神，按照国务院领导同志批示要求，国务院安委会会同有关部门研究制定了《全国安全生产专项整治三年行动计划》，2020 年 4 月 1 日国务院安委会正式印发。4 月 10 日国务院召开全国安全生产电视电话会议，对三年专项整治行动作出了全面安排部署。这是党中央、国务院对安全生产工作作出的重大决策部署，是新时代人民群众对增强全社会安全感提出的新要求。

1 全国安全生产专项整治三年行动计划

《全国安全生产专项整治三年行动计划》包括全国安全生产专项整治三年行动计划总方案和 2 个专题实施方案、9 个专项整治实施方案。

1.1 总体要求

以习近平新时代中国特色社会主义思想为指导，全面贯彻党的十九大和十九届二中、三中、四中全会精神，深入贯彻习近平总书记关于安全生产重要论述，树牢安全发展理念，强化底线思维和红线意识，坚持问题导向、目标导向和结果导向，深化源头治理、系统治理和综合治理，切实在转变理念、狠抓治本上下功夫，完善和落实重在"从根本上消除事故隐患"的责任链条、制度成果、管理办法、重点工程和工作机制，扎实推进安全生产治理体系和治理能力现代化，专项整治取得积极成效，事故总量和较大事故持续下降，重特大事故有效遏制，全国安全生产整体水平明显提高，为全面维护好人民群众生命财产安全和经济高质量发展、社会和谐稳定提供有力的安全生产保障。

1.2 主要任务

推动地方各级党委政府、有关部门和企业单位坚持以习近平总书记关于安全生产重要论述武装头脑、指导实践，务必把安全生产摆到重要位置，切实解决思想认知不足、安全发展理念不牢和抓落实存在很大差距等突出问题；完善和落实安全生产责任和管理制度，健全落实党政同责、一岗双责、齐抓共管、失职追责的安全生产责任制，强化党委政府领导责任、部门监管责任和企业主体责任；建立公共安全隐患排查和安全预防控制体系，推进安全生产由企业被动接受监管向主动加强管理转变、安全风险管控由政府推动为主向企业自主开展转变、隐患排查治理由部门行政执法为主向企业日常自查自纠转交；完善安全生产体制机制法制，大力推动科技创新，持续加强基础建设，全面提升本质安全水平。重点分 2 个专题和 9 个行业领域深入推动实施。

1.3 主要内容

1.3.1 全国安全生产专项整治三年行动计划总方案的内容

(1)学习宣传贯彻习近平总书记关于安全生产重要论述专题；

(2)落实企业安全生产主体责任专题；

(3)危险化学品安全整治；

(4)煤矿安全整治；

(5)非煤矿山安全整治；

(6)消防安全整治；

(7)道路运输安全整治；

(8)交通运输(民航、铁路、邮政、水上和城市轨道交通)和渔业船舶安全整治；

(9)城市建设安全整治；

(10)工业园区等功能区安全整治；

(11)危险废物等安全整治。

1.3.2 2 个专题实施方案及 9 个专项整治实施方案

(1)学习宣传贯彻习近平总书记关于安全生产重要论述专题实施方案；

(2)落实企业安全生产主体责任三年行动专题实施方案；

（3）危险化学品安全专项整治三年行动实施方案；

（4）煤矿安全专项整治三年行动实施方案；

（5）非煤矿山安全专项整治三年行动实施方案；

（6）消防安全专项整治三年行动实施方案；

（7）道路运输安全专项整治三年行动实施方案；

（8）交通运输（民航、铁路、邮政、水上和城市轨道交通）和渔业船舶安全专项整治三年行动实施方案；

（9）城市建设安全专项整治三年行动实施方案；

（10）工业园区等功能区安全专项整治三年行动实施方案；

（11）危险废物等安全专项整治三年行动实施方案。

1.4　进度安排

从 2020 年 4 月至 2022 年 12 月，分四个阶段进行。

（1）动员部署（2020 年 4 月）。按程序报批印发全国安全生产专项整治三年行动计划和 11 个专项整治方案；召开全国安全生产电视电话会议，部署启动全面开展专项整治三年行动。各地区、各有关部门和中央企业制定实施方案，对开展专项整治三年行动作出具体安排。

（2）排查整治（2020 年 5 月至 12 月）。各地区、各有关部门深入分析一些地方和行业领域复工复产过程中发生事故的主客观原因，对本地区、本行业领域和重点单位场所、关键环节安全风险隐患进行全面深入细致的排查治理，建立问题隐患和制度措施"两个清单"，制定时间表路线图，明确整改责任单位和整改要求，坚持边查边改、立查立改，加快推进实施，整治工作取得初步成效。

（3）集中攻坚（2021 年）。动态更新"两个清单"，针对重点难点问题，通过现场推进会、"开小灶"、推广有关地方和标杆企业的经验等措施，加大专项整治攻坚力度，落实和完善治理措施，推动建立健全公共安全隐患排查和安全预防控制体系，整治工作取得明显成效。

（4）巩固提升（2022 年）。深入分析安全生产共性问题和突出隐患，深挖背后的深层次矛盾和原因，梳理出在法规标准、政策措施层面需要建立健全、补充完善的具体制度，逐项推动落实。结合各地经验做法特别是总结江苏省安全生产专项整治经验，形成一批制度成果，在全国推广。总结全国安全生产专项整治三年行动，着力将党的十八大以来安全生产重要理论和实践创新转化为法规制度，健全长效机制，形成一套较为成熟定型的安全生产制度体系。

2　中国石化安全生产专项整治三年行动计划

按照《全国安全生产专项整治三年行动计划》的部署安排，结合中国石化安全生产实际，中国石油化工集团有限公司 HSE 委员会制定了《中国石化安全生产专项整治三年行动计划》（中国石化 HSE 委员会〔2020〕1 号），并于 2020 年 4 月 30 日发布，督促指导所属企业单位安全生产专项整治工作。明确了工作要求、主要任务、责任分工、进度要求和保障措施等。

2.1　工作要求

深入学习贯彻习近平总书记关于安全生产的重要论述，牢固树立安全发展理念，以"识别大风险、消除大隐患、杜绝大事故"为主线，以"零伤害、零污染、零事故"为目标，以有效运行 HSE 管理体系为抓手，坚持从严管理和问题导向，健全落实"党政同责、一岗双责、齐抓共管、失职追责"的安全生产责任制，建立完善安全隐患排查和安全预防控制体系，强化"从根本上消除事故隐患"的责任链条，加强危险化学品全过程安全管理，严格施工作业环节安全管控，突出油气田和煤矿专业管理，提升应急能力建设，推动安全科技创新，持续提升全员安全责任意识，不断夯实安全生产基础，全面提升本质安全水平。

2.2　主要任务

中国石化安全生产专项整治三年行动计划部署了 2 个专题任务落实及 5 项专项整治工作，并制定了 7 项活动实施方案。主要任务包括：

(1)学习宣传贯彻习近平总书记关于安全生产重要论述专题。

(2)安全生产主体责任分解落实专题。

(3)危险化学品安全专项整治。

(4)油气田、煤矿安全专项整治。

(5)施工作业安全专项整治。

(6)应急管理安全专项整治。

(7)危险废物安全专项整治。

2.3　进度安排

从 2020 年 4 月至 2022 年 12 月，分四个阶段进行。

(1)动员部署(2020 年 4 月至 5 月)。制定中国石化安全生产专项整治三年行动计划，4 月底前发布实施。各企业制定具体实施方案，部署落实安全生产专项整治三年行动，5 月底前启动实施。企业安全专项整治实施方案于 5 月底前经本单位 HSE 委员会审议通过后报集团公司 HSE 委员会办公室。

(2)排查整治(2020 年 6 月至 12 月)。各企业推进安全生产关键领域和关键环节专项整治工作，建立问题隐患和制度措施"两个清单"，按照"五定"原则落实问题隐患整改，坚持边查边改、立查立改，整治工作取得初步成效。

(3)集中攻坚(2021 年)。动态更新"两个清单"，针对重点难点问题，通过组织专题研究，实施专项重点工程建设，强化专项整治攻坚力度，确保专项整治任务按期完成，整治工作取得明显成效。

(4)巩固提升(2022 年)。深入分析安全生产共性问题和突出隐患，深挖背后的深层次矛盾和原因，进一步修订完善 HSE 管理体系要求，健全安全责任体系，理顺管理流程，完善制度标准，强化全过程安全风险管控。总结工作经验并进行推广提升，进一步推进安全生产长效机制建设，推动公司安全生产水平的全面提高。

3　油田企业安全生产专项整治三年行动

为落实国家、地方政府、集团公司安全生产专项整治三年行动计划的部署安排，油田企业需结合企业安全生产实际，落实安全生产专项整治三年行动，制定行动总体思路，设定总体目标，明确责任分工、阶段工作任务目标，强化督促检查兑现考核等。

3.1　工作要求

深入学习贯彻习近平总书记关于安全生产的重要论述，牢固树立红线意识和底线思维，以"识别大风险、消除大隐患、杜绝大事故"为主线，以"零伤害、零污染、零事故"为目标，以有效运行 HSE 管理体系为抓手，坚持全面从严管理和问题导向，聚焦责任落实和制度执行，遵循"什么问题突出就重点整治什么问题"的原则，健全落实"党政同责、一岗双责、齐抓共管、失职追责"的安全生产责任制，强化"从根本上消除事故隐患"的责任链条，加强危险化学品全过程安全管理，严格承包商和施工作业环节安全管控，突出专业安全管理，提升应急能力建设，持续提升全员安全责任意识，不断夯实安全生产基础，建立起以双重预防体系为基础的长效机制，全面提升本质安全水平。

3.2　总体目标

按照"一年夯基础，两年见成效，三年上台阶"设置目标任务，按期全面完成三年专项整治任务，基本实现管理体系化、本质安全化和监管智能化。

3.2.1　结果性指标

零伤害、零污染、零事故。

3.2.2　过程控制指标

（1）一般及以上事故数量 0。

（2）安全风险识别率和管控措施落实率 100%，安全风险降级减值计划完成率 100%。

（3）安全隐患治理销项计划符合率 100%。

（4）新改扩建工程项目安全、消防、职业病防护设施"三同时"执行率 100%。

（5）职业健康检查率和职业病危害因素检测率保持在 100%。

（6）职业病危害场所达标率基本目标 98%，力争 100%。

（7）火灾四项指数（接报火灾数量、火灾死亡人数、火灾受伤人数、直接财产损失）控制在近五年平均数之内，对消防重点单位的检查率 100%。

（8）输油气管道运行（建设）"安全保护工作同步运行机制"审查合格率 100%。

3.3　进度安排

从 2020 年 4 月至 2022 年 12 月，分四个阶段进行。

（1）动员部署（2020 年 4 月至 6 月）。制定油气开发企业安全生产专项整治三年行动计划实施方案，经油气开发企业 HSE 委员会审议通过后，6 月上旬启动实施，并将实施方案上报集团公司和属地政府。各单位按照油田实施方案要求，制定本单位具体实施方案，部署落实安全专项整治三年行动，经本单位 HSE 委员会或月度 HSE 例会审议通过后，于 6 月 30 日前上报。

（2）排查整治（2020 年 7 月至 12 月）。深刻吸取各类事故教训，推进安全生产关键领域和关键环节专项整治工作，着力解决措施不落地、责任不落实等突出问题，建立安全风险、问题隐患、费用和制度措施"四个清单"，制定时间表、路线图，坚持边查边改、立查立改，不能立即整改的要专题研究，制定整改和管控方案，明确整改要求、整改期限和责任部门，确保整治工作取得初步成效。

（3）集中攻坚（2021 年）。动态更新"四个清单"，紧盯责任落实和制度执行，针对重点难点问题，通过组织专题研究，实施专项重点工程建设，加大专项整治攻坚力度，落实和完善治理措施，切实管控一批重大安全风险，切实消除一批重大隐患，整治工作取得明显成效。

（4）巩固提升（2022 年）。深入分析安全生产共性问题和突出隐患，深挖背后的深层次原因，梳理出制度标准层面需要健全、补充完善的具体制度标准，逐项推动落实，形成一批制度成果，进一步修订完善 HSE 管理体系，健全安全责任体系，理顺管理流程，强化全过程风险隐患排查治理。总结工作经验并推广提升，进一步推进安全生产长效机制建设，推动安全生产管理水平的全面提高。

3.4　主要任务

（1）学习宣传贯彻习近平总书记关于安全生产重要论述专题。

（2）安全生产主体责任分解落实专题。

（3）危险化学品安全专项整治。

（4）油气田安全专项整治。一是规范 HSE 管理体系运行，促进责任落实。二是履行油气工程项目全面安全监管职责。三是提升安全生产保障能力。四是抓实重大安全风险防控和隐患排查治理。五是推进安全信息化建设。六是落实科技兴安举措。七是加强外部项目安全管理。八是加强电力系统、水务系统安全管理。九是加强物业服务系统安全管理。十是加强交通安全管理等。

（5）施工作业安全专项整治。一是完善工程及检维修项目安全责任体系。二是深入开展承包商安全管理专项整治。三是深入开展施工安全专项整治，开展"加强直接作业环节安全管理十条措施"、严重违章行为判定标准等规定落实专项排查，深化直接作业环节施工劳动组织保障、施工生产组织环节安全控制专项治理，建立一体化施工安全监管机制。四是持续开展"双边"作业、施工安全教育培训、施工班组安全建设专项提升，强化班组安全技能。五是加大新技术、新装备的推广应用。

（6）应急管理安全专项整治。一是强化异常管理与处置。二是完善应急预案体系。三是强化应急保障。四是加强油田应急救援中心建设。五是强化消防依法合规管理工作。

（7）危险废物安全专项整治。一是加强《固体废物污染环境防治法》等法律法规宣贯。二是完善危废管理机制，夯实基础信息管理，严格落实《中国石化危险废物环保管理指南》。三是开展"产生—暂存—转运—处置"全过程链条隐患排查治理，对发现的问题逐一整改。四是推进固废减量化和资源化。五是开展环保设施和项目安全风险评估论证。六是开展建筑垃圾排查整治等。

第三节　安全生产风险管控与隐患排查治理

安全生产风险管理不仅是一种先进、科学的管理模式，而且包括风险管理在内的风险管控及隐患排查治理双重预防机制已纳入了 2021 年颁布的修订版《安全生产法》，这就意味着在我国实施风险管理将是法律的强制要求。

生产安全风险，是安全不期望事故事件概率与其可能后果严重程度的综合结果。安全不期望事故事件是指可能造成人员伤害、财产损失、环境破坏和社会声誉影响的事故事件。隐患是指导致风险升级或影响风险大小的各种因素处于一种不安全的状态或风险控制过程中的不足或存在的漏洞，泛指企业违反安全生产法律、法规、规章、标准、规程和安全生产管理制度的规定，或者因其他因素在生产经营活动中存在可能导致事故发生的物的危险状态、人的不安全行为和管理上的缺陷。

1 危害因素及其分类、分级

危害因素（Hazard，也译作"危险源"等）是指可能导致人身伤害和（或）健康损害的根源、状态或行为，或其组合。其中，源头、根源即源头类危害因素，状态或行为则为衍生类危害因素。故根据危害因素在事故致因中的作用，将其划分为源头类危害因素与衍生类危害因素两种类型。

1.1 源头类危害因素（危险源）

源头类危害因素即可能导致人身伤害和（或）健康损害的根源、源头类因素，它是造成事故的根源、源头，主要是指能量意外释放论里所说的能量或有害物质。如日常生产经营活动中的所需或所用的一些能量以及伴随发生的有害物质等，像马路上高速行驶的车辆动能，锅炉、压力容器、压力管道等中的压力势能以及热能、电能等各种能量，都属于能量范畴；而像危险化学品之类，则属于有害物质范畴。能量、有害物质或作为维持生产经营活动之必需，或是生产经营活动伴生品、副产品，是不以人的主观意志为转移客观存在的，要么主观上不能消除，要么客观上难以消除，因此，管控此类危害因素的办法就是，在把它们辨识出来的基础上，设置相应的防范屏障（措施），加以屏蔽（防控），防止其失控而导致事故的发生。

1.1.1 源头类危害因素（危险源）与事故后果严重程度之关系

源头类危害因素是事故发生的根源所在，是导致事故发生的源头、罪魁祸首。源头类危害因素包括能量与有害物质，能量的大小、强弱，有害物质毒性大小、量值的多少等，决定其一旦失控所产生的威力或破坏性大小。重大危险源分级就是采用诸如"死亡半径"之类的评价指标。例如，一颗原子弹的威力要远大于一颗手榴弹爆炸的威力，因为原子弹自身所具有的能量远大于手榴弹的能量。总之，源头类危害因素自身能量大小或有害物质量的多少决定了其具有的破坏威力。

需要注意的是，破坏威力的大小并不一定意味着后果严重程度的高低，这是因为事故的后果严重程度还应考虑周边环境情况等因素的情况。同样是一颗威力巨大的原子弹，如果在渺无人烟的试验场地爆炸，就不会造成多大损失，反之，二战时期，美国在日本广岛和长崎丢下的两颗原子弹，则就造成了大量的人员伤亡与财产损失。这是因为在渺无人烟的试验场地，原子弹爆炸能量波及的"受体"——沙滩或岩石等，对原子弹爆炸所产生的能量不敏感，或者说能够承受，故不会造成重大损失，反之，在日本广岛和长崎爆炸的原子弹，无论是作为能量"受体"的人与财产，都无法承受，故造成了史无前例的人员伤亡和财产损失。鉴于源头类危害因素自身能量大小或有害物质量的多少只能决定其所具有的威力大小，或具有的破坏性大小，至于真正可能造成的后果严重程度，还需结合周边环境情况及其相关因素一并考虑，因此，在进行评估风险时，一定要在测算源头类危害因素自身能量大小或有害物质量的多少的同时，结合其所处周边环境情况，才能确定后果严重程度。周边环境中那些人员密集区或环境敏感区等易加重后果严重性的区域被称为"高后果区"。

总之，事故的后果严重程度主要取决于源头类危害因素［能量大小、烈度（毒性）高低等〕，同时还受所处环境（受体）等方面的影响。

1.1.2　源头类危害因素的分级——危险源分级

危险源分级就是对能量或有害物质的分级。目前，主要是对有害物质（危险化学品）进行的重大危险源分级。参照《危险化学品重大危险源辨识》（GB18218—2018），采用单元内各种危险化学品实际存在量与其相对应的临界量比值，经校正系数校正后的比值之和 R 作为分级指标，在测评能量或有害物质的威力、破坏性大小及周边环境情况后，修正的 R 值分别定义为一、二、三、四级重大危险源，这就是重大危险源分级，在一定程度上反映了可能事故（事件）后果的严重程度。

当然，除有害物质（危险化学品）外，能量也可以分级，如电压等级分级、设备设施工作压力分级、设备或介质工作温度分级等。但必须指出的是，如临界量很小但自身稳定性好的危险化学品，会因其临界量小被评估为级别很高的重大危险源，但其危险程度并不比另一类临界量不大但自身稳定性差的危险化学品更为可怕，江苏响水危化品自燃而引发的爆炸事故就很能说明这个问题。由此可见，危险源等级的高低决定着其后果严重性，但即使危险源的等级很高，如果其性能稳定失控可能性低，其风险防控成本会很低；相反，即使危险源的等级不高，但如果极易失控，就必须加大力度严防严控。当然，这并非否认重大危险源分级指标价值、意义，它是反映危险源威力或后果严重性的基础性指标，具有单一性，还需借助风险评价指标，才能够做出客观全面的评价。

1.2　衍生类危害因素——隐患

衍生类（隐患类）危害因素，即危害因素（Hazard）定义中状态、行为或其组合，它是指导致约束、限制能量的措施（屏障）失效或破坏的各种不安全因素，包括人的不安全行为、物的不安全状态以及管理缺陷等，在我国将其称为隐患，故此类危害因素可称为隐患类危害因素。由于该类危害因素是伴随防护屏障（措施）的产生而产生的，是在对源头类危害因素防控过程中产生的衍生品，因此，又把它们称作衍生类危害因素。如果把源头类危害因素比作是导致事故的"元凶"，那么，衍生类（隐患类）危害因素就是"帮凶"，二者结合在一起，可能就会导致事故发生。

衍生类危害因素包括人的不安全行为、物的不安全状态以及管理缺陷等，但人的不安全行为、物的不安全状态与管理缺陷，并不是一个层面的东西，因为无论人的不安全行为还是物的不安全状态都是问题的表象，它们表现为防范屏障上的漏洞，也就是导致事故发生的直接原因，而管理缺陷则是隐藏在这些漏洞背后、使这些漏洞产生的原因或问题根源，也就是事故的间接原因或管理原因。

与源头类危害因素不同，此类危害因素是由于人为因素所造成。无论是人的不安全行为、物的不安全状态等，都可以归结为人为因素，归根结底都是由于管理上的原因所造成的。人的不安全行为的出现，要么是由于培训不到位，不知如何正确去做，要么是安全意识淡薄，想偷懒走捷径，明知故犯，等等。而所有这些问题，都是可以或通过强化理念、技能培训，或通过加强监督、管理加以解决。同样，物的不安全状态等也都可以通过强化管理加以解决。总之，无论是表现为防范屏障上漏洞的人的不安全行为、物的不安全状态，还是导致防范屏障上漏洞产生的管理缺陷等，它们都是主观、人为因素所致，是可以通过强化安全监督管理加以弥补和改进的。另外，与源头类危害因素不同，衍生类危害因素原本并不存在，因为要防止能量或有害物质等源头类危害因素的失控，需要设置相应的防护屏障(措施),如果未设置或设置的屏障上有漏洞、缺陷,它们就构成了衍生类危害因素,它们实质上就是隐患。

1.2.1　衍生类(隐患类)危害因素(隐患)与事故发生的可能性之关系

事故发生的可能性取决于对其的管控程度,而衍生类危害因素(隐患)作为衡量其管控程度的负向指标,对事故发生的可能性起着决定性作用。尽管如此,也不能简单地以隐患数量的多少判定事故发生可能性的高低,因为只有当两个组织性质、规模、技术成熟度等各项指标都相近或相同时,隐患数量的多寡才有意义。否则,就不具可比性。即使隐患数量相同,若程度不同,影响也将迥异。就业务性质而言,如果生产经营业务所涉及的源头类危害因素自身不稳定,就易于失控,同等条件下发生事故的可能性就大。譬如,分子链短轻质油与分子链长的重质油相比,无论是闪点、燃点还是挥发性都更低、更不稳定,就更易失控,因此,在相同管控程度的情况下,发生火灾、爆炸等事故的可能性就更大。一般而言,源头类危害因素越不稳定,对其管理将会越发严格,从而降低其事故发生的可能性。反之将会导致事故的高发,当今危化品事故频发的原因就是如此。另外,源头类危害因素所处环境对其所导致事故发生的可能性也有一定影响,譬如高温环境下更容易使一些危化品发生自燃;还有同等当量的能量释放或同等数量有害物质泄漏,如在无人区可能构不成事故,而在有人的地方就会造成伤亡事故,在人员密集的繁华闹市区还可能会是后果严重的重特大事故,此类区域就是前述的"高后果区"。由此可见,环境或受体情况既影响事故的后果严重程度,也影响事故发生的可能性。

总之,事故发生的可能性主要取决于衍生类危害因素(管控程度),当然与其业务性质(管控的源头类危害因素自身稳定性)密切相关,同时还受所处环境(受体)等因素的影响。

1.2.2　衍生类危害因素分级——隐患分级

事故的后果严重程度主要取决于源头类危害因素——危险源,因此,危险源分级评价指标,反映的就是事故的后果严重程度,至少是破坏威力,而事故发生可能性主要取决于衍生类危害因素——隐患,因此,从这个意义上讲,隐患分级的指标,理应反映因隐患存在而导致失控可能性增加的程度,起码应与失控的可能性有所关联,但事实却并非如此。

国家一般把隐患分级为一般事故隐患和重大事故隐患。一般事故隐患是指危害和整改难度较小,发现后能够立即整改排除的隐患。重大事故隐患是指危害和整改难度较大,应当全部或者局部停产停业,并经过一定时间整改治理方能排除的隐患,或者因外部因素影响致使生产经营单位自身难以排除的隐患。

隐患可分为基础管理类隐患和生产现场类隐患两大类。其中,生产现场类隐患主要包括:设备设施、场所环境、操作行为、消防及应急设施、供配电设施、职业卫生防护设施、辅助动力系统及现场其他方面;基础管理类隐患主要包括:企业的资质证照、安全生产管理机构和人员、安全生产责任制、安全生产管理制度、教育培训、安全生产档案管理、安全生产投入、应急管理、职业卫生基础管理、相关方管理及基础管理的其他方面。

依据中国石化相关规定,隐患按照危害大小、治理难易程度和紧迫性将隐患分为一般、较大和重大隐患三个级别。

一般隐患是指危害和整改难度较小,发现后能够立即整改消除的隐患。

较大隐患是指危害较大，整改有一定难度，不能即查即改，但又急需整治的隐患。

重大隐患指符合国家、集团公司规定的重大隐患判定标准或经评估可能导致较大以上事故，必须及时整治的隐患。

1.2.3　重大生产安全事故隐患直判

依据国家、行业及中国石化相关规定，以下情况应判定为重大生产安全事故隐患：

（1）单位主要负责人和安全生产管理人员未依法经考核合格或未正确履行安全职责的；

（2）未依法取得安全生产许可证；

（3）未建立与岗位相匹配的全员安全生产责任制或者职责不清的。未制定实施生产安全事故隐患排查治理制度或排查不全面、治理不彻底的；

（4）未制定操作规程和工艺控制指标，或操作规程指导性不强、与实际不符的；

（5）特种作业人员未持证上岗或作业人员实际操作技能不满足岗位要求的；

（6）安全评价报告或安全设施竣工验收中明确整改的问题未整改的；

（7）未按照国家标准制定动火、进入受限空间等特殊作业管理制度，或者制度未有效执行；

（8）安全设施未投用或未定期校验、监测和维护的；

（9）特种设备未按期检验、或使用检验结论为不符合要求的压力容器。大型机组、重要设施、电力、仪表系统未按期维护的；

（10）使用淘汰落后安全技术工艺、设备目录中的工艺、设备；

（11）涉及可燃气体场所和有毒有害气体泄漏的场所未按国家规定设置检测报警装置。爆炸危险场所未按国家规定安装使用防爆电气设备；

（12）有可燃有毒气体、液体的密闭空间未绘制分布图和定期排查的；

（13）地区架空电力线路穿越生产区且不符合国家标准要求的；

（14）生产装置未按国家标准设置双重电源供电、自动控制系统未设置不间断电源；

（15）生产、储存、经营易燃易爆危险品的场所与人员密集场所、居住场所设置在同一建筑物内；

（16）人员密集的居住场所采用彩钢夹芯板搭建，且彩钢夹芯板的燃烧性能低于 GB 8624 规定的 A 级；

（17）未经合法设计、设计与实际不符或不能抵御当地极端天气（雨雪风）的罩棚等构筑物；

（18）未对发生泥石流、滑坡等地质灾害地下、海底管线未绘制分布图；

（19）未定期检测和情况不清的超过设计使用年限的设备、设施，未经专项评估继续使用的；

（20）企业应急预案、现场应急处置方案和实际不符，缺乏针对性；人员现场应急处置能力不足；应急处置设施与企业经营活动不匹配；

（21）可能发生急性职业损伤的、有毒、有害工作场所、放射工作场所及放射性同位素的运输、储存未配置或使用防护设备和报警装置；

（22）安排有职业禁忌证、严重心脑血管疾病和心理问题员工在高风险岗位的；

（23）油气输送管道直接与城镇雨（污）水管涵、热力、电力、通信管涵交叉且没有采取防护措施的；

（24）油气长输管道被占压的。

2　安全生产风险及分级

2.1　风险（risk）

无论源头类危害因素——危险源的分级，还是衍生类危害因素——隐患分级，都遇到了评价指标片面、单一的问题，都需要借助风险评价指标解决问题。事实上，无论是源头类危害因素，还是衍生类危害因素，都属于客观存在的危害因素范畴，它们的危害程度如何，是否需要防控以及如何进行防控等，都需通过"风险"这一评价指标做进一步判定。风险是对危害因素危害程度的一种评价指标，反映的是危害因素危险性高低、大小的属性。

2.1.1　安全生产风险

广义而言，所谓风险就是指不确定性对目标的影响，因此，风险的一个显著特点就是不确定性，风险这种不确定性既有正向的，也有负向的，譬如金融财务领域里的风险，既有正向（收益）的不确定性，也有负向（损失）的不确定性。安全生产风险的定义就是指"危害事件发生的可能性和后果严重程度的组合"。因此，安全生产风险只有负向的不确定性，即损失的不确定性，其中包括事件（事故）发生与否的不确定性、导致结果（严重程度）的不确定性等。鉴于无论事件（事故）发生可能性还是其后果严重性，都是人们在事发之前做出的主观预测或判断，因为一旦事件发生，成为客观现实，就是确定性的了，也就不再是风险。因此，这种由人们主观预测、判断而获得的可能性与严重性指标，自然就具有一定的主观性。由于对辨识出危害因素是否防控以及如何防控，取决于其自身所具有的风险程度的高低，而风险程度高低又是靠主观预测或判断而获得的。因此，对于危害因素的风险评价最好应由训练有素的专业人士进行，尽可能客观、公正、准确地进行评价，以期反映其真实的危险程度，从而确定对该危害因素是否防控以及如何防控，才能够有效防控事故发生。

2.1.2　风险与危害因素的关系

危害因素与风险，一个为可能导致事故的客观存在，一个是对该"客观存在"导致事故可能性及其后果的不确定性的主观评判，二者有着本质区别，不容混淆与颠倒。在风险管理中，危害因素是主体，风险则是依附于该主体之上的客体，是对主体的评价（测量）指标，即风险是危害因素具有的风险，离开了危害因素，风险自然就无从谈起，因为皮之不存毛将焉附。危害因素与风险之关系，就类似水与水温、水深的关系，水温或水深都是水的测量指标，没有水就无所谓水温与水深。因为危害因素是风险管理的主体，在风险管理中，一切活动都是围绕着危害因素来进行，而风险只是作为判断危害因素是否需要管控以及如何进行管控的评价指标。

2.2　风险管理

风险管理一般包括"辨识、评估、控制"等关键环节。首先，通过危害因素辨识，查找将来可能发生事故的原因——危害因素；然后，通过风险评估，对辨识出的危害因素可能导致事故（事件）发生可能性及其后果严重性进行评判，进而与相关标准进行比对，决定是否对其（辨识出的危害因素）防控（其风险程度是否能够接受）、如何防控（根据风险等级，进行分级防控）；最后，通过风险控制，对于需要防控的危害因素，根据其风险程度的高低，有针对性地制定并落实相应的控制措施。由此可知，在风险管理活动中，"辨识"的是危害因素，"评估"的是辨识出的危害因素具有的风险，"控制"的是具有一定风险的危害因素。总之，在风险管理活动中，"辨识、评估、控制"的都是危害因素，危害因素是风险管理工作的主体，贯穿于整个风险管理的全过程，风险只是该过程中用于评价危害因素的一种评价指标而已，风险管理的一切工作都是围绕着危害因素来进行，因此，国外有时也把风险管理称为危害因素管理。

当然，正是由于风险依附于危害因素，而危害因素普遍存在，因此，依附于危害因素之上的风险自然也就相应存在，只不过风险数值大小或程度高低不同而已，这也正是人们认为风险是普遍存在或客观存在的道理。另外，在广义风险管理中，所谓的"风险辨识"实质上是"风险源"辨识，辨识的是客观存在的风险源，而不是风险，风险是对风险源的评估指标，而不是辨识对象，广义风险管理中的风险源与安全生产风险管理中危害因素相当。总之，危害因素与风险是完全不同两回事，正是由于未准确理解危害因素与风险之间的区别，把二者混为一谈，在工作中就会造成了不必要的困惑、麻烦。曾有某地方安监部门出台规定，把从事危化品生产经营企业一律划分为"红色"高风险区域，就使得这些企业左右为难。危化品生产经营企业基本上都是重大危险源企业，一旦出事后果严重是客观事实，但鉴于多数危化品生产经营企业能够严格管理，这些企业发生重大事故的可能性并不都很高，如世界著名企业壳牌公司就属于重量级危化品生产经营企业，近几十年来几乎没有发生过重大事故，其风险（可能性与严重性组合）并不太高。总之，危化品的生产经营企业，一般都是拥有重大危险源的企业，虽然一旦出事后果严重，但如果其管理严格、规范，发生事故的可能性就不会太高，那么其风险程度也就不高，不应都划入"红色"高风险区域。当然，管理不善的危化品生产经营企业，风险必定很高，因此，对于风险程度的评判，应具体问题具体分析，应通过可能性与后果严重性两个方面进行综合评判。之所以出现此类问题，究其实质就是混淆了危害因素（hazard）与风险（risk）概念的区别，错把危险源（危害因素）分级当成了风险分级。

2.3　风险分级

危险源分级指标反映的是事故的后果严重程度，缺乏可能性指标，而（修正后的）隐患分级指标同样如此，只是指标特征刚好相反而已，由于它们都只有一个维度指标，都只是反映了问题的一个方面，过于单一而失之偏颇，不能给出一个全面、客观、准确的评价，当然也就不能据此提供科学、合理的决策。因此，如果把危险源分级指标与（修正后的）隐患分级指标相结合，即把事故发生的可能性与其后果严重程度两个指标结合在一起，就能够有效克服上述弊端，而可能性与严重性的结合恰好就是风险评价指标。由此可见，相对于危险源分级评价指标或隐患分级评价指标，风险分级评价指标是一种全面、科学的评价指标，因为它既考虑了失控发生事故的可能性，又考虑了事故的后果严重程度，当然就要比单项分级评价指标更为全面、科学、合理。

风险分级评价指标把危险源分级评价指标与（修正后）隐患分级评价指标结合在一起，具有两个维度，一个是发生事故的可能性，另一个是事故的后果严重性，如图 1-3-1 中国石化安全风险矩阵，体现了中国石化容忍安全风险准则和可接受安全风险准则，在评估企业生产经营活动的初始风险和剩余风险等级应统一采用该风险矩阵。通过风险评价指标对危害因素进行风险评价，如果所评价危害因素的风险程度超过了可容许程度（这个可容

图 1-3-1 中国石化安全风险矩阵

安全风险矩阵		发生的可能性等级——从不可能到频繁发生							
		1	2	3	4	5	6	7	8
		类似的事件没有在石油石化行业发生过，且发生的可能性极低	类似的事件没有在石油石化行业发生过	类似事件在石油石化行业发生过	类似的事件在中国石化曾经发生过	类似的事件在本企业相似设备设施（使用相似作业）或相似活动中发生过	在设备设施内（或相同作业活动中发生过1或2次	在设备设施（使用相同作业内）或相同作业中发生过多次	在设备设施或相同作业活动中（至少经常发生）每年发生
		≤10⁻⁶/年	10⁻⁶~10⁻⁵/年	10⁻⁵~10⁻⁴/年	10⁻⁴~10⁻³/年	10⁻³~10⁻²/年	10⁻²~10⁻¹/年	10⁻¹~1/年	>1/年
后果等级	A	1	1	2	3	5	7	10	15
事故严重性等级（从轻到重）	B	2	2	3	5	7	10	15	23
	C	2	3	5	7	11	16	23	35
	D	5	8	12	17	25	37	55	81
	E	7	10	15	22	32	46	68	100
	F	10	15	20	30	43	64	94	138
	G	15	20	29	43	63	93	136	200

许程度一般可根据法律法规要求、合同规定、公司要求、相关标准等确定），就应根据其具体风险程度的高低——风险分级（高中低），分配相应的人财物力资源，以便采取相应的对此措施予以有效应对。如高风险的危害因素要动用大量资源进行严格管控，而中低风险的危害因素则利用一定的资源适当管控即可。如果危害因素初始（原始）风险程度低于可容许程度，原则上可以不予防控，这就是 ALARP（As Low As Reasonably Practicable，经济合理、尽可能低）原则，也称为"二拉平原则"，如图 1 – 3 – 2 所示。风险区域分为三个：

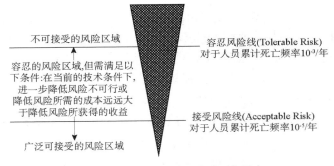

图 1 – 3 – 2　ALARP 原则示意图

（1）不可接受区域。指容忍风险值（Tolerable Risk）以上的区域，这个风险区域，除非特殊情况，风险是不可接受的，需要采取措施降低风险，较大及重大风险等级属于不可接受风险。容忍风险是 ALARP 区域的上限值，依据中国石化有关规定，人员伤害的容忍风险：界区内人员（主要指在厂界内工作的人员，包括内部员工、承包商员工等）年度累计死亡风险不超过 10^{-3}/年。界区外人员（主要指厂界外的社会人员）年度累计死亡风险不超过 10^{-4}/年。

（2）有条件容忍的风险区域。指容忍风险值与接受风险值之间的风险区域，可接受风险（Acceptable Risk）是 ALARP 区域的下限值，中国石化规定人员伤害的可接受风险为，界区内人员年度累计死亡风险不超过 10^{-5}/年，界区外人员年度累计死亡风险不超过 10^{-6}/年，该区域内必须满足以下条件之一，风险才是可以容忍：当前的技术条件下，进一步降低风险不可行，或者降低风险所需的成本远远高于降低风险所获得的收益。

（3）广泛可接受的风险区域。指接受风险值以下的低风险区域，这一风险通常是可忽略的，不要求进一步降低，但应保持警惕以确保风险维持在这一水平。

根据 ALARP 原则，可接受风险区域指广泛可接受的风险区域和满足 ALARP 原则的容忍风险区域。

依据国务院安委会《关于实施遏制重特大事故工作指南构建双重预防机制的意见》（安委办〔2016〕11 号）的要求，将安全风险等级从高到低划分为重大风险、较大风险、一般风险和低风险，分别用红、橙、黄、蓝四种颜色标示。

重大风险/红色风险，评估属不可容许的危险；必须建立管控档案，明确不可容许的危险内容及可能触发事故的因素，采取安全措施，并制定应急措施；当风险涉及正在进行中的作业时，应暂停作业。

较大风险/橙色风险，评估属高度危险；必须建立管控档案，明确高度危险内容及可能触发事故的因素，采取安全措施；当风险涉及正在进行中的作业时，应采取应急措施。

一般风险/黄色风险，评估属中度危险；必须明确中度危险内容及可能触发事故的因素，综合考虑伤害的可能性并采取安全措施，完成控制管理。

低风险/蓝色风险，评估属轻度危险和可容许的危险；需要跟踪监控，综合考虑伤害的可能性并采取安全措施，完成控制管理。

3 危险源分级指标、隐患分级指标与风险指标的结合应用

如前所述，无论危险源分级指标还是隐患分级指标，都只是具有单一维度的基础性指标，需要与其他相关指标配合使用，才能做出客观、全面评价，为科学决策提供依据。风险评价指标虽然是个相对独立的评价指标，但有时也存在与现实不吻合问题，若把风险评价指标与危险源分级指标相结合，就能够很好地用于重特大事故的预防；若把风险评价指标与隐患分级指标相结合，就能够妥善解决隐患整改中的棘手问题。

3.1 风险评价指标与危险源分级指标相结合用于重特大事故的防控

重大危险源（设施）是 20 世纪 90 年代国际劳工组织为防控重大灾难性事故而提出的概念，因此，要做好对重特大事故的防控，应从关注重大危险源入手，因为事故的后果严重程度主要取决于源头类危害因素，重特大事故基本上都是由重大危险源的失控所致，因此，要防控重特大事故，就应关注重大危险源，重大危险源的等级越高，威力就越大，可能导致的事故后果就越严重，由于事故后果严重性还与周边环境密切相关，因此，应特别关注"高后果区"重大危险源的管理。当然，除后果严重性外，还要看其发生可能性，如果失控可能性不同，即使同样等级的重大危险源，也应该区别对待，因此，要做好对重特大事故的防控，在关注重大危险源的同时，还必须辅之失控可能性评价指标，才能做到全面、客观评价。总之，对于重特大事故的防控，首先应通过对重大危险源分级评价，找出可能导致重特大事故的重大危险源；在针对可能的重特大事故的基础上，再借助风险评价指标，判断其中哪些重大危险源较易于失控，也即，在关注重大危险源的事故后果严重性的同时，还要兼顾重特大事故发生的可能性，从可能性与严重性两个维度进行全面测评，根据重大危险源的风险程度（风险分级），动用相应人财物力资源，进行有的放矢地防控。

3.2 风险评价指标与隐患分级指标相结合解决隐患治理中的问题

如果某隐患的整改难度很大，意味着将花费大量人财物力和（或）时间精力才能完成整改，但如果其所影响的能量或有害物质失控导致的事故后果严重程度（危害）并不太大，如何组织整改就需要借助风险评价指标做进一步分析。隐患分级说明了整改难易程度，再通过风险评价，评估隐患引发事故的可能性及事故的后果严重程度，即隐患具有的风险，把隐患分级指标与风险分级指标相结合，进行综合分析评价，就能够解决隐患整改中遇到的棘手问题。总之，对于隐患的治理整改，应在隐患分级的基础上，再通过风险评价指标做进一步评估，这样既考虑了隐患整改的难度情况，也对隐患存在所带来的后果严重性及发生可能性进行了综合分析，从而就能够确定隐患整改的先后次序及人财物力的投入。

4 风险防控

（1）对于高频、低后果的风险，其防控重点在于预防。对于此类风险的防控，应通过强化风险管理，有效降低事故发生的频次，才能够使此类风险得以显著降低。

（2）对于低频、高后果（黑天鹅事件）风险，如果其"低频"是严防死守的结果，就证明现行措施行之有效，一方面，应延续目前的"严防死守"预防措施，另一方面，重点做好应

急处置，否则，如果"低频"是自身性质，就应重点做好应急处置。总之，对于此类风险的防控，应把工作重点放在应急管理方面，通过卓有成效的应急管理，有效降低事故后果的严重程度，才能够使其风险得以显著降低。此外，鉴于其后果严重性高，对于财产方面的损失，可考虑通过购买保险，进行分散、转移风险。

（3）对于高频、高后果(灰犀牛事件)风险，其防控重点应是预防与应急并重，双管齐下。一方面，要尽一切努力，强化风险管理工作，做到严防死守，最大限度地降低事故发生的可能性，使几年一遇者变成十几年、几十年一遇；另一方面，还要千方百计努力做好应急管理工作，最大限度地降低后果严重程度，事故一旦发生，能够通过有效的事故应急，把事故后果降至最低，使重特大事故降为一般事故或小事故，这样双管齐下，就能使此类风险得以显著降低。此外，鉴于其后果严重性，对于财产方面的损失，可考虑通过购买保险，进行分散、转移风险。另外，对于高风险(高频、高后果)行业的监管，建议政府部门，一是要设置一定的准入门槛，对于安全业绩不良或无相关行业经历者，如安全意识淡薄、唯利是图的不法商人或管理混乱、不具备高危行业生产经营能力者，实行准入制管理，把他们限制在高风险行业之外，从根本上消除此类生产经营者所带来的风险；二是对于业已准入高风险行业的生产经营者，应严格过程监管，实行淘汰制管理，一旦发现安全生产管理过程中存在严重问题，即行勒令歇业，停产整顿，切忌以罚代管，更不能等到发生了重特大事故之后再行追责，对屡教不改者，应及时清理出高风险行业，前些年对小煤矿安全生产乱象的整顿就是一个很好的范例。

（4）对于低频、低后果风险，如果其"低频"是严防死守的结果，就应参照"高频、低后果风险"处理，否则，鉴于其低频、低后果，其风险程度很低，如果达到了可接受程度，对于此类风险，原则上可以不进行专门控制。

5 安全生产风险辨识管控与隐患排查治理双重预防机制

构建安全生产风险辨识管控与隐患排查治理双重预防机制，是落实党中央国务院新形势下推动安全生产领域改革创新的重大举措，是实现纵深防御、关口前移、源头治理的有效手段，是落实企业主体责任、提升本质安全水平、预防事故发生的根本途径。

5.1 "双重预防机制"背景

党中央、国务院历来高度重视安全生产工作，党的十八大以来作出一系列重大决策部署，推动全国安全生产工作取得积极进展，但由于安全生产基础薄弱，安全事故易发多发，重特大安全事故时有发生。

2013 年 11 月 22 日，青岛输油管道泄漏特大爆炸事故，造成 62 人死亡、136 人受伤，直接经济损失 75.172 亿元。

2014 年 8 月 2 日，江苏省昆山中荣金属制品有限公司发生特别重大铝粉尘爆炸事故共造成 146 人死亡，114 人受伤，直接经济损失 3.51 亿元。

2015 年 6 月 1 日，重庆东方轮船公司所属"东方之星"号客轮由南京开往重庆，当航行至湖北省荆州市监利县长江大马洲水道时翻沉，造成 442 人死亡。

2015 年 8 月 12 日，天津港瑞海公司危险品仓库发生特别重大火灾爆炸事故，造成 173 人死亡，798 人受伤，直接经济损失 68.66 亿元。

由于一系列重特大安全事故的发生，天津"8·12"事故后，党中央国务院从国家层面开始重新思考和定位当前的安全监管模式和企业事故预防水平问题。

2016 年 1 月 6 日，习近平总书记在中共中央政治局常委会会议上发表重要讲话，对加强安全生产工作提出 5 点要求，其中第四条是必须坚决遏制重特大事故频发势头，对易发重特大事故的行业领域采取风险分级管控、隐患排查治理双重预防性工作机制，推动安全生产关口前移，加强应急救援工作，最大限度减少人员伤亡和财产损失。李克强总理同时指出，进一步落实企业主体责任、部门监管责任、党委和政府领导责任，扎实做好安全生产各项工作，强化重点行业领域安全治理，加快健全隐患排查治理体系、风险预防控制体系和社会共治体系，依法严惩安全生产领域失职渎职行为，坚决遏制重特大事故频发势头，确保人民群众生命财产安全。

5.2 双重预防机制的涵义

双重预防机制是指风险分级管控机制与隐患排查治理机制，是构筑防范安全事故的前后两道防火墙。通过这一系统性的风险管理工程，把每一类风险都控制在可接受范围内，把每一个隐患都治理在形成之初，把每一起事故都消灭在萌芽状态。

第一道防火墙是管风险。以安全风险辨识和管控为基础，从源头上系统辨识风险、分级管控风险，努力把各类风险控制在可接受范围内，杜绝和减少事故隐患；第二道防火墙是治隐患。以隐患排查和治理为手段，认真排查风险管控过程中出现的缺失、漏洞和风险控制失效环节，坚决把隐患消灭在事故发生之前。

隐患排查治理和风险分级管控是相辅相成、相互促进的关系。安全风险分级管控是隐患排查治理的前提和基础，通过强化安全风险分级管控，从源头上消除、降低或控制相关风险，进而降低事故发生的可能性和后果的严重性。隐患排查治理是安全风险分级管控的强化与深入，通过隐患排查治理工作，查找风险管控措施的失效、缺陷或不足，采取措施予以整改。同时，分析、验证各类危险有害因素辨识评估的完整性和准确性，进而完善风险分级管控措施，减少或杜绝事故发生的可能性。安全风险分级管控和隐患排查治理共同构建起预防事故发生的双重机制，构成两道保护屏障，有效遏制重特大事故的发生。

5.3 "双重预防机制"相关文件

为认真落实党中央、国务院决策部署，坚决遏制重特大事故频发势头，国务院下发了一系列相关文件。

5.3.1 《标本兼治遏制重特大事故工作指南》

国务院安委会办公室于 2016 年 4 月 28 日下发《标本兼治遏制重特大事故工作指南》（安委办〔2016〕3 号）要求，坚持标本兼治、综合治理，把安全风险管控挺在隐患前面，把隐患排查治理挺在事故前面，扎实构建事故应急救援最后一道防线。坚持关口前移，超前辨识预判岗位、企业、区域安全风险，通过实施制度、技术、工程、管理等措施，有效防控各类安全风险；加强过程管控，通过构建隐患排查治理体系和闭环管理制度，强化监管执法，及时发现和消除各类事故隐患，防患于未然；强化事后处置，及时、科学、有效应对各类重特大事故，最大限度减少事故伤亡人数、降低损害程度。

提出，要着力构建安全风险分级管控和隐患排查治理双重预防性工作机制，一是健全安全风险评估分级和事故隐患排查分级标准体系。二是全面排查评定安全风险和事故隐患等级。依据相应标准，分别确定安全风险"红、橙、黄、蓝"（红色为安全风险最高级）4 个等级，分别确定事故隐患为重大隐患和一般隐患，并建立安全风险和事故隐患数据库，切实解决"想不到、管不到"问题。三是建立实行安全风险分级管控机制。按照"分区域、分级别、网格化"原则，实施安全风险差异化动态管理，明确落实每一处重大安全风险和重大危险源的安全管理与监管责任，强化风险管控技术、制度、管理措施，把可能导致的后果限制在可防、可控范围之内。健全安全风险公告警示和重大安全风险预警机制，定期对红色、橙色安全风险进行分析、评估、预警。落实企业安全风险分级管控岗位责任，建立企业安全风险公告、岗位安全风险确认和安全操作"明白卡"制度。四是实施事故隐患排查治理闭环管理。推进企业安全生产标准化和隐患排查治理体系建设，建立自查、自改、自报事故隐患的排查治理信息系统。

5.3.2 《关于实施遏制重特大事故工作指南构建双重预防机制的意见》

国务院安委会根据《标本兼治遏制重特大事故工作指南》的要求，于 2016 年 10 月 9 日下发《关于实施遏制重特大事故工作指南构建双重预防机制的意见》（安委办〔2016〕11 号），进一步确定了工作的总体思路和工作目标以及构建企业双重预防机制等方面的要求。

提出，准确把握安全生产的特点和规律，坚持风险预控、关口前移，全面推行安全风险分级管控，进一步强化隐患排查治理，推进事故预防工作科学化、信息化、标准化，实现把风险控制在隐患形成之前、把隐患消灭在事故前面。

要求，尽快建立健全安全风险分级管控和隐患排查治理的工作制度和规范，完善技术工程支撑、智能化管控、第三方专业化服务的保障措施，实现企业安全风险自辨自控、隐患自查自治，形成政府领导有力、部门监管有效、企业责任落实、社会参与有序的工作格局，提升安全生产整体预控能力，夯实遏制重特大事故的坚强基础。

在构建企业双重预防机制方面，一是全面开展安全风险辨识，指导推动各类企业按照有关制度和规范，针对本企业类型和特点，制定科学的安全风险辨识程序和方法，全面开展安全风险辨识。企业要组织专家和全体员工，采取安全绩效奖惩等有效措施，全方位、全过程辨识生产工艺、设备设施、作业环境、人员行为和管理体系等方面存在的安全风险，做到系统、全面、无遗漏，并持续更新完善。二是科学评定安全风险等级，企业要对辨识出的安全风险进行分类梳理，参照《企业职工伤亡事故分类》（GB 6441—1986），综合考虑起因物、引起事故的诱导性原因、致害物、伤害方式等，确定安全风险类别。对不同类别的安全风险，采用相应的风险评估方法确定安全风险等级。安全风险评估过程要突出遏制重特大事故，高度关注暴露人群，聚焦重大危险源、劳动密集型场所、高危作业工序和受影响的人群规模。安全风险等级从高到低划分为重大风险、较大风险、一般风险和低风险，分别用红、橙、黄、蓝四种颜色标示。其中，重大安全风险应填写清单、汇总造册，按照职责范围报告属地负有安全生产监督管理职责的部门。要依据安全风险类别和等级建立企业安全风险数据库，绘制企业"红橙黄蓝"四色安全风险空间分布图。三是有效管控安全风险。企业要根据风险评估的结果，针对安全风险特点，从组织、制度、技术、应急等方面对安全风险进行有效管控。要通过隔离危险源、采取技术手段、实施个体防护、设置监控设施等措施，达到回避、降低和监测风险的目的。要对安全风险分级、分层、分类、分专业进行管理，逐一落实企业、车间、班组和岗位的管控责任，尤其要强化对重大危险源和存在重大安全风险的生产经营系统、生产区域、岗位的重点管控。企业要高度关注运营状况和危险源变化后的风险状况，动态评估、调整风险等级和管控措施，确保安全风险始终处于受控范围内。四是实施安全风险公告警示。企业要建立完善安全风险公告制度，并加强风险教育和技能培训，确保管理层和每名员工都掌握安全风险的基本情况及防范、应急措施。要在醒目位置和重点区域分别设置安全风险公告栏，制作岗位安全风险告知卡，标明主要安全风险、可能引发事故隐患类别、事故后果、管控措施、应急措施及报告方式等内容。对存在重大安全风险的工作场所和岗位，要设置明显警示标志，并强化危险源监测和预警。五是建立完善隐患排查治理体系。风险管控措施失效或弱化极易形成隐患，酿成事故。企业要建立完善隐患排查治理制度，制定符合企业实际的隐患排查治理清单，明确和细化隐患排查的事项、内容和频次，并将责任逐一分解落实，推动全员参与自主排查隐患，尤其要强化对存在重大风险的场所、环节、部位的隐患排查。要通过与政府部门互联互通的隐患排查治理信息系统，全过程记录报告隐患排查治理情况。对于排查发现的重大事故隐患，应当在向负有安全生产监督管理职责的部门报告的同时，制定并实施严格的隐患治理方案，做到责任、措施、资金、时限和预案"五落实"，实现隐患排查治理的闭环管理。事故隐患整治过程中无法保证安全的，应停产停业或者停止使用相关设施设备，及时撤出相关作业人员，必要时向当地人民政府提出申请，配合疏散可能受到影响的周边人员。

5.3.3 《关于推进安全生产领域改革发展的意见》

2016年12月9日中共中央国务院颁布了《关于推进安全生产领域改革发展的意见》，是新中国成立以来第一个以党中央、国务院名义出台的安全生产工作的纲领性文件，"意见"第二十一条要求，强化企业预防措施。企业要定期开展风险评估和危害辨识。针对高危工艺、设备、物品、场所和岗位，建立分级管控制度，制定落实安全操作规程。树立隐患就是事故的观念，建立健全隐患排查治理制度、重大隐患治理情况向负有安全生产监督管理职责的部门和企业职代会双报告制度，实行自查自改自报闭环管理。

第四节　许可作业管理及严重违章行为判定

依据《化学品生产单位特殊作业安全规范》(GB 30871)及企业许可作业管理相关规定，各单位设备检修中涉及的用火作业、受限空间作业、盲板抽堵作业、高处作业、起重作业、临时用电作业、动土作业等特殊作业过程需执行作业许可审批、现场确认、监护、许可关闭等措施，保证现场施工作业安全。

1　许可作业

许可作业是指在从事非常规作业及高危作业之前，为保证作业安全，必须取得书面授权和指示证明方可实施作业的一种管理制度。作业许可也是一种在现场管理层与现场监督、作业人员之间的沟通手段，是最基本的安全管理工具，正确地运用工作许可证(票)，目的在于控制工作现场潜在的隐患并将风险减低到可以接受的程度，有效地预防和控制高风险作业引起的生产安全事故，以防止事故发生，是风险控制措施的有效载体。

1.1　作业许可的内容

作业许可针对的是高风险作业、非常规作业等后果超过心理预期，可能性较大的施工作业活动，常规作业一般按照正常的工单安排调度管理就行。其中，高风险作业是指特殊作业及经风险识别存在较大以上风险的作业项目。常规作业是指在专属区域、按照常规工作程序或规程进行的日常作业。常规作业一般不需要办理作业许可，但应按照本单位的具体程序和规程进行操作。非常规作业是指临时性的、缺乏程序规定的和承包商作业的活动。除常规作业之外，都属于非常规作业。

作业许可的内容包括区域划分、风险控制和应急措施，作业人员的资格和能力、责任与授权、监督和审核、交流沟通等。通过执行作业许可伴随证明上的所有指令，确保对关键活动和人物的控制。

1.2　作业许可的范围

作业许可的范围包括以下 4 个方面。

（1）凡涉及用火、临时用电、进入受限空间、高处、动土、起重和盲板抽堵等特殊作业必须实行作业许可管理。

（2）企业生产经营过程中高风险的非常规作业必须实行许可管理，高风险的非常规作业包括临边作业、交叉作业、脚手架作业、吊篮作业、清罐作业、深基坑作业等。

（3）承包商在企业生产区域内的其他临时性作业（日常及有程序指导的维修作业除外）必须实行许可管理。

（4）经风险识别，确认存在较大以上风险的其他作业项目。

实施作业许可管理的目的在于通过危害识别，制定完善的工艺方和作业方安全、技术措施，明确相关人员职责和工作标准，强化沟通，有效控制直接作业环节风险，确保工艺安全。

2　特殊作业

依据《化学品生产单位特殊作业安全规范》（GB 30871）规定，特殊作业是指化学品生产单位设备检修过程中可能涉及的用火、进入受限空间、盲板抽堵、高处作业、起重、临时用电、动土等，对操作者本人、他人及周围建（构）筑物、设备、设施的安全可能造成危害的作业。

2.1　特殊作业的类别

（1）用火作业是指直接或间接产生明火的工艺设备以外的禁火区内可能产生火焰、火花或炽热表面的非常规作业，如使用电焊、气焊（割）、喷灯、电钻、砂轮等进行的作业。

（2）受限空间作业是指进入或探入受限空间进行的作业。受限空间包括：进出口受限，通风不良，可能存在易燃易爆、有毒有害物质或缺氧，对进入人员的身体健康和生命安全构成威胁的封闭、半封闭设施及场所，如反应器、塔、釜、槽、罐、炉膛、锅筒、管道以及地下室、窨井、坑（池）、下水道或其他封闭、半封闭场所。

（3）盲板抽堵作业是指在设备、管道上安装和拆卸盲板的作业。

（4）高处作业是指在距坠落基准面 2m 及 2m 以上有可能坠落的高处进行的作业。

异温高处作业是指在高温或低温情况下进行的高处作业。高温是指作业地点具有生产性热源，其环境温度高于本地区夏季室外通风设计计算温度 2℃ 及以上。低温是指作业地点的气温低于 5℃。

带电高处作业是指采取地(零)电位或等(同)电位方式接近或接触带电体,对带电设备和线路进行检修的高处作业。

(5)起重作业是指利用各种吊装机具将设备、工件、器具、材料等吊起,使其发生位置变化的作业过程。

(6)临时用电泛指正式运行的电源上所接的非永久性用电。

(7)动土作业是指挖土、打桩、钻探、坑探、地锚入土深度在1m以上,使用推土机、压路机等施工机械进行填土或平整场地等可能对地下隐蔽设施产生影响的作业。

2.2　特殊作业基本要求

依据《化学品生产单位特殊作业安全规范》(GB 30871—2014),特殊作业的基本要求包括如下内容。

(1)作业前,作业单位和生产单位应对作业现场和作业过程中可能存在的危险、有害因素进行辨识,制定相应的安全措施。

(2)作业人员安全教育。作业前,应对参加作业的人员进行安全教育,主要内容如下:

①有关作业的安全规章制度;

②作业现场和作业过程中可能存在的危险、有害因素及应采取的具体安全措施;

③作业过程中所使用的个体防护器具的使用方法及使用注意事项;

④事故的预防、避险、逃生、自救、互救等知识;

⑤相关事故案例和经验、教训。

(3)作业前,生产单位应进行如下工作:

①对设备、管线进行隔绝、清洗、置换,并确认满足动火、进入受限空间等作业安全要求;

②对放射源采取相应的安全处置措施;

③对作业现场的地下隐蔽工程进行交底;

④腐蚀性介质的作业场所配备人员应急用冲洗水源;

⑤夜间作业的场所设置满足要求的照明装置;

⑥会同作业单位组织作业人员到作业现场,了解和熟悉现场环境,进一步核实安全措施的可靠性,熟悉应急救援器材的位置及分布。

(4)作业前,作业单位对作业现场及作业涉及的设备、设施、工器具等进行检查,并使之符合如下要求:

①作业现场消防通道、行车通道应保持畅通;影响作业安全的杂物应清理干净;

②作业现场的梯子、栏杆、平台、箅子板、盖板等设施应完整、牢固,采用的临时设施应确保安全;

③作业现场可能危及安全的坑、井、沟、孔洞等应采取有效防护措施,并设警示标志,夜间应设警示红灯;需要检修的设备上的电器电源应可靠断电,在电源开关处加锁并加挂安全警示牌;

④作业使用的个体防护器具、消防器材、通信设备、照明设备等应完好;

⑤作业使用的脚手架、起重机械、电气焊用具、手持电动工具等各种工器具应符合作业安全要求;超过安全电压的手持式、移动式电动工器具应逐个配置漏电保护器和电源开关。

（5）进入作业现场的人员应正确佩戴符合 GB 2811 要求的安全帽，作业时，作业人员应遵守本工种安全技术操作规程，并按规定着装及正确佩戴相应的个体防护用品，多工种、多层次交叉作业应统一协调。

特种作业和特种设备作业人员应持证上岗。患有职业禁忌证者不应参与相应作业（职业禁忌证依据 GBZ/T 157—2009）。

作业监护人员应坚守岗位，如确需离开，应有专人替代监护。

（6）作业前，作业单位应办理作业审批手续，并有相关责任人签名确认。

同一作业涉及动火、进入受限空间、盲板抽堵、高处作业、吊装、临时用电、动土、断路中的两种或两种以上时，除应同时执行相应的作业要求外，还应同时办理相应的作业审批手续。

作业时审批手续应齐全、安全措施应全部落实、作业环境应符合安全要求。

（7）当生产装置出现异常，可能危及作业人员安全时，生产单位应立即通知作业人员停止作业，迅速撤离。

当作业现场出现异常，可能危及作业人员安全时，作业人员应停止作业，迅速撤离，作业单位应立即通知生产单位。

（8）作业完毕，应恢复作业时拆移的盖板、箅子板、扶手、栏杆、防护罩等安全设施的安全使用功能；将作业用的工器具、脚手架、临时电源、临时照明设备等及时撤离现场；将废料、杂物、垃圾、油污等清理干净。

3　作业许可管理

作业许可管理是在遵守《安全生产法》《化学品生产单位特殊作业安全规范》（GB 30871—2014）等规定的基础上，企业根据本企业施工作业的特点有针对性地完善现场作业管理的举措。

3.1　管理原则

（1）按照"谁的工作谁负责、谁的业务谁负责、谁签字谁负责"原则，对高风险作业实施许可管理，未经许可禁止相应作业。

（2）实施许可的作业应从严控制作业次数、作业时限、作业人员。

（3）禁止超作业许可时间、超范围作业。

3.2　组织管理与职责

（1）企业各级安全监管部门是作业许可的监管责任主体。要对作业许可管理的执行情况实施监督管理；负责作业许可申请人、签发人、监护人、接收人的安全培训和资格认定；负责作业许可证的定期归档管理。

（2）企业各级业务主管部门是作业许可的管理责任主体，提供业务技术支撑和现场管理，负责作业许可全过程的管理。

（3）生产基层单位是作业许可的实施责任主体。负责作业人员的安全教育和作业现场的工艺、环境处理，满足作业安全要求；按规定做好作业前的 JSA 分析和现场安全交底，落实作业条件确认和现场监护；按照审批权限进行作业许可审批；负责现场作业监护和作业结束的核实、关闭、现场恢复。

3.3 管理内容及要求

3.3.1 总体要求

(1)高风险的施工作业必须实行作业许可管理。

(2)作业许可管理包括作业前的风险辨识、许可条件确认、许可证的申请、审批、实施、关闭等内容。

(3)特殊时期、节日、假日和夜间应当控制高风险作业，节日、假日或其他特殊情况，作业许可应升级管理。

(4)同一作业涉及高风险作业中的两种或两种以上时，除应同时执行相应的作业要求外，还应同时办理相应的作业审批手续。

3.3.2 人员要求

(1)作业许可申请人、签发人、监护人、接收人应经过作业许可管理培训合格、取得相应资质。

(2)中国石化系统内，经企业培训取得相应资质的接收人，其他企业应予以认可。

(3)作业许可接收人、监护人、作业人等不得随意变更，如更换，必须执行变更管理，并做好工作交接。

3.3.3 作业许可申请

生产基层单位相关专业管理人员提出作业许可申请，按照审批权限进行审批、签发。新建项目由施工单位提出作业许可申请。

3.3.4 风险辨识

(1)作业现场负责人在办理作业许可证前，必须组织人员运用 JSA 等方法进行危害识别和风险分析，制定切实可行的安全措施，并将其作为作业许可证的附件。

(2)生产现场的作业，应由属地单位的管理人员担任 JSA 组长，组织属地和施工单位人员共同开展 JSA 分析。

3.3.5 作业许可确认

(1)施工前，签发人会同施工单位的现场负责人及有关专业技术人员、监护人，对现场作业的设备、设施进行现场检查，对作业内容、可能存在的风险以及施工作业环境进行交底，对许可证列出的有关安全措施逐条确认后，现场签发作业许可证。

(2)作业条件发生变化或长时间中断，情况不明的作业，作业许可应重新确认、签发。

3.3.6 现场监护

(1)实施许可的日常检维修和局部检维修、改造项目，应由建设单位和施工单位实施作业现场"双监护"；大型检维修、改造和新建工程项目，在确认安全交出后，施工单位必须设专人监护，建设单位根据作业 JSA 分析情况，落实监护。

(2)特殊作业以及重要的、危险性较大的高风险作业必须实施全程视频监控。

3.3.7 作业过程管理

(1)作业过程中，监护人、接收人不得随意更换或离开现场。人员更换必须办理确认手续，确需离开时，收回作业许可证，暂停作业。

(2)当生产装置出现异常，可能危及作业人员安全时，生产单位应立即通知作业人员停止作业，迅速撤离。当作业现场出现异常，可能危及人身安全时，作业人员应停止作业，迅速撤离，并立即通知生产单位。

3.3.8　作业许可关闭

作业完毕，经签发人或签发人授权基层单位负责人现场检查，确认无遗留安全隐患后，办理作业票关闭手续。

4　直接作业环节十条措施及严重违章行为判定

直接作业环节是有员工直接参与，最终可能导致人员伤害的现场施工作业过程。它反映了现场施工作业人员、工器具及施工作业现场环境的关系，既突出了施工作业人员是施工作业现场的最具能动的主动者，也突出了施工作业人员是现场事故（事件）的起因方和是最直接的受害方，故强化直接作业环节现场管理，从进场人员的要求、施工方案管理、现场管理和督查禁令的提出明确具体的要求很有必要。中国石化分析近年来的事故事件，于2019 年印发了《加强直接作业环节安全管理十条措施》《关于从严直接作业环节管理杜绝严重违章行为的通知》，指导督查各企业施工作业的现场管理，收到很好的效果。

4.1　加强直接作业环节安全管理十条措施

4.1.1　检维修作业业主方负责人未明确、施工方案未审批、现场安全技术交底未开展的，不得施工

【释义】各企业对全厂性大检修和单套装置停工检修作业都有明确的组织机构和检修方案，但是对设备日常维护和维修保养（如清罐作业）重视不够，尤其是"双边"的检维修作业，未明确具体负责人，工艺、设备及承包商人员缺少总体协调，导致施工方案审核、安全技术交底、安全保障措施的落实等作业关键环节失控，极易发生安全事故（近三年 46 起上报事故中，37 起均发生在日常检维修项目作业现场）。为强化责任，业主单位要对每个日常检维修项目明确项目负责人，对方案编制与审查、工艺交出、过程监管、项目验收等作业全过程进行管控，承担全面责任。

4.1.2　无业主人员带领，承包商人员不得进入生产厂区；监护人员不在现场，不得施工

【释义】本条款中的生产厂区是指正在运行的各类生产区域，不包括独立的新建项目或已安全交出并实施硬隔离的区域。施工人员进入生产区施工作业，只能在规定的作业区域进行施工活动，不得擅动业主单位的设备设施，不得擅自进入其他区域和场所。特殊作业的现场监护人必须经过培训，取得监护资格；除签订维保合同且经过安全培训的、长期在责任区域从事电气、仪表、机泵及环境卫生的维护等人员，其余超出维保合同内容、超出规定施工区域以及临时性、一次性项目承包商人员进入正在运行的生产区必须由业主人员带领并限定作业内容及活动范围，作业时须有业主人员在现场。

4.1.3　承包商管理人员不在现场带班、现场未成立作业班组（岗组）的，不得施工

【释义】目前部分项目施工作业现场无承包商管理人员，且未成立班组（岗组），作业交底不清、任务不明，导致各项安全管理规章制度得不到落实。本条款中的承包商管理人员是指项目负责人或技术负责人、质量负责人、安全负责人；现场是指所有施工作业现场，包括检维修、新建项目等。施工作业期间必须有承包商管理人员在现场，对施工过程进行安全管理、协调相关工作并担任特殊作业许可接收人；现场作业班组（岗组）必须稳定，明确班组（岗组）负责人及其职责，按规定开展班组安全活动。

4.1.4 检维修方案中的安全技术措施必须由业主、承包商双方共同编制，施工作业前的安全技术交底必须由业主方技术人员组织

【释义】针对目前检维修方案中的安全技术措施普遍存在不符合现场实际、缺乏针对性和有效性、安全技术交底不清等问题，本条款的主要目的是明确业主单位对安全技术措施的制定承担主体责任，确保措施有效、风险可控、责任落实。

4.1.5 特殊作业的安全视频监控信号必须传输至监控中心，实施实时监控，对违章行为做到实时纠正

【释义】企业应完善现有的固定式监控设备，配备满足需要的移动式监控设备，实现特殊作业施工现场视频监控全覆盖。特殊作业的安全视频监控信号应实时传输至企业的监控中心或施工作业现场的区域监控中心。监控中心应配备专(兼)职监控人员，通过视频监控，及时发现、制止违章行为。

4.1.6 实施承包商签订合同时合法分包承诺及业主开工前分包合法性确认，日常检维修和保运项目原则上不得分包

【释义】签订合同前，业主单位要确认承包商做出合法分包的书面承诺。项目开工前，业主必须对分包(专业分包、劳务分包)的合法性进行核查、确认；施工过程中发现违法分包、转包、挂靠行为的，业主应立即终止合同并追究相关人员责任。

4.1.7 实施承包商全员实名制管理。诚信记录不合格、技能未经验证合格的人员(包括监理)，不得进入施工现场。承包商(分包商)主要管理人员必须为自有人员，主要工种施工作业人员必须具有合法的劳动关系

【释义】承包商(包括监理)实行全员实名制，加强与政府建筑工人管理服务信息平台、公安部门信息平台的信息比对，未进行实名登记、存在诚信问题的人员，不得进入施工现场。承包商(分包商)的主要管理人员应为其自有人员或稳定的劳务派遣人员，劳务派遣人员应与其所属公司签订劳动合同并办理社保手续。主要工种技术工人必须经过业主单位组织的技能验证(采取实操考试、面试或委托第三方等方式)，验证合格的人员才能进入施工现场。主要技术工种范围由各企业、石油工程公司、炼化工程集团自行确定，力工不得从事技术工种工作。

4.1.8 特级用火、一级起重、Ⅳ级高处作业、情况复杂的进入受限空间作业等高风险作业，业主方必须明确管理人员带班，并由专业人员实施现场监护

【释义】情况复杂的进入受限空间作业是指进入含有或作业过程中可能形成易燃易爆、有毒有害物质或缺氧窒息及情况不明的受限空间内作业，包括但不限于：油罐清污、污水池(井)清淤、进入地下设施(地下室、废井、暗沟、涵洞、地坑、地窖、下水道等)、进入介质不明受限空间、进入难以彻底清理或存在危害介质挥发可能的受限空间、进入长期未打开过的受限空间作业等。业主方管理人员是指企业基层单位、二级单位的领导，专业人员是指负责工艺、设备、技术、质量、安全等工作的技术人员。本条款明确的高风险作业，必须由业主管理人员进行带班，全过程参与施工作业、全面掌控现场施工情况，及时发现和组织消除事故隐患和险情、及时制止违章违纪行为，作业过程中，带班人员不得离开现场。同时，由业主单位的具备相应专业安全知识、了解施工方案、对装置工艺及设备相对熟悉的技术人员实施现场监护。

各企业可结合实际，进一步明确用火、起重、高处作业、进入受限空间作业等高风

险作业实施管理人员带班的范围和要求。建设工程项目可由总包或监理单位管理人员带班。

4.1.9 业主单位安全督查大队必须按计划做实作业现场巡检和违章查处，并赋予其现场处罚权和停工权

【释义】督查大队应聚焦作业现场，根据作业风险和作业量，及时调整督查人员和技术力量，确保督查能力满足要求。要结合实际，制定现场督查计划，坚持每日现场督查，完成督查日报。企业应明确督查大队的职责，赋予其现场违章处罚的权限，确保其根据集团公司下发的《严重违章判定标准》，对现场违章行为进行处罚及问责。对于督查大队根据检查结果提出的处理意见，涉及的相关业务管理部门或二级单位不予及时处理的，应追究相关单位及人员责任。

4.1.10 实施甲方(业主、总包方)人员积分考核、承包商及其主要管理人员双积分考核。对扣分达到一定积分的甲方人员采取下岗、停职、取消资格、解除劳动合同等处罚，对扣分达到一定积分的承包商单位及其主要管理人员、严重违章的现场作业人员必须及时清退。发生一般 A 级事故的分包商给予限制投标 18～36 个月处罚；一年内发生两起一般 A 级事故或者两年连续发生事故的承包商，按较大事故实施责任追究，列入承包商"黑名单"，清退出中国石化市场。

4.2 关于从严直接作业环节管理杜绝严重违章行为的通知

落实集团公司党组提出的"从严基层现场安全管理、从严承包商事故管理"的要求，强化直接作业环节管理，杜绝严重违章行为，有效遏制施工作业环节安全事故多发态势，依据国家有关法律法规、部门规章、国家标准、行业标准和中国石化相关管理制度，制定中国石化严重违章行为判定标准。

4.2.1 资质审查

承包商单位资质不符的(施工、安装资质等级无法满足所承担的施工项目要求的或无安全生产许可证的)或资质造假的。

4.2.2 分包管理

工程项目违法发包、转包、违法分包或挂靠的(具体见住房和城乡建设部《建筑工程施工发包与承包违法行为认定查处管理办法》)。

4.2.3 人员管理

(1)承包商项目管理人员(项目负责人、项目安全管理人员、现场技术负责人)未配备或不符合要求的、履职不到位的；

(2)承包商项目管理人员未进行专项安全培训的；施工人员未进行入厂(场)前安全教育的；特种作业人员、特种设备作业人员未经建设单位考评、验证的。

4.2.4 安全技术措施编制与安全交底

(1)没有编制安全技术措施(专项施工方案)或安全技术措施(专项施工方案)缺乏针对性、不符合要求的；安全技术措施(专项施工方案)未经审查、批准的；

(2)建设单位技术人员未向施工单位技术人员进行安全技术交底的或施工单位技术人员未向施工人员进行现场安全交底并双方签字确认的。

4.2.5 开工现场确认

(1)未开展安全条件确认、办理开工手续的；

(2)进场机械设备、施工机具及配件未经检查、验收合格而擅自使用的。

4.2.6 现场监管

(1)有关管理人员长期不在岗的；承包商(监理)关键管理人员、特种作业人员擅自变更的；

(2)违反规定未进行现场监护或监护人员无资格、擅离职守的；特殊作业、高风险的非常规作业、生产区内的临时性作业等实施许可的作业，未进行现场"双监护"的；

(3)未经论证和批准，擅自变更施工方案的；擅自变更作业范围的；

(4)进入现场不戴安全帽、高处作业不系安全带、水上作业不穿戴救生衣的；在涉硫化氢区域不按规定佩戴防护用品和硫化氢检测报警器的；高空抛物的；

(5)脚手架未经验收合格擅自使用的；违规操作特种车辆的；违章操作(使用)移动式作业平台的；未经设计和批准，擅自制作、使用自制机具(工具)的；

(6)交叉作业未采取错时、错位、硬隔离措施的；

(7)使用未安装漏电保护器的电器设备、电动工具的；使用不合格的绝缘工器具和专业防护用具进行电器操作及作业的；在防爆区域使用非防爆设备、机具的；转动设备未停机、带电设备未停电进行检维修的；

(8)特殊作业以及其他危险性较大的施工现场未实施全程视频监控的。

4.2.7 特殊作业

(1)未办理作业许可或违规许可的；特殊作业中断后再次作业时，未对安全措施进行再次确认的；

(2)申请人、签发人、接收人、监护人未经过建设单位组织的作业许可管理培训合格的或培训造假的；

(3)高处作业无安全带悬挂设施或者无防护设施(缺少脚手架、作业平台、临边护栏、钢格板、护栏、盖板、防护网、平台安全通道等)进行作业的；

(4)动火、受限空间等作业，未按规定加盲板、开展气体检测分析的；受限空间作业未佩戴有效的可燃气体报警仪，未按规定使用空呼设备的；

(5)起重吊装作业时信号指挥不明、吊物质量不明或超负荷、散物捆扎不牢或物料装放过满、单点捆绑、机索具不合格、棱刃物与钢丝绳直接接触无保护措施的；危险区域半径内有无关人员穿行或者停留的；违规使用吊带的；

(6)管沟不按设计开挖或者放坡不足且未采取有效防护措施的；

(7)起重吊装作业、脚手架搭拆作业、试压作业等高风险作业未设置警戒、隔离的。

第五节 生产运行突发事件(事故)应急处置

生产平稳运行是企业单位理想的生产经营平衡状态，这种状态是多种因素影响的结果。多种因素包括社会环境、自然灾害、公共卫生环境等外部因素，也包括企业员工的综合素养、设备设施安全状态、工艺流程、场站位置及工艺设备布局、HSE管理水平等内部因素。多种因素的影响也可能导致生产平稳运行的理想状态的平衡被破坏，出现不期望的生产运行突发事件(事故)。

多年来，各类突发事件(事故)频繁发生，严重影响了社会和人民生命财产安全。如何有效地处理这些突发事件，减轻突发事件所带来的危害，减少和预防此类事件的再度发生，提高面向突发事件的应急应对能力，组织社会多方面资源有效防范和控制各类突发事件的发生及蔓延、全面开展科学的应急管理研究，更是科学发展的迫切需要。

1　突发事件

1.1　突发事件的概念

突发，顾名思义就是突如其来的、出乎预料的、令人猝不及防的状态；事件，则是指历史上或社会上发生的大事情。学术界研究的突发事件是指影响到社会局部甚至社会整体的大事件，而不是个人生活中的小事件。在汉语中，关于"突发事件"的近似说法有"紧急事件""紧急情况""非常状态""戒严状态"等。

2007 年我国颁布、实施的《突发事件应对法》将突发事件界定为："突然发生，造成或者可能造成严重社会危害，需要采取应急处置措施予以应对的自然灾害、事故灾害、公共卫生事件和社会安全事件。"

欧洲人权法院对突发事件的解释是：一种特别的、迫在眉睫的危机或危险局势，影响全体公民，并对整个社会的正常生活构成危险。

澳大利亚在 1999 年的《紧急事件管理法》中明确了紧急事件是指已经发生或者即将来临的，需要做出重大决策、协调一致的事件。

美国对突发事件的定义：由美国总统宣布的、在任何场合、任何背景下，在美国的任何地方发生的需联邦政府介入，提供补偿性援助，以协助州和地方政府挽救生命、确保公共卫生及财产安全或减轻、转移灾难所带来威胁的重大事件。

1.2　突发事件的特点

（1）突发性和紧迫性。突发事件往往是平素积累起来的问题、矛盾冲突因长期不能得到有效解决，在突破一定的临界点后突然爆发。它看似偶然，实为必然。突发事件的发生要求应急管理人员能够在巨大的时间、成本和心理压力之下，迅速调动可以掌握的一切人力、物力和财力，进行有效应对，控制事态发展，消除不利的后果与影响。突发事件发生时，应急需求会迅速膨胀；突发事件结束后，应急需求会突然减少。

（2）不确定性。不确定性是人们认识世界的局限性导致的，它是人们在现有知识的基础上对世界以及事物的看法和决定。突发事件从始至终都处于不断变化的过程中，人们很难根据经验对其发展方向做出明确的判断。特别是在经济全球化背景下，各种因素交织、互动，前所未有的新型突发事件不断涌现，更加剧了突发事件的不确定性。突发事件如果没有得到有效遏制，就有可能产生"蝴蝶效应"，产生次生、衍生灾害。

（3）危害性。突发事件可能会使社会公众在健康、生命和财产方面遭受重大的损失，并干扰、破坏社会正常运行的秩序，甚至使政府的合法性面临挑战，因其影响对象是社会公众群体，则往往带有很强的社会性。

（4）扩散性。扩散性包括两方面的含义：一是突发事件往往会突破地域限制，向更广的地理范围、空间范围扩张；二是突发事件会引发次生灾害，形成一个灾害的链条。前者要求我们建立区域应急联动、流域应急联动甚至国际应急联动机制；后者要求我们加强各个相关部门之间的应急合作与协调。随着经济全球化、工业化等因素快速发展，当前突发事件呈现出新的特点：强度加大、数量最多、叠加现象时常发生。灾害造成的损失和影响呈现强度大和叠加放大效应。

1.3 突发事件的分类

根据发生原因、机理、过程、性质和危害对象的不同，我国突发事件被分为四大类：自然灾害、事故灾害、公共卫生事件和社会安全事件。

（1）自然灾害。自然灾害主要包括：干旱、洪涝、台风、冰雹、沙尘暴等气象灾害，地震、山体滑坡、泥石流等地震地质灾害，风暴潮、海啸、赤潮等海洋灾害，森林草原火灾，农作物病虫害等生物灾害，共五小类。

由于所处的自然地理环境和特有的地质构造条件的不同，我国是世界上遭受自然灾害侵袭最为严重的国家之一。特大自然灾害频发，给社会生活造成了巨大的损失，对公众的生命、健康与财产安全提出了严峻的挑战。特别是在全球气候变化的背景下，我们必须着力防范极端天气所引起的自然灾害，其中以气象灾害最为突出。由气象灾害造成的国民经济损失每年达到千亿元，占国内生产总值的 3% ~ 6%。中国每年受到气象灾害损失影响的人口约 6 亿人次，造成的直接经济损失约为 2000 亿元。

（2）事故灾害。事故灾害主要包括：公路、铁路、民航、水运等交通运输事故，工矿、商贸等企业的安全生产事故，城市水、电、气、热等公共设施、设备事故、核与辐射事故，环境污染与生态破坏事件等。

由于各类企业安全保障能力总体较弱，一些地方和企业安全生产责任不落实、措施不得力、监管不到位，加之市场供求关系等多方面的原因，我国安全生产形势严峻，煤矿、交通等重特大事故频发，给人民群众生命财产安全造成严重损失。

（3）公共卫生事件。公共卫生事件主要包括：传染病疫情、群体性不明原因疾病、食物与职业中毒、动物疫情及其他严重影响公众健康和生命安全的事件。目前，人类消灭的传染病病毒只有天花一种。全球新发的 30 种传染病中有一半已经在我国发现。重大传染病和慢性病流行仍比较严重，职业病危害呈上升趋势，食品药品安全事故多发。如 2008 年在我国爆发的"禽流感"属于该类事件。

（4）社会安全事件。社会安全事件主要包括恐怖袭击事件、经济安全事件、民族宗教事件、涉外突发事件、重大刑事案件、群体性事件等。我国正处于人民内部矛盾的凸显期、刑事犯罪的高发期和对敌斗争的复杂期。同时又面临着众多非传统安全因素的挑战，波及范围广、涉及人数多的金融犯罪活动增多，利用计算机网络等高科技手段从事侵财和破坏的犯罪活动频发。因而，决不能对社会安全事件的防范与处置有丝毫懈怠和麻痹，特别是要建立社会公众的利益表达机制和矛盾协调处理机制，标本兼治，根除社会安全事件滋生的土壤。

对突发事件进行分类的意义在于：在应急管理中，我们要明确责任主体，方便专业性、技术性强的突发事件的处置。在突发事件的处置过程中，要遵循专业处置的原则，以避免次生、衍生灾害的发生。

1.4 突发事件的分级

在我国，按照社会危害程度、影响范围、突发事件性质等，将自然灾害、事故灾害、公共卫生事件分为 4 级。法律、行政法规或国务院另有规定的，从其规定，比如核事故等级的划分等。

突发事件的 4 个分级，即 Ⅰ 级（特别重大）、Ⅱ 级（重大）、Ⅲ 级（较大）和 Ⅳ 级（一般），根据颜色对人的视觉冲击力的不同，依次用红色、橙色、黄色和蓝色表示。

（1）蓝色预警（Ⅳ级）。预计将要发生一般以上的突发公共安全事件，事件即将临近，事态可能会扩大。

（2）黄色预警（Ⅲ级）。预计将要发生较大以上的突发公共安全事件，事件即将临近，事态有扩大的趋势。

（3）橙色预警（Ⅱ级）。预计将要发生重大以上的突发公共安全事件，事件即将临近，事态正在逐步扩大。

（4）红色预警（Ⅰ级）。预计将要发生特别重大的突发公共安全事件，事件会随时发生，事态在不断蔓延。

之所以用不同颜色标注不同的突发事件等级。一是比较醒目，方便判断和识别；二是方便弱势群体如文盲辨识。但是，社会公众必须接受一定程度的公共安全教育，否则，难以确知各种不同颜色的含义。

对于突发事件的分级，我们必须注意以下几点：第一，我国对突发事件分级的具体标准有待进一步明晰化；第二，突发事件处于不断的演进过程，分级是动态的；第三，当突发事件情势不够明朗时，分级应遵循"就高不就低"的原则；第四，分级要突出"三敏感"的原则，即对敏感时间、敏感地点和敏感性质的事件定级要从高。

按照事故性质、严重程度、可控性和社会影响程度，中国石化集团公司事故总体分级一般分为四级：Ⅰ级事故（集团公司级）、Ⅱ级事故（企业级）、Ⅲ级事故（企业下属单位级）、Ⅳ级事故（企业基层站队级）。

十九届三中全会通过的《中共中央关于深化党和国家机构改革的决定》指出，深化党和国家机构改革是推进国家治理体系和治理能力现代化的一场深刻变革。2018 年，应急管理部的挂牌成立，将分散在国务院办公厅、公安部（消防）、民政部、自然资源部、水利部、农业农村部、林业局、地震局以及防汛抗旱指挥部、国家减灾委、抗震救灾指挥部、森林防火指挥部等的应急管理相关职能进行整合，在很大程度上实现对全灾种的全流程和全方位的管理，有利于提升公共安全保障能力。重要意义在于一是有利于部门协同，有利于社会组织与政府的对接，提升政府与社会组织的协同绩效；二是有利于流程优化，将应急响应与日常管理统筹起来，有利于提升日常的预防与准备，推动风险的源头治理，从根本上保障人民群众的生命财产安全；三是有利于标准统一，有利于行为标准的统一，提升应急管理的科学性与规范性。

2　应急管理

2.1　应急的概念

"应急"由两部分组成：①作为动词的"应"一方面指人受到刺激而发生的活动和变化。"应"的另一方面指对待的意思，如应付、应对。②"急"是指迫切、紧急、重要的事情，是一个相对概念，对于不同大小、类型、复杂程度的组织，"急"的内容有很大差异。根据对"应"和"急"的解析，现将应急的内涵定义为：人类面对正在发生或预测到的紧急状况时所采取的活动和应对措施。

2.1.1　应急的主体

应急的主体，即个人、组织和社会。根据主体的不同，应急可以分为以下四类：

（1）组织机构应急，即影响单个组织单位的客观紧急事件。

（2）行业应急，即影响整个行业的客观紧急事件。

（3）区域应急，即影响某一区域的客观紧急事件。如火灾、内涝、台风灾害等会影响某个区域，应对这些紧急事件需要调动区域中社会各方面的力量。

（4）国家应急，即影响到国家的客观紧急事件。如甲型 HINI 流感、SARS 事件以及 2008 年初影响南方诸多省市的低温雨雪灾害等，这类事件影响到国家的各个方面，需要整合国家或世界的力量进行应对。

2.1.2 应急的客体

应急的客体，即客观发生或可能发生的紧急状况。根据应急客体的影响程度不同，主要分为以下两类：

（1）常规应急，即某类事件足以影响主体的利益，但主体可根据经验或事先的准备进行应对处理，使生产生活恢复到正常情况。典型的常规应急主要包括火灾、爆炸、交通事故等，这些事件发生的具体细节可能不尽相同，但训练有素的应急人员通常能够提供结构化的解决方案，知道什么时候该做什么、该如何去做，从而达到将损失减少到最低程度的目的。

（2）非常规应急，即某类事件足以影响主体的利益，但主体无法根据经验或事先的准备进行处理，只能借鉴其他紧急状况的处理方式，根据信息反馈及时调整处理方案。这类事件的应急结果有可能会将损失降到较低程度，也有可能由于决策失误而造成较大的损失。

2.2 应急管理

应急管理是近年来管理领域中出现的一门新兴学科，是一门综合了运筹学、战略管理、信息技术以及各种专业知识的交叉学科，它以专门研究突发公共事件现象及其发展规律为基础，应用管理学的知识对应急行为人和事务进行管理，旨在以最合理最经济的方式减少紧急状况带来的损失。

2.2.1 应急管理的特征及流程

2.2.1.1 应急管理的特征

通过整合组织、资源、行动等各应急要素，所形成的一体化应急管理系统具有以下特征。

（1）多主体的应急组织体系。应急管理活动所形成的组织体系是一个由政府部门和各种社会机构共同组成的多主体形态，其中社会机构包括诸如新闻媒体、工商企业等。

（2）统一指挥、分工协作的应急体制。多主体的组织结构在应急管理活动中需要明确的职责分工，且要求统一指挥和相互协作的工作方式。

（3）快速反应的应急机制。灾害事件的突发性和随机性，决定了应急管理活动必须具有快速反应能力。应急管理多是为应对突发事件，事关生命、全局，应急管理响应速度的快慢直接决定了突发事件所造成危害的强弱。

（4）高效的应急信息系统。及时准确地收集、分析和发布应急信息是应急管理早期预警和制定决策的前提，利用现代化的信息通信技术，建立信息共享、反应高效的应急信息系统是应急管理体系的重要特征。

（5）广泛的应急支持保障。应急管理系统必须要有技术、物资、资金等多方面的支持保障；合理物资储备为应对突发事件提供物力财力保障；调动专业机构和技术人员参与应急活动，为应对突发事件提供技术保障。

（6）健全的应急管理法律法规。应急管理需要决策者采取特殊的应对措施，健全的应急管理法律法规能够为应急活动提供有力的法制支持。

2.2.1.2 应急管理的基本流程。

与一般事件的生命周期相同，突发事件往往也具有潜伏期、形成期、爆发期和消退期。以综合性应对突发事件为目的，应急管理的基本流程可分为预防、准备、应对和恢复四个阶段，如图 1-3-3 所示。四个阶段构成一个循环，每一阶段都起源于前一阶段，同时又是后一阶段的前提，有时前后两阶段之间会存在交叉和重叠。

（1）预防阶段：又称为减灾阶段，是指在突发事件发生之前，为了消除突发事件出现的机会或者

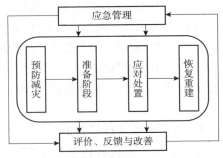

图 1-3-3 应急管理基本流程图

为了减轻危机损害所做的各种预防性工作。在应急管理中预防有两层含义：第一层是事故的预防工作，即通过安全管理和安全技术等手段，尽可能地防止事故的发生，实现本质安全化；第二层是在假定事故必然发生的前提下，通过预先采取的预防措施，来达到降低或减缓事故的影响或后果严重程度。任何企业都应该在生产过程中对预防工作引起高度的重视，防患于未然。主要内容包括：预防事故发生、降低事故损失、延缓事故进程等所采取的措施；完善和制定规章制度、操作规程、安全责任制；加强教育培训，提高素质，实行标准化作业；"三同时"，满足施工作业的安全条件；经常的安全检查和隐患排查、治理；经常性的设备维护保养、定期检验；其他等。预防阶段的主要工作内容可概括为：危险源辨识、风险评价、风险控制。突发事件有多种多样，有些可以被缓解，有些却无法避免，但可以通过各种预防性措施减轻其危害。在这个阶段，尤其要注重风险评估，尽可能预测和事先考虑到在哪些环节会出现哪些风险，并采取相应的预防措施以减少风险，防患于未然。

（2）准备阶段：是指针对特定的或潜在的突发事件所做的各种应对准备工作。主要包括两方面措施：一是制定各种类型的应急预案；二是设法增加灾害发生时可调用的资源（技术支持、物资设备供应、救援人员等）。准备的目标是保障重大事故应急救援所需的应急能力，主要集中在发展应急操作计划及系统上。详细内容包括：危险源的管理；应急预案管理；应急组织机构的建立及职责分工；各类人员的应急知识、技能培训演练；应急设备、物资、器材准备；各项应急管理制度的建立完善；与外部应急救援组织的协调和联络；应急管理体制和机制的建立等。准备阶段的主要工作内容可以概括为：预案编制、建立预警系统、进行应急培训和应急演练。

（3）应对阶段：也称应急响应，是指在突发事件发生发展过程中所进行的各种紧急处置和救援工作。响应的目的，是通过发挥预警、疏散、搜寻和营救以及提供避难所和医疗服务等紧急事务功能，尽可能地抢救受害人员，保护可能受到威胁的人群；尽可能控制并消除事故，最大限度地减少事故造成的影响和损失，维护经济社会稳定和人民生命财产安全。响应阶段的详细内容包括：突发事件信息收集、等级评估、救援方案的制定、现场事

态控制、现场受害人员的抢救与治疗、周围群众的疏散、现场贵重或危险物资的抢救、事故现场环境保护与监测、事故现场保护等；应急保障；环境监测；应急救援终止；事故的报告与报警；应急处置等。响应阶段的主要工作内容可以概括为：情况分析、预案实施、展开救援行动、进行事态控制。在应急响应阶段，需要注意的是各种紧急救援行动的实施要防止二次伤害。

（4）恢复阶段：是指在突发事件得到有效控制之后，为了恢复正常的状态和秩序所进行的各种善后工作。恢复工作应在事故发生后立即进行，它首先使事故影响地区恢复相对安全的基本状态，然后继续努力逐步恢复到正常状态。要求立即开展的恢复工作包括事故损失评估、事故原因调查、清理废墟等；长期恢复工作包括厂区重建和社区的再发展以及实施安全减灾计划。恢复阶段主要工作内容为：影响评估、清理现场、常态恢复、预案评审。

2.2.2 应急管理工作的内容

应急管理工作内容概括起来为"一案三制"。

"一案"是指应急预案，就是根据发生和可能发生的突发事件，事先研究制订的应对计划和方案。应急预案包括各级政府总体预案、专项预案和部门预案，以及基层单位的预案和大型活动的单项预案。

"三制"是指应急工作的管理体制、运行机制和法制。一要建立健全和完善应急预案体系。就是要建立"纵向到底，横向到边"的预案体系。所谓"纵"，就是按垂直管理的要求，从国家到省到市、县、乡镇各级政府和基层单位都要制订应急预案，不可断层；所谓"横"，就是所有种类的突发公共事件都要有部门管，都要制订专项预案和部门预案，不可或缺。相关预案之间要做到互相衔接，逐级细化。预案的层级越低，各项规定就要越明确、越具体，避免出现"上下一般粗"现象，防止照搬照套。二要建立健全和完善应急管理体制。主要建立健全集中统一、坚强有力的组织指挥机构，发挥我们国家的政治优势和组织优势，形成强大的社会动员体系。建立健全以事发地党委、政府为主、有关部门和相关地区协调配合的领导责任制，建立健全应急处置的专业队伍、专家队伍。必须充分发挥人民解放军、武警和预备役民兵的重要作用。三要建立健全和完善应急运行机制。主要是要建立健全监测预警机制、信息报告机制、应急决策和协调机制、分级负责和响应机制、公众的沟通与动员机制、资源的配置与征用机制，奖惩机制和城乡社区管理机制等等。四要建立健全和完善应急法制。主要是加强应急管理的法制化建设，把整个应急管理工作建设纳入法制和制度的轨道，按照有关的法律法规来建立健全预案，依法行政，依法实施应急处置工作，要把法治精神贯穿于应急管理工作的全过程。

3 现场应急处置方案优化

3.1 应急预案

2019 年 7 月，为贯彻落实十三届全国人大一次会议批准的《国务院机构改革方案》和《生产安全事故应急条例》《国务院关于加快推进全国一体化在线政务服务平台建设的指导意见》，应急管理部对《生产安全事故应急预案管理办法》（应急管理部令第 88 号）部分条款予以修改，发布应急管理部令第 2 号《应急管理部关于修改〈生产安全事故应急预案管理办法〉的决定》，自 2019 年 9 月 1 日起施行。进一步明确了生产安全事故应急预案（以下简称应急预案)的编制、评审、公布、备案、实施及监督管理工作。

3.1.1　应急预案的分类

生产经营单位主要负责人负责组织编制和实施本单位的应急预案,并对应急预案的真实性和实用性负责;各分管负责人应当按照职责分工落实应急预案规定的职责。生产经营单位应急预案分为综合应急预案、专项应急预案和现场处置方案。其中,综合应急预案,是指生产经营单位为应对各种生产安全事故而制定的综合性工作方案,是本单位应对生产安全事故的总体工作程序、措施和应急预案体系的总纲。专项应急预案,是指生产经营单位为应对某一种或者多种类型生产安全事故,或者针对重要生产设施、重大危险源、重大活动防止生产安全事故而制定的专项性工作方案。现场处置方案,是指生产经营单位根据不同生产安全事故类型,针对具体场所、装置或者设施所制定的应急处置措施。

3.1.2　事故风险辨识、评估和应急资源调查

《生产安全事故应急预案管理办法》突出强调了编制应急预案前,编制单位应当进行事故风险辨识、评估和应急资源调查。事故风险辨识、评估,是指针对不同事故种类及特点,识别存在的危险危害因素,分析事故可能产生的直接后果以及次生、衍生后果,评估各种后果的危害程度和影响范围,提出防范和控制事故风险措施的过程。应急资源调查,是指全面调查本地区、本单位第一时间可以调用的应急资源状况和合作区域内可以请求援助的应急资源状况,并结合事故风险辨识评估结论制定应急措施的过程。

3.1.3　应急预案体系编制要求

生产经营单位应当根据有关法律、法规、规章和相关标准,结合本单位组织管理体系、生产规模和可能发生的事故特点,与相关预案保持衔接,确立本单位的应急预案体系,编制相应的应急预案,并体现自救互救和先期处置等特点。

(1)生产经营单位风险种类多、可能发生多种类型事故的,应当组织编制综合应急预案。综合应急预案应当规定应急组织机构及其职责、应急预案体系、事故风险描述、预警及信息报告、应急响应、保障措施、应急预案管理等内容。

(2)对于某一种或者多种类型的事故风险,生产经营单位可以编制相应的专项应急预案,或将专项应急预案并入综合应急预案。专项应急预案应当规定应急指挥机构与职责、处置程序和措施等内容。

(3)对于危险性较大的场所、装置或者设施,生产经营单位应当编制现场处置方案。现场处置方案应当规定应急工作职责、应急处置措施和注意事项等内容。事故风险单一、危险性小的生产经营单位,可以只编制现场处置方案。

(4)生产经营单位应当在编制应急预案的基础上,针对工作场所、岗位的特点,编制简明、实用、有效的应急处置卡。应急处置卡应当规定重点岗位、人员的应急处置程序和措施,以及相关联络人员和联系方式,便于从业人员携带。

生产经营单位应急预案应当包括向上级应急管理机构报告的内容、应急组织机构和人员的联系方式、应急物资储备清单等附件信息。附件信息发生变化时,应当及时更新,确保准确有效。生产经营单位组织应急预案编制过程中,应当根据法律、法规、规章的规定或者实际需要,征求相关应急救援队伍、公民、法人或者其他组织的意见。生产经营单位

编制的各类应急预案之间应当相互衔接，并与相关人民政府及其部门、应急救援队伍和涉及的其他单位的应急预案相衔接。

3.1.4　应急预案的评审、公布、备案及实施

（1）矿山、金属冶炼企业和易燃易爆物品、危险化学品的生产、经营（带储存设施的，下同）、储存、运输企业，以及使用危险化学品达到国家规定数量的化工企业、烟花爆竹生产、批发经营企业和中型规模以上的其他生产经营单位，应当对本单位编制的应急预案进行评审，并形成书面评审纪要。上述规定以外的其他生产经营单位可以根据自身需要，对本单位编制的应急预案进行论证。

（2）生产经营单位的应急预案经评审或者论证后，由本单位主要负责人签署，向本单位从业人员公布，并及时发放到本单位有关部门、岗位和相关应急救援队伍。事故风险可能影响周边其他单位、人员的，生产经营单位应当将有关事故风险的性质、影响范围和应急防范措施告知周边的其他单位和人员。

（3）易燃易爆物品、危险化学品等危险物品的生产、经营、储存、运输单位，矿山、金属冶炼、城市轨道交通运营、建筑施工单位，以及宾馆、商场、娱乐场所、旅游景区等人员密集场所经营单位，应当在应急预案公布之日起20个工作日内，按照分级属地原则，向县级以上人民政府应急管理部门和其他负有安全生产监督管理职责的部门进行备案，并依法向社会公布。上述所列单位属于中央企业的，其总部（上市公司）的应急预案，报国务院主管的负有安全生产监督管理职责的部门备案，并抄送应急管理部；其所属单位的应急预案报所在地的省、自治区、直辖市或者设区的市级人民政府主管的负有安全生产监督管理职责的部门备案，并抄送同级人民政府应急管理部门。油气输送管道运营单位的应急预案，除按照规定备案外，还应当抄送所经行政区域的县级人民政府应急管理部门。

（4）各级人民政府应急管理部门、各类生产经营单位应当采取多种形式开展应急预案的宣传教育，普及生产安全事故避险、自救和互救知识，提高从业人员和社会公众的安全意识与应急处置技能。各级人民政府应急管理部门应当将本部门应急预案的培训纳入安全生产培训工作计划，并组织实施本行政区域内重点生产经营单位的应急预案培训工作。生产经营单位应当组织开展本单位的应急预案、应急知识、自救互救和避险逃生技能的培训活动，使有关人员了解应急预案内容，熟悉应急职责、应急处置程序和措施。应急培训的时间、地点、内容、师资、参加人员和考核结果等情况应当如实记入本单位的安全生产教育和培训档案。

各级人民政府应急管理部门应当至少每两年组织一次应急预案演练，提高本部门、本地区生产安全事故应急处置能力。生产经营单位应当制定本单位的应急预案演练计划，根据本单位的事故风险特点，每年至少组织一次综合应急预案演练或者专项应急预案演练，每半年至少组织一次现场处置方案演练。易燃易爆物品、危险化学品等危险物品的生产、经营、储存、运输单位，矿山、金属冶炼、城市轨道交通运营、建筑施工单位，以及宾馆、商场、娱乐场所、旅游景区等人员密集场所经营单位，应当至少每半年组织一次生产安全事故应急预案演练，并将演练情况报送所在地县级以上地方人民政府负有安全生产监督管理职责的部门。

县级以上地方人民政府负有安全生产监督管理职责的部门应当对本行政区域内前款规定的重点生产经营单位的生产安全事故应急救援预案演练进行抽查；发现演练不符合要求的，应当责令限期改正。应急预案演练结束后，应急预案演练组织单位应当对应急预案演练效果进行评估，撰写应急预案演练评估报告，分析存在的问题，并对应急预案提出修订意见。

3.1.5　应急预案评估

应急预案编制单位应当建立应急预案定期评估制度，对预案内容的针对性和实用性进行分析，并对应急预案是否需要修订作出结论。矿山、金属冶炼、建筑施工企业和易燃易爆物品、危险化学品等危险物品的生产、经营、储存、运输企业、使用危险化学品达到国家规定数量的化工企业、烟花爆竹生产、批发经营企业和中型规模以上的其他生产经营单位，应当每三年进行一次应急预案评估。有下列情形之一的，应急预案应当及时修订并归档：

(1)依据的法律、法规、规章、标准及上位预案中的有关规定发生重大变化的；

(2)应急指挥机构及其职责发生调整的；

(3)安全生产面临的风险发生重大变化的；

(4)重要应急资源发生重大变化的；

(5)在应急演练和事故应急救援中发现需要修订预案的重大问题的；

(6)编制单位认为应当修订的其他情况。

3.2　现场应急处置方案优化

现场处置方案是在生产运行典型事件(事故)风险分析的基础上，以文件的形式规定了场站所辖区域场所各岗位应急工作职责、现场处置程序及措施、处置过程中注意事项等，是企业基层单位突发事件(事故)处置的参照，是企业生产安全事故应急预案的基础和支持性文件。2021 年 1 月，应急管理部在回应公众关切时答复，现场处置方案"以有用管用好用为出发点，怎样做实用怎么做，不必机械僵化，结合企业实际灵活制订针对性、操作性强的现场处置方案。"故各企业基层单位的现场处置方案优化迫在眉睫。

现场应急处置方案的优化，是在危害识别的基础上，梳理所辖区域及设备设施的危险源，罗列本单位的施工作业内容，并评估区域、设备设施及施工作业的危险危害等级，对照所辖区域及设备设施的应急管理水平及基层应急能力编制的，解决了施工作业现场"什么事""做什么""怎么做""谁来做"的问题，形成了格式较统一，内容实用、管用、好用的文本，满足了"简明化、卡片化、专业化"的要求。输气场站现场应急处置方案的内容一般包括如下内容(实例)：

1　事故风险分析

2　应急工作职责

2.1　应急组织机构

2.2　岗位应急职责

3　应急处置

3.1　现场处置程序

3.2　应急处置措施

4 注意事项

4.1 佩戴个人防护用品

4.2 使用抢险救援器材

4.3 采取救援对策或措施

4.4 现场自救互救

4.5 现场应急处置能力

4.6 应急救援结束后

4.7 其他需要特别警示的事项

5 附件

附件1 ××公司内部应急通信录

附件2 外部单位应急通信录

附件4 ××输气站工艺流程图

附件5 ××输气站逃生路线图及危险区域划分

附件6 突发事件应急信息报送相关表格

附件7 ××输气站所辖管道走向图(××线)

附件8 ××输气站天然气管道穿越高风险地段一览表

附件9 管道穿越高速公路、公路信息

附件10 管道穿越铁路信息

附件11 管道穿越人口密集区信息

现场施工作业典型事故类型主要包括泄漏、火灾、爆炸、中毒、窒息、触电、物体打击、车辆伤害、容器爆炸等,事故发生的区域(地点或装置)与基层场站的生产性质密切相关,事故的危害程度与天然气生产运行参数及参与天然气生产工艺环节密切相关,事故前的征兆有时明显有时比较隐秘不宜发现,有些事故后果还比较严重,会波及周边人员、设备设施等,还会引发次生、衍生事故。

4 岗位应急处置卡

岗位应急处置卡作为现场处置方案的载体,其内容应与现场处置方案一致,其制作的基本要求是,要做到文字描述简洁、流程步骤严谨、操作方法直接、执行标准明确。下面以输气场站的典型事件的岗位应急处置卡为例,了解岗位应急处置卡的结构和内容。

4.1 输气场站的危害分析

表1-3-2为输气场站事故分析示例。

表1-3-2 事故风险分析

序号	风险类型	易发区域、装置	原因、可能时间	事故征兆	严重程度、影响范围	可能引发的次生衍生事故	对应处置编号
1	站内天然气泄漏	工艺装置区、站内法兰、管道	腐蚀、地质变化、意外破坏、误操作、法兰紧固件、密封件技术失效	可燃气体探测器报警	支路停输,甚至全站停输	中毒(窒息)、火灾、爆炸	3.2.1

续表

序号	风险类型	易发区域、装置	原因、可能时间	事故征兆	严重程度、影响范围	可能引发的次生衍生事故	对应处置编号
2	着火、爆炸	工艺装置区、仪电设备、管道	设备缺陷、故障，自然灾害、人为破坏等原因	消防系统报警	单体设备烧毁，全站停输	中毒（窒息）、火灾扩大、爆炸	3.2.2 3.2.5
3	管线异常	收发球筒、弯头、管线	压力调低、天然气含水、清管器卡阻	管线运行参数异常	清管作业受阻、干线停输	天然气泄漏	3.2.4 3.2.6
4	站外天然气泄漏	站外管道、（阀室、下游分输用户、高风险管段）	设备缺陷、故障，自然灾害、人为破坏等原因	管线运行参数异常	天然气泄漏、干线停输	中毒（窒息）、火灾、爆炸	3.2.7 3.2.8 3.2.9
5	急性职业中毒(窒息)	工艺装置区、放空火炬区	天然气泄漏、氮气泄漏、一氧化碳聚集	气体探测器报警	急性职业中毒（窒息）	施救人员急性职业中毒（窒息）	3.2.3

4.2　岗位应急职责

输气场站岗位一般包括站长、副站长、安全工程师、综合技术员、综合输气工、综合维修管道工等，故场站应急组织机构包括组长：站长；副组长：副站长或安全工程师；组员：综合技术员、综合输气工、综合维修管道工等。

4.3　现场处置程序(图 1 - 3 - 4)

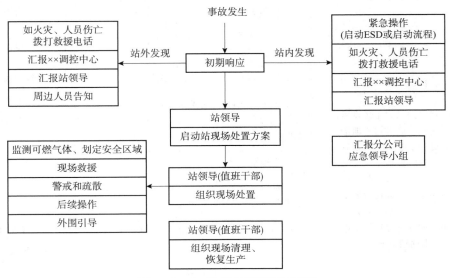

图 1 - 3 - 4　现场处置程序示意图

4.4　典型事件(部分)应急处置步骤和措施

4.4.1　站内工艺设备设施天然气泄漏应急处置程序(表 1 - 3 - 3)

表 1 - 3 - 3　天然气泄漏应急处置程序

现象、原因、注意事项	处置、操作步骤	负责人
现象：站内法兰、管道等设备设施发生天然气泄漏； 原因：因腐蚀、地质变化、意外破坏、误操作、法兰紧固件或密封件技术失效，以及法兰材质、焊接缺陷等，造成法兰、管道发生天然气泄漏； 注意事项： 1. 现场人员须站在泄漏点上风处； 2. 如事故失控，对人员生命安全构成威胁时，立即撤离危险区域； 3. 正压式空气呼吸器低压报警时，须撤离现场； 4. 如天然气向非防爆场所扩散，切断事故范围内非防爆电源	1. 若发现少量天然气泄漏，关闭泄漏点上下游阀门，切换流程，将泄漏管段放空；若发现大量天然气泄漏，启动 ESD，同时切断非防爆电源	综合输气工
	2. 如着火拨打 119、如有人员伤亡拨打 120	综合输气工
	3. 汇报××调度（内线：××-×××××××，外线：×××-××××××××），根据调度令进行工艺操作并记录	综合输气工
	4. 汇报站领导	综合输气工
	5. 汇报分公司应急领导小组组长，通知、组织站内人员抢险，并告知相关方	站领导
	6. 安排人员进行现场可燃气体浓度监测	站领导或值班干部
	7. 安排人员现场救援、警戒和疏散	站领导或值班干部
	8. 安排人员引导后续救援力量	站领导或值班干部
	9. 配合救援人员进行后续救援工作、现场清理、恢复生产，记录	站领导或值班干部

4.4.2　站内工艺设备设施火灾、爆炸处置程序（表 1 - 3 - 4）

表 1 - 3 - 4　火灾、爆炸应急处置程序

现象、原因、注意事项	处置、操作步骤	负责人
现象：站内设备设施发生火灾、爆炸； 原因：天然气站场内工艺设备、设施故障引发火灾，或天然气泄漏，遇明火发生火灾、爆炸； 注意事项： 1. 现场人员须站在泄漏点上风处； 2. 如事故失控，对人员生命安全构成威胁时，立即撤离危险区域； 3. 如天然气向非防爆场所扩散，切断事故范围内非防爆电源	1. 启动 ESD，同时切断非防爆电源	综合输气工
	2. 如火势可以控制，使用干粉灭火器初期灭火，触发声光报警按钮	综合输气工
	3. 拨打 119、如有人员伤亡拨打 120	综合输气工
	4. 汇报××调度（内线：×××-×××××××，外线：×××-××××××××），根据调度令进行工艺操作并记录	综合输气工
	5. 汇报站领导	综合输气工
	6. 汇报分公司应急领导小组组长，通知、组织站内人员抢险，并告知相关方	站领导
	7. 安排人员现场救援、警戒和疏散	站领导或值班干部
	8. 安排人员进行现场可燃气体浓度监测	站领导或值班干部
	9. 安排人员引导后续救援力量	站领导或值班干部
	10. 配合救援人员进行后续救援工作、现场清理、恢复生产，记录	站领导或值班干部

4.4.3　阀室被毁应急处置程序(表 1 - 3 - 5)

表 1 - 3 - 5　阀室被毁应急处置程序

现象、原因、注意事项	处置、操作步骤	负责人
现象：阀室工艺设备损坏，管线损坏，阀室内出现大量天然气泄漏； 原因：自然灾害、设备缺陷、管线缺陷，误操作、人为破坏等； 注意事项： 1. 正压式空气呼吸器低压报警时，撤离现场； 2. 现场严禁车辆启动，必须启动时须戴防火帽	1. 汇报××调度(内线：×××-×××××××、外线：×××-×××××××)，根据调度令进行工艺操作并记录	综合输气工、综合维修管道工
	2. 发生天然气泄漏时，根据调度令关闭事故阀室上下游截断阀，将事故管段放空	综合输气工、综合维修管道工
	3. 拨打救援电话(如阀室着火拨打 119、如有人员伤亡拨打 120)	综合输气工、综合维修管道工
	4. 汇报站领导	综合输气工、综合维修管道工
	5. 汇报分公司应急领导小组组长，通知、组织站内人员抢险	站领导
	6. 安排人员进行现场可燃气体浓度监测	站领导或值班干部
	7. 安排人员现场救援、警戒和疏散	站领导或值班干部
	8. 安排人员引导后续救援力量	站领导或值班干部
	9. 配合救援人员进行后续救援工作、现场清理、恢复生产，记录	站领导或值班干部

4.5　部分岗位应急处置卡

××输气站站领导应急处置卡正面见表 1 - 3 - 6，背面见表 1 - 3 - 7。

表 1 - 3 - 6　××输气站站领导应急处置卡(正面)

序号	处置步骤
1	接到事故报告后汇报公司应急领导小组组长或副组长，通知站应急领导小组成员
2	初步判断事故等级，启动现场处置方案
3	组织值班人员向××调度中心进行报告，并按照要求组织管线和设备停输
4	组织、指挥事故初期处置，防控安全、环保次生灾害
5	安排专人收集现场信息，报公司应急领导小组
6	根据现场事态情况，向地方应急部门汇报
7	组织站人员现场警戒及油气监测，如有必要，告知居民撤离
8	安排人员引导后续抢险队伍进入现场
9	安排人员提供现场后勤保障
10	抢修结束后，关闭站现场处置方策

表 1 - 3 - 7　××输气站站领导应急联系方式(背面)

部门	联系人	值班电话	办公电话	手机
××调度中心				
××公司应急小组				
站内人员				

第六节　井控管理及硫化氢防护管理

在能源领域，石油和天然气依然拥有重要的能源属性，是人类社会发展的必要保障。因此对石油和天然气的开发依然是人类必不可少的工业活动。在油气田勘探开发过程中，必然要保证安全，井控工作是油气开发工程作业过程中，风险极高隐患重重的安全作业内容，是安全工作的重中之重。

井控工作是一项系统工程，涉及井位选址、地质与工程设计、设备配套、维修检验、安装验收、生产组织、技术管理、现场管理等各项工作，需要设计、地质、生产、工程、装备、监督、计划、财务、培训和安全等部门相互配合，共同做好井控工作。一旦发生井喷失控事故，导致人员伤亡、经济损失大、社会负面影响大。

1　井控的相关概念

1.1　井控的定义

井控是油气井压力控制的简称。也称井涌控制或压力控制。是指采取一定的方法控制井内压力，基本保持井内压力平衡，以保证施工作业的顺利进行。定义中所说的"一定的方法"包括两个方面：

(1)合理的压井液密度；

(2)合乎要求的井口防喷器。

定义中所说的"基本上保持井内压力平衡"指：$P_{井底} - P_{地层} = \Delta P$($\Delta P$ 取值：油井取 $1.5 \sim 3.5 \mathrm{MPa}$；气井取 $3.0 \sim 5.0 \mathrm{MPa}$)。

随着人们对钻修井施工作业的现场管理持续规范，钻修井设备设施的持续升级，逐步形成了油气勘探开发全过程油气井、注水(气)井的控制与管理构架，这就是"大井控"理念，即钻井、测井、录井、测试、注水(气)、井下作业、正常生产井管理和报废井弃置处理等各生产环节的管理和控制，都是井控管理。

1.2　井控分级

根据井喷发展的过程，井控工作分为三个阶段，即一级井控、二级井控和三级井控。

1.2.1　对于钻修井施工作业的井控分级

一级井控：采用合适的钻井液密度和技术措施使井底压力稍大于地层压力。一级井控的核心就是确定一个合理的钻井液密度，一级井控提供的钻井液液柱压力为安全钻井形成第一级屏障。一级井控技术要求我们在进行钻井施工时，首先要考虑配制合适密度的钻井液，确保井内钻井液液柱压力能够平衡甚至大于地层压力，保证井口敞开时安全施工。

二级井控：由于某些原因使井底压力小于地层压力时，发生了溢流，但可以利用地面设备和适当的井控技术来控制溢流，并建立新的井内压力平衡，达到初级井控状态。二级井控技术要求井口必须装防喷器组，井口防喷器组为安全钻井提供第二级屏障。

三级井控：三级井控是指二级井控失败，井涌量大，失去了对地层流体流入井内的控制，发生了井喷（地面或地下），这时使用适当的技术与设备重新恢复对井的控制，达到初级井控状态。即常说的井喷抢险，这时可能需要灭火、打救援井等各种具体技术措施。

对一口井来说，应当努力使井处于一级井控状态，同时做好一切应急准备，一旦发生溢流能迅速地做出反应，加以处理，恢复正常钻井作业。要尽力防止溢流发展成井喷。三级井控及井控现象关系图如图 1 - 3 - 5 所示。

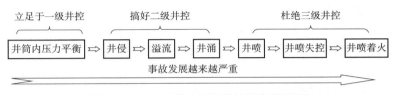

图 1 - 3 - 5　三级井控及井控现象关系图

1.2.2　对于采油气施工作业的井控分级

一级井控：指正常生产状态下采油气的安全控制。其生产参数正常，所有井控设备工作正常井口、流程无泄漏现象，生产井处于安全控制之中。

二级井控：生产参数发生异常，或井筒、井口、控制系统出现了异常，对油气井的安全生产构成了一定威胁，但能依靠井下、地面设备加以控制，使异常情况得到及时处理，重新恢复到一级井控（初级井控）状态。

三级井控：井下和地面设备不能对气井的生产加以控制，甚至威胁到生产井、人员及周围环境的安全，通过使用适当的技术与设备可重新恢复对气井的控制，达到一级井控（初级井控）状态。

1.3　井控现象

1.3.1　井侵

当地层孔隙压力大于井底压力时，地层孔隙中的流体（油、气、水）将侵入井内，通常称之为井侵。最常见的井侵为气侵和盐水侵。

1.3.2　溢流

当井侵发生后，井口返出的钻井液的量比泵入的钻井液的量多，停泵后井口钻井液自动外溢，这种现象称之为溢流。特点：返出流体不会到达转盘面上。

1.3.3　井涌

国内定义：井涌是溢流的进一步发展，井口返出流体超过转盘面，但低于二层平台。国外定义：当地层压力大于井底压力时，在其压差作用下，地层流体进入井眼，这种流体流动称为井涌。

1.3.4　井喷

国内定义：井涌进一步发展，当井口返出流体超过二层平台时称为井喷。国外定义：

井涌失控称为井喷。井喷有地上井喷和地下井喷。流体自地层经井筒喷出地面为地上井喷，从井喷地层流入其他低压层为地下井喷。

1.3.5 井喷失控

井喷发生后，无法用常规方法控制井口而出现敞喷的现象称为井喷失控。这是钻井过程中最恶性的钻井事故。

1.3.6 井喷失火

井喷后失去控制的地层流体在地面遇到火源着火的现象。这是钻井过程中最恶性的、损失巨大的钻井事故。

1.4 井喷的危害

井喷及井喷失控造成的影响主要体现在以下几个方面：

(1)打乱全局正常工作程序，影响全局生产；

(2)使井下作业事故复杂化、恶性化；

(3)极易引起火灾(如井场、苇地及森林)；

(4)危及井场周围居民生活、健康、甚至生命安全；

(5)污染农田/水源/大气，影响交通/通信/电力；

(6)伤害油气层，毁坏地下油气资源；

(7)造成巨大损失，甚至机毁人亡和油气井报废；

(8)降低企业形象，造成不良的社会影响；

(9)涉事相关人员也将受到处理。

因此作为基层管理者，必须具备井控及硫化氢防护安全意识，要做好井控及硫化氢防护管理，保证油气开发工程作业本质安全。

2 井控管理相关要求

根据国家能源管理及应急管理相关要求，以及中国石化井控管理相关规定，各企业需结合本油田及企业油、气、水井的特点制定井控管理细则，实施对钻井、测井、录井、测试、注水(气)、井下作业、正常生产井管理和报废井弃置处理等各生产环节的管理和控制。

2.1 企业井控管理架构

企业应根据集团公司井控要求，结合油田实际情况，及时调整油田井控管理委员会成员。井控管理委员会办公室设在工程技术管理部门，负责日常工作的组织与协调。井控管理委员会下设各探区三个井控领导小组。根据井控"分级管理"要求，自上而下建立企业、二级单位、基层单位、基层施工作业班组四级井控管理网络。并按照"谁主管，谁负责""管生产必须管井控""管专业必须管井控"建立井控工作责任体系。

2.2 井控工作检查

各级井控工作领导小组应定期组织开展井控安全检查工作。其中：企业每季度1次；油气生产、工程、地质设计等单位每月度1次；相关三级单位每旬度1次；基层施工作业班组每周1次。井控检查的重点包括：

(1)井控管理制度、井控组织机构、井控职责内容；

(2)地质设计、工程设计、施工设计、井控应急预案；

（3）设计审批情况；

（4）开工（钻开油气层前）验收情况；

（5）井控设备检测试压报告、井控设备安装是否规范标准；

（6）坐岗观察记录；

（7）各种安全标识和逃生通道；

（8）有毒有害气体检测仪器、空呼配置及使用、有效期；

（9）井控、硫化氢持证情况；

（10）井控演练情况；

（11）问题整改情况。

2.3　井控工作例会

各级井控工作领导小组应定期组织召开井控工作例会，认真总结分析，解决存在的问题，安排部署下步工作。其中企业每季度 1 次，油气生产、工程、地质设计等单位每月度 1 次，相关三级单位及基层单位每月度 1 次。

2.4　井控持证上岗

各级主管领导、管理人员和相关岗位操作人员应接受井控技术和 H_2S 防护技术培训，并取得"井控培训合格证"和"H_2S 防护技术培训证书"合格证书的有效期限允许有不超过 30d 的延后期。井控持证人员分为四个类别七个层级，见表 1 - 3 - 8。

表 1 - 3 - 8　井控持证人员类别及层级

级别代码	岗位人员
A	井控决策、甲方管理人员、施工单位管理人员
A1	钻井井控技术人员、钻井（含侧钻、大修）队平台经理、工程师、技术员等管理人员及钻井设计人员
A2	采油气（区）管理人员、技术人员、作业队管理人员、技术人员等
B1	钻井（含侧钻、大修）现场操作人员、井控操作辅助人员
B2	采（注）油（气）及井下作业现场操作人员、井控操作辅助人员
C	井控车间技术、管理、检维修人员及现场服务人员
D	钻井相关专业技术服务人员

2.5　井控设计

2.5.1　工程设计

（1）根据地质设计提供的有气藏产能、油气（注水）井压力、生产数据和井场周边环境，选择压井、不压井或带压作业方式，明确施工设备提升能力，并确定风险控制重点。

（2）根据地层配伍性，设计压井液的密度、类型、性能，明确储备量及压井要求。

（3）压井液密度设计与作业层位最高地层压力当量密度值为基准，另加一个安全附加值确定压井液密度。附加值确定方法：

油水井为 $0.05 \sim 0.1 \mathrm{g/cm^3}$ 或者 $1.5 \sim 3.5 \mathrm{MPa}$；

气井为 $0.07 \sim 0.15 \mathrm{g/cm^3}$ 或者 $3 \sim 5 \mathrm{MPa}$。

（4）井控设备、工具、仪器选择（包括压力等级和组合形式）。

2.5.2 地质设计

(1)井身结构、套管数据、人工井底、射孔井段、水泥返深、固井质量、井斜数据等资料。

地层流体性质、井型、油气藏类型、油气水显示、测录井解释评价等资料。

(2)原始地层压力、目前地层压力、井口压力、产量等；邻井注水、注汽压力和本井与其连通情况等资料。

(3)井筒内落物、套管腐蚀、油管柱和井下工具相关数据。

(4)敏感环境要说明井场周围住宅、学校、厂矿、高压电线等情况；本井或本构造区域内硫化氢、二氧化碳等有毒有害气体含量情况，可能存在的异常高(低)压情况，井喷失控史的提示。

2.5.3 施工设计

(1)包括压井液或压井液材料准备，井控装置配备与安装示意图，井控装置调试与试压方式，内防喷工具规格、型号、数量。

(2)施工过程中各种工况下井控技术措施及器材准备，应急处置程序等。

(3)井控和 H_2S 防护内容。

2.6 甲方监督

所有钻井、试油(气)和井下作业应由甲方派出现场监督人员。重点井驻井监督、一般工序巡视监督、关键工序现场监督工作制。

2.6.1 施工前监督

复核队伍市场准入证、QHSE 管理体系以及人员的数量、资质；开工验收。

2.6.2 施工过程监督

明确监督方式和要点；洗压井、起下速度、管杆工具材料核查、冲砂、试压、通井、堵水、酸化、防砂、试抽等，故障原因；突发情况，监督施工方启动应急预案并向上级部门上报。

2.6.3 施工后监督

录取资料，督促施工方及时整改；提交监督总结作为工程结算的依据。

2.7 井控和 H_2S 防护演习

井控和 H_2S 防护演习是现场实现井控安全无事故的基本保障，演练不是演戏，演练必须按照实战要求进行，通过演习不断提升应急处置能力和水平。

(1)钻井井控演习分为正常钻井、起下钻杆、起下钻铤和空井 4 种工况。常规井演习应做到每班每月每种工况不少于 1 次，钻开油气层前需另行组织 1 次；高含 H_2S 井演习应包含 H_2S 防护内容，钻开含 H_2S 油气层 100m 前应按预案程序组织 1 次 H_2S 防护全员井控演习。

(2)试油(气)与井下作业分为射孔、起下管柱、诱喷求产、拆换井口、空井 5 种工况组织井控演习。常规井演习应做到每井(每月)每种工况不少于 1 次；含 H_2S 井在射开油气层前应按预案程序和步骤组织 H_2S 防护全员井控演习。

(3)采油(气)队、地下储气库每季度至少应组织 1 次井控演习，含 H_2S 井每季度至少应组织 1 次防 H_2S 伤害应急演习。

（4）含 H_2S 油气井钻至油气层前 100m，应将可能钻遇 H_2S 层位的时间、危害、安全事项、撤离程序等告知 500m 范围内的人员和当地政府主管部门及村组负责人。

（5）交叉作业或联合作业现场，井控责任主体单位牵头组织井控联合演习。

2.8　井控设备管理

油田开发过程要树立从钻井源头开始全部作业过程都存在井控风险的意识。施工过程必须配套安装安全可靠的井控防喷装备，当发生井喷时才能够采取各种手段和有效措施，确保井控本质安全。井控设备主要包括以下几个方面：

2.8.1　防喷器

主要分为两类：

（1）环形防喷器：单环型、双环形。

（2）闸板防喷器：单闸板、双闸板、三闸板。

2.8.2　防喷器控制装置

制备储备高压液压油。通过三位四通换向阀控制液压油的流向，从而实现防喷器的开关操作。

2.8.3　节流压井放喷管汇

（1）通过节流阀的节流作用实施压井作业，替换出井里被污染的泥浆，同时控制井口套管压力与立管压力，恢复泥浆液柱对井底的压力控制，制止溢流。

（2）通过节流阀的泄压作用，降低进口套管压力，实现"软关井"。

（3）通过放喷阀放压，保护井口防喷器组。

（4）分流放喷将溢流物引出井场，防止着火和人员中毒。

2.8.4　内防喷工具

防止井下钻具发生内喷，包括浮阀、旋塞阀、回压阀、止回阀等。

2.8.5　监测仪器

包括液面报警器、流量监测仪、气体检测仪（硫化氢检测仪、四合一气体检测仪）。

2.8.6　气体处理设备

如液气分离器等。

2.8.7　不压井防喷器组

以油井不压井设备（BYJ18－35/21－Y）为例，包括①管柱密封系统：自下而上，由 3FZ18－35 三闸板防喷器（由安全卡瓦、半封闸板、剪切闸板组成）、FZ18－35 单闸板防喷器、液动平衡阀、FZ18－35 单闸板防喷器、FH18－35 环形防喷器等部分组成。主要作用是密封油套空间、控制井口压力；②管柱控制、加压起下系统：由固定承重卡瓦、固定防顶卡瓦、游动承重卡瓦、游动防顶卡瓦、升降液缸组成。主要作用是带压状态下管柱控制和加压起下。以水井不压井设备（BYJ18－35/21－S）为例，主要包括①管柱密封系统：自下而上，由 3FZ18－35 三闸板防喷器（由剪切闸板、半封闸板全封闸板组成）和 FH18－35 环形防喷器等部分组成。主要作用是密封油套空间、控制井口压力；②管柱控制、加压起下系统：由固定万能卡瓦、游动万能卡瓦、升降液缸组成。主要作用是在带压状态下的管柱控制和加压起下。

2.9　专业检验维修

井控设备专业检验维修机构应以检验维修点为基本单位取得独立资质；未取得资质者

不得从事相应级别井控检验维修工作。基本检修项目包括：

2.9.1 清洗、更换

拆解防喷器，清洗，防垢防锈，检查密封槽、壳体、通径磨损情况，闸板是否变形，对密封面、密封槽涂润滑脂。

2.9.2 试压

闸板防喷器试压高压按额定工作压力，稳压 10min，压降小于 0.7MPa，低压是 1.4 ~ 2.1MPa（现场不做），稳压 10min，压降小于 0.7MPa。环形防喷器试压高压按封管柱额定工作压力（现场 70%），封零按 50% 额定压力（现场不做）。

2.9.3 通径试验

通径规 30min 内无外力作业通过。

2.9.4 管汇闸阀

高低压试验。

2.10 井控装置现场安装、调试与维护

2.10.1 防喷器组合形式

按照无钻台作业、有钻台作业及压力等级 14MPa、21MPa、35MPa、70MPa、105MPa，防喷器组合形式不同，具体组合方式见中国石化相关技术标准。

2.10.2 节流压井放喷管汇安装要求

（1）优先选用法兰连接的钢质硬管线。

（2）钢质管线，其通径不小于 50mm。

（3）转弯处应使用不小于 90° 的锻造钢质弯头。

（4）气井（高气油比井）不使用活动弯头连接。

（5）出口应接至距井口不小于 30m 以远的安全地带，高压油气井或高含硫化氢等有毒有害气体的井，管线应接至距井口不小于 75m 以远的安全地带。

（6）含硫化氢气井：放喷管线应不少于两条，且相互为大于 90° 夹角的两个方向接出井场。

（7）每隔 10 ~ 15m、转弯处用地锚或地脚螺栓水泥基础基墩（长、宽、高分别为 0.8m×0.6m×0.8m）或预制基墩固定牢靠。

（8）水泥基墩预埋地脚螺栓直径不小于 20mm，埋深不小于 1m。

（9）固定压板圆弧应与放喷管线管径匹配，加装缓冲减震垫。

（10）跨越河沟、水塘等障碍宽度大于 10m 以上时应架桥支撑牢固。

（11）高压井、高产气井放喷管线出口处用双地锚（基墩）固定。

（12）试压 10MPa，稳压 10min，压降小于 0.7MPa。

（13）钢质管线，其通径不小于 50mm，接至便于连接压井设备的位置，每隔 10 ~ 15m、转弯处用地锚或基墩固定牢靠。

2.10.3 远程控制台

（1）安装井架大门侧前方，距井口不少于 25m，并保持不小于 2m 宽的人行通道；周围 10m 内不应堆放易燃、易爆、腐蚀物品。

（2）液控管线应排列整齐，不应堆放杂物，设置防高空落物砸损的保护措施，管排架与放喷管线应不小于 1m，车辆跨越处应有过桥保护措施。

（3）远程控制台应接好静电接地线，电源应从配电板总开关处直接引出，并用单独的开关控制。

（4）防喷器远程控制台储能器压力应符合规定要求，仪表、调压阀灵敏好用，手柄标示清楚，全封和剪切手柄有防误操作装置，液控房内装有防爆灯。

2.10.4　液气分离器

（1）分离器距井口的距离不小于 30m，非撬装分离器用水泥基墩地脚螺栓固定，立式分离器宜用直径不小于 16mm 钢丝绳对角四方绷紧、找正固定。

（2）分离器距油水计量罐应不小于 15m，其气管线出口方向应背向井口和油水计量罐，并考虑风向摆放。

（3）分离器至井口保温套处的管线，如需保温，应在中间加装保温管线。

2.10.5　内防喷工具

（1）内防喷工具的额定工作压力应不小于所选用的防喷器压力等级。

（2）起下管柱前旋塞阀应进行开、关活动检查，旋塞阀要处于常开状态。

（3）井口内防喷工具的开关工具应放置在钻台或井口便于快速取用的地方。

（4）井筒存在多种规格管柱组合时，内防喷工具应配有相应的转换接头，变径短节应与防喷器的闸板尺寸相匹配。

（5）管柱组合中是否接止回阀，应按工程设计执行。

2.11　开工检查验收

（1）钻井、试油（气）与井下作业各次开钻（开工）前，均应进行开钻（开工）检查验收。

（2）检查验收可根据具体情况，选择采取业主单位检查验收，委托施工单位检查验收或甲乙双方联合检查验收方式。检查验收合格后下达"开工批准书"同意开工；检查验收不合格不得开工。

（3）检查验收内容：设计、防喷器材及物资、邻井注水注气确认、防控措施等。

2.12　射开油气层确认

（1）射孔作业射开油气层确认制度。下入射孔枪前，施工主体单位应向甲方单位提出射开油气层申请，经现场监督人员确认同意后，方可射开油气层。

（2）确认内容：设计、射孔层位、射孔方式、防喷器材及物资、邻井情况、防控措施等。

2.13　干部值班带班

（1）钻井施工、试油（气）和井下作业均应实行干部 24h 值班制度。开发井从钻开产层前 100m 到完井、探井从安装防喷器到完井期间，均应有干部带班作业。

（2）"三高"井进行试油（气）作业，应有干部带班作业。

2.14　坐岗观察

（1）开发井从钻开油气层前 100m 到完井、探井从安装防喷器到完井期间，均应安排专人 24h 坐岗观察溢流，坐岗由钻井场地工、泥浆工和地质录井工负责，坐岗记录时间间隔不大于 15min，溢流井漏应加密监测。

（2）试油（气）和井下作业施工应安排专人观察井口，发生溢流应按程序处置并上报。

（3）坐岗观察内容：

①旋转作业工况的坐岗观察。井液性能变化、进出口排量、循环罐液面高度、气测值观察，返出井液颜色、气味、流态观察，悬重、钻速、泵压变化等。

②起下管柱工况的坐岗观察。管柱体积和灌入排出井液量对比，井口液面观察，循环罐液面观察、液面油花、气泡、气味、气测值等。

③空井电测工况。压力变化，井口液面升降观察，液面油花、气泡、气味观察。灌入量观察（渗透性漏失的速度变化，灌入量记录分析）。

2.15　井控应急管理

（1）钻井施工、试油（气）施工、井下作业和油气生产井，应按"一井一案"原则，编制工程和安全综合应急预案。安全应急预案应包括防井喷失控、防 H_2S 泄漏和防油气火灾爆炸等子预案。预案中明确规定各方应急责权、点火条件和弃井点火决策及操作岗位等。

（2）钻井队、试油（气）队和井下作业队分别是施工的应急责任主体。

（3）含硫油气井作业应制定应急预案，并报当地政府审查备案，同时将 H_2S 气体及危害、安全事项、撤离程序等告知500m范围内人员。

（4）点火条件及点火时间：

含硫化氢天然气井发生井喷，符合下述条件之一时，应在15min内实施井口点火：

①气井发生井喷失控，且距井口500m范围内存在未撤离的公众；

②距井口500m范围内居民点的硫化氢3min平均监测浓度达到100ppm（1ppm = 10^{-6}），且存在无防护措施的公众；

③井场周边1000m范围内无有效的硫化氢监测手段。

井场周边1.5km范围内无常住居民，可适当延长点火时间。

2.16　井控事故管理

2.16.1　井控事故分级

根据事故严重程度，井喷事故由大到小划分为四个级别。

Ⅰ级井控事故：井喷失控造成火灾、爆炸、人员伤亡，H_2S 等有毒有害气体逸散且未能及时点火。

Ⅱ级井控事故：发生井喷事故或严重溢流，造成井筒压力失控，井筒流体处于放喷状态虽未能点火但喷出流体不含 H_2S，或虽含 H_2S 等有毒有害气体但已及时点火等。

Ⅲ级井控事故：发生井喷事故，72h内仍未建立井筒压力平衡，且短时间难以处理。

Ⅳ级井控事故：发生一般性井喷，72h内重新建立了井筒压力平衡。

2.16.2　事故上报程序

Ⅰ级和Ⅱ级：油田应急指挥中心办公室在2h内向集团公司应急指挥中心办公室和办公厅总值班室报告，油田应急指挥中心办公室按照油田应急指挥中心指令分别向地方政府相关部门报告；

Ⅲ级：油田应急指挥中心办公室及时上报集团公司进行应急预警；

Ⅳ级：事故单位上报油田应急指挥中心办公室和井控工作领导小组办公室进行应急预警。

2.16.3　事故调查处理

Ⅰ级：由集团公司油田事业部组织调查处理，有人员伤亡、火灾等由安全监管局组织调查处理；

Ⅱ级：由集团公司油田事业部组织调查处理并报安全监管局备案；

Ⅲ级：由油田分公司调查处理；

Ⅳ级：由油气生产单位和工程施工单位调查处理。

2.16.4　事故责任认定

甲方承担责任：因人为原因造成地层设计压力与实际压力出入过大，设计存在严重缺陷，承包商准入把关不严，甲方所负责材料存在质量缺陷，或因重大应急处置决策失误而造成事故发生。

乙方承担责任：因违反设计违规作业或违章操作，施工设备出现故障，工程或所负责的材料存在质量缺陷，作业人员素质过低，应急物资组织不及时，或因现场应急处置不当等原因而造成事故发生。

3　长停(废弃)井管理

3.1　长停(废弃)井分类分级

长停井是指停产超过 3 个月的油、气、水井。按照井口压力、H_2S 含量、与环境敏感区的距离、套管破损情况等评价准则及风险指标可分为三类，既一至三类长停井，三类长停井风险较高，具体分类评价指标见表 1-3-9。

表 1-3-9　三类长停井评价指标

评价准则及风险类别 评价指标	一类	二类	三类
井口压力/MPa	0	<10	≥10
H_2S 含量/ppm	0	<20	≥20
与环境敏感区的距离/m	距离≥1000	100≤距离<1000	距离<100
套管破损情况	无破损，或破损点在油层套管水泥返高以下	有破损，但破损点在油层套管水泥返高以上但无窜漏	破损点在油层套管水泥返高以上且窜漏

3.2　长停井管理

工程技术管理部门是企业长停井技术管理部门，负责长停井技术管理的指导、协调服务、监督检查及考核。各油气生产单位是长停井管理主体，承担所辖区域内长停井管理职能。长停井的管理内容包括：

3.2.1　分级管理

长停井管理按照分公司、油气生产单位、采油气管理区三级进行管理。

3.2.2　实时管理

根据油田生产信息化建设情况及强化管控需要，对风险等级为三类的长停井，优先配套完善压力实时监测系统，并融入现有采油气管理区 PCS 系统，实现实时管控；对风险等级为一、二类的长停井，有条件的，逐步完善压力实时监测系统，实现长停井实时管控的全覆盖。

3.2.3　巡查管理

根据风险类别，制定合理的巡检、监测周期；三类风险等级的长停井，应根据其评价指标及其动态，确定巡检、监测周期。

3.2.4 井口管理

井口装置可控。井口风险等级可视（红：三类井口；黄：二类井口；蓝：一类井口）。井号、治理日期、井籍、安全警示语等。井口标注：井号、治理日期、井籍、安全警示语。压力表定期检测。井口装置定期保养，开关灵活。

3.2.5 资料管理

逐井建立档案，建立单井台账，编制并上报长停井月度管理报表。

3.2.6 应急管理

应制定相应的应急处置预案，达到"一类一案"、三类井"一井一案"。具有安全隐患的长停井应及时治理。岗位人员须掌握所管辖长停井的地层、井筒、井口装置、周边环境等情况及应急处置预案。

4 硫化氢防护管理

4.1 硫化氢的防护

4.1.1 监测人员防护

（1）选择正压式空气呼吸器。

（2）监测人员必须经过有资质的部门培训取得合格证后上岗。

（3）经常进行应急响应演练。

4.1.2 施工人员防护

（1）预测含有硫化氢的场所安装有毒气体自动监测装置，在达到致人中毒的浓度前即可发出报警，以便采取应对措施。

（2）施工人员发现有毒气体立即采取疏散和防护措施。

（3）配备必要的安全防护装置。

（4）施工人员定期进行应急响应演练。

（5）施工人员必须经过有资质的部门培训，取得合格证后上岗。

（6）经常性地开展安全知识教育，提高操作人员的技术素质。

4.1.3 防护设施

（1）选择功能全、质量好的有毒气体监测仪。

（2）定期监测检查防护装置，发现问题及时更换。

（3）设立警示标识牌，及时提醒现场施工人员。

4.2 应急管理

4.2.1 防护设施配备

（1）作业施工现场。①便携式硫化氢探测仪 2 套，固定式硫化氢监测仪 1 套，风向标 3 个，安全通道指示牌 4 个，35kg 干粉灭火器 6 个，正压式空气呼吸器现场每人 2 个，空气压缩机 2 台，空气钢瓶（40L，15MPa）2 个，防爆工具 1 套，点火枪 1 支，所有人员穿着防静电工作服，现场防爆照明灯 4 只、防爆手电筒 4 只、移动手机 2 部。②配备防硫工具（35MPa 半封、全封各 1 套，套管短节 1 根、250 型采油树 1 套，高压防喷闸门 1 个）；井口工作台 1 套；70MPa 高压水龙带 1 根；防爆鼓风机 4 套；400 型泵车 1 部，13m³ 满载压井液水罐车 3 部全天候值班配合施工；13m³ 循环罐 2 个。

（2）作业抢险小组。正压空气呼吸器每人 2 套；空气钢瓶（40L，15MPa）2 个；便携式硫化氢探测仪 2 套（探测范围 0～30mg/m³ 和 0～300mg/m³）；空气压缩机 2 台；移动手机 2 部，值班车 2 部。

（3）作业队值班室配备。正压呼吸器 2 套，移动手机 1 部。

（4）井控装置及井口配件。井控装置及井口配件的材质必须经适当的热处理，并在含硫化氢介质环境中试验，证实其具有抗硫化氢应力腐蚀开裂性能后，方可使用。凡密封件选用的非金属材料，应具有在硫化氢环境中能使用而不失效的性能。

4.2.2　持证与劳动保护

所有参与现场施工及进入施工现场的人员必须持有中国石化《硫化氢防护技术培训证书》上岗操作；所有参与现场施工及进入现场的人员必须全部穿着防静电工作服，禁止穿着各类尼龙及化纤的制服进入井场，以防静电。

4.3　井场及设备的布置

（1）动力上修前，应从气象资料中了解当地季节风的风向。

（2）井场值班房、井架、通井机等设备的安放位置，应与当地季节风的上风向一致。井场周围要空旷，在前后或左右方向能让季节风通过。

（3）井场入口处要有防护措施，以应对硫化氢紧急事故的发生。井场所有入口处都要安装适当的报警信号和旗帜。要有辅助的安全通道，以便遇到风向转变造成灾祸时通行。

（4）井口周围禁止堆放杂物以便空气流通，避免硫化氢气体在井口及周围积聚。在井架顶端、值班房及井场入口等地应设置风向标。全体人员必须自觉观察风向，如硫化氢含量超过 20mg/m³，立即停止施工，人员向上风方向疏散。

（5）值班房等辅助设备和车辆，应尽量远离井口，在盛行风上风向 25m 以外。值班房内要配备足够的急救箱、担架、氧气袋和供氧呼吸设备，并且要确保这些器材的性能处于良好的使用状态。

（6）在无风和微弱风的时候要有大功率的鼓风机或排风扇对一定风向吹风。

（7）井场周围方圆 100m 范围内要设立警示带及"严禁吸烟"的安全标志牌，任何人严禁在警示带内吸烟和动用明火。

（8）在井口、放喷管线、循环罐、泵等硫化氢容易聚积的地方，要设立警告标志和安装数台硫化氢监测仪及音响报警器。井口施工人员必须配备便携式硫化氢监测仪。

（9）固定式和携带式硫化氢监测仪的第 1 级报警阈值均应设置在 10mg/m³，但不启动报警音响，仅向施工人员提示硫化氢目前浓度值；第 2 级报警阈值均应设置在 20mg/m³，启动报警音响。

4.4　安全施工管理

（1）为保障现场季节风畅通，井场周围方圆 100m 范围内禁止设置高度超过 1m 的不透风障碍物，按照应急预案要求做好一切安全防护措施，由采油厂及以上级别专业部门检验合格后方可开工。

（2）施工前更换防硫化氢专用采油树。

（3）放喷管线应至少装两条，其夹角为 90°，管线转弯处的弯头夹角不小于 120°，并接出井场 100m；若风向改变至少有一条能安全使用。

（4）压井管线至少有一条在季节风的上风方向，以便必要时连接其他设备（泵车等）作压井用。

（5）拆井口前要充分做好洗（压）井工作，利用脱油污水充分清洗井筒脱气，如果井筒能建立循环，将压井液反循环替入井筒。如果井筒建立不起循环，要将压井液反挤入地层，平衡后确保井筒压井液液面保持在井口。

（6）拆井口后立即安装符合设计要求的封井器，安装完后采取井口试压方式，试压合格方可施工；提抽油杆时必须安装防喷装置。

（7）拆井口前、中途停工后，井筒内硫化氢气体的处理，用放喷点火方式，点火人员应佩戴防护器具，并在上风方向，离火口距离不得少于10m，用点火枪点火。

（8）解卡前和起钻过程中要向井内灌注压井液，使井内压井液液面始终保持在井口。

（9）当在硫化氢含量超过安全临界质量浓度的污染区进行必要作业时，宜组织工作梯队，佩戴防护器具，并派专人监护，以便及时救护。

（10）井场危险区内严禁金属撞击、打手电、照相等可能产生火花的操作，防止引爆可燃气体，井场应配备齐全铜制工具一套。

第七节　承包商安全管理

承包商是指按约定的规范、条款和条件向企业提供服务的外部组织，主要包括从事建筑、维修、改造、大修或其他专业服务的承包方，由于社会分工的需要，油气田开发企业外包工程越来越普遍，承包商已成为企业建设和发展的一支重要力量，承包商安全管理是企业安全管理的重要组成部分。

1　承包商安全管理的意义

1.1　承包商安全管理现状的需要

近年来承包商事故居高不下，安全管理水平和员工安全素质堪忧，企业管理承包商能力亟待提高。

中国石化2010—2020年期间发生的上报事故统计表明，承包商安全事故占上报事故总量的60%以上，且这些事故重复性高，如进入受限空间作业的窒息中毒、火灾爆炸、高处坠落等事故屡屡发生，人员伤亡重、影响大，往往使企业蒙受巨大损失和声誉影响，承包商已成为油气田企业事故发生的重灾区，是企业安全风险的重要来源。

承包商事故多发的原因，一方面是由于外包业务量较大、承包商员工数量多，且业务本身风险高、不确定因素多，但主要原因一是承包商管理水平参差不齐，多数队伍"散弱小"，这类承包商自主管理水平和安全标准较低；二是承包商施工组织和管理能力严重不足，超能力承揽项目，使项目分包成为常态，对分包商的管理又不到位，甚至出现非法分包、转包，致使分包商事故占承包商事故的半数以上；三是承包商的"临时"性思想作怪，往往过于关注效益和进度，对安全的关注不够，投入不足，不同程度存在赶进度、抢工期现象；四是承包商作业人员整体素质不高、现场安全意识薄弱，违章行为普遍，且流动性大，持续性的素养提升有困难；五是承包商管理人员对企业相关制度不掌握、安全标准不熟悉，现场安全监管不力或不履职。总之，承包商对承揽业务的安全风险管控能力不足。

有什么样的甲方，就有什么样的乙方，承包商的种种不良表现归根结底还是由于业主管理方面的问题，一是受到"以包代管"的传统影响，对集团公司提出承包商管理实行"统一标准、统一管理、统一要求、统一考核"四个统一，还没能及时转变理念，不能理解"承包商事故就是企业的事故"，主体责任意识不强，不同程度存在包而不管、管而不严的现象；二是企业主要领导引领不够，认为承包商管理是相关部门的任务，甚至简单认为是安全部门的事，没有意识到领导引领的关键作用，对于长期存在的问题，没有去分析系统方面的原因，不能积极主动去协调、去参与、去解决；三是在企业内部，各部门之间包括监理公司、属地单位职责界限不清，未能形成一个齐抓共管的良好局面；四是专业部门主体责任意识不强、能力不足，履职不力，导致前期管理不实、现场监管不严，考核管理不细；五是没有认识到承包商安全管理的系统性和复杂性，对承包商管理简单粗暴或流于形式，缺乏全过程、系统的、综合的科学管理手段。

强化承包商安全管理是企业生存的需要，也是企业发展的需要，中国石化集团公司提出建设国际一流安全业绩战略目标和"零事故"安全工作目标，当前形势下，承包商是提升企业安全业绩、实现安全工作目标的主要瓶颈。

1.2　国家法律法规对企业的要求

加强承包商安全管理是企业安全现状的需要，也是国家对企业的要求，在《安全生产法》《非煤矿山外包工程安全管理暂行办法》（原国家安全监管总局令第 62 号）等法律法规中，都对企业的承包商管理提出了明确的要求，承包商安全管理是企业的法定义务。

《安全生产法》第四十六条规定："生产经营单位不得将生产经营项目、场所、设备发包或者出租给不具备安全生产条件或者相应资质的单位或者个人。生产经营项目、场所发包或者出租给其他单位的，生产经营单位应当与承包单位、承租单位签订专门的安全生产管理协议，或者在承包合同、租赁合同中约定各自的安全生产管理职责；生产经营单位对承包单位、承租单位的安全生产工作统一协调、管理，定期进行安全检查，发现安全问题的，应当及时督促整改。"这里对承包商的安全生产条件和资质做出规定，要求企业必须与承包商签订安全协议、进行统一安全管理、定期安全检查。

原国家安全监管总局令第 62 号，是专门针对非煤矿山外包工程安全管理的规章，其适用范围包括以外包工程的方式从事石油天然气勘探、开发及储运等工程与技术服务活动的安全管理和监督，办法共分为六章 44 条，其中总则中的第三条规定："非煤矿山外包工程安全生产，由发包单位负主体责任，承包单位对其施工现场的安全生产负责。"明确了发包单位对外包工程安全生产的主体责任。甲乙双方合作过程中，从责权利对等的原则来讲，发包单位更占主导权，是外包工程更大的利益获得者，理应担负更大的安全责任，发包单位负主体责任合理合法。在《非煤矿山外包工程安全管理暂行办法》在第二章对发包单位的安全生产职责又提出了具体的要求，包括设置专职安全生产管理人员对承包商进行监督和管理、审查承包商的相关资质和条件、签订安全生产管理协议、保证外包工程的安全生产投入、日常监督检查、工作交底与考核、制定应急预案并定期演练、事故救援和报告统计等。

1.3　国内外优秀企业的管理实践

加强承包商安全管理是国内外石油天然气开发企业安全管理的经验和教训的总结，鉴于石油天然气开发行业易燃易爆、有毒有害、承包商众多的特点，我们目前面临的承包商安全管理问题也是世界能源化工企业曾经遭遇的问题，承包商事故教训让企业逐渐认识到"承包商安全是企业安全管理不可分割的一部分"，如今几乎所有国际能源化工企业都高度重视承包商安全管理，不约而同将承包商安全管理作为体系化管理的要素之一，并逐渐形成了企业安全文化中的重要组成部分。

鉴于承包商事故为企业带来的巨大损失和影响，面临企业在承包商安全管理的现状和挑战，无论从国家法律还是从企业利益及社会责任，企业对承包商的安全管理责无旁贷，加强承包商的管理非常重要，十分紧迫，没有承包商的安全，就不会有企业的安全。

2 承包商安全管理的原则

由于承包商事故为企业带来的严重影响及法律法规的要求，如今承包商安全受到企业的普遍重视，但为什么承包商事故还是频频发生？承包商安全管理与其他管理一样，必须要遵循一定的原则，才能有效管理，避免事故发生。若违背原则，注定是低效无效管理，必然导致失败。

2.1 "一把手"参与原则

在安全工作中，由于具有资源掌控和决策的绝对权重，一把手是最为关键的力量，对安全工作的认识、责任落实以及参与的程度，直接决定了企业的安全管理水平，企业能否把承包商管好，关键在领导认识到位，行动到位，特别是在安全形势严峻的情况下，更需要一把手站出来，让大家看到、听到、感受到领导对承包商管理的观念和决心，带动团队认清现状、克服障碍、解决问题。

一把手亲自参与管理，带动相关部门人员对承包商安全工作的积极性，让管理者能力在实践中得以提升，也促进承包商安全管理水平的提高，没有一把手的参与，企业对承包商的安全管理将步履维艰。

2.2 管业务必须管安全

承包商专项安全检查以及发生的事故教训表明，管理责任不落实、专业责任缺位是目前企业在承包商管理上普遍存在的现象，也是最为突出的问题。

承包商安全由企业的哪个部门来管？根据"管业务必须管安全"的要求，承包商安全管理由于涉及工程部门、设备部门、合同部门等多个职能部门，另外包括属地单位以及监理公司，每一个部门及单位在业务运作中与承包商管理有机融合，才能实现对承包商安全的有效管理。

先是在责任分工上，每项工作最终应落实到部门、落实到岗位，长期以来有相当一部分认为承包商的安全应由安全部门负责，这种片面的认识导致管理效率低下，中国石化确定"谁发包谁负责、谁的属地谁负责"的原则，强调工程部门、设备管理部门等部门的主体责任。管理责任的理性与科学归位为做好承包商安全管理工作打下基础。

承包商安全管理是一项综合性的工作任务，仅靠一个部门单打独斗难以高效完成，必须各部门通力合作，有合作必须有分工，在明确主管部门的主体责任的前提下，还应该做到界面清晰、责权对等、能责匹配，方能使企业落实承包商安全管理责任。

2.3 基于风险的管理原则

承包商安全管理究竟管什么？尽管国家及企业承包商管理中都有管理程序，但仅是履行程序并不能切实防范事故，大量的安全事故表明，事故的发生是由于对业务的风险想不到、认不清、防不住。对承包商安全管理本质是风险管理，成功的管理经验就是要坚持基于风险的管控原则，持续开展风险识别、风险评估、风险控制及风险监控，确保全过程风险控制，才能提高承包商安全管理的有效性，真正避免承包商事故。没有风险管控的管理往往是盲目行为，充其量是花架子，劳民伤财，危险因素依然存在，使危险向更为严重的方向发展，成为事故。

2.4　全过程管理原则

安全工作是一项复杂的系统工程，承包商安全相对于企业内部人员管理相比，风险因素更多，系统更加脆弱，管理难度更大，没有捷径可走，必须进行全过程管理，才能保证系统的稳定。同时承包商安全管理是企业的一项经常性的工作，且需要企业内容多个部门的共同参与，如何高效管理，需要有一个科学的管理流程，坚持系统的、全过程的综合管理手段。各个企业在合法合规的基础上，结合本单位实际，建立、实施并不断完善其管理流程，保证承包商安全管理系统的高效实施。

坚持全过程管理，把好各个关口，才能最大限度避免承包商安全事故。如果仅抓住一时一事，一点一滴、一阵风的管理，容易造成形式主义。

2.5　建立良好的沟通体系

如果承包商员工对项目风险、业主安全要求及期望不清楚，业主不了解承包商的安全状况，安全事故就不可避免，双方之间的信息沟通，是合作的前提与基础，沟通使业主全面了解承包商安全能力和存在问题，及时作出正确决策，沟通使承包商充分了解企业的安全要求，持续改进自己的管理，双方把项目安全风险、安全要求、安全问题等有关安全信息完整、及时、准确地传递，才能达成风险共管的合作目标。

如何建立良好的沟通体系？首先沟通内容应保证完整性、准确性和一致性，企业相关部门应事先做好充分的准备，如风险因素、安全标准规范、防范措施、应急要求等，做到内容明确、具体、全面，反复向承包商传达，让每一名承包商人员清楚工作的危险性、控制方法、现场规定。

第二，与承包商的沟通方式上，能够以正规、严肃的、权威的方式。通过标书、安全合同、安全会议、安全培训、安全技术交底、现场观察沟通、共同编制安全技术措施、共同开展安全检查、考核评估的反馈等。

第三，保证沟通渠道的畅通，比如招投标过程、合同签订及在开工前都会举行专门的会议，对其中的安全要求做专门的说明，以便承包商有关人员能正确理解，在项目进行过程中，定期开展安全会议。

第四，沟通应贯穿双方合作的全过程，从承包商资格预审直至项目结束的考核评价，都应保持良好的沟通与反馈，特别是作业过程中，管理人员参加施工作业班前、班后会，分享经验、提示风险，及时了解并协调解决作业中的困难和问题。

沟通是建立伙伴关系的黏合剂，做好沟通协调，才能步调一致，实现双方的无缝对接。

承包商安全管理的五大基本原则，是基于科学管理的原理和实践经验的总结，遵循五大基本原则，才能避免低效管理，切实避免承包商事故发生。

3　承包商安全管理流程

与承包商的合作已成为石油天然气开发企业普遍现象，国际上做法与标准已逐步完善，形成了一整套科学的管理流程，主要包括以下几个步骤：

3.1 安全资格预审

把好入口关，是做好承包商安全管理的第一步，由于承包商队伍参差不齐，如果门槛设置过低，安全能力不足的承包商进入，将造成承包商管理困难，引发安全事故。

资格预审就是要求企业严格筛选，选拔一些有较强实力的承包商，建立承包商资源库，确保承包商具有基本的经验、能力、资金保证来完成工作，并满足企业最低安全环保要求。

资格预审通常要组织评估小组针对项目内容、范围、进度和风险控制要求，就项目实施所需承包商能力、装备、安全管理和经验等关键因素进行评估，建立评估标准，对承包商的资格和能力进行评估和确认。

评估的内容包括承包商营业执照、安全许可证、资质等级证书等基本资质。另外承包商安全管理体系的建立、企业安全规章制度和操作规程的建立情况、员工的总体数量、安全生产资源保障和主要负责人、项目负责人、安全监督管理人员、特种作业人员安全资格和培训情况、设备设施的完整性和适用性、近些年的安全表现与安全业绩、对分包商的管理、参与类似项目的情况、与业主的合作经历等都是需要审查的内容。具备资质、业绩好、管理规范是承包商安全管理的基本条件。

3.2 招标文件编制

对承包商而言，招标书具有指导性、纲领性作用，是传达安全信息的重要手段，是签订安全合同的基础。对企业而言通过标书向承包商提前告知项目的安全风险和具体要求，"有言在先"有助于减少日后争执，为后续承包商安全管理做好准备，是对承包商实施安全管理的重要依据，通过招标文件全面、充分描述项目的安全需要对承包商的安全管理十分重要。

在编制招标文件中的安全条款时，为做到内容严密、周到、细致，必须有专业安全人员参与，有关部门做好充分的前期准备，对项目的安全风险全面分析、收集相应的安全标准制度与规范，在招标文件中对安全要求应明确、具体、详细，主要内容包括：项目的安全目标；安全风险说明；安全保证措施的要求；承包商应遵守的法律法规、安全标准及企业管理规定；项目安全管理人员和特种作业人员的配备及资质能力要求；承包商提供安全管理制度和安全设施名录；工程分包的控制措施的要求，对施工项目进行风险分析、提出制定安全措施和应急预案的要求。

此外还包括：特殊作业配备安全视频监控设施的要求；安全费用专款专用；双方的安全责任、权利和义务；安全违约处理；合同终止的条件等。

招标文件的编制是管理过程的重要环节，必须明明白白、清清楚楚告诉承包商在项目中安全具体要求，最大限度减少可能会出现的争议，保证安全合同的顺利实施。

3.3 承包商的选择

选择是承包商管理过程最为关键的环节，施工现场的安全很大程度上取决于承包商的安全能力，择优录用优秀的承包商队伍，把好队伍素质关，双方有共同的价值观，是实现双赢目标的前提，也有助于承包商提升安全水平的积极性，避免恶性竞争。

鉴于目前承包商安全方面鱼龙混杂，一些企业在承包商选择中过于依赖资质预审，存在"重资质、轻能力"现象，承包商专业资质和安全能力不符，如果没有足够的鉴别与评估能力，就无法对承包商的安全能力进行正确评判，或忽略安全能力，简单地将投标价格作为唯一选择依据，势必会造成安全投入不足，或仅凭承包商提交资料进行评判，无法全面真实反映承包商的管理水平，这些问题都会导致承包商管理先天不足。因此在选择承包商环节，必须有专业的管理团队，在资格预审的基础上进一步评估承包商的安全能力，尽可能进行量化。承包商能力评估的依据通常有三种方式获取。

一是依据承包商提交的文件资料，这是目前多数企业采用的方法，但由于文件资料可能与实际情况不符，能力评估结果可能出现偏差，最好能与其他方法结合起来使用。

二是根据预审问卷评估，设计预审问卷要能涵盖安全管理的各个方面包括领导承诺、安全培训、安全激励、风险识别、事故事件管理、应急响应系统、变更管理、许可管理、设备管理等，由承包商安全或项目负责人作答并提交相应佐证资料。

三是现场考察，俗话说"百闻不如一见"，通过对承包商作业现场的考察，能够在一定程度上直观反映出一个企业的安全管理水平。高风险作业项目，企业招标前应对承包商现场状况有一定的了解。

全面掌握承包商安全管理状况、采用科学合理的评估方法，选择优秀的承包商，才能合作共赢，不良的承包商只会后患无穷。

3.4　安全合同的签订

合同就是将企业的安全要求变成约束性条款明确在安全合同中，从源头控制安全风险、落实安全标准，合同是约束承包商的重要手段，也是入场安全培训、现场监督以及考核评价的主要依据。

在合同中明确表达具体的要求和期望，制定有针对性的合同内容，确保合同的约束性，如何做好安全合同签订，发挥安全合同的作用呢？一是安全合同的内容应由专业的安全人员、项目实施单位及合同管理部门参与制定，保证安全合同的可行性、技术标准的完整性；二是安全合同内容除标书中的以外还应该包括遵守国家、地方的法律法规，执行国家、行业及企业标准等安全通用条款，如中国石化直接作业环节十条要求、对关键人员证书及能力要求、设备应具有有效的证书和检验报告、信息沟通渠道、定期召开承包商安全会议、为员工提供必要的安全培训、承包商应具备的管理体系、程序及规定；三是做好合同的解释与沟通，合同在签订前，应组织双方合适的人员参与协调会，就合同中的条款、安全责任、安全要求等进行沟通与解释，强调具体的要求和期望，双方取得一致的安全认识，同时相关人员如监督管理人员也必须清楚合同的内容，依据合同开展监督。

3.5　入场安全培训

通过安全培训使承包商员工理解企业的安全规定，接受项目现场的安全要求，熟悉重要安全制度和规程，遵守安全合同中的约定。未经培训或培训走过场，员工安全能力不足是承包商安全管理中最大的隐患，也是造成承包商安全事故的主要原因，如何对承包商开展安全培训？

首先，双方管理人员必须认识到安全培训的意义，为入场培训提供必要的资源，包括合格的培训师资、完善的培训资料、技能训练场地等，扎扎实实开展员工安全培训，做到不培训不进场、不合格不作业。

二是保证安全培训的针对性，实用性，不可千篇一律，培训内容以安全合同条款为基础，包括企业主要管理制度、项目本身的危害因素及防范措施，尤其是潜在火灾、爆炸或有毒物质释放危险。对严重职业伤害、死亡、火灾、环境污染及其他紧急情况的相应程序，作业许可制度、动火作业、受限空间进入等高风险作业的安全要求。

三是做好承包商人员的能力验证，没有验证，就不能保证人员具备项目应有的安全能力，也不能证明安全培训的有效性，"以学代考"或者以卷面考试代替安全能力验证，不能客观反映承包商安全能力。

当然，承包商员工安全素质提升绝非一次搞定，而是持续性贯穿承包商的管理过程，当发现能力不足，或发生安全事故后应及时开展安全培训，还要定期开展安全再教育，同时对于员工的日常安全培训，应对承包商指导与检查，督促承包商加强员工培训工作，不断提升员工安全素质。

3.6 开工前的准备

开工前的各项工作准备充分，才有可能做到作业过程的安全，准备工作包括召开开工前会议、审查施工方案、开工前安全确认、安全技术交底。

3.6.1 开工前会议

企业应在开工前组织双方项目管理人员参加，对项目安全事项进一步沟通，再次强调合同中有关的安全要求，介绍现场作业条件，含自然、社会、工艺设备、公共设施；项目风险与控制要求；现场管理制度、安全奖惩规定、劳保穿戴和应急程序等，同时要求承包商对人员、设备和管理情况进行解释说明。

3.6.2 施工方案审批

施工方案是项目顺利实施的前提和保障，是指导项目安全的重要依据，为保证项目的安全，必须事先编制施工方案，制定安全技术措施，由于对施工方案的重要性认识不清，重视不够，未编制施工方案或编制不认真、审批流于形式等，是引发事故的重要原因。

施工方案的审批主要审查项目是否齐全，有无缺陷，编制依据是否符合要求，注意标准和规范的时效性、是否有可操作性，是否满足现场实际情况。

3.6.3 开工前安全确认

开工前应对承包商管理、人员、设备、环境等方面进行全面检查和确认，符合开工条件，办理手续后方可开工。

管理方面主要检查内容，成立项目安全管理机构，落实安全管理人员；各项管理制度和操作规程是否完善；安全责任界面是否清晰；是否有风险分析及隐患排查制度；是否制定了应急处置方案等。

人员方面，确定主要管理人员并检查其资质和能力，对所有人员应查看年龄及体检证明，是否有职业禁忌证，比对身份信息，防止非法人员进入现场。

机具设备方面，对进场机具数量和完好情况进行项检查和验收，特种设备是否在检验周期内；劳保用品配备齐全完好；消防器材的配备情况、受限空间或动火作业应配备气体检测仪并在检验周期内；高风险作业是否配备视频监控，是否存在自制机具（工具）情况；对于高风险施工机具，如脚手架必须经专门人员验收合格。

环境方面，对施工区域周边的危险是否辨识，是否制定了防范措施；临时设施建设是否到位，现场安全标准化符合合同约定要求，是否对安全风险及职业危害设置警示标识。

3.6.4 安全技术交底

安全技术交底是开工前准备的重要环节，通过交底使作业人员了解和掌握该作业项目的安全技术操作规程和注意事项，减少因违章操作而导致事故的可能，必须做到不交底不开工。交底的内容应包括项目存在的危险因素；应采取的防范措施，包括个人防护用品的使用、现场防护设施的要求、设备操作规程；紧急情况下的处理措施等。

3.7　现场监督

现场监督是避免承包商事故的最后一关，如何做好现场监督？

首先是谁来监督，项目主管部门、监理公司、督查大队及属地单位均有对现场监督检查的责任。无论哪个部门或单位，应指派有相应监督能力的"明白人"，监督人必须清楚监督工作任务和监督职责，熟悉安全合同内容及现场风险管控要求，有较强的责任心，不能当"稻草人"，确保落实安全标准和要求。

第二监督什么，依据安全合同开展现场监督，主要内容包括：承包商管理机制的运行情况，如定期召开安全会议；施工方案的执行；风险防控措施的落实，检查人员情况，如管理人员是否在岗、重点人员是否擅自变更、人员有无违章情况；设备设施是否存在故障；是否有不良的作业环境情况，应急准备是否充分，如员工对应急处置方案的掌握、应急物资的准备，是否开展应急演练。如果涉及分包商，应对分包商的现场进行监督检查。

第三，现场监督还要注意对于发现的问题，应督促及时整改，避免引发事故及类似现象的再次发生。同时注重与承包商建立良好的伙伴关系，强调对承包商指导、培养与提高，监督人员应清楚认识到管理的目的是控制风险、预防事故，而不是处罚违规，要营造共同维护安全的和谐氛围，避免产生敌对情绪。

3.8　评价考核

没有评价就没有提高，没有考核就没有管理，只有评价考核，才能实现承包商的优胜劣汰，帮助承包商提升安全水平，企业改进对承包商的管理。

因此企业必须有一套科学合理的考核办法，对承包商作业过程进行全面客观的评价，

在评价内容上，如果仅以有无事故简单考核，不能真正起到预防事故的作用，且有可能使承包商隐瞒事故。本着结果与过程并重的原则，一般应包含三类考核指标，即结果指标、过程指标和否定性指标。结果性指标如可记录事故、损工天数、事故直接经济损失等。过程指标包括各项安全指标的控制情况、安全方案实施情况、项目风险管控情况、直接作业环节管理情况、员工安全培训和能力、防护用品的配备和使用、设备设施的完好情况、内部的信息沟通、对分包商的管理、安全管理体系的运行等，尽可能量化，如安全培训合格率、设备完好率、安全行为指数 SAI、隐患整改率、许可管理符合率等。否决性指标，如较大安全事故、瞒报事故、出现重大安全隐患、安全资质造假、违法分包等，发现此类问题，实行一票否决，直接清退。

评估考核方式方面，对承包商评估考核有日常监督检查、定期检查考核及管理评审等方式。其中日常监督考核是通过项目主管部门、属地单位、督查大队对现场作业进行检查监督如机具完好情况、员工行为、作业环境、隐患及整改情况。督查大队发现有严重违章的行为，进行处罚及问责。定期评估，是对承包商每周、每月、每季度进行总体评估，可以结合日常检查情况、合同的履行情况、隐患整改情况、安全方案的执行情况、审核中的不符合项及整改情况等，进行量化排名，对不符合项提出整改要求。管理审核，主要针对长期承包商，通过管理审核，全面检查承包商安全管理状况和绩效，审核内容有领导引领、责任落实、变更管理、应急管理、事故事件管理、设备管理、培训管理、风险管控、

许可管理及员工激励等，查找管理中存在的短板，确定改进方向，提出整改要求，推动承包商安全管理系统的持续改进与自我完善。

考核是为了改进与提高，为此应充分发挥评价考核的作用，引起承包商的相关人员高度关注，如果考核结果不能满足企业的要求，必须要求承包商及时整改，必要时依据合同条款终止合作。项目完成后，将评价结果与结算挂钩，奖优罚劣，总体评估结果作为今后承包商选择的重要依据，再有就是把考核结果与承包商进行及时反馈，并对整改情况进行跟进。

在考核评价中还需注意，一是依据安全合同及中国石化要求严格考核，尤其是对严重违章及直接作业环节十条规定，必须严格执行。二是评价考核需要专门的人员，安全评价考核是一项专业性较强的工作任务，需要经过相应培训和具有评估考核的经验，全面收集安全信息，为承包商安全做出科学、客观的评价。三是奖惩分明、及时兑现，注重正向激励，有了正向激励，才会激发承包商进一步提升安全的积极性。四是注重反馈及经验分享，评估结果告知承包商并向其提出建议，跟踪整改情况，做到闭环管理，避免继续犯同样的错误，对优秀的承包商分享其管理经验，促进承包商共同提高。五是注重反思，承包商的安全问题，不能单方面指责承包商表现不好，应经常反思企业自己的管理方面的问题，不断改进企业管理。

第二篇

油气开发企业各类岗位HSE培训实践

2019年，为规范油田各单位HSE培训管理，提高各级领导干部、专业管理人员、技术人员、各专业岗位（工种）员工安全能力，培育队伍良好安全素养，在集团公司安全监督部、安全培训中心直接督导指导下，全面开展油田企业HSE培训大纲编制工作。2020~2021年上半年，通过油田全员安全能力提升培训活动，对全员HSE培训矩阵大纲及考核标准进行验证修订，形成本篇各类岗位HSE培训大纲、考核标准。

第一章 各类管理岗位 HSE 培训大纲及考核标准

第一节 企业领导及关键岗位中层管理人员
HSE 培训大纲及考核标准

1 范围

本标准规定了油田企业领导及 HSE 关键岗位中层管理人员 HSE 培训要求、理论及实操培训的内容、学时安排，以及考核的方法、内容。

2 适用岗位

企业领导(含集团公司专家、安全环保总监等党组管理人员)，企业生产、设备、工程、安全环保、技术、运行等岗位主要负责人(党组管的关键岗位人员)。

3 依据

《中华人民共和国安全生产法》
《生产经营单位安全培训规定》
《安全生产培训管理办法》
《中国石油化工集团有限公司 HSE 管理体系手册》
《关于推体系夯基础控风险全力筑牢新时期中国石化安全新防线的指导意见》集团公司总经理 2 号令
《油田 HSE 管理体系手册》

4 安全生产培训大纲

4.1 培训要求

a)油田企业领导及 HSE 关键岗位中层管理人员应接受安全环保教育培训，具备所从事岗位相适应的安全知识和安全管理能力，并经地方政府负有安全监督职责的部门考核合格，取得法律法规规定要求的岗位相关证书；

b)培训应按照国家、集团公司及油田有关 HSE 培训的规定组织进行；

c)企业领导、安全环保总监及各专业中层管理人员培训，应围绕 HSE 管理体系理念、企业价值观，重点培训守法合规意识、风险意识、体系思维、领导引领力、风险管理能力和应急管理能力等方面内容，加强 HSE 管理融入生产经营管理过程的综合培训；集团公司专家等专业技术人员应重点培训专业技术能力、专业 HSE 管理能力、风险管控和隐患排查治理能力、应急处置能力等内容；

d)培训工作应坚持理论与实践相结合，采用课堂讲授、网络学习、自主学习、文件批阅、办公系统应用等形式，以及会议研讨、主持发言等情景模拟方式，加强学以致用的引导。

4.2　培训内容

4.2.1　安全基础知识

4.2.1.1　HSE 法律法规

a)国家、地方政府安全生产方针、政策，环保方针、理念；

b)《中华人民共和国宪法》《劳动合同法》《民法典》等法律中关于企业权益及责任的相关条款；

c)《中华人民共和国安全生产法》《环境保护法》《职业病防治法》《消防法》《石油天然气管道保护法》《危险化学品安全管理条例》等相关法律法规中关于企业和管理岗位职责、权利、义务、HSE 管理要求、法律责任的相关条款。

4.2.1.2　HSE 标准规范

a)油气开发及新能源应用等专业管理涉及技术标准规范中的 HSE 要求；

b)安全生产标准化企业创建相关要求；

c)绿色企业、健康企业创建相关要求。

4.2.1.3　HSE 相关规章制度

a)中国石化、油田相关管理制度中 HSE 管理要求；

b)HSE 管理要求融入业务管理(实操)。

4.2.1.4　HSE 技术

油气开发及新能源领域涉及的防火防爆、防雷防静电、电气安全、机械安全、环境保护等技术。

4.2.2　体系思维

4.2.2.1　中国石化及油田 HSE 理念

a)中国石化 HSE 方针、愿景、管理理念；

b)中国石化安全环保禁令、承诺，保命条款；

c)企业愿景和 HSE 管理理念(实操)；

d)安全环保禁令、保命条款(实操)。

4.2.2.2　HSE 管理体系

a)HSE 管理体系架构；

b)中国石化及油田 HSE 管理体系文件架构、要素设置；

c)本部门(业务领域)主控要素管控情况(实操)；

d)本部门(业务领域)协控要素的配合管控情况(实操)；

e)组织建立、完善 HSE 管理体系，并审定、发布。

4.2.3　领导、承诺和责任

4.2.3.1　领导引领力

a)践行有感领导，落实直线责任；

b)领导干部 HSE 履职能力和尽职情况评估；

c)个人安全环保行动计划的编制、实施；

d)分管业务领域岗位 HSE 职责制修订及本岗位职责(实操)；

e) 主管或分管业务范围的岗位承诺；岗位负面行为清单（实操）；

f) 分管业务领域（部门）最大的 HSE 风险；岗位风险承包点及风险管控情况（实操）；

g) 个人安全环保行动计划执行情况；参加基层 HSE 活动情况（实操）；

h) 建立安全环保奖惩机制并兑现（实操）；

i) 组织或参与 HSE 管理体系内审、管理评审（实操）；

j) 参加 HSE 培训、示范，宣贯 HSE 理念，实施安全经验分享。

4.2.3.2　全员参与

a) 全员安全行为规范（含通用安全行为、安全行为负面清单等）；

b) 中国石化安全记分管理规定；

c) 在职代会报告企业员工参与 HSE 管理情况；

d) 企业员工参与协商机制和协商事项；

e) 员工开展隐患排查、报告事件和风险、隐患等信息的情况（实操）；

f) 本年度企业员工合理化建议的处置情况（实操）。

4.2.3.3　组织机构和职责

a) 国家、集团公司 HSE 管理机构设置要求；

b) 分管或业务系统 HSE 责任制的制定、修订及监督考核；

c) HSE 委员会及分委员会运行情况（实操）；

d) 按要求建立安全环保监督管理机构，抓好安全环保队伍建设（实操）。

4.2.3.4　社会责任

a) 企业安全发展、绿色发展、和谐发展社会责任及参与公益活动；

b) 危险物品及危害后果、事故预防及响应措施告知；

c) 公众开放日、企业形象宣传等；

d) 企业年报、可持续发展报告、社会责任报告的编制、发布。

4.2.4　法律法规识别

4.2.4.1　法律法规清单建立

a) 法律法规和其他要求的识别要求；

b) HSE 相关法律法规和其他要求清单的建立、更新；

c) HSE 相关法律法规和其他要求识别情况。

4.2.4.2　法律法规承接转化

a) 法律法规和其他要求转化的要求；

b) 油气开发相关专业涉及法律法规和其他要求的传递、转化、宣贯情况（实操）；

c) 专业制度承接法律法规和相关要求的情况（实操）；

d) 组织制修订专业管理制度或 HSE 管理要求（实操）。

4.2.5　风险管控

4.2.5.1　双重预防机制

a) 国家、地方政府双重预防机制要求；

b) 中国石化双重预防机制要求；

c) 油田双重预防机制要求；

d) 安全生产专项整治三年行动计划。

4.2.5.2　安全风险识别与评估

a) 风险的概念、分类、分级等基本理论;

b) 风险识别评价方法(SCL、JSA、HAZOP、SIL 等)。

4.2.5.3　安全风险管控

a) 风险管控措施;

b) 油气开采生产过程安全风险;

c) 施工(作业)过程安全风险管控;

d) 交通安全风险管控;

e) 公共安全风险管控;

f) 管理及服务过程安全风险管控;

g) 专业部门(分管专业领域)最大生产安全环保风险(实操);

h) 承包点安全环保风险管控及风险降级、减值(实操)。

4.2.5.4　环境风险管控

a) 环境因素识别、评价、管控和重要环境因素的分级;

b) 环境风险源的评估、分级和管控;

c) 发生突发环境事件风险识别与评估;

d) 环境风险评价与等级划分。

4.2.5.5　重大危险源辨识与评估

a) 重大危险源辨识、评估、备案及监控;

b) 重大危险源包保责任制;

c) 企业或专业领域重大危险源包保情况(实操)。

4.2.6　隐患排查和治理

a) 事故隐患(概念、分级、分类)、中国石化重大生产安全事故隐患判定标准;

b) 隐患排查治理台账;

c) 隐患排查治理方案的组织制定、审核;

d) 投资类或安保基金隐患治理项目计划的制定、下达;

e) 隐患治理项目申报;隐患治理项目管理;

f) "五定"措施审核及实施的监督检查;隐患治理后评估;

g) 专业部门(分管专业领域)向集团公司或地方政府报告的重大隐患治理和管控情况(实操);

h) 隐患排查治理方案审核会议的组织及审核结论编制(实操)。

4.2.7　目标及方案

a) 目标管理(目标的制定、分解、实施与考核);

b) HSE 目标管理方案制定、实施与考核;

c) 组织审定年度安全环保工作计划、目标(实操)。

4.2.8　资源投入

4.2.8.1　人员配备

a) 国家、地方政府、集团公司岗位人员配备管理要求;

b) 外部市场承揽项目、技术服务项目人力资源开发及效果评估。

4.2.8.2 HSE 投入

a)安全生产费、环境保护费的计提和使用；

b)安保基金的计提和上缴；

c)隐患治理费用的计提和使用。

4.2.8.3 科技管理

a)科技成果转化能力提升(专利、成果项目论证和立项、专利申报、成果文件撰写编制等)；

b)安全环保科技攻关项目的申报和实施；

c)专业部门(或分管专业领域)HSE科技成果开发、应用情况(实操)。

4.2.9 能力、意识和培训

4.2.9.1 培训需求

a)岗位持证要求；

b)岗位HSE履职能力要求；

c)关键岗位HSE履职能力评估；

d)员工HSE能力和意识调查与分析报告(实操)。

4.2.9.2 培训实施

a)培训管理(包括培训需求调查、计划编制、培训实施及培训效果评估、培训档案管理等)；

b)专业部门(或专业领域)培训计划及落实情况(实操)。

4.2.10 沟通

4.2.10.1 安全信息管理系统

a)安全信息管理系统使用手册；

b)安全信息管理系统登录及相关信息录入(实操)。

4.2.10.2 信息沟通

a)企业内部沟通机制；

b)企业外部沟通的方式、渠道及注意事项；

c)专业部门(或专业领域)外部沟通的信息及效果(实操)。

4.2.11 文件和记录

4.2.11.1 文件管理

a)文件管理相关要求(包括文件类型；文件识别与获取；文件创建与评审修订；文件发布与宣贯；文件保护、作废处置等)；

b)协同办公系统文件管理要求。

4.2.11.2 记录管理

a)记录管理要求(含记录形式、标识、保管、归档、检索和处置方法等)；

b)记录格式(含专业管理相关台账、生产经营相关的记录、监督检查记录等)；

c)专业部门记录文件类别及要求(实操)。

4.2.12 建设项目管理

a)建设项目管理要求(项目的可研、论证、立项、设计、方案编制、审批、质量控制、实施和验收等过程)；

b)项目管理"三同时";

c)项目招标管理、合同管理和 HSE 协议;

d)建设项目安全技术措施审查(实操);

e)工艺装置扩建项目 HSE 设施验收(实操)。

4.2.13　生产运行管理

4.2.13.1　生产协调管理

a)生产运行管理流程、制度及 HSE 要求;

b)生产协调及统计分析;

c)事故事件及异常的报告、统计。

4.2.13.2　生产技术管理

a)工艺卡片、操作规程、开停工方案编制及论证评估;

b)采油、采气、注水、注气、集输站(库)、集输管道、储气库、天然气净化处理、高含硫气田生产运行等专业技术管理;

c)电力、水务、通信、热力、新能源等技术管理;

d)工艺技术操作规程等作业文件的修订。

4.2.13.3　生产操作管理

a)单位关键岗位巡检、交接班制度落实情况;

b)生产运行手指口述确认程序及在基层单位的落实情况。

4.2.14　井下作业管理

a)井下作业管理要求;

b)作业井工程设计;

c)井下作业施工方案、应急预案的编制及审查;

d)作业现场标准化要求。

4.2.15　井控管理

a)井控管理要求及井控例会;

b)石油工程井控管理;探井、"三高"井等井控管理;

c)生产井、长停井、废弃井井控管理(井控三色管理);

d)井控专项检查;

e)井控预案编制及演练;

f)作业现场标准化要求。

4.2.16　异常管理

a)生产异常信息采集;

b)生产异常情况的发现、分析、处理、报告;

c)典型生产异常情况分析评估过程及措施(实操)。

4.2.17　外部市场管理

a)外部市场管理要求;

b)承揽(或技术服务)项目开发及论证;

c)项目开发运营过程 HSE 风险分析与管控;

d)合同管理及 HSE 协议;

e)项目运营管理(人员、交通及驻地管理);

f)项目的监督、检查及阶段评估结果应用。

4.2.18　设备设施管理

a)设备全生命周期管理、分级管理、缺陷评价;

b)设备(长输管道)完整性管理(管道高后果区识别及全面风险评价);

c)特种设备管理;HSE设施(安全附件)管理;

d)设备设施的操作规程、维修维护保养规程编制及实施;

e)设备运行条件;生产装置"5S";设备缺陷识别;

f)机械设备管理(抽油机三措施一禁令);电气设备管理;仪表管理;

g)关键设备(或一类设备)管理(实操)。

4.2.19　泄漏管理

a)泄漏预防;腐蚀管理(腐蚀机理、防腐措施);

b)泄漏监测、预警、处置,分析评估;

c)泄漏物料的合法处置;

d)生产设备设施(油气水管道)泄漏事故案例。

4.2.20　危险化学品安全

a)油田常用危险化学品种类、危险性分析、应急处置措施等;

b)危险化学品生产、储存、销售、装卸、运输、使用、废弃管理要求及备案。

4.2.21　承包商安全管理

a)承包商资质审查(QHSE管理体系审计),招标、合同管理,分包管理;

b)承包商HSE教育培训;

c)承包商监督检查、考核评价;

d)承包商事故案例。

4.2.22　采购供应管理

a)供应商资质审查,考评标准及动态考评;

b)物资采购计划制定,采购、验收管理;

c)绿色采购。

4.2.23　施工作业管理

a)施工方案制定、评估、审查,完工验收标准;

b)能量隔离,安全环保技术措施;

c)特殊作业、非常规作业及交叉作业施工现场标准化;

d)特殊作业现场管理(管理流程、注意事项及施工安全技术);

e)领导带班、值班,HSE观察要求;

f)油田常见施工作业事故案例;

g)油气在役管道动火作业许可审批(实操);

h)机泵或压缩机检维修作业现场违章问题查找与分析(实操)。

4.2.24　变更管理

a)变更分类分级管理;

b)变更重点关注内容;

c)变更方案审批;

d)变更风险评估、审批、实施、验收、关闭等流程管理。

4.2.25　员工健康管理

a)健康风险识别、评估及监测管理;

b)职业危害因素识别监控及定期检测公示,职业健康监护档案;

c)个体防护用品、职业病防护设施配备;

d)工伤管理;

e)员工帮助计划(EAP),心理健康管理;

f)身体健康管理,健康促进活动;

g)健康重点关注人员管控(实操);

h)现场职业危险告知牌及岗位职业危害告知卡(实操)。

4.2.26　自然灾害管理

a)自然灾害类别、预警及应对,地质灾害信息预警;

b)地质灾害调查、评估;

c)自然灾害应急预案编制、评估、演练及改进;

d)企地应急联动机制。

4.2.27　治安保卫与反恐防范

a)油(气)区、重点办公场所、人员密集场所治安防范系统配备及管理;

b)治安、反恐防范日常管理及"两特两重"管理要求;

c)治安、反恐突发事件应急预案编制、评估、审批、演练;

d)油(气)区治安事件应急指挥(实操)。

4.2.28　公共卫生安全管理

a)新冠疫情防范;

b)企业公共卫生管理,公共卫生预警机制;

c)传染病和群体性不明原因疾病的防范;

d)食品安全管理。

4.2.29　交通安全管理

a)企业车辆、驾驶人管理要求;

b)道路交通安全预警管理机制。

4.2.30　环境保护管理

a)环境保护、清洁生产管理;

b)环境监测与统计,环境信息管理;

c)危险废物管理(管理要求、储存管理要求、转运要求等);

d)水、废气、固体废物、噪声、放射污染防治管理,土壤和地下水、生态保护;

e)突发环境事件应急管理;

f)绿色企业行动计划;

g)固体危险废物处置(实操)。

4.2.31　现场管理

a)现场管理要求(封闭化管理,视频监控,能量隔离与挂牌上锁);

b)生产现场安全标志、标识管理;

c)安全环保督查内容及考核机制;

d)"5S"管理,属地管理及现场监护管理要求;

e)生产典型事故案例。

4.2.32　应急管理

a)应急管理相关要求(企业应急组织、机制等);

b)应急资源调查、应急能力评估;

c)应急预案管理(预案编制、评审、发布、实施、备案及岗位应急处置卡的编制)及企地联动机制;

d)应急资源配备、管理;

e)企业应急演练计划编制(实操);

f)企业应急演练实施、评估(实操);

g)生产井喷失控应急指挥(实操)。

4.2.33　消(气)防管理

a)消(气)防管理要求(火灾预防机制,消防重点部位分级,档案);

b)消(气)防设施及器材(含火灾监控及自动灭火系统)配置、管理;

c)防雷、防静电管理要求;

d)罐区着火应急指挥(实操)。

4.2.34　事故事件管理

a)事故(事件)管理(含分类、分级、报告、调查、问责、统计分析及整改措施等);

b)事故(事件)警示教育;

c)"风险经历共享"案例分析(实操)。

4.2.35　基层管理

4.2.35.1　基层建设

a)"三基""三标"建设;

b)"争旗夺星"竞赛、岗位标准化等要求。

4.2.35.2　基础工作

a)作业文件检查及更新相关要求;

b)岗位操作标准化及"五懂五会五能"相关要求。

4.2.35.3　基本功训练

"手指口述"操作法、生产现场唱票式工作法及导师带徒、岗位练兵等相关要求。

4.2.36　绩效评价

4.2.36.1　绩效监测

a)HSE绩效监测管理机制;

b)HSE管理体系运行监测指标(结果性监测指标、过程性监测指标)、监测与考核要求;

c)安全环保工作目标、计划公示、督促、兑现情况(实操)。

4.2.36.2　合规性评价

a)合规性评价管理要求;

b) 合规性评价报告及不符合整改。

4.2.36.3 审核

a) HSE 管理体系审核(审核类型及频次,审核方案、计划、实施、报告);

b) 审核报告不符合项及建议的落实、跟踪;

c) 企业内审员能力要求及培养。

4.2.36.4 管理评审

a) 管理评审要求(管理评审频次、主持人、参加人、形式等);

b) 管理评审输入、输出(改进措施);

c) 管理评审报告签发、改进措施落实及跟踪(实操)。

4.2.37 改进

4.2.37.1 不符合纠正措施

a) 不符合来源、分类和纠正措施;

b) 五个回归溯源分析(实操)。

4.2.37.2 持续改进

a) 强化 HSE 管理与专业管理的深度融合,提升企业 HSE 绩效;

b) 改进体系适宜性、充分性、有效性的途径,培育企业 HSE 文化;

c) 检查监督 HSE 管理体系有效运行,并持续改进。

5 学时安排

油田企业领导及关键岗位中层管理人员的 HSE 培训一般由集团公司统一组织实施,但其日常学习及训练由企业相关部门组织和保障,企业相关部门应根据每年培训需求,从表 2-1-1、表 2-1-2 中优选培训课题编制年度安全培训计划,保证每年培训时间不少于 20 学时。

表 2-1-1 油田企业领导及关键岗位中层管理人员培训课时安排

培训模块	培训内容	培训课题	培训方式	学时
安全基础知识	HSE 法律法规	国家、地方政府安全生产方针、政策,环保方针、理念	M1/M5	25
		《中华人民共和国宪法》《劳动合同法》《民法典》等法律中关于企业权益及责任的相关条款	M5	4
		《中华人民共和国安全生产法》《环境保护法》《职业病防治法》《消防法》《石油天然气管道保护法》《危险化学品安全管理条例》等相关法律法规中关于企业和管理岗位职责、权利、义务、HSE 管理要求、法律责任的相关条款	M5 + M9	4
	HSE 标准规范	油气开发及新能源应用等专业管理涉及技术标准规范中的 HSE 要求	M1 + M5	2
		安全生产标准化企业创建相关要求	M5	1
		绿色企业、健康企业创建相关要求	M5	1
	HSE 相关规章制度	中国石化、油田相关管理制度中 HSE 管理要求	M9	2
	HSE 技术	油气开发及新能源领域涉及的防火防爆、防雷防静电、电气安全、机械安全、环境保护管理等技术	M1 + M8	1

续表

培训模块	培训内容	培训课题	培训方式	学时
体系思维	HSE 理念	中国石化 HSE 方针、愿景、管理理念	M1	1
		中国石化安全环保禁令、承诺、保命条款	M1	1
	HSE 管理体系	HSE 管理体系架构	M5	1
		中国石化及油田级 HSE 管理体系文件架构、要素设置	M9	1
		组织建立、完善 HSE 管理体系,并审定、发布	M5 + M7	2
领导、承诺和责任	领导引领力	践行有感领导,落实直线责任	M1	1
		领导干部 HSE 履职能力和尽职情况评估	M1 + M7	1
		个人安全环保行动计划的编制、实施	M1/M9	1
		组织或参与 HSE 管理体系内审、管理评审	M7	1
		参加 HSE 培训、示范,宣贯 HSE 理念,实施安全经验分享	M1 + M7	3
	全员参与	全员安全行为规范,通用安全行为、安全行为负面清单	M1/M5	1
		中国石化安全记分管理规定	M5	1
		职代会报告企业员工参与 HSE 管理情况	M1/M5	1
		企业员工参与协商机制和协商事项	M5	1
	组织机构和职责	国家、集团公司 HSE 管理机构设置要求	M1	1
		分管或业务系统 HSE 责任制的制定、修订及监督考核	M7 + M9	1
		按要求建立安全环保监督管理机构,抓好安全环保队伍建设	M1 + M5 + M7	1
	社会责任	企业安全发展、绿色发展、和谐发展社会责任及参与公益活动	M5/M6	1
		危险物品及危害后果、预防及事故响应措施告知	M5	1
		公众开放日、企业形象宣传等	M5	1
		企业年报、可持续发展报告、社会责任报告的编制、发布	M5/M6	1
法律法规识别	法律法规清单建立	法律法规和其他要求的识别要求	M5/M7	1
		HSE 相关法律法规和其他要求的清单建立、更新	M5	1
		HSE 相关法律法规和其他要求的识别情况	M5	1
	法律法规承接转化	法律法规和其他要求转化的要求	M5/M6	1
		组织制修订专业管理制度或 HSE 管理要求	M5 + M9	2
风险管控	双重预防机制	国家、地方政府双重预防机制建设	M6/M7	1
		中国石化双重预防机制要求	M6/M7	1
		油田双重预防机制要求	M6/M7	1
		安全生产专项整治三年行动计划	M1/M6	1
	安全风险识别	风险的概念、分类、分级等基本理论;风险识别与评估方法	M1/ M3/M5/ M6/M7	3
	安全风险管控	风险管控措施	M1/	1
		油气开采生产过程安全风险	M1/M3/M5	1
		施工(作业)过程安全风险管控	M1/M4	1
		交通安全风险管控	M1/M4	1
		公共安全风险管控	M1/M4	1
		管理及服务过程安全风险管控	M1/M5	1

续表

培训模块	培训内容	培训课题	培训方式	学时
风险管控	环境风险管控	环境因素识别、评价、管控和重要环境因素的分级	M1/M4/N5	1
		环境风险源的评估、分级和管控	M5	1
		突发环境事件风险识别与评估	M5/M8	1
		环境风险评价与等级划分	M5	1
	重大危险源辨识与评估	重大危险源辨识、评估、备案及监控	M4	1
		重大危险源包保责任制	M5	1
隐患排查和治理	隐患排查和治理	事故隐患、中国石化重大生产安全事故隐患判定标准	M1/M6	1
		隐患排查治理台账	M1/M7	1
		隐患排查治理方案的组织制定、实施	M1/M7	1
		投资类或安保基金隐患治理项目计划的制定、下达	M1/M2	1
		隐患治理项目申报及管理	M1/M7	1
		"五定"措施审核及实施的监督检查；隐患治理后评估	M1/M7	1
目标及方案	目标设定与落实	目标管理	M5/M9	1
		HSE 目标管理方案制定、实施与考核	M7 + M9	1
资源投入	人员配备	国家、地方政府、集团公司岗位人员配备管理要求	M5/M9	1
		外部市场承揽项目、技术服务项目人力资源开发及效果评估	M5	1
	HSE 投入	安全生产费用、环境保护费的计提和使用	M5	1
		安保基金的计提和上缴	M5	1
	科技管理	隐患治理费用的计提和使用	M5	1
		科技成果转化能力提升	M5	1
		安全环保科技攻关项目的申报和实施	M5	1
能力、意识和培训	培训需求	岗位持证要求	M5/M9	1
		岗位 HSE 履职能力要求	M5	1
		关键岗位 HSE 履职能力评估	M5	1
	培训实施	培训管理	M5	1
沟通	安全信息管理系统	安全信息管理系统的使用	M5	1
	信息沟通	企业内部沟通机制	M8	1
		企业外部沟通的方式、渠道及注意事项	M5	1
文件和记录	文件管理	文件管理相关要求	M5/M7	1
		协同办公系统文件管理要求	M5	1
	记录管理	记录管理要求	M5	1
		记录格式	M5	1
建设项目管理	建设项目管理	建设项目管理要求	M5/M7	2
		项目管理"三同时"	M5	1
		项目招标管理、合同管理和 HSE 协议	M5	1
		建设项目安全技术措施审查	M5	1

续表

培训模块	培训内容	培训课题	培训方式	学时
生产运行管理	生产协调管理	生产运行管理流程、制度及 HSE 要求	M5 + M7	1
		生产协调及统计分析	M5	1
		事故事件及异常的报告、统计	M5	1
	生产技术管理	工艺卡片、操作规程、开停工方案编制及论证评估	M5 + M7	1
		采油、采气、注水、注气、集输站(库)、集输管道、储气库、天然气净化处理、高含硫气田生产运行等专业技术管理	M1	2
		电力、水务、通信、热力、新能源等技术管理	M1	1
		工艺技术操作规程等作业文件的修订	M9	1
	生产操作管理	单位关键岗位巡检、交接班制度落实情况	M5	1
		生产运行手指口述确认程序及在基层单位的落实情况	M4	1
井下作业管理	井下作业管理	井下作业管理要求	M5	1
		作业井工程设计	M5	1
		井下作业施工方案、应急预案的编制及审查	M1 + M9	1
		作业现场标准化要求	M5	1
井控管理	井控管理	井控管理要求及井控例会	M1/M9	1
		石油工程井控管理;探井、"三高"井等井控管理	M1/M9	1
		生产井、长停井、废弃井井控管理	M2/M4	1
		井控专项检查	M4	1
		井控预案编制与演练	M4	1
		作业现场标准化管理	M5	1
异常管理	异常管理	生产异常信息自动采集	M5	1
		生产异常的发现、分析、处理、报告	M1 + M5	2
外部市场管理	外部市场管理	外部市场管理制度	M9	1
		承揽(或技术服务)项目开发及论证	M5	1
		项目开发运营过程 HSE 风险分析及管控	M5	1
		合同管理及 HSE 协议	M9	1
		项目运营管理(人员、交通及驻地管理)	M5	1
		项目的监督、检查及阶段评估结果应用	M5	1
设备设施管理	设备管理要求	设备全生命周期管理、分级管理、缺陷评价	M1/M5	1
		设备(长输管道)完整性管理	M5	1
		特种设备管理;HSE 设施(安全附件)管理	M1 + M5	2
	设备操作维护	设备设施的操作规程、维修维护保养规程编制及实施	M1/M5	1
		设备运行条件;生产装置"5S";设备缺陷识别	M5	1
	仪表设施管理	机械设备风险点及管理;电气设备管理;仪表管理	M5/M7	1

续表

培训模块	培训内容	培训课题	培训方式	学时
泄漏管理	泄漏预防	泄漏预防；腐蚀管理(腐蚀机理、防腐措施)	M5/M9	1
	泄漏分析评估	泄漏监测、预警、处置，分析评估	M1/M5	1
	泄漏典型案例	泄漏物料的合法处置	M1/M5	1
		生产设施常见设备、管道泄漏事故案例及相关责任	M5	2
危险化学品安全	危险化学品管理要求	油田常用危险化学品种类、危险性分析、应急处置措施等	M1/M5	1
	现场使用危险化学品管理	危险化学品生产、储存、装卸、运输、使用及废弃管理要求及备案	M5	1
承包商安全管理	承包商资质审查	承包商资质审查，招标、合同管理，分包管理	M1/M5	1
	承包商培训考核	承包商 HSE 教育培训	M5	1
		承包商监督检查、考核评价	M5	1
	承包商事故追责	承包商事故案例及追责	M5	1
采购供应管理	采购供应管理	供应商资质审查，考评标准及动态考评	M1/M5	1
		物资采购计划制定，采购、验收管理	M9	2
		绿色采购	M5	1
施工作业管理	施工作业管理	施工方案制定、评估、审查，完工验收标准	M1/M5	1
		能量隔离，安全环保技术措施的落实	M1/M5	2
		特殊作业、非常规作业及交叉作业施工现场标准化	M3 + M6 + M8	1
		特殊作业现场管理	M1/M5	1
		领导带班、值班，HSE 观察要求	M5	1
		油田常见施工作业事故案例	M4	1
		油气在役管道动火作业许可审批	M9	1
变更管理	变更分级管理	变更分类分级管理	M1/M5	1
	变更方案	变更重点关注内容	M3/M5	1
		变更方案审批	M5	1
	变更后岗位适应	变更风险评估、审批、实施、验收、关闭等流程管理	M4	1
员工健康管理	健康管理要求	健康风险识别、评估及监测管理	M5/M7	2
		职业危害因素识别监控及定期检测公示，职业健康监护档案	M5	1
		个体防护用品、职业病防护设施配备	M9	1
		工伤管理	M5	1
		员工帮助计划(EAP)，心理健康管理	M1 + M5	2
		身体健康管理、健康促进活动	M5	1

续表

培训模块	培训内容	培训课题	培训方式	学时
自然灾害管理	自然灾害管理	自然灾害类别，预警及应对，地质灾害信息预警	M5/M8	1
		地质灾害调查、评估	M5 + M9	2
	自然灾害预防	自然灾害应急预警编制、评估、演练及改进	M4	1
		企地应急联动机制	M5	1
治安保卫与反恐防范	公共安全管理	油(气)区、重点办公场所、人员密集场所治安防范系统配备及管理	M5 + M8	1
		治安、反恐防范日常管理及"两特两重"管理要求	M5	1
	治安防范及处置	治安、反恐突发事件应急预案编制、评估、演练、处置	M5 + M8	1
公共卫生安全管理	疫情防控	新冠疫情防范	M4	1
	公共卫生管理	企业公共卫生管理，公共卫生预警机制	M5	1
		传染病和群体性不明原因疾病的防治	M5	1
		食品安全管理	M	1
交通安全管理	交通管理要求	企业车辆、驾驶人员管理要求	M5 + M9	2
		道路交通安全预警管理机制	M5	1
环境保护管理	现场环保管理	环境保护、清洁生产管理	M5/M9	1
		环境监测与统计，环境信息管理	M5	1
	污染防治管理	危险废物管理	M5	1
		水、废气、固体废物、噪声、放射污染防治管理，土壤和地下水、生态保护	M5/M9	2
		突发环境事件应急管理	M5	1
		绿色企业行动计划	M5	1
现场管理	封闭化及能量隔离管理	现场管理要求	M4	1
	现场标识	生产现场安全标志、标识管理	M5	1
	督查及考核	安全环保督查内容及考核机制	M5/M9	1
	"5S"管理	"5S"管理，属地管理及现场监护管理要求	M4	1
	典型案例	生产典型事故案例及相关责任	M9	1
应急管理	应急准备预防	应急管理相关要求	M5 + M8	1
		应急资源调查、应急能力评估	M5	1
		应急预案管理及企地联动机制	M5	1
		应急资源配备、管理	M5	1
消(气)防管理	消(气)防管理	消(气)防管理要求	M2 + M3 + M8	1
		消(气)防设施及器材配置、管理	M5	1
		防雷、防静电管理要求	M5	1

续表

培训模块	培训内容	培训课题	培训方式	学时
事故事件管理	事件事故管理	事故(事件)管理	M5/M9	1
	警示教育	事故(事件)警示教育	M5 + M8	2
基层管理	基层建设	"三基""三标"建设	M5	1
		"争旗夺星"竞赛、岗位标准化等要求	M5	1
	基础工作	作业文件检查及更新相关要求	M5 + M9	1
		岗位操作标准化及"五懂五会五能"相关要求	M5	1
	基本功训练	"手指口述"操作法、生产现场唱票式工作法及导师带徒、岗位练兵等相关要求	M2 + M8	1
绩效评价	绩效监测	HSE 绩效监测管理机制	M5	1
		HSE 管理体系运行监测指标、监测与考核要求	M5	1
	合规性评价	合规性评价管理要求	M9	1
		合规性评价报告及不符合整改	M5	1
	审核	HSE 管理体系审核	M5	1
		审核报告不符合项及建议的落实、跟踪	M5	1
		企业内审员能力要求及培养	M5	1
	管理评审	管理评审要求	M5	1
		管理评审输入、输出(改进措施)	M5	1
		管理评审报告签发、改进措施落实及跟踪	M5/M7	1
改进	不符合纠正措施	不符合来源、分类和纠正措施	M9	1
		五个回归溯源分析	M5	1
	持续改进	强化 HSE 管理与专业管理的深度融合,提升企业 HSE 绩效	M5/M9	1
		改进体系适宜性、充分性、有效性的途径,培育企业 HSE 文化	M5	1
		检查监督 HSE 管理体系有效运行,并持续改进	M5	1

　　说明:M1——课堂讲授;M2——实操训练;M3——仿真训练;M4——预案演练;M5——网络学习;M6——班组(科室)安全活动;M7——生产会议或 HSE 会议;M8——视频案例;M9——文件制度自学。其中,M1 + M5 表示 M1 与 M5;M1/M5 表示 M1 或 M5。

表 2 - 1 - 2　HSE 管理专项能力实操项目培训及考核方式

培训模块	培训课程	培训内容	培训及考核方式	学时
安全基础知识	HSE 相关规章制度	HSE 管理要求融入业务管理	N2	1
体系思维	HSE 理念	企业愿景和 HSE 管理理念	N3	1
		安全环保禁令、保命条款	N3	1
	HSE 管理体系	本部门(业务领域)主控二级要素管控情况	N2	1
		本部门(业务领域)协控要素的配合管控情况	N2	1

续表

培训模块	培训课程	培训内容	培训及考核方式	学时
领导、承诺和责任	领导引领力	分管业务领域岗位 HSE 职责制修订及本岗位职责	N3	1
		业务分管(或主管)范围的岗位承诺;岗位负面行为清单	N2	1
		分管业务领域(部门)最大的 HSE 风险;岗位风险承包点及风险管控情况	N3	1
		个人安全环保行动计划执行情况;参加基层 HSE 活动情况	N3	2
		建立安全环保奖惩机制并兑现	N2	1
		组织或参与 HSE 管理体系内审、管理评审	N3	1
	全员参与	员工开展隐患排查、报告事件和风险、隐患等信息的情况	N2/N4	2
		本年度企业员工合理化建议的处置情况	N2	1
	组织机构和职责	HSE 委员会及分委会运行情况	N2	1
法律法规识别	法律法规承接转化	油气开发相关专业涉及法律法规和其他要求的传递、转化、宣贯情况	N2	1
		专业制度承接法律法规和相关要求的情况	N2	1
		组织制修订专业管理制度或 HSE 管理要求	N2	2
风险管控	安全风险管控	专业部门(分管专业领域)最大生产安全环保风险	N2 + N4	1
		承包点安全环保风险管控及风险降级、减值	N3	1
	重大危险源辨识与评估	企业或专业领域重大危险源包保情况	N3	1
隐患排查和治理	隐患排查和治理	专业部门(分管专业领域)向集团公司或地方政府报告的重大隐患治理和管控情况	N2	1
		隐患排查治理方案审核会议的组织及审核结论编制	N3	1
目标及方案	目标及方案	组织审定年度安全环保工作计划、目标	N2	1
资源投入	科技管理	专业部门(或分管专业领域)HSE 科技成果开发、应用情况	N2	1
能力、意识和培训	培训需求	员工 HSE 能力和意识调查与分析报告	N2	1
	培训实施	专业部门(或专业领域)培训计划及落实情况	N1	1
沟通	安全信息管理系统	安全信息管理系统登录及相关信息录入	N4	1
	信息沟通	专业部门(或专业领域)外部沟通的信息及效果	N2	1
文件和记录	记录管理	专业部门记录文件类别及要求	N2	1
建设项目管理	建设项目管理	建设项目安全技术措施审查	N3	1
		工艺装置扩建项目 HSE 设施验收	N3	1

续表

培训模块	培训课程	培训内容	培训及考核方式	学时
异常管理	异常管理	典型生产异常情况分析评估过程及措施	N3	1
设备设施管理	设备设施管理	关键设备(或一类设备)管理	N3	1
施工作业管理	施工作业管理	油气在役管道动火作业许可审批	N2 + N4	1
		机泵或压缩机检维修作业现场违章问题查找与分析	N2/N4	2
员工健康管理	员工健康管理	健康重点关注人员管控	N3	1
		现场职业危险告知牌及岗位职业危害告知卡	N4	1
治安保卫与反恐防范	治安保卫与反恐防范	油(气)区治安事件应急指挥	N4	1
环境保护管理	环境保护管理	固体危险废物处置	N2	1
应急管理	应急管理	企业应急演练计划编制	N4	1
		企业应急演练实施、评估	N2	1
		生产井喷失控应急指挥	N4	1
消(气)防管理	消(气)防管理	罐区着火应急指挥	N4	1
事故事件管理	事故事件管理	"风险经历共享"案例分析	N2	1
绩效评价	绩效监测	安全环保工作目标、计划公示、督促、兑现情况	N3	1

说明：N1——述职；N2——访谈；N3——答辩；N4——模拟实操(手指口述)。其中，N1 + N2 表示 N1 与 N2；N1/N2 表示 N1 或 N2。

6　考核标准

6.1　考核办法

各级管理人员 HSE 培训考核是 HSE 履职能力和尽职情况调查的基础，培训时长 4 课时(0.5 工作日)以上的 HSE 培训要组织考核。

a)考核分为 HSE 理论知识考试和 HSE 管理专项能力考核两部分；

b)理论知识考试为闭卷笔试，宜采用计算机考试为主。考试内容应符合本标准 4.2 和 6.2 规定的范围，考试时间不少于 60min。考试采用百分制，80 分及以上为合格；

c)HSE 管理专项能力或履职能力评审由企业相关部门或培训主管部门组织，采用综合评估、答辩、实操、访谈等方式。考核内容应符合本标准 6.2 规定的范围，成绩评定分为合格、不合格；

d)HSE 理论知识考试及 HSE 管理专项能力考核均合格者，方为合格。考试(核)不合格允许补考一次，补考仍不合格者需重新培训；

e)考核要点的深度分为了解和掌握两个层次，两个层次由低到高，高层次的要求包含低层次的要求。

了解：能正确理解本标准所列知识的含义、内容并能够应用；

掌握：对本标准所列知识有全面、深刻的认识，能够综合分析、解决较为复杂的相关问题。

6.2 考核要点

6.2.1 安全基础知识

6.2.1.1 HSE 法律法规

a)掌握国家、地方政府安全生产方针、政策，环保方针、理念政策；

b)了解《中华人民共和国宪法》《劳动合同法》《民法典》；掌握《劳动合同法》等法律中关于权益及责任相关条款；

c)掌握《中华人民共和国安全生产法》《环境保护法》《职业病防治法》《消防法》《危险化学品安全管理条例》《石油天然气管道保护法》等 HSE 相关法律法规中的关于企业和管理岗位职责、权利、义务、管理要求、法律责任的相关条款。

6.2.1.2 HSE 标准规范

a)了解油气开发及新能源拓展等专业管理业务涉及技术标准规范中的 HSE 要求；

b)了解安全生产标准化企业、绿色企业、健康企业创建相关要求。

6.2.1.3 HSE 相关规章制度

a)掌握中国石化、油田相关管理制度中 HSE 管理要求；

b)掌握 HSE 管理要求融入业务管理。

6.2.1.4 HSE 技术

了解油田开发及新能源领域防火防爆、防雷防静电、电气安全、机械安全、环境保护等技术。

6.2.2 体系思维

6.2.2.1 中国石化及油田 HSE 理念

a)掌握中国石化 HSE 方针、愿景、管理理念；

b)掌握企业愿景和 HSE 管理理念、安全环保禁令、承诺、保命条款。

6.2.2.2 HSE 管理体系

a)了解 HSE 管理体系架构；

b)了解中国石化及油田 HSE 管理体系文件架构、要素设置；

c)掌握本部门(业务领域)主控要素、协控要素的配合管控情况；

d)掌握组织建立、完善 HSE 管理体系，并审定、发布。

6.2.3 领导、承诺和责任

6.2.3.1 领导引领力

a)掌握践行有感领导，落实直线责任；领导干部 HSE 履职能力和尽职情况评估；个人安全环保行动计划的编制、实施；

b)掌握分管业务领域岗位 HSE 职责制修订及本岗位职责；掌握主管或分管业务范围的岗位承诺；岗位负面行为清单；

c)掌握分管业务领域(部门)最大的 HSE 风险；岗位风险承包点及风险管控情况；

d)掌握个人安全环保行动计划制订及执行情况；参加基层 HSE 活动情况；

e)掌握建立安全环保奖惩机制并兑现相关要求；组织或参与 HSE 管理体系内审、管理评审；

f)掌握 HSE 培训、示范相关要求，宣贯 HSE 理念，实施安全经验分享。

6.2.3.2　全员参与

a) 掌握员工通用安全行为、安全行为负面清单等安全行为规范；掌握中国石化安全记分管理规定；

b) 掌握职代会报告企业员工参与 HSE 管理情况；了解企业员工参与协商机制和协商事项；

c) 掌握员工开展隐患排查、报告事件和风险、隐患等信息的情况；

d) 掌握本年度企业员工合理化建议的处置情况。

6.2.3.3　组织机构和职责

a) 掌握国家、集团公司 HSE 管理机构设置要求；

b) 掌握分管或业务系统 HSE 责任制的制定、修订及监督考核；

c) 掌握 HSE 委员会及分委员会运行情况；

d) 掌握按要求建立安全环保监督管理机构，抓好安全环保队伍建设。

6.2.3.4　社会责任

a) 掌握企业安全发展、绿色发展、和谐发展社会责任及参与公益活动；

b) 掌握危险物品及危害后果、事故预防及响应措施告知；

c) 掌握企业年报、可持续发展报告、社会责任报告的编制、发布；掌握公众开放日、企业形象宣传等。

6.2.4　法律法规识别

6.2.4.1　法律法规清单建立

a) 了解法律法规和其他要求的识别要求；

b) 掌握 HSE 相关法律法规和其他要求清单的建立、更新相关要求；掌握 HSE 相关法律法规和其他要求识别情况。

6.2.4.2　法律法规承接转化

a) 掌握法律法规和其他要求转化的要求；

b) 掌握油气开发相关专业涉及法律法规和其他要求的传递、转化、宣贯情况；

c) 掌握专业制度承接法律法规和相关要求的情况；

d) 掌握组织制修订专业管理制度或 HSE 管理要求。

6.2.5　风险管控

6.2.5.1　双重预防机制

a) 掌握国家、地方政府双重预防机制要求；

b) 掌握中国石化、油田双重预防机制要求；

c) 掌握安全生产专项整治三年行动计划。

6.2.5.2　安全风险识别

a) 掌握风险的概念、分类、分级等基本理论；

b) 掌握风险识别方法。

6.2.5.3　安全风险管控

a) 了解 SCL、JSA、HAZOP、SIL 等风险评价方法；了解施工（作业）过程、交通安全、公共安全、管理及服务过程风险管控；

b) 掌握油气开采生产过程安全风险；

c) 掌握专业部门(分管专业领域)最大生产安全环保风险;

d) 掌握承包点安全环保风险管控及风险降级、减值。

6.2.5.4 环境风险管控

a) 了解环境因素识别、评价、管控和重要环境因素的分级;

b) 了解环境风险源的评估、分级和管控;了解环境风险评价与等级划分;

c) 了解发生突发环境事件风险识别与评估。

6.2.5.5 重大危险源辨识与评估

a) 掌握重大危险源辨识、评估、备案、监控及包保责任制;

b) 掌握企业或专业领域重大危险源包保情况。

6.2.6 隐患排查和治理

a) 了解事故隐患的概念、分级、分类,中国石化重大生产安全事故隐患判定标准;

b) 掌握隐患排查治理方案的组织制定、审核;掌握隐患排查治理方案审核会议的组织及审核结论编制;了解隐患排查治理台账;

c) 了解投资类或安保基金隐患治理项目计划的制定、下达;

d) 了解隐患治理项目申报;隐患治理项目管理;

e) 掌握"五定"措施审核及实施的监督检查;隐患治理后评估;

f) 掌握专业部门(分管专业领域)向集团公司或地方政府报告的重大隐患治理和管控情况。

6.2.7 目标及方案

a) 掌握目标管理的要求;掌握HSE目标管理方案制定、实施与考核;

b) 掌握组织审定年度安全环保工作计划、目标。

6.2.8 资源投入

6.2.8.1 人员配备

a) 掌握国家、地方政府、集团公司岗位人员配备管理要求;

b) 了解外部市场承揽项目、技术服务项目人力资源开发及效果评估。

6.2.8.2 HSE投入

a) 掌握企业安全生产费、环境保护费、隐患治理费用的计提和使用管理要求;

b) 掌握安保基金的计提和上缴管理规定。

6.2.8.3 科技管理

a) 了解科技成果转化能力提升管理相关要求,掌握专利、成果项目论证和立项、专利申报、成果文件撰写编制等;掌握环保科技攻关项目的申报和实施;

b) 掌握专业部门(或分管专业领域)HSE科技成果开发、应用情况。

6.2.9 能力、意识和培训需求

6.2.9.1 培训需求

a) 了解岗位持证要求、岗位HSE履职能力要求、关键岗位HSE履职能力评估;

b) 掌握员工HSE能力和意识调查与分析报告的情况。

6.2.9.2 培训实施

a) 了解培训需求调查、计划编制、培训实施及培训效果评估、培训档案管理等培训管理要求;

b)掌握专业部门(或专业领域)培训计划及落实情况。

6.2.10 沟通

6.2.10.1 安全信息管理系统

掌握安全信息管理系统手册使用、登录及相关信息录入。

6.2.10.2 信息沟通

a)了解企业内部沟通机制、企业外部沟通的方式、渠道及注意事项;

b)掌握专业部门(或专业领域)外部沟通的信息及效果。

6.2.11 文件和记录

6.2.11.1 文件管理

a)了解企业文件类型;文件识别与获取;文件创建与评审修订;文件发布与宣贯;文件保护、作废处置等文件管理相关要求;

b)了解协同办公系统文件管理要求。

6.2.11.2 记录管理

a)了解企业记录形式、标识、保管、归档、检索和处置方法等记录管理要求;了解专业管理相关台账、生产经营相关的记录、监督检查记录等记录格式;

b)掌握专业部门记录文件类别及要求。

6.2.12 建设项目管理

a)掌握建设项目的可研、论证、立项、设计、方案编制、审批、质量控制、实施和验收等过程管理要求;掌握建设项目安全技术措施审查;

b)掌握项目管理"三同时";掌握项目招标管理、合同管理和 HSE 协议;

c)掌握工艺装置扩建项目 HSE 设施验收。

6.2.13 生产运行管理

6.2.13.1 生产协调管理

a)掌握生产运行管理流程、制度、HSE 要求、生产协调及统计分析;

b)掌握事故事件及异常的报告、统计。

6.2.13.2 生产技术管理

a)掌握工艺卡片、操作规程、开停工方案编制及论证评估;掌握工艺技术操作规程等作业文件的修订;

b)掌握采油、采气、注水、注气、集输站(库)、集输管道、储气库、天然气净化处理、高含硫气田生产运行等专业技术管理;

c)掌握电力、水务、通信、热力、新能源等技术。

6.2.13.3 生产操作管理

a)了解单位关键岗位巡检、交接班制度落实情况;

b)了解生产运行手指口述确认程序及在基层单位的落实情况。

6.2.14 井下作业管理

a)了解井下作业管理要求、作业井工程设计;了解作业现场标准化要求;

b)了解井下作业施工方案、应急预案的编制及审查。

6.2.15 井控管理

a)掌握井控管理要求及井控例会;掌握井控专项检查;

b) 掌握石油工程井控管理；探井、"三高"井等井控管理；

c) 掌握生产井、长停井、废弃井井控管理(井控三色管理)；

d) 掌握井控预案编制及演练；掌握作业现场标准化要求。

6.2.16 异常管理

a) 了解生产异常信息采集、情况的发现、分析、处理、报告；

b) 掌握典型生产异常情况分析评估过程及措施。

6.2.17 外部市场管理

a) 了解外部市场管理要求、合同管理及 HSE 协议；

b) 了解承揽(或技术服务)项目开发及论证；

c) 掌握项目开发运营过程 HSE 风险分析与管控；

d) 了解项目运营管理(人员、交通及驻地管理)、项目的监督、检查及阶段评估结果应用。

6.2.18 设备设施管理

a) 掌握设备全生命周期管理、分级管理、缺陷评价、

b) 了解设备完整性管理(含长输管道高后果区识别及全面风险评价)；

c) 了解设备设施的操作规程、维修维护保养规程编制及实施；

d) 了解设备运行条件；生产装置"5S"；设备缺陷识别；

e) 掌握特种设备管理、HSE 设施(安全附件)管理；机械设备管理(含抽油机三措施一禁令)；电气设备管理；仪表管理；关键设备(或一类设备)管理。

6.2.19 泄漏管理

a) 掌握泄漏预防，腐蚀机理、防腐措施等腐蚀管理要求；泄漏监测、预警、处置，分析评估；

b) 了解泄漏物料的合法处置；

c) 了解生产设备设施(油气水管道)泄漏事故案例。

6.2.20 危险化学品安全

a) 了解油田常用危险化学品种类、危险性分析，掌握应急处置措施等；

b) 了解危险化学品生产、储存、销售、装卸、运输、使用、废弃管理要求及备案。

6.2.21 承包商安全管理

a) 掌握承包商资质审查(QHSE 管理体系审计)，招标、合同管理，分包管理；

b) 掌握承包商 HSE 教育培训；承包商监督检查、考核评价；

c) 掌握承包商事故案例。

6.2.22 采购供应管理

a) 掌握供应商资质审查，考评标准及动态考评；

b) 了解物资采购计划制定，采购、验收管理、绿色采购。

6.2.23 施工作业管理

a) 掌握施工方案制定、评估、审查，完工验收标准；了解能量隔离，安全环保技术措施；

b) 了解特殊作业、非常规作业及交叉作业施工现场标准化；了解特殊作业现场管理流程、注意事项及施工安全技术；

c)掌握领导带班、值班，HSE 观察要求；

d)了解油田常见施工作业事故案例；

e)掌握油气在役管道动火作业许可审批；

f)掌握机泵或压缩机检维修作业现场违章问题查找与分析。

6.2.24　变更管理

a)了解变更分类分级管理；掌握变更重点关注内容；掌握变更方案审批；

b)了解变更风险评估、审批、实施、验收、关闭等流程管理。

6.2.25　员工健康管理

a)掌握健康风险识别、评估及监测管理；

b)了解职业危害因素识别监控及定期监测公示，职业健康监护档案；

c)了解个体防护用品、职业病防护设施配备；了解工伤管理；

d)了解员工帮助计划（EAP），心理健康管理；了解身体健康管理，健康促进活动；

e)掌握健康重点关注人员管控；

f)掌握现场职业危险告知牌及岗位职业危害告知卡。

6.2.26　自然灾害管理

a)了解自然灾害类别、预警及应对，应急预案编制、评估、演练及改进；

b)了解地质灾害信息预警、地质灾害调查、评估；

c)了解企地应急联动机制。

6.2.27　治安保卫与反恐防范

a)掌握油(气)区、重点办公场所、人员密集场所治安防范系统配备及管理、油(气)区治安事件应急指挥；

b)了解治安、反恐防范日常管理及"两特两重"管理要求，突发事件应急预案编制、评估、审批、演练。

6.2.28　公共卫生安全管理

a)掌握新冠疫情防范；

b)了解企业公共卫生管理，公共卫生预警机制、食品安全管理；

c)了解传染病和群体性不明原因疾病的防范。

6.2.29　交通安全管理

了解企业车辆、驾驶人管理要求，道路交通安全预警管理机制。

6.2.30　环境保护管理

a)掌握环境保护、清洁生产管理，环境监测与统计，环境信息管理；掌握突发环境事件应急管理；

b)了解危险废物管理(管理要求、储存管理要求、转运要求等)；

c)了解水、废气、固体废物、噪声、放射污染防治管理，土壤和地下水、生态保护；绿色企业行动计划；

d)掌握固体危险废物处置。

6.2.31　现场管理

a)了解封闭化管理，视频监控，能量隔离与挂牌上锁等现场管理要求；了解生产现场安全标志、标识管理；了解"5S"管理，属地管理现场监护管理要求；

b) 了解安全环保督查内容及考核机制；

c) 了解生产典型事故案例。

6.2.32　应急管理

a) 掌握企业应急组织、机制等应急管理相关要求；

b) 掌握企业应急资源调查、应急能力评估、配备、管理；

c) 掌握企业应急预案编制、评审、发布、实施、备案及岗位应急处置卡的编制等应急预案管理要求及企地联动机制；

d) 掌握企业应急演练计划编制、实施、评估；

e) 掌握生产井喷失控应急指挥。

6.2.33　消(气)防管理

a) 了解企业火灾预防机制、消防重点部位分级、消(气)防档案管理要求；消(气)防设施及器材(含火灾监控及自动灭火系统)配置、管理；

b) 了解防雷、防静电管理要求；

c) 掌握罐区着火应急指挥。

6.2.34　事故事件管理

a) 了解事故(事件)分类、分级、报告、调查、问责、统计分析及整改措施等管理要求；

b) 了解事故(事件)警示教育；掌握"风险经历共享"案例分析。

6.2.35　基层管理

6.2.35.1　基层建设

a) 了解"三基""三标"建设；

b) 了解"争旗夺星"竞赛、岗位标准化等要求。

6.2.35.2　基础工作

a) 了解作业文件检查及更新相关要求；

b) 了解岗位操作标准化及"五懂五会五能"相关要求。

6.2.35.3　基本功训练

了解"手指口述"操作法、生产现场唱票式工作法及导师带徒、岗位练兵等相关要求。

6.2.36　绩效评价

6.2.36.1　绩效监测

a) 掌握 HSE 绩效监测管理机制；HSE 管理体系运行监测指标(结果性监测指标、过程性监测指标)、监测与考核要求；

b) 掌握安全环保工作目标、计划公示、督促、兑现情况。

6.2.36.2　合规性评价

了解合规性评价管理要求、报告及不符合整改。

6.2.36.3　审核

a) 掌握 HSE 管理体系审核类型及频次，审核方案、计划、实施、报告的审核要求；了解企业内审员能力要求及培养；

b) 了解审核报告不符合项及建议的落实、跟踪。

6.2.36.4　管理评审

了解管理评审频次、主持人、参加人、形式，输入、输出（改进措施），报告签发、改进措施落实及跟踪等管理评审要求。

6.2.37　改进

6.2.37.1　不符合纠正措施

a）了解不符合来源、分类和纠正措施；

b）了解五个回归溯源分析。

6.2.37.2　持续改进

a）掌握强化 HSE 管理与专业管理的深度融合，提升企业 HSE 绩效；

b）掌握改进体系适宜性、充分性、有效性的途径，培育企业 HSE 文化；

c）掌握检查监督 HSE 管理体系有效运行，并持续改进。

第二节　企业关键岗位中层管理人员培训大纲及考核标准

1　范围

本标准规定了油田企业 HSE 关键岗位中层管理人员 HSE 培训要求、理论及实操培训的内容、学时安排，以及考核的方法、内容。

2　适用岗位

勘探局、分公司机关生产、安全环保、设备、工程、技术、运行等专业主要负责人以外其他中层管理人员，享受中层管理人员待遇的技术类专家；直属单位（A 类）中层管理人员及油田专家；安全环保总监。

3　依据

参照本章第一节　企业领导及关键岗位中层管理人员 HSE 培训大纲及考核标准。

4　安全生产培训大纲

4.1　培训要求

a）油田企业 HSE 关键岗位中层管理人员应接受 HSE 教育培训，具备所从事岗位相适应的 HSE 知识和 HSE 管理能力，并经地方政府负有安全监督职责的部门考核合格，取得法律法规规定要求的岗位相关证书；

b）培训应按照国家、集团公司及油田有关 HSE 培训的规定组织进行；

c）中层专业管理人员、安全总监应围绕 HSE 管理体系理念、企业价值观，重点培训守法合规意识、风险意识、体系思维、领导引领力、风险管理能力和应急管理能力等方面内容，加强 HSE 管理融入生产经营管理过程的综合培训；技术管理人员应重点培训专业技术能力、专业 HSE 管理能力、风险管控和隐患排查治理能力、应急处置能力等内容；

d）培训工作应坚持理论与实践相结合，采用课堂讲授、网络学习、自主学习、会议、文件批阅、办公系统应用、会议研讨、主持发言等多种有效的培训方式，加强文件制度自学与案例教学。

4.2 培训内容

参照第一节 企业领导及关键岗位中层管理人员 HSE 培训大纲及考核标准 4.2 培训内容，具体课程及内容见表 2-1-3、表 2-1-4。

5 学时安排

油田企业 HSE 关键岗位中层管理人员的 HSE 培训由油田统一组织实施，相关部门应根据每年培训需求，从表 2-1-3、表 2-1-4 中优选培训课题编制年度安全培训计划，保证每年培训时间不少于 20 学时。

表 2-1-3　油田企业 HSE 关键岗位中层管理人员 HSE 培训课时

培训模块	培训课程	培训内容	培训方式	学时
安全基础知识	HSE 法律法规	国家、地方政府安全生产方针、政策，环保方针、理念	M1/M5	1
		《中华人民共和国宪法》《劳动合同法》《民法典》等法律中关于企业权益及责任的相关条款	M1/M5	1
		《中华人民共和国安全生产法》《环境保护法》《职业病防治法》《消防法》《石油天然气管道保护法》《危险化学品安全管理条例》等相关法律法规中关于企业和管理岗位职责、权利、义务、HSE 管理要求、法律责任的相关条款	M1/M5	1
	HSE 标准规范	油气开发涉及技术标准规范中的 HSE 要求	M1 + M5	2
		安全生产标准化企业创建相关要求	M5	1
		绿色企业、健康企业创建相关要求	M5	1
	HSE 相关规章制度	中国石化、油田相关管理制度中 HSE 管理要求	M9	2
	HSE 技术	油气开发涉及的防火防爆、防雷防静电、电气安全、机械安全、环境保护等技术	M9	1
体系思维	中国石化 HSE 理念	中国石化 HSE 方针、愿景、管理理念	M9	1
		中国石化安全环保禁令、承诺，保命条款	M9	1
	HSE 管理体系	HSE 管理体系架构	M5	1
		中国石化及油田级 HSE 管理体系文件架构、要素设置	M9	1
		组织建立、完善 HSE 管理体系，并审定、发布	M5 + M7	2
领导、承诺和责任	领导引领力	践行有感领导，落实直线责任	M1/M5	1
		领导干部 HSE 履职能力和尽职情况评估	M1/M5	1
		个人安全环保行动计划的编制、实施	M9	1
		组织或参与 HSE 管理体系内审、管理评审	M7	1
		参加 HSE 培训、示范，宣贯 HSE 理念，实施安全经验分享	M1 + M7	3

续表

培训模块	培训课程	培训内容	培训方式	学时
领导、承诺和责任	全员参与	全员安全行为规范(含通用安全行为、安全行为负面清单等)	M5/M9	1
		中国石化安全记分管理规定	M5/M9	1
		在职代会报告企业员工参与 HSE 管理情况	M9	1
		员工参与协商机制和协商事项	M9	1
	组织机构和职责	企业组织机构设置要求	M5/M9	1
		HSE 责任制的制定、修订及监督考核	M5/M9	1
	社会责任	企业安全发展、绿色发展、和谐发展社会责任及参与公益活动	M9	1
		危险物品及危害后果、事故预防及响应措施告知	M9	1
		企业年报、可持续发展报告、社会责任报告的编制、发布	M9	1
法律法规识别	法律法规清单建立	法律法规和其他要求的识别要求	M1/M5	1
		HSE 相关法律法规和其他要求清单的建立、更新	M9	1
	法律法规承接转化	法律法规和其他要求的识别转化相关要求	M5	1
		组织制修订专业管理制度或 HSE 管理要求	M5 + M9	2
风险管控	双重预防机制	国家、地方政府双重预防机制要求	M1/M5/M9	1
		中国石化双重预防机制要求	M1/M5/M9	1
		油田双重预防机制要求	M1/M5/M9	1
		安全生产专项整治三年行动计划	M1/M5/M9	1
	安全风险识别	风险的概念、分类、分级等	M1/M5/M9	1
		安全风险识别评价方法	M2/M3	1
	安全风险管控	油气开采生产过程安全风险	M1/M5/M9	1
		施工(作业)过程安全风险管控	M1/M5/M9	1
		交通安全风险管控	M1/M5/M9	1
		公共安全风险管控	M1/M5/M9	1
		管理及服务过程安全风险管控	M1/M5/M9	1
	环境风险管控	环境因素识别、评价、管控和重要环境因素的分级	M1/M5/M9	1
		环境风险源的评估、分级和管控	M1/M5/M9	1
		发生突发环境事件风险识别与评估	M1/M5/M9	1
		环境风险评价与等级划分	M1/M5/M9	1
	重大危险源辨识与评估	事故隐患、中国石化重大生产安全事故隐患判定标准	M1/M5/M9	1
		隐患排查治理台账	M1/M5/M9	1
隐患排查和治理	隐患排查和治理	隐患排查治理方案的组织制定、审核	M1/M5/M9	1
		投资类或安保基金隐患治理项目计划的制定、下达	M1/M5/M9	1
		隐患治理项目申报;隐患治理项目管理	M1/M5/M9.	1
		"五定"措施审核及实施的监督检查;隐患治理后评估	M1/M5/M9	1
目标及方案	目标设定与落实	目标管理	M9	1
		HSE 目标管理方案制定、实施与考核	M9	1

续表

培训模块	培训课程	培训内容	培训方式	学时
资源投入	人员配备	国家、地方政府、集团公司岗位人员配备管理要求	M5/M9	1
		外部市场承揽项目、技术服务项目人力资源开发及效果评估	M5/M9	1
	HSE 投入	安全生产费、环境保护费的计提和使用	M5/M9	1
		安保基金的计提和上缴	M5/M9	1
		隐患治理费用的计提和使用	M5/M9	1
	科技管理	科技成果转化能力提升	M9	1
		安全环保科技攻关项目的申报和实施	M9	1
能力、意识和培训	培训需求	岗位持证要求	M9	1
		岗位 HSE 履职能力要求	M9	1
		关键岗位 HSE 履职能力评估	M9	1
		直属单位(部门)HSE 培训矩阵的建立及应用	M9	1
	培训实施	培训管理	M9	1
沟通	安全信息管理系统	安全信息管理系统使用手册	M9	1
	信息沟通	单位或部门内部沟通机制	M9	1
		单位或部门外部沟通的方式、渠道及注意事项	M9	1
文件和记录	文件管理	文件管理相关要求	M9	1
		协同办公系统文件管理要求	M9	1
	记录管理	记录管理要求	M9	1
		记录格式	M9	1
建设项目管理	项目管理	建设项目管理要求	M9	1
		项目管理"三同时"	M9	1
		项目招标管理、合同管理和 HSE 协议	M5	2
		建设项目安全技术措施审查	M5	2
	物化探项目	物化探项目管理	M9	1
	勘探、开发建设项目	勘探、开发建设项目管理	M9	1
	地面建设项目	地面建设项目管理	M9	1
生产运行管理	生产协调管理	生产运行管理流程、制度及 HSE 要求	M9	1
		生产协调及统计分析	M9	1
		事故事件及异常的报告、统计	M9	1
	生产技术管理	工艺卡片、操作规程、开停工方案编制及论证评估	M9	1
		采油、采气、注水、注气、集输站(库)、集输管道、储气库、天然气净化处理、高含硫气田生产运行等专业技术管理	M9	1
		电力、水务、通信、热力、新能源等技术管理	M9	1
		工艺技术操作规程等作业文件的修订	M9	1
	生产操作管理	关键岗位巡检、交接班制度	M9	2
		操作规程等作业文件的执行监督	M9	2
		"手指口述安全确认法"	M9	2

续表

培训模块	培训课程	培训内容	培训方式	学时
井下作业管理	井下作业管理	井控管理要求及井控例会	M9	2
		石油工程井控管理	M9	2
		生产井、长停井、废弃井井控管理	M9	2
		井控专项检查	M9	2
		井控预案编制及演练	M9	2
		作业现场标准化要求；井控操作规程	M9	2
井控管理	井控管理	井控管理制度体系	M1/M3/M5	1
		井控技术管理	M1/M3/M5	1
		井控应急管理	M1/M3/M5	1
异常管理	异常管理	生产异常信息采集	M9	1
		生产异常情况的发现、分析、处理、报告	M9	1
外部市场管理	外部市场管理	外部市场管理要求	M9	1
		项目开发运营过程 HSE 风险分析与管控	M9	1
设备设施管理	设备设施管理	设备全生命周期管理、分级管理、缺陷评价	M9	2
		设备(长输管道)完整性管理	M9	2
		特种设备管理；HSE 设施(安全附件)管理	M9	2
		设备设施的操作规程、维修维护保养规程编制及实施	M9	2
		设备运行条件；生产装置"5S"；设备缺陷识别	M9	2
		机械设备管理；电气设备管理；仪表管理	M9	2
泄漏管理	泄漏管理	腐蚀管理(腐蚀机理、防腐措施)	M1/M5	1
		泄漏监测、预警、处置，分析评估	M9	2
		泄漏物料的合法处置	M9	2
		生产设备设施(油气水管道)泄漏事故案例	M9	2
危险化学品安全	危险化学品安全	常用危险化学品种类、危险性分析、应急处置措施等	M9	2
		危险化学品生产、储存、销售、装卸、运输、使用、废弃管理要求及备案	M9	2
		危险化学品"一书一签"管理	M9	2
		危险化学品装卸、储存、运输、使用及废弃操作规程，个人防护及注意事项	M9	2
承包商安全管理	承包商安全管理	承包商资质审查，招标、合同管理，分包管理	M9	2
		承包商 HSE 教育培训	M9	2
		承包商风险管控要求	M9	2
		承包商监督检查、考核评价	M9	2
		承包商事故案例	M9	2

续表

培训模块	培训课程	培训内容	培训方式	学时
采购供应管理	采购供应管理	供应商资质审查，考评标准及动态考评	M9	1
		物资采购计划制定，采购、验收管理；绿色采购	M9	2
施工作业管理	施工作业管理	施工方案制定、评估、审查，完工验收标准	M9	1
		能量隔离等安全环保技术措施	M9	2
		特殊作业、非常规作业及交叉作业施工现场标准化	M9	1
		特殊作业现场管理	M9	2
		领导带班、值班，HSE 观察要求	M9	2
		油田常见施工作业事故案例	M9	2
		油气在役管道动火作业许可审批	M9	1
变更管理	变更管理	变更分类分级管理	M1/M5	1
		变更重点关注内容	M9	2
		变更方案编制、审批	M9	2
		变更流程	M9	2
		变更后管理要求	M9	2
员工健康管理	员工健康管理	健康风险识别、评估及监测管理	M1/M5	1
		职业危害因素识别、监控及定期检测公示，职业健康监护档案	M9	2
		个体防护用品、职业病防护设施配备	M9	2
		工伤管理	M9	2
		员工帮助计划（EAP）；心理健康管理	M9	2
		身体健康管理；健康促进活动	M9	2
自然灾害管理	自然灾害管理	自然灾害类别、预警及应对，地质灾害信息预警	M1/M5	1
		地质灾害调查、评估	M9	2
		自然灾害应急预案编制、评估、演练及改进	M9	2
		企地应急联动机制	M9	2
治安保卫与反恐防范	治安保卫与反恐防范	油(气)区、重点办公场所、油气场站、人员密集场所治安防范系统配备及管理	M9	2
		治安、反恐防范日常管理；"两特两重"管理要求	M9	2
		治安、反恐突发事件应急预案编制、评估、审批、演练	M9	2
公共卫生安全管理	公共卫生安全管理	新冠疫情防范	M9	2
		单位公共卫生管理，公共卫生预警机制	M9	2
		传染病和群体性不明原因疾病的防范	M9	2
		食品安全管理	M9	2
交通安全管理	交通安全管理	单位(含外部市场)车辆、驾驶人管理要求	M1/M5	1
		道路交通安全预警管理机制	M9	2

续表

培训模块	培训课程	培训内容	培训方式	学时
环境保护管理	环境保护管理	环境保护、清洁生产管理	M1/M5	1
		环境监测与统计，环境信息管理	M9	2
		危险废物管理	M9	2
		水、废气、固体废物、噪声、放射污染防治管理，土壤和地下水、生态保护	M9	2
		作业现场环保管理要求及污染防治措施	M9	2
		突发环境事件应急预案及演练	M1/M4	1
		绿色企业行动计划	M9	2
现场管理	现场管理	现场管理要求	M9	2
		生产现场安全标志、标识管理	M9	2
		安全环保督查内容及考核机制	M9	2
		"5S"管理；生产及施工现场布局、配置	M9	2
		属地管理及现场监护管理要求	M9	2
应急管理	应急管理	应急管理相关要求	M9	2
		单位或专业领域应急资源调查、应急能力评估	M9	2
		应急预案管理及企地联动机制	M9	2
		应急资源配备、管理	M9	2
消(气)防管理	消(气)防管理	消(气)防管理要求	M9	1
		消(气)防设施及器材配置、管理	M9	1
		防雷、防静电管理要求	M9	1
事故事件管理	事故事件管理	事故(事件)管理	M1/M5	1
		事故(事件)警示教育	M9	2
基层管理	基层建设	"三基""三标"建设	M9	2
		"争旗夺星"竞赛、岗位标准化等要求	M9	2
	基础工作	作业文件检查及更新相关要求	M9	2
		岗位操作标准化及"五懂五会五能"相关要求	M9	2
	基本功训练	"手指口述"操作法、生产现场唱票式工作法及导师带徒、岗位练兵等相关要求	M9	2
绩效评价	绩效监测	HSE 绩效监测管理机制	M9	1
		HSE 管理体系运行监测指标、监测与考核要求	M7	1
	合规性评价	合规性评价要求	M7	1
		合规性评价报告及不符合整改	M7	1
	审核	HSE 管理体系审核	M7	1
		审核报告不符合项及建议的落实、跟踪	M7	1
		内审员能力要求及培养	M7	1
	管理评审	管理评审要求	M9	1
		管理评审输入、输出	M9	1
		管理评审报告签发、改进措施落实及跟踪	M7	1

续表

培训模块	培训课程	培训内容		培训方式	学时
改进	不符合纠正措施	不符合来源、分类和纠正措施		M1/M5	1
	持续改进	强化 HSE 管理与专业管理的深度融合，提升单位 HSE 绩效		M1/M5	1
		改进体系适宜性、充分性、有效性的途径，培育单位 HSE 文化		M1/M5	1
		检查监督 HSE 管理体系有效运行，并持续改进		M1/M5	1

说明：M1——课堂讲授；M2——训练；M3——仿真训练；M4——预案演练；M5——网络学习；M6——班组（科室）安全活动；M7——生产会议或 HSE 会议；M8——视频案例；M9——文件制度自学。其中，M1 + M5 表示 M1 与 M5；M1/M5 表示 M1 或 M5。

表 2 -1 -4   HSE 管理专项能力实操项目培训及考核方式

培训模块	培训课程	培训内容	培训及考核方式	学时
安全基础知识	HSE 相关规章制度	HSE 管理要求融入业务管理	N2	1
体系思维	中国石化 HSE 理念	企业愿景和 HSE 管理理念	N3	1
		安全环保禁令、保命条款	N3	1
	HSE 管理体系	本部门（业务领域）主控要素管控情况	N3	1
		本部门（业务领域）协控要素的配合管控情况	N3	1
		组织建立、完善 HSE 管理体系，并审定、发布	N2	1
领导、承诺和责任	领导引领力	个人安全环保行动计划的编制、实施	N3	1
		本单位或分管业务岗位 HSE 职责制修订及本岗位职责	N3	1
		本单位或分管业务范围的岗位承诺；岗位负面行为清单	N2	1
		本单位或分管业务最大的 HSE 风险	N3	1
		个人安全环保行动计划执行情况；参加基层 HSE 活动情况	N3	1
		单位或部门风险承包情况，本岗位风险承包点及风险管控情况	N3	1
		建立安全环保奖惩机制并兑现	N3	1
		组织或参与 HSE 管理体系内审、管理评审	N3	1
		参加 HSE 培训、示范，宣贯 HSE 理念，实施安全经验分享	N3	1
	全员参与	员工开展隐患排查、报告事件和风险、隐患等信息的情况	N2/N4	1
		本年度员工合理化建议的处置情况	N2	1
	组织机构和职责	HSE 委员会及分委员会运行情况	N2	1
		按要求建立安全环保监督管理机构，抓好安全环保队伍建设	N2	1
法律法规识别	法律法规承接转化	油气开发相关专业涉及法律法规和其他要求的传递、转化、宣贯情况	N2	1
		专业制度承接法律法规和相关要求的情况	N2	1
		组织制修订专业管理制度或 HSE 管理要求	N2	1

· 144 ·

培训模块	培训课程	培训内容	培训及考核方式	学时
风险管控	安全风险管控	单位及部门(分管专业领域)最大生产安全环保风险	N2 + N4	1
		承包点安全环保风险管控及风险降级、减值	N3	1
	重大危险源辨识与评估	企业或专业领域重大危险源承包情况	N2	1
隐患排查和治理	隐患排查和治理	单位、部门(分管专业领域)向集团公司或地方政府报告的重大隐患治理和管控情况	N2	1
		隐患排查治理方案审核会议的组织及审核结论编写	N3	1
目标及方案	目标及方案	组织审定年度安全环保工作计划、目标	N3	1
资源投入	科技管理	单位或部门 HSE 科技成果开发、应用情况	N3	1
能力、意识和培训	培训需求	员工 HSE 能力和意识调查与分析报告	N1	1
	培训实施	单位(部门)培训计划及落实情况	N2	1
沟通	安全信息管理系统	安全信息管理系统登录及相关信息录入	N4	1
	信息沟通	单位或部门外部沟通的信息及效果	N2	1
		单位或部门内部沟通的焦点和难点问题	N3	1
文件和记录	文件管理	协同办公系统文件的处理流程	N2	1
	记录管理	单位或部门记录文件类别及要求	N2	1
建设项目管理	项目管理	单位或部门建设项目安全技术措施审查	N3	1
		单位或部门工艺装置扩建项目 HSE 设施验收	N3	1
异常管理	异常管理	典型生产异常情况分析评估及措施	N3	1
设备设施管理	设备设施管理	关键设备(或一类设备)管理	N3	1
		特种设备的分布、备案、安全等级	N3	1
施工作业管理	施工作业管理	在役管线动火作业许可审批	N2 + N4	1
		机泵或压缩机检维修作业现场违章问题查找与分析	N2/N4	1
员工健康管理	员工健康管理	单位或部门健康重点关注人员管控	N3	1
		单位或部门应急医疗用品配备及管理	N3	1
		现场职业危险告知牌及岗位职业危害告知卡	N3	1
治安保卫与反恐防范	治安保卫与反恐防范	油(气)区治安事件应急指挥	N2/N4	1
环境保护管理	环境保护管理	油水管道泄漏环境保护应急处置演练	N2/N4	1
		危险废物处置	N3	1
应急管理	应急管理	单位或专业领域应急演练计划编制	N3	1
		单位或专业领域应急演练实施、评估	N3	1
		生产井喷失控现场应急指挥	N2/N4	1

续表

培训模块	培训课程	培训内容	培训及考核方式	学时
消(气)防管理	消(气)防管理	罐区着火应急指挥	N2/N4	1
事故事件管理	事故事件管理	"风险经历共享"案例分析	N3	1
绩效评价	绩效监测	安全环保工作目标、计划公示、督促、兑现情况	N3	1
改进	不符合纠正措施	某火灾事件的"五个回归"溯源分析	N2	1
		某制度未及时修订"五个回归"溯源分析	N2	1

说明：N1——考试；N2——访谈；N3——答辩；N4——模拟实操（手指口述）。其中，N1 + N2 表示 N1 与 N2；N1/N2 表示 N1 或 N2。

6 考核标准

6.1 考核办法

参照本章第一节 企业领导及关键岗位中层管理人员 HSE 培训大纲及考核标准。

6.2 考核要点

6.2.1 安全基础知识

6.2.1.1 HSE 法律法规

a）掌握国家、地方政府安全生产方针、政策，环保方针、理念；

b）掌握《中华人民共和国宪法》《劳动合同法》《民法典》等法律中关于企业权益及责任的相关条款；

c）掌握《中华人民共和国安全生产法》《环境保护法》《职业病防治法》《消防法》《石油天然气管道保护法》《危险化学品安全管理条例》等相关法律法规中关于企业和管理岗位职责、权利、义务、HSE 管理要求、法律责任的相关条款。

6.2.1.2 HSE 标准规范

a）掌握油气开发涉及技术标准规范中的 HSE 要求；

b）掌握安全生产标准化企业、绿色企业、健康企业创建相关要求。

6.2.1.3 HSE 相关规章制度

a）掌握中国石化、油田相关管理制度中 HSE 管理要求；

b）掌握 HSE 管理要求融入业务管理的要求及技巧。

6.2.1.4 HSE 技术

掌握油气开发涉及的防火防爆、防雷防静电、电气安全、机械安全、环境保护等技术。

6.2.2 体系思维

6.2.2.1 中国石化 HSE 理念

a）掌握中国石化 HSE 方针、愿景、管理理念；

b）掌握中国石化安全环保禁令、承诺，保命条款；

c）掌握企业愿景和 HSE 管理理念；安全环保禁令、保命条款。

6.2.2.2　HSE 管理体系

a) 掌握 HSE 管理体系架构；

b) 掌握中国石化及油田 HSE 管理体系文件架构、要素设置；

c) 掌握单位级 HSE 管理体系架构及主要内容；

d) 掌握本单位 HSE 管理体系运行情况、本部门(业务领域)主控要素管控情况；

e) 掌握本部门(业务领域)协控要素的配合管控情况；

f) 掌握组织建立、完善 HSE 管理体系，并审定、发布。

6.2.3　领导、承诺和责任

6.2.3.1　领导引领力

a) 掌握践行有感领导，落实直线责任的含义；

b) 掌握领导干部 HSE 履职能力和尽职情况评估相关要求；

c) 掌握个人安全环保行动计划的编制、实施的要求；

d) 掌握本单位或分管业务岗位 HSE 职责制修订及本岗位职责；

e) 掌握本单位或分管业务范围的岗位承诺；岗位负面行为清单；

f) 掌握本单位或分管业务最大的 HSE 风险；

g) 掌握个人安全环保行动计划执行情况；参加基层 HSE 活动情况；

h) 掌握单位或部门风险承包情况，本岗位风险承包点及风险管控情况；

i) 掌握建立安全环保奖惩机制相关要求，兑现；

j) 掌握组织或参与 HSE 管理体系内审、管理评审；参加 HSE 培训、示范，宣贯 HSE 理念，实施安全经验分享。

6.2.3.2　全员参与

a) 掌握员工安全行为规范要求，含通用安全行为、安全行为负面清单等；

b) 掌握中国石化安全记分管理规定及企业相关管理要求；

c) 掌握职代会报告企业员工参与 HSE 管理情况；

d) 掌握员工参与协商机制和协商事项；

e) 掌握员工开展隐患排查、报告事件和风险、隐患等信息的情况；

f) 掌握本年度员工合理化建议的处置情况。

6.2.3.3　组织机构和职责

a) 掌握企业组织机构设置要求；

b) 掌握 HSE 责任制的制定、修订及监督考核；

c) 掌握 HSE 委员会及分委员会运行情况；

d) 掌握按要求建立安全环保监督管理机构，抓好安全环保队伍建设。

6.2.3.4　社会责任

a) 掌握企业安全发展、绿色发展、和谐发展社会责任及参与公益活动；

b) 掌握危险物品及危害后果、事故预防及响应措施告知；

c) 掌握企业年报、可持续发展报告、社会责任报告的编制、发布。

6.2.4　法律法规识别

6.2.4.1　法律法规清单建立

a) 掌握法律法规和其他要求的识别要求；

b）掌握 HSE 相关法律法规和其他要求清单的建立、更新；

c）掌握 HSE 相关法律法规和其他要求识别情况。

6.2.4.2 法律法规承接转化

a）掌握法律法规和其他要求转化的要求；

b）掌握油气开发相关专业涉及法律法规和其他要求的传递、转化、宣贯情况；

c）掌握专业制度承接法律法规和相关要求的情况；

d）掌握组织制修订专业管理制度或 HSE 管理要求。

6.2.5 风险管控

6.2.5.1 双重预防机制

a）掌握国家、地方政府双重预防机制要求；

b）掌握中国石化双重预防机制要求；

c）掌握油田双重预防机制要求；

d）掌握安全生产专项整治三年行动计划。

6.2.5.2 安全风险识别

了解风险的概念、分类、分级等；了解 SCL、JSA、HAZOP、SIL 等安全风险识别评价方法。

6.2.5.3 安全风险管控

a）了解油气开采生产过程安全风险；了解施工（作业）过程安全风险管控；了解交通安全风险管控；了解公共安全风险管控；了解管理及服务过程安全风险管控；

b）掌握单位及部门（分管专业领域）最大生产安全环保风险；

c）掌握承包点安全环保风险管控及风险降级、减值情况。

6.2.5.4 环境风险管控

a）掌握环境因素识别、评价、管控和重要环境因素的分级；

b）掌握环境风险源的评估、分级和管控；

c）掌握发生突发环境事件风险识别与评估；

d）掌握环境风险评价与等级划分。

6.2.5.5 重大危险源辨识与评估

a）掌握重大危险源辨识、评估、备案及监控；

b）掌握重大危险源承包责任制；

c）掌握企业或专业领域重大危险源承包情况。

6.2.6 隐患排查和治理

a）掌握事故隐患概念、分级、分类等，掌握中国石化重大生产安全事故隐患判定标准；

b）掌握隐患排查治理台账管理要求；

c）掌握隐患排查治理方案的组织制定、审核；

d）掌握投资类或安保基金隐患治理项目计划的制定、下达；

e）掌握隐患治理项目申报；隐患治理项目管理；

f）掌握"五定"措施审核及实施的监督检查；隐患治理后评估；

g）掌握单位、部门（分管专业领域）向集团公司或地方政府报告的重大隐患治理和管控情况；

h)掌握隐患排查治理方案审核会议的组织及审核结论编写。

6.2.7　目标及方案

a)掌握目标的制定、分解、实施与考核等管理要求；

b)掌握 HSE 目标管理方案制定、实施与考核；

c)掌握组织审定年度安全环保工作计划、目标。

6.2.8　资源投入

6.2.8.1　人员配备

a)掌握国家、地方政府、集团公司岗位人员配备管理要求；

b)掌握外部市场承揽项目、技术服务项目人力资源开发及效果评估。

6.2.8.2　HSE 投入

a)掌握安全生产费、环境保护费的计提和使用管理规定；

b)掌握安保基金的计提和上缴管理要求；掌握隐患治理费用的计提和使用。

6.2.8.3　科技管理

a)掌握专利、成果项目论证和立项、专利申报、成果文件撰写编制等；

b)掌握安全环保科技攻关项目的申报和实施；了解单位或部门 HSE 科技成果开发、应用情况。

6.2.9　能力、意识和培训

6.2.9.1　培训需求

a)掌握岗位持证要求；

b)掌握岗位 HSE 履职能力要求；

c)掌握关键岗位 HSE 履职能力评估；

d)了解直属单位(部门)HSE 培训矩阵的建立及应用；

e)掌握员工 HSE 能力和意识调查与分析报告。

6.2.9.2　培训实施

a)了解培训需求调查、计划编制、培训实施及培训效果评估、培训档案管理等培训管理要求；

b)掌握单位(部门)培训计划及落实情况。

6.2.10　沟通

6.2.10.1　安全管理信息系统

a)掌握安全信息管理系统使用手册；

b)了解安全信息管理系统登录及相关信息录入。

6.2.10.2　信息沟通

a)了解单位或部门内部沟通机制；了解单位或部门外部沟通的方式、渠道及注意事项；

b)了解单位或部门外部沟通的信息及效果；了解单位或部门内部沟通的焦点和难点问题。

6.2.11　文件和记录

6.2.11.1　文件管理

a)掌握企业文件类型；文件识别与获取；文件创建与评审修订；文件发布与宣贯；文件保护、作废处置等文件管理相关要求；

b) 了解协同办公系统文件管理要求；了解协同办公系统文件的处理流程。

6.2.11.2 记录管理

了解企业生产经营相关记录形式、标识、保管、归档、检索和处置方法等记录管理要求；了解各专业管理相关台账、生产经营相关的记录、监督检查记录等记录格式；了解单位或部门记录文件类别及要求。

6.2.12 建设项目管理

6.2.12.1 项目管理

a) 掌握建设项目的可研、论证、立项、设计、方案编制、审批、质量控制、实施和验收等建设项目过程管理要求；

b) 掌握项目管理"三同时"要求；

c) 掌握项目招标管理、合同管理和 HSE 协议；

d) 掌握单位或部门建设项目安全技术措施审查；掌握单位或部门工艺装置扩建项目 HSE 设施验收。

6.2.12.2 物化探项目

掌握物化探项目设计、开工、施工、完工验收等管理要求。

6.2.12.3 勘探、开发建设项目

掌握勘探、开发建设项目井位踏勘、设计管理、施工设计、钻前管理、施工管理、完井后验收等管理要求。

6.2.12.4 地面建设项目

掌握地面建设项目设计、建设、试生产与竣工验收等管理要求。

6.2.13 生产运行管理

6.2.13.1 生产协调管理

a) 掌握生产运行管理流程、制度及 HSE 要求；

b) 了解生产协调及统计分析；了解事故事件及异常的报告、统计。

6.2.13.2 生产技术管理

a) 了解工艺卡片、操作规程、开停工方案编制及论证评估；了解采油、采气、注水、注气、集输站(库)、集输管道、储气库、天然气净化处理、高含硫气田生产运行等专业技术管理；

b) 了解电力、水务、通信、热力、新能源等技术管理；了解工艺技术操作规程等作业文件的修订。

6.2.13.3 生产操作管理

了解关键岗位巡检、交接班制度；了解操作规程等作业文件的执行监督；了解"手指口述安全确认法"。

6.2.14 井下作业管理

a) 掌握井下作业管理要求；

b) 了解作业井工程设计；了解井下作业施工方案、应急预案的编制及审查；了解作业现场标准化要求。

6.2.15 井控管理

a) 掌握井控管理要求及井控例会；

b) 了解石油工程井控管理；了解生产井、长停井、废弃井井控管理(井控三色管理)；了解井控专项检查；了解井控预案编制及演练；了解作业现场标准化要求；井控操作规程。

6.2.16　异常管理

了解生产异常信息采集；了解生产异常情况的发现、分析、处理、报告；了解典型生产异常情况分析评估及措施。

6.2.17　外部市场管理

了解外部市场管理要求；了解项目开发运营过程 HSE 风险分析与管控。

6.2.18　设备设施管理

a) 掌握设备全生命周期管理、分级管理、缺陷评价；

b) 了解设备完整性管理，长输管道高后果区识别及全面风险评价；了解特种设备管理；HSE 设施(安全附件)管理；

c) 了解设备设施的操作规程、维修维护保养规程编制及实施；了解设备运行条件；生产装置"5S"；设备缺陷识别；了解机械设备管理(抽油机三措施一禁令)；电气设备管理；仪表管理；

d) 了解关键设备(或一类设备)管理；了解特种设备的分布、备案、安全等级。

6.2.19　泄漏管理

a) 掌握腐蚀机理、防腐措施等腐蚀管理要求；

b) 了解泄漏监测、预警、处置，分析评估；了解泄漏物料的合法处置；了解生产设备设施(油气水管道)泄漏事故案例。

6.2.20　危险化学品管理

a) 掌握常用危险化学品种类、危险性分析、应急处置措施等；

b) 了解危险化学品生产、储存、销售、装卸、运输、使用、废弃管理要求及备案；了解危险化学品"一书一签"管理；了解危险化学品装卸、储存、运输、使用及废弃操作规程，个人防护及注意事项。

6.2.21　承包商安全管理

a) 掌握承包商资质审查(QHSE 管理体系审计)，招标、合同管理，分包管理等要求；

b) 了解承包商 HSE 教育培训、风险管控要求；了解承包商监督检查、考核评价；了解承包商事故案例。

6.2.22　采购供应管理

了解供应商资质审查、考评标准及动态考评；了解物资采购计划制定，采购、验收管理；绿色采购。

6.2.23　施工作业管理

a) 了解施工方案制定、评估、审查，完工验收标准；了解能量隔离等安全环保技术措施的落实；了解特殊作业、非常规作业及交叉作业施工现场标准化；了解特殊作业现场管理(管理流程、注意事项及施工安全技术)；

b) 了解领导带班、值班，HSE 观察要求；了解油田常见施工作业事故案例；

c) 了解在役管线动火作业许可审批(实操)；了解机泵或压缩机检维修作业现场违章问题查找与分析(实操)。

6.2.24　变更管理

a)了解变更分类分级管理；了解变更重点关注内容；了解变更方案编制、审批；

b)了解变更申请、风险评估、审批、实施、验收、关闭等流程管理；了解变更后信息系统调整，相关技术文件修订，人员培训。

6.2.25　员工健康管理

a)了解健康风险识别、评估及监测管理；了解职业危害因素识别、监控及定期检测公示，职业健康监护档案；了解个体防护用品、职业病防护设施配备；

b)了解工伤管理；了解员工帮助计划(EAP)，心理健康管理；了解身体健康管理，健康促进活动；

c)了解单位或部门健康重点关注人员管控；了解单位或部门应急医疗用品配备及管理；了解现场职业危险告知牌及岗位职业危害告知卡。

6.2.26　自然灾害管理

a)掌握自然灾害类别、预警及应对，地质灾害信息预警；

b)了解地质灾害调查、评估；了解自然灾害应急预案编制、评估、演练及改进；了解企地应急联动机制。

6.2.27　治安保卫与反恐防范

a)掌握油(气)区、重点办公场所、油气场站、人员密集场所治安防范系统配备及管理；

b)了解治安、反恐防范日常管理及"两特两重"管理要求；了解治安、反恐突发事件应急预案编制、评估、审批、演练；

c)了解油(气)区治安事件应急指挥。

6.2.28　公共卫生安全管理

a)掌握新冠疫情防范；

b)掌握单位公共卫生管理、公共卫生预警机制；

c)掌握传染病和群体性不明原因疾病的防范；

d)掌握食品安全管理。

6.2.29　交通安全管理

了解单位(含外部市场)车辆、驾驶人管理要求；了解道路交通安全预警管理机制。

6.2.30　环境保护管理

a)掌握环境保护、清洁生产管理；

b)掌握环境监测与统计，环境信息管理；

c)掌握危险废物管理要求、储存管理要求、转运要求等；

d)掌握水、废气、固体废物、噪声、放射污染防治管理，土壤和地下水、生态保护；

e)了解作业现场环保管理要求及污染防治措施；了解突发环境事件应急预案及演练；了解绿色企业行动计划；

f)掌握油水管道泄漏环境保护应急处置演练；危险废物处置等。

6.2.31　现场管理

a)了解现场封闭化管理，视频监控，能量隔离与挂牌上锁等管理要求；了解生产现场安全标志、标识管理；了解安全环保督查内容及考核机制；

b)了解"5S"管理，生产及施工现场布局、配置了解属地管理及现场监护管理要求；了解生产典型事故案例。

6.2.32　应急管理

a)掌握单位或专业领域应急组织、机制等应急管理相关要求；

b)了解单位或专业领域应急资源调查、应急能力评估；了解预案编制、评审、发布、实施、备案及岗位应急处置卡的编制等应急预案管理及企地联动机制；了解应急资源配备、管理；

c)掌握单位或专业领域应急演练计划编制；

d)掌握单位或专业领域应急演练实施、评估；

e)掌握生产井喷失控现场应急指挥。

6.2.33　消(气)防管理

a)了解火灾预防机制、消防重点部位分级、档案管理与消(气)防管理要求；了解消(气)防设施及器材(含火灾监控及自动灭火系统)配置、管理；了解防雷、防静电管理要求；

b)掌握罐区着火应急指挥。

6.2.34　事故事件管理

a)了解事故(事件)分类、分级、报告、调查、问责、统计分析及整改措施等管理要求；了解事故(事件)警示教育；

b)了解"风险经历共享"案例分析的方法。

6.2.35　基层管理

6.2.35.1　基层建设

了解"三基""三标"建设；了解"争旗夺星"竞赛、岗位标准化等要求。

6.2.35.2　基础工作

了解作业文件检查及更新相关要求；了解岗位操作标准化及"五懂五会五能"相关要求。

6.2.35.3　基本功训练

了解"手指口述"操作法、生产现场唱票式工作法及导师带徒、岗位练兵等相关要求。

6.2.36　绩效评价

6.2.36.1　绩效监测

a)掌握 HSE 绩效监测管理机制；

b)掌握 HSE 管理体系运行监测指标、监测与考核要求；

c)掌握安全环保工作目标、计划公示、督促、兑现情况。

6.2.36.2　合规性评价

了解合规性评价管理要求；了解合规性评价报告及不符合整改。

6.2.36.3　审核

a)掌握 HSE 管理体系审核类型及频次，审核方案、计划、实施、审核报告等；

b)了解审核报告不符合项及建议的落实、跟踪；了解内审员能力要求及培养。

6.2.36.4　管理评审

a)了解管理评审频次、主持人、参加人、形式等管理评审要求；

b)了解管理评审输入、输出(改进措施)；

c)掌握管理评审报告签发、改进措施落实及跟踪。

6.3.37　改进

6.2.37.1　不符合纠正措施

a)掌握不符合来源、分类和纠正措施；

b)掌握某火灾事件的"五个回归"溯源分析；掌握某制度未及时修订"五个回归"溯源分析。

6.2.37.2　持续改进

a)掌握强化 HSE 管理与专业管理的深度融合，提升单位 HSE 绩效；

b)掌握改进体系适宜性、充分性、有效性的途径，培育单位 HSE 文化；

c)掌握检查监督 HSE 管理体系有效运行，并持续改进。

第三节　企业其他中层管理人员培训大纲标准

1　范围

本标准规定了油田企业关键岗位中层管理人员以外的其他中层管理人员 HSE 培训要求，理论及实操培训的内容、学时安排，以及考核的方法、内容。

2　适用岗位

勘探局、分公司机关及直属单位（A 类）党务、经营、财务等专业中层管理人员、油田专家等及享受同级待遇的技术类专家；直属单位（B 类单位）中层管理人员、油田专家等及享受同级待遇的技术类专家（不含直属单位安全总监）。

3　依据

参照本章第一节　企业领导及关键岗位中层管理人员 HSE 培训大纲及考核标准 3 依据。

4　安全生产培训大纲

4.1　培训要求

参照本章第一节　企业领导及关键岗位中层管理人员 HSE 培训大纲及考核标准 4.1 培训要求

4.2　培训内容

参照本章第一节　企业领导及关键岗位中层管理人员 HSE 培训大纲及考核标准 4.2 培训内容，具体课程及内容见表 2-1-5、表 2-1-6。

5　学时安排

油田企业其他中层管理人员的 HSE 培训由油田统一组织实施，相关部门应根据每年培训需求，从表 2-1-5、表 2-1-6 中优选培训课题编制年度安全培训计划，保证每年培训时间不少于 20 学时。

表 2 - 1 - 5　直属企业其他中层管理人员理论培训课时安排

培训模块	培训课程	培训内容	培训方式	学时
安全基础知识	HSE 法律法规	国家、地方政府安全生产方针、政策、环保方针、理念	M1/M5	25
		《中华人民共和国宪法》《劳动合同法》《民法典》等法律中关于权益及责任相关条款	M5	4
		《中华人民共和国安全生产法》《环境保护法》《职业病防治法》《消防法》《石油天然气管道保护法》《危险化学品安全管理条例》等 HSE 相关法律法规中的关于企业和岗位职责、权利、义务、HSE 管理要求、法律责任的相关条款	M5 + M9	4
	HSE 标准规范	业务范围涉及技术标准规范中的 HSE 要求	M1 + M5	2
		安全生产标准化企业创建相关要求	M5	1
		绿色企业、健康企业创建相关要求	M5	1
	HSE 相关规章制度	中国石化、油田相关管理制度中 HSE 管理要求	M9	2
	HSE 技术	业务范围涉及的防火防爆、防雷防静电、电气安全、机械安全、环境保护管理等相关专业技术	M1 + M8	1
HSE 体系思维	中国石化 HSE 理念	中国石化 HSE 方针、愿景、管理理念	M1	1
		中国石化安全环保禁令；承诺及保命条款	M1	1
	HSE 管理体系	HSE 管理体系架构	M5	1
		油田及单位级 HSE 管理体系文件架构、要素设置	M9	1
		组织建立、完善 HSE 管理体系，并审定、发布	M5 + M7	2
领导、承诺和责任	领导引领力	践行有感领导，落实直线责任	M1	1
		领导干部 HSE 履职能力评估	M1 + M7	1
		个人安全环保行动计划的编制、实施	M1/M9	1
		组织或参与 HSE 管理体系内审、管理评审	M7	1
		参加 HSE 培训、示范，宣贯 HSE 理念，实施安全经验分享	M1 + M7	3
	全员参与	全员安全行为规范（含通用安全行为、安全行为负面清单等）	M1/M5	1
		中国石化安全记分管理规定	M5	1
		员工参与协商机制和协商事项	M5	1
	组织机构和职责	企业组织机构设置要求	M1	1
		HSE 责任制的制定、修订、监督及考核	M7 + M9	1
		按要求建立安全环保监督管理机构，抓好安全环保队伍建设	M1 + M5 + M7	1
	社会责任	企业安全发展、绿色发展、和谐发展社会责任及参与公益活动	M5/M6	1
		事故预防及响应措施告知	M5	1
		社会责任报告的编制、发布	M5/M6	1

续表

培训模块	培训课程	培训内容	培训方式	学时
法律法规识别	法律法规清单建立	法律法规和其他要求的识别要求	M5/M7	1
		HSE 相关法律法规和其他要求清单建立、更新	M5	1
	法律法规承接转化	法律法规和其他要求转化的要求	M5/M6	1
		组织制修订专业管理制度或 HSE 管理要求	M5 + M9	2
风险管控	双重预防机制	油田双重预防机制要求	M6/M7	1
		油田安全生产专项整治三年行动计划	M6/M7	1
	安全风险识别	风险的概念、分类、分级等基本理论	M1/M6/M7	2
		风险识别方法	M1/M3/M5	1
	安全风险管控	施工(作业)过程安全风险、交通安全风险、公共安全风险、管理及服务过程安全风险	M1/M4	1
	环境风险管控	发生突发环境事件风险识别与评估	M5/M8	1
		环境风险评价与等级划分	M5	1
隐患排查和治理	隐患排查和治理	事故隐患、中国石化重大生产安全事故隐患判定标准	M1/M6	1
		隐患排查治理台账	M1/M7	1
		隐患治理项目申报、隐患治理项目管理	M1/M7	1
		投资类或安保基金隐患治理项目计划的制定、下达	M1/M2	1
		"五定"措施审核及实施的监督检查;隐患治理后评估	M1/M7	1
目标及方案	目标设定与落实	目标管理	M5/M9	1
		HSE 目标管理方案制定、实施与考核	M7 + M9	1
资源投入	人员配备	企业岗位人员配备管理要求	M5/M9	1
		外部市场承揽项目、技术服务项目人力资源开发及效果评估	M5	1
	HSE 投入	安全生产费、环境保护费的计提和使用	M5	1
		安保基金的计提和上缴	M5	1
		隐患治理费用的计提和使用	M5	1
	科技管理	科技成果转化能力提升	M5	1
		安全环保科技攻关项目的申报和实施	M5	1
能力、意识和培训	培训需求	岗位持证要求	M5/M9	1
		岗位 HSE 履职能力要求	M5	1
		关键岗位 HSE 履职能力评估	M5	1
		直属单位(部门)HSE 培训矩阵的建立及应用	M5/M9	1
	培训实施	培训管理	M5	1
沟通	安全信息管理系统	安全信息管理系统使用手册	M5	1
	信息沟通	单位或部门内部沟通机制	M8	1
		企业或部门外部沟通的方式、渠道及注意事项	M5	1

续表

培训模块	培训课程	培训内容	培训方式	学时
文件和记录	文件管理	文件管理相关要求	M5/M7	1
		协同办公系统文件管理要求	M5	1
建设项目管理	项目管理	建设项目管理要求	M5/M7	2
		项目招标管理、合同管理和 HSE 协议	M5	1
	地面建设项目	地面建设项目管理	M5/M7	2
井控管理	井控管理	井控管理要求	M5	1
外部市场管理	外部市场管理	外部市场管理要求	M9	1
		承揽(或技术服务)项目开发及论证	M5	1
		项目开发运营过程 HSE 风险分析与管控	M5	1
		合同管理及 HSE 协议	M9	1
		项目运营管理	M5	1
		项目的监督、检查及阶段评估结果应用	M5	1
设备设施管理	设备设施管理	设备管理	M1/M5	1
		车辆、办公机具等设备设施采购、使用、报废要求	M1/M5	1
		建筑物等设施管理要求	M1/M5	1
危险化学品安全	危险化学品安全	常用危险化学品种类、危险性分析、应急处置措施	M1/M5	1
		危险化学品"一书一签"	M1/M5/M9	1
		油田危险化学品销售、运输、装卸、使用、废弃管理	M1/M5	1
		油田危险化学品运输、装卸、储存、使用、废弃操作规程,个人防护及注意事项	M1/M5	1
承包商安全管理	承包商安全管理	承包商资质审查,招标、合同管理,分包管理	M1/M5	1
		承包商 HSE 教育培训	M5	1
		承包商风险管控要求	M5	1
		承包商监督检查、考核评价	M5	1
		承包商事故案例及追责	M5	1
采购供应管理	采购供应管理	供应商资质审查,考评标准及动态考评	M1/M5	1
		物资采购计划制定,采购、验收管理;绿色采购	M5	1
施工作业管理	施工作业管理	施工方案制定、评估、审查,完工验收标准	M1/M5	1
		安全环保技术措施	M1/M5	1
		特殊作业、非常规作业施工现场标准化	M3 + M6 + M8	1
		领导带班;HSE 观察要求	M5	1
		生产辅助服务相关专业常见施工作业事故案例及追责	M5	1
变更管理	变更管理	变更分类分级管理	M1/M5	1
		变更方案编制、审批	M5	1
		变更申请、风险评估、审批、实施、验收、关闭等流程管理	M4	1
		变更后信息系统调整,人员培训	M5	1

培训模块	培训课程	培训内容	培训方式	学时
员工健康管理	员工健康管理	健康风险识别、评估及监测管理	M5/M7	2
		职业危害因素识别、监控及定期检测公示，职业健康监护档案	M5	1
		个体防护用品、职业病防护设施配备	M9	1
		职业病防护设施"三同时"管理	M5	1
		工伤管理	M5	1
		员工帮助计划（EAP），心理健康管理	M1 + M5	2
		身体健康管理、健康促进活动	M5/M7	1
自然灾害管理	自然灾害管理	自然灾害类别，预警及应对	M5/M8	1
		自然灾害应急预案编制、评估、演练及改进	M4	1
		企地应急联动机制	M5	1
治安保卫与反恐防范	治安保卫与反恐防范	重点办公场所、人员密集场所治安防范系统配备及管理	M5 + M8	1
		治安、反恐防范日常管理及"两特两重"管理要求	M5 + M8	1
		治安、反恐突发事件应急预案编制、评估、审批、演练	M5 + M8	1
公共卫生安全管理	公共卫生安全管理	新冠疫情防控	M4	1
		单位公共卫生管理，公共卫生预警机制	M5	1
		传染病和群体性不明原因疾病的防范	M5	1
		食品安全管理	M5	1
交通安全管理	交通安全管理	单位车辆、驾驶人管理要求	M5 + M9	2
		道路交通安全预警管理机制	M5	1
环境保护管理	环境保护管理	环境保护管理	M5/M9	1
		环境监测与统计、环境信息管理	M5	1
		危险废物管理	M5	1
		噪声、放射污染防治	M5/M9	1
		作业现场环保管理要求及污染防治措施	M5/M9	1
		突发环境事件应急预案及演练	M5	1
现场管理	现场管理	现场管理要求	M4	1
		安全环保督察内容及考核机制	M5/M9	1
		属地管理及现场监护管理	M4	1
		生产典型事故案例及相关责任	M9	1
应急管理	应急管理	应急管理相关要求	M5 + M8	1
		单位或专业领域应急资源调查、应急能力评估	M5	1
		应急预案管理	M5	1
		应急资源配备、管理	M5	1

续表

培训模块	培训课程	培训内容	培训方式	学时
消(气)防管理	消(气)防管理	消(气)防管理要求	M2 + M3 + M8	1
		消(气)防设施及器材配备、管理	M5	1
		防雷、防静电管理要求	M5	1
事故事件管理	事故事件管理	事故(事件)管理	M5/M9	1
		事故(事件)警示教育	M5 + M8	2
基层管理	基层建设	"三基""三标"建设	M5	1
		"争旗夺星"竞赛、岗位标准化等要求	M5	1
	基础工作	作业文件检查及更新相关要求	M5 + M9	1
		岗位操作标准化及"五懂五会五能"相关要求	M5	1
	基本功训练	"手指口述"操作法、生产现场唱票式工作法及导师带徒、岗位练兵等相关要求	M2 + M8	2
绩效评价	绩效监测	HSE 绩效监测管理机制	M5	1
		HSE 管理体系运行监测指标、监测与考核要求	M5	1
	合规性评价	合规性评价管理要求	M9	1
		合规性评价报告及不符合整改	M5	1
	审核	HSE 管理体系审核	M5	1
		审核报告不符合项及建议的落实、跟踪	M5	1
		内审员能力要求及培养	M5/M7	1
	管理评审	管理评审要求	M5	1
		管理评审输入、输出(改进措施)	M5	1
		管理评审报告签发、改进措施落实和跟踪	M5/M7	1
改进	不符合纠正措施	不符合来源、分类和纠正措施	M9	1
	持续改进	强化 HSE 管理与专业管理的深度融合,提升单位 HSE 绩效	M5/M9	1
		改进体系适宜性、充分性、有效性的途径,提升单位 HSE 绩效	M5	1
		检查监督 HSE 管理体系有效运行,并持续改进	M5	1

说明：M1——课堂讲授；M2——实操训练；M3——仿真训练；M4——预案演练；M5——网络学习；M6——班组(科室)安全活动；M7——生产会议或 HSE 会议；M8——视频案例；M9——文件制度自学。其中，M1/M5 表示 M1 与 M5；M1/M5 表示 M1 或 M5。

表 2 - 1 - 6　直属企业其他管理人员实操培训及考核方式

培训模块	培训课程	培训内容	培训及考核方式	学时
安全基础知识	HSE 相关规章制度	HSE 管理要求融入业务管理	N2	1

续表

培训模块	培训课程	培训内容	培训及考核方式	学时
体系思维	HSE 理念	企业愿景和 HSE 管理理念	N3	1
		安全环保禁令、保命条款	N3	1
	HSE 管理体系	本部门(业务领域)主控要素管控情况	N2	1
领导、承诺和责任	领导引领力	HSE 职责制修订及本岗位职责	N2	1
		充分发挥 HSE 工作核心推动作用，推进 HSE 管理体系业务管理深度融合	N2	1
		业务分管(或主管)范围的岗位承诺；岗位负面清单	N2	1
		个人行动计划执行情况；最近一次参加基层 HSE 活动的时间和活动内容	N3	2
		单位(部门)最大的风险；风险承包情况	N2	1
		建立安全环保奖惩机制并兑现	N2	1
	全员参与	员工开展隐患排查、报告事件和风险、隐患等信息的情况	N2/N4	2
		本年度员工合理化建议的处置情况	N2	1
	组织机构和职责	HSE 委员会及分委员会运行情况	N2	1
法律法规识别	法律法规承接转化	油气开发相关专业涉及法律法规和其他要求的传递、转化、宣贯情况	N2	1
风险管控	安全风险管控	承包点安全环保风险管控及风险降级、减值	N3	1
隐患排查和治理	重大危险源辨识与评估	隐患排查治理方案审核会议的组织及审核结论编制	N3	1
目标及方案	目标及方案	组织审定年度安全环保工作计划、目标	N2	1
资源投入	科技管理	单位或部门 HSE 科技成果开发、应用情况	N2	1
能力、意识和培训	培训需求	员工 HSE 能力和意识调查与分析报告	N2	1
	培训实施	单位(部门)培训计划及落实情况	N1	1
沟通	安全信息管理系统	安全信息管理系统登录及相关信息录入	N4	1
	信息沟通	单位(部门)外部沟通的信息及效果	N2	1
		企业或部门内部沟通的焦点和难点问题	N2	1
文件和记录	文件管理	协同办公系统文件的处理流程	N4	1
	记录管理	单位或部门记录文件类别及要求	N2	1
施工作业管理	施工作业管理	受限空间作业许可审批流程	N2 + N4	1
员工健康管理	员工健康管理	单位或部门健康重点关注人员管控	N3	1
		单位或部门应急医疗用品配备及管理	N2	1

培训模块	培训课程	培训内容	培训及考核方式	学时
治安保卫与反恐防范	治安保卫与反恐防范	单位治安事件应急指挥	N4	1
环境保护管理	环境保护管理	固体危险废物处置	N2	1
应急管理	应急管理	单位或专业领域应急演练计划编制	N4	1
		单位或专业领域应急演练实施、评估	N2	1
		员工高空坠落应急处置演练评估	N2	1
		单位或专业领域应急演练计划编制	N4	1
消(气)防管理	消(气)防管理	疏散演练的应急指挥	N4	1
事故事件管理	事故事件管理	"风险经历共享"案例分析	N2	1
绩效评价	绩效监测	安全环保工作目标、计划公示、督促、兑现情况	N2	1
管理评审	管理评审	管理评审报告签发、改进措施落实及跟踪	N2	1
改进	不符合项纠正措施	某火灾事件的"五个回归"溯源分析方法应用	N2	1
		某制度未及时修订"五个回归"溯源分析方法应用	N2	1

说明：N1——考试；N2——访谈；N3——答辩；N4——模拟实操（手指口述）。其中，N1 + N2 表示 N1 与 N2；N1/N2 表示 N1 或 N2。

6　考核标准

6.1　考核办法

参照本章第一节　企业领导及关键岗位中层管理人员 HSE 培训大纲及考核标准 6.1 考核办法。

6.2　考核要点

6.2.1　安全基础知识

6.2.1.1　HSE 法律法规

a)掌握国家、地方政府安全生产方针、政策，环保方针、理念；

b)掌握《中华人民共和国宪法》《劳动合同法》《民法典》等法律中关于企业权益及责任的相关条款；

c)掌握《中华人民共和国安全生产法》《环境保护法》《职业病防治法》《消防法》《石油天然气管道保护法》《危险化学品安全管理条例》等相关法律法规中关于企业和管理岗位职责、权利、义务、HSE 管理要求、法律责任的相关条款。

6.2.1.2　HSE 标准规范

a)掌握安全生产标准化企业、绿色企业、健康企业创建相关要求；

b)了解业务管理涉及技术标准规范中的 HSE 要求。

6.2.1.3　HSE 相关规章制度

a) 掌握中国石化、油田相关管理制度中 HSE 管理要求；

b) 掌握如何将 HSE 管理要求融入业务管理。

6.2.1.4　HSE 技术

了解业务范围涉及的防火防爆、防雷防静电、电气安全、机械安全、环境保护等专业技术。

6.2.2　HSE 体系思维

6.2.2.1　中国石化 HSE 理念

a) 掌握中国石化 HSE 方针、愿景、管理理念；

b) 掌握中国石化安全环保禁令、承诺、保命条款；

c) 掌握企业愿景、HSE 管理理念、安全环保禁令、保命条款。

6.2.2.2　HSE 管理体系

a) 掌握 HSE 管理体系架构；

b) 掌握油田及单位 HSE 管理体系文件架构、要素设置；

c) 掌握组织建立、完善 HSE 管理体系，并审定、发布；

d) 掌握本部门(业务领域)主控要素管控情况。

6.2.3　领导、承诺和责任

6.2.3.1　领导引领力

a) 掌握践行有感领导，落实直线责任；

b) 掌握领导干部 HSE 履职能力评估；

c) 掌握个人安全环保行动计划的编制、实施；

d) 掌握参加 HSE 培训、示范，宣贯 HSE 理念，实施安全经验分享；

e) 掌握 HSE 职责制修订要求及本岗位职责；

f) 掌握如何充分发挥 HSE 工作核心推动作用，推进 HSE 管理体系业务管理深度融合；

g) 掌握业务分管(或主管)范围的岗位承诺；岗位负面清单；

h) 掌握个人行动计划执行情况；参加基层 HSE 活动的相关要求；

i) 掌握本单位(部门)最大的风险；风险承包情况；

j) 掌握建立安全环保奖惩机制及兑现原则；

k) 掌握 HSE 管理体系内审、管理评审的相关要求和流程。

6.2.3.2　全员参与

a) 掌握员工通用安全行为、安全行为负面清单等全员安全行为规范；

b) 掌握中国石化安全记分管理规定；

c) 掌握职代会报告企业员工参与 HSE 管理情况；

d) 掌握员工参与协商机制和协商事项；

e) 掌握本单位(部门)员工开展隐患排查、报告事件和风险、隐患等信息的情况；

f) 掌握本单位(部门)本年度员工合理化建议的处置情况。

6.2.3.3　组织机构和职责

a) 掌握企业组织机构设置要求；

b) 掌握 HSE 责任制的制定、修订及监督考核相关要求；

c)掌握安全环保监督管理机构建立要求;

d)掌握本单位(部门)HSE 委员会及分委员会运行情况。

6.2.3.4 社会责任

a)掌握企业安全发展、绿色发展、和谐发展社会责任及参与公益活动;

b)掌握事故预防及响应措施告知;掌握社会责任报告的编制、发布。

6.2.4 法律法规识别

6.2.4.1 法律法规清单建立

a)掌握法律法规和其他要求的识别要求;

b)掌握 HSE 相关法律法规和其他要求清单的建立、更新。

6.2.4.2 法律法规承接转化

a)掌握法律法规和其他要求转化的要求;

b)掌握本单位(部门)油气开发相关专业涉及法律法规和其他要求的传递、转化、宣贯情况,专业管理制度或 HSE 管理要求。

6.2.5 风险管控

6.2.5.1 双重预防机制

a)掌握油田双重预防机制要求;

b)掌握油田安全生产专项整治三年行动计划。

6.2.5.2 安全风险识别

a)掌握风险的概念、分类、分级等基本理论;

b)掌握风险识别方法。

6.2.5.3 安全风险管控

a)了解施工(作业)过程、管理及服务过程安全风险,交通安全风险、公共安全风险;

b)掌握承包点安全环保风险管控及风险降级、减值措施。

6.2.5.4 环境风险管控

a)掌握发生突发环境事件风险识别与评估;

b)掌握环境风险评价与等级划分。

6.2.6 隐患排查和治理

a)掌握事故隐患(概念、分级、分类)、中国石化重大生产安全事故隐患判定标准;

b)掌握隐患排查治理台账;

c)掌握隐患治理项目申报;隐患治理项目管理;

d)掌握"五定"措施审核及实施的监督检查;隐患治理后评估;

e)掌握隐患排查治理方案审核会议的组织及审核结论编制要求。

6.2.7 目标及方案

a)掌握目标的制定、分解、实施与考核;

b)掌握 HSE 目标管理方案制定、实施与考核;

c)掌握组织审定年度安全环保工作计划、目标。

6.2.8 资源投入

6.2.8.1 人员配备

a)掌握企业岗位人员配备管理要求;

b)掌握外部市场承揽项目、技术服务项目人力资源开发及效果评估。

6.2.8.2　HSE 投入

a)掌握安全生产费、环境保护费的计提和使用；

b)掌握安保基金的计提和上缴；

c)掌握隐患治理费用的计提和使用。

6.2.8.3　科技管理

a)掌握专利、成果项目论证和立项、专利申报、成果文件撰写编制等，提升科技成果转化能力；

b)掌握本单位(部门)HSE 科技成果开发、应用情况；

c)了解安全环保科技攻关项目的申报和实施。

6.2.9　能力、意识和培训

6.2.9.1　培训需求

a)掌握岗位持证要求；

b)掌握岗位 HSE 履职能力要求；

c)掌握关键岗位 HSE 履职能力评估；

d)掌握直属单位(部门)HSE 培训矩阵的建立及应用；

e)掌握员工 HSE 能力和意识调查与分析报告的要求及结果。

6.2.9.2　培训实施

a)掌握培训需求调查、计划编制、培训实施及培训效果评估、培训档案管理等培训管理要求；

b)了解本单位(部门)培训计划及落实情况。

6.2.10　沟通

6.2.10.1　安全信息管理系统

a)掌握安全信息管理系统登录及相关信息录入的要求及操作方法；

b)掌握安全信息管理系统的应用情况。

6.2.10.2　信息沟通

a)掌握本单位(部门)内部沟通机制；内部沟通的焦点和难点问题；

b)掌握本单位(部门)外部沟通的方式、渠道及注意事项；

c)了解本单位(部门)外部沟通的信息及效果。

6.2.11　文件和记录

6.2.11.1　文件管理

a)掌握协同办公系统文件管理要求；协同办公系统文件的处理流程；

b)了解企业文件类型；文件识别与获取；文件创建与评审修订；文件发布与宣贯；文件保护、作废处置等文件管理相关要求。

6.2.12.2　记录管理

a)掌握企业记录形式、标识、保管、归档、检索和处置方法等记录管理要求；

b)掌握企业专业管理相关台账、生产经营相关的记录、监督检查记录等记录格式；

c)掌握本单位(部门)记录文件类别及要求。

6.2.12　建设项目管理

6.2.12.1　项目管理

a)掌握建设项目的可研、论证、立项、设计、方案编制、审批、质量控制、实施和验收等过程及"三同时"管理要求；

b)掌握项目招标管理、合同管理和 HSE 协议。

6.2.12.2　地面建设项目

了解地面建设项目设计、建设、竣工验收等管理要求。

6.2.13　井控管理

了解井控管理制度、职责，井控例会；井控三色管理；油气开发井控管理等要求。

6.2.14　外部市场管理

a)掌握外部市场管理要求；

b)掌握承揽(或技术服务)项目开发及论证；

c)掌握项目开发运营过程 HSE 风险分析与管控；

d)掌握合同管理及 HSE 协议；

e)掌握项目运营管理(人员、交通及驻地管理)；

f)掌握项目的监督、检查及阶段评估结果应用。

6.2.15　设备设施管理

a)了解设备全寿命周期管理、设备操作规程制修订设备管理要求；

b)了解车辆、办公机具等设备设施采购、使用、报废要求；

c)了解建构筑物等设施管理要求。

6.2.16　危险化学品安全

a)了解常用危险化学品种类、危险性分析、应急处置措施和危险化学品"一书一签"管理等；

b)了解危险化学品销售、运输、装卸、储存、使用、废弃管理要求、操作规程和个人防护及注意事项。

6.2.17　承包商安全管理

a)掌握承包商资质审查(QHSE 管理体系审计)，招标、合同管理，分包管理；

b)掌握承包商 HSE 教育培训；

c)掌握承包商风险管控要求；

d)掌握承包商监督检查、考核评价；

e)了解相关承包商典型事故案例。

6.2.18　采购供应管理

a)掌握供应商资质审查，考评标准及动态考评；

b)掌握物资采购计划制定，采购、验收管理；绿色采购。

6.2.19　施工作业管理

a)了解施工方案制定、评估、审查，完工验收标准，安全环保技术措施等；

b)了解特殊作业、非常规作业施工现场标准化，管理流程、注意事项及施工安全技术等现场管理要求；

c)了解领导带班，HSE 观察要求；

d) 了解生产辅助服务相关专业常见施工作业事故案例。

6.2.20　变更管理

a) 了解变更分类分级管理，变更方案编制、审批等；

b) 了解变更申请、风险评估、审批、实施、验收、关闭等流程管理及变更后信息系统调整，人员培训等。

6.2.21　员工健康管理

a) 掌握工伤管理、本单位(部门)健康重点关注人员管控情况；

b) 掌握单位或部门应急医疗用品配备及管理；

c) 了解健康风险识别、评估及监测、职业危害因素识别、监控及定期检测公示，职业健康监护档案；

d) 了解个体防护用品、职业病防护设施配备；

e) 了解员工帮助计划(EAP)，心理健康管理、身体健康管理，健康促进活动等。

6.2.22　自然灾害管理

a) 了解自然灾害类别、预警及应对；

b) 了解自然灾害应急预案编制、评估、演练与改进及企地应急联动机制。

6.2.23　治安保卫与反恐防范

a) 了解重点办公场所、人员密集场所治安防范系统设施配备及管理；

b) 了解治安、反恐防范日常管理及"两特两重"管理要求；了解治安、反恐突发事件应急预案编制、评估、审批、演练。

6.2.24　公共卫生安全管理

a) 掌握新冠疫情防范；

b) 掌握单位公共卫生管理，公共卫生预警机制；

c) 掌握传染病和群体性不明原因疾病的防范；

d) 掌握食品安全管理。

6.2.25　交通安全管理

了解单位(含外部市场)车辆、驾驶人管理要求和道路交通安全预警管理机制。

6.2.26　环境保护管理

a) 了解环境保护管理、环境监测与统计、环境信息管理；

b) 了解危险废物管理，包括管理要求、储存管理要求、转运要求等；

c) 了解噪声、放射污染防治、作业现场环保管理要求及污染防治措施；

d) 了解突发环境事件应急预案及演练。

6.2.27　现场管理

a) 了解现场管理要求，掌握封闭化管理、视频监控、能量隔离与挂牌上锁等管理要求；

b) 了解安全环保督查内容及考核机制、属地管理及现场监护管理要求；

c) 了解生产典型事故案例。

6.2.28　应急管理

a) 掌握应急管理相关要求，包括单位或专业领域应急组织、机制等；

b) 掌握单位或专业领域应急资源调查、应急能力评估要求及方法；

c) 掌握预案编制、评审、发布、实施、备案及岗位应急处置卡的编制等应急预案管理

要求及企地联动机制;

　　d)掌握应急资源配备、管理;

　　e)掌握单位或专业领域应急演练计划的编制要求;

　　f)掌握单位或专业领域应急演练实施、评估的要求及方法。

6.2.29　消(气)防管理

　　a)掌握火灾预防机制、消防重点区域分级、档案管理等消(气)防管理要求;

　　b)掌握消(气)防设施及器材(含火灾监控及自动灭火系统)配置、管理;

　　c)掌握防雷、防静电管理要求;

　　d)掌握疏散演练的应急指挥。

6.2.30　事故事件管理

　　了解事故(事件)分类、分级、报告、调查、问责、统计分析及整改措施等管理要求。

6.2.31　基层管理

6.2.31.1　基层建设

　　了解本单位"三基""三标"建设工作、"争旗夺星"竞赛、岗位标准化要求以及"三基"建设典型经验和做法等。

6.2.31.2　基础工作

　　a)掌握作业文件检查及更新相关要求;

　　b)掌握岗位操作标准化及"五懂五会五能"相关要求。

6.2.31.3　基本功训练

　　掌握"手指口述"操作法、生产现场唱票式工作法及导师带徒、岗位练兵等相关要求。

6.2.32　绩效评价

6.2.32.1　绩效监测

　　a)掌握 HSE 绩效监测管理机制;

　　b)掌握 HSE 管理体系运行监测指标(结果性监测指标、过程性监测指标)、监测与考核要求;

　　c)掌握本单位(部门)安全环保工作目标、计划公示、督促、兑现情况。

6.2.32.2　合规性评价

　　a)掌握合规性评价管理要求;

　　b)掌握合规性评价报告及不符合整改。

6.2.32.3　审核

　　a)掌握审核类型及频次,审核方案、计划、实施、报告等 HSE 管理体系审核要求;

　　b)掌握本单位(部门)审核报告不符合项及建议的落实、跟踪;

　　c)掌握内审员能力要求及培养。

6.2.32.4　管理评审

　　a)了解管理评审要求,包括管理评审频次、主持人、参加人、形式等;

　　b)了解管理评审输入、输出(改进措施),管理评审报告签发、改进措施落实及跟踪等。

6.2.33　改进

6.2.33.1　不符合纠正措施

　　a)了解不符合来源、分类和纠正措施;

b）掌握某火灾事件的"五个回归"溯源分析方法应用。

6.2.33.2 持续改进

a）掌握强化 HSE 管理与专业管理的深度融合，提升单位 HSE 绩效；

b）掌握改进体系适宜性、充分性、有效性的途径，培育单位 HSE 文化；

c）掌握检查监督 HSE 管理体系有效运行，并持续改进。

第四节 企业基层级关键岗位管理人员 HSE 培训培训大纲及考核标准

1 范围

本标准规定了油田企业基层级关键岗位管理人员 HSE 培训要求、理论及实操培训的内容、学时安排，以及考核的方法、内容。

2 适用岗位

油田机关及直属单位（A 类）机关生产、安全环保、设备、工程、技术、运行等岗位基层级管理人员、专家、高级主管、主管及享受基层级管理人员待遇的技术管理岗位人员；油田机关及直属单位（A 类）机关生产、安全环保、设备、工程、技术、运行等岗位业务主办；直属单位（A 类）基层单位基层级管理人员及专家、高级主管、主管、主任师、副主任师等享受基层级管理人员待遇的专业、技术管理岗位人员；直属单位（A 类）主任技师等岗位。

3 依据

参照本章第一节 企业领导及关键岗位中层管理人员 HSE 培训大纲及考核标准 3 依据。

4 安全生产培训大纲

4.1 培训要求

a）应接受安全环保教育培训，生产、安全环保、设备、工程、技术等生产运行相关部门管理人员应具备与本单位所从事生产经营活动相适应的安全生产知识和管理能力，并经地方政府负有安全监督职责的部门考核合格，取得法律法规规定要求的岗位相关证书；

b）培训应按照国家及集团公司有关安全生产培训的规定组织进行；

c）经营管理人员培训应提升守法合规意识、风险意识、体系思维、领导引领力、风险管理能力和应急管理能力；专业技术人员培训应强化专业技术能力、专业 HSE 管理能力、风险管控和隐患排查治理能力、应急处置能力，按照岗位专业类别加强安全生产基础知识和安全管理技能等内容的综合培训；

d）培训工作应坚持理论与实践相结合，采用课堂讲授、仿真训练、预案演练、网络学习、自主学习、研讨交流、实操训练等多种有效的培训方式，突出风险隐患管控意识的强化、体系思维及管理创新思维的训练、执行力及现场管控能力的提升。

4.2　培训内容

4.2.1　安全基础知识

4.2.1.1　HSE 法律法规

《安全生产法》《环境保护法》《职业病防治法》《特种设备安全法》《石油天然气管道保护法》《刑法》《劳动合同法》《危险化学品安全管理条例》《工伤保险条例》等相关法律法规中关于岗位和现场管理职责、权利、义务、HSE 管理要求、法律责任的相关条款。

4.2.1.2　HSE 标准规范

a)《石油天然气工程设计防火规范》(GB 50183)、《建筑设计防火规范》(GB 50016)、《油田油气集输设计规范》(GB 50350)、《石油化工可燃气体和有毒气体检测报警设计规范》(GB 50493)、《安全标志使用原则与要求》(GB/T 2893)等专业部门业务范围涉及标准规范中的 HSE 要求;

b)安全生产标准化企业、绿色企业、健康企业创建相关要求。

4.2.1.3　HSE 相关规章制度

a)中国石化、油田相关管理制度中 HSE 管理要求;

b)HSE 管理要求融入业务过程(实操)。

4.2.1.4　HSE 技术

油气开发专业涉及的防火防爆、防雷防静电、电气安全、机械安全、环境保护等技术。

4.2.2　体系思维

4.2.2.1　HSE 理念

a)中国石化(油田)HSE 方针、愿景、管理理念;

b)中国石化(油田)安全环保禁令、承诺,保命条款。

4.2.2.2　HSE 管理体系

a)油田 HSE 管理体系与基层管理(业务管理)相关要素;

b)直属单位 HSE 管理体系主要内容;

c)运用体系化思维做好业务管控(实操);

d)如何将 HSE 管理体系落实到实践中(实操 – 研讨)。

4.2.3　领导、承诺和责任

4.2.3.1　领导引领力

a)践行有感领导,落实直线责任(属地责任);

b)领导干部 HSE 履职能力和尽职情况评估;

c)业务(属地)岗位 HSE 职责(实操);

d)业务(属地)岗位承诺;岗位负面行为清单(实操);

e)业务(属地)最大的 HSE 风险(实操);

f)参加基层 HSE 活动情况(实操);

g)本岗位风险承包点风险管控情况(实操);

h)论述在主管业务管理过程践行 HSE 管理体系运行思维(述职)。

4.2.3.2　全员参与

a)全员安全行为规范(含通用安全行为、安全行为负面清单等);

b)中国石化安全记分管理规定;

c)员工参与协商机制和协商事项;

d)员工开展隐患排查、报告事件和风险、隐患等信息的情况(实操);

e)本年度员工合理化建议的处置情况(实操);

f)叙述业务范围(属地范围)内负面安全行为(全员安全行为规范,通用安全行为、安全行为负面清单;中国石化安全记分管理规定)(实操)。

4.2.3.3 组织机构和职责

a)基层级组织机构设置要求;

b)全员岗位责任制体系建立及履责(HSE 责任制的制、修订,落实及监督考核);

c)陈述本岗位 HSE 职责及承诺内容(述职)。

4.2.3.4 社会责任

a)两级机关人员企业年报、可持续发展报告、社会责任报告的编制;

b)基层单位应履行社会责任的内容;

c)危险物品及危害后果、事故预防及响应措施告知;

d)公众开放日、企业形象宣传等。

4.2.4 法律法规识别

4.2.4.1 法律法规清单建立

a)法律法规和其他要求的识别要求;

b)业务(属地)范围内相关法律法规和其他要求清单的建立、更新;

c)业务(属地)范围内 HSE 相关法律法规和其他要求识别情况(实操)。

4.2.4.2 法律法规承接转化

a)法律法规和其他要求转化的要求;

b)业务(属地)范围内涉及法律法规和其他要求的传递、转化、宣贯情况(实操);

c)专业制度承接法律法规和相关要求的情况(实操);

d)组织制修订专业管理制度或 HSE 管理要求(实操)。

4.2.5 风险管控

4.2.5.1 双重预防机制

a)国家、地方政府双重预防机制要求;

b)中国石化双重预防机制要求;

c)油田双重预防机制要求;

d)安全生产专项整治三年行动计划。

4.2.5.2 风险识别与评估

a)风险的概念、分类、分级等基本理论;

b)安全风险评价方法(SCL、JSA、HAZOP、SIL 等)。

4.2.5.3 安全风险管控

a)油气开采生产过程安全风险;

b)施工(作业)过程安全风险管控;

c)交通安全风险管控;

d)公共安全风险管控;

e）管理及服务过程安全风险管控；

f）承包点主要安全风险（实操）；

g）承包点安全风险降级、减值（实操）；

h）业务（属地）生产过程风险清单、风险分布图、风险管控措施及分责（实操）；

i）业务（属地）施工（作业）过程风险清单、风险分布图、风险管控措施及分责（实操）；

j）业务（属地）交通安全、公共安全及服务过程安全风险（含外部市场）清单、风险分布图（实操）。

4.2.5.4　环境风险管控

a）环境因素识别、评价、管控和重要环境因素的分级；

b）环境风险源的评估、分级和管控；

c）发生突发环境事件风险识别与评估；

d）环境风险评价与等级划分；

b）环境敏感区域及存在的环境影响因素分析（实操）。

4.2.5.5　重大危险源辨识与评估

a）重大危险源辨识、评估、备案及监控；

b）重大危险源包保责任制；

c）业务（属地）重大危险源包保及措施落实（实操）。

4.2.6　隐患排查和治理

a）事故隐患（概念、分级、分类）、中国石化重大生产安全事故隐患判定标准；

b）隐患排查治理台账；

c）隐患排查治理方案的组织制定、审核；

d）投资类或安保基金隐患治理项目计划的制定、下达；

e）隐患治理项目申报；

f）隐患治理项目管理（实施、监督检查）；

g）"五定"措施审核及实施的监督检查；

h）隐患治理后评估；

i）向油田或地方政府报告的隐患治理和管控情况（实操）；

j）隐患排查治理方案审核组织及审核结论编写（实操）。

4.2.7　目标及方案

a）目标管理（目标的制定、分解、实施与考核）；

b）单位或部门 HSE 目标管理方案制定、实施。

4.2.8　资源投入

4.2.8.1　人员配备

a）国家、地方政府、集团公司岗位人员配备管理要求；

b）外部市场承揽项目、技术服务项目人力资源开发及效果评估。

4.2.8.2　HSE 投入

a）安全生产费、环境保护费的计提和使用；

b）安保基金的计提和上缴；

c）隐患治理费用的计提和使用。

4.2.8.3 科技管理

a)科技成果转化能力提升(科技论文写作,成果项目论证立项、专利申报、成果文件撰写编制等);

b)安全环保科技攻关项目的申报和实施;

c)创新思维开发,创新能力提升。

4.2.9 能力、意识和培训

4.2.9.1 培训需求

a)岗位持证要求;

b)岗位 HSE 履职能力要求;

c)关键岗位 HSE 履职能力评估;

d)单位(部门)HSE 培训矩阵的建立及应用。

4.2.9.2 培训实施

a)培训管理(包括培训需求调查、计划编制、培训实施及培训效果评估、培训档案管理等);

b)单位(部门)培训计划及落实情况(实操)。

4.2.10 沟通

4.2.10.1 安全管理信息系统

a)安全信息管理系统使用手册;

b)安全信息管理系统登录及相关信息录入(实操)。

4.2.10.2 信息沟通

a)单位或部门内部沟通机制;

b)单位或部门外部沟通的方式、渠道及注意事项;

c)沟通和公关技巧、仪表礼仪;

d)单位或部门外部沟通的信息及效果(实操);

e)单位或部门内部沟通的焦点和难点问题(实操)。

4.2.11 文件和记录

4.2.11.1 文件管理

a)文件管理相关要求(包括文件类型;文件识别与获取;文件创建与评审修订;文件发布与宣贯;文件保护、作废处置等);

b)协同办公系统文件管理要求;

c)协同办公系统文件的处理流程(抽验实操)。

4.2.11.2 记录管理

a)记录管理要求(含记录形式、标识、保管、归档、检索和处置方法等);

b)记录格式(含专业管理相关台账、生产经营相关的记录、监督检查记录等);

c)单位或部门记录文件类别及要求(实操)。

4.2.12 建设项目管理

4.2.12.1 项目过程管理

a)建设项目管理要求(项目的科研、论证、立项、设计、方案编制、审批、质量控制、实施、变更、监督检查和验收等);

b）项目管理"三同时"；

c）项目招标管理、合同管理和 HSE 协议；

d）建设项目设计方案的论证（实操）；

e）建设项目实施方案的编制和审查（实操）；

f）单位或部门建设项目安全环保技术措施的审查、纠错（实操）；

g）建设项目实施过程 QHSE 监督与控制（实操）；

h）建设项目变更风险评估（实操）；

i）单位或部门工艺装置扩建项目的 HSE 设施验收（实操）。

4.2.12.2 物化探项目

物化探项目管理（设计、招标及合同管理、开工及施工管理、完工验收等）。

4.2.12.3 勘探、开发建设项目

勘探、开发建设项目管理（井位踏勘、设计管理、施工设计、钻前管理、施工管理、完井后验收等）。

4.2.12.4 地面建设项目

地面建设项目管理（可研、设计、招标及合同、建设、试生产与竣工验收等）。

4.2.13 生产运行管理

4.2.13.1 生产协调管理

a）生产运行管理流程、制度及 HSE 要求；

b）生产协调及统计分析；

c）事故事件及异常的处置、报告、统计；

d）任务工单（调度令）发起、监督检查（实操）。

4.2.13.2 生产技术管理

a）工艺卡片、操作规程、开停工方案编制及论证评估；

b）采油、采气、注水、注气、集输站（库）、集输管道、储气库、天然气净化处理、高含硫气田生产运行等专业技术管理；

c）电力、通信、热力等技术管理；

d）工艺技术操作规程等作业文件的修订（实操）。

4.2.13.3 生产操作管理

a）关键岗位巡检、交接班等劳动纪律和工艺纪律制度的制修订；

b）生产操作监督及考核。

4.2.14 井下作业管理

a）井下作业管理要求（含井下作业监督管理、井下作业质量验收标准）；

b）作业井地质设计、工程设计相关要求及规范，编制及评审；

c）井下作业施工方案、应急预案的编制及审查；

d）作业井施工 HSE 管理，作业现场标准化及监督检查；

e）施工方案变更风险评估及审查（实操）；

f）井下作业质量验收标准（实操）。

4.2.15 井控管理

a）井控管理要求及井控例会；

b)石油工程井控管理;

c)生产井、长停井、废弃井井控管理(井控三色管理);

d)井控专项检查;

e)井控预案编制、评估及审查;

f)井控预案演练及评估。

4.2.16 异常管理

a)生产异常信息采集;

b)生产异常情况的发现、分析、处理、报告;

c)典型生产异常情况分析评估及措施(实操)。

4.2.17 外部市场管理

a)外部市场管理规定(项目评审、合同管理、监督、检查及考核);

b)承揽(或技术服务)项目 HSE 风险评估及管控;

c)项目运营管理(人员、交通及驻地管理)。

4.2.18 设备设施管理

a)设备(含机械设备、电气设备、仪器仪表等)全生命周期管理、分级管理;

b)设备(长输管道)完整性管理(管道高后果区识别及全面风险评价);

c)特种设备管理;HSE 设施(安全附件)管理;

d)设备设施的操作规程、维修维护保养规程编制、评审、发布及实施监督;

e)设备设施运行管理要求的制修订(运行条件及参数;"5S";缺陷标准);

f)关键设备(或一类设备)管理(实操);

g)特种设备的类别、备案、安全等级(实操);

h)抽油机三措施一禁令(实操)。

4.2.19 泄漏管理

a)腐蚀管理(腐蚀机理、防腐设备设施管理、防腐措施制定);

b)泄漏监测、预警、处置机制及泄漏分析评估;

c)泄漏物料的合法处置;

d)生产设备设施(油气水管道)泄漏事故案例;

e)天然气管道泄漏处置预案编制及演练组织(实操);

f)阴极保护桩等腐蚀保护设施检查标准制定(实操)。

4.2.20 危险化学品管理

a)常用危险化学品种类、危险性分析、应急处置措施等;

b)危险化学品生产、储存、销售、装卸、运输、使用、废弃管理要求及备案;

c)危险化学品"一书一签"的更新及管理;

d)危险化学品生产、储存、销售、装卸、运输、使用及废弃操作规程的制修订。

4.2.21 承包商安全管理

a)承包商资质审查(QHSE 管理体系审计),招标、合同管理,分包管理;

b)承包商 HSE 教育培训;

c)承包商风险管控要求;

d) 承包商监督检查、考核评价；

e) 承包商事故案例。

4.2.22　采购供应管理

a) 供应商资质审查，考评标准及动态考评；

b) 物资采购计划制定、审核；

c) 绿色采购、采购验收管理。

4.2.23　施工作业管理

a) 施工方案制定、评估、审查，完工验收标准制定；

b) 能量隔离等安全环保技术措施制定、审查、交底；

c) 特殊作业、非常规作业及交叉作业施工现场标准制定；

d) 特殊作业现场管理(管理流程、现场标准化及施工安全环保监督检查)；

e) 领导带班、值班、HSE 观察的要求；

f) 油田常见施工作业事故案例；

g) 一级动火作业安全分析(JSA)及审批作业许可(实操)；

h) 检维修作业现场作业人员不安全行为 HSE 观察(实操)。

4.2.24　变更管理

a) 变更分类分级管理；

b) 变更重点关注内容；

c) 变更方案编制、申请、论证(风险评估)、审批；

d) 变更实施及监督检查；

e) 变更验收、关闭、变更后信息系统调整及相关技术文件修订、人员培训。

4.2.25　员工健康管理

a) 职业病防护设施"三同时"，健康风险识别、评估及监测管理；

b) 职业病危害因素识别、监控及定期检测公示，职业健康监护档案；

c) 劳动防护用品配备标准及发放管理，职业病防护设施配备；

d) 工伤管理；

e) 员工帮助计划(EAP)，心理健康管理；

f) 身体健康管理，健康促进活动；

g) 单位或部门健康重点关注人员管控(实操)；

h) 单位或部门应急医疗用品配备及管理(实操)；

i) 现场职业危险告知牌及岗位职业危害告知卡编制(实操)。

4.2.26　自然灾害管理

a) 自然灾害类别、预警及应对，地质灾害信息预警；

b) 地质灾害调查、评估；

c) 自然灾害应急预案编制、评估、演练及改进；

d) 企地应急联动机制。

4.2.27　治安保卫与反恐防范

a) 油(气)区、重点办公场所、油气场站、人员密集场所治安防范系统配备及管理；

b)治安、反恐防范日常管理及"两特两重"管理要求;

c)治安、反恐突发事件应急预案编制、评估、演练;

d)油(气)区治安事件应急处置(实操)。

4.2.28　公共卫生安全管理

a)新冠疫情防范;

b)单位公共卫生管理,公共卫生预警机制;

c)传染病和群体性不明原因疾病的防范;

d)食品安全管理,食物中毒预防及控制。

4.2.29　交通安全管理

a)道路交通法律法规中涉及车辆单位、驾驶人、道路使用人相关管理要求和法律责任的条款;

b)单位(含外部市场)车辆、驾驶人管理要求;

c)道路交通安全预警管理机制。

4.2.30　环境保护管理

a)环境保护、清洁生产管理;

b)环境监测与统计,环境信息管理;

c)危险废物管理(管理要求、储存管理要求、转运要求等);

d)水、废气、固体废物、噪声、放射污染防治管理,土壤和地下水、生态保护;

e)作业现场环保管理要求及污染防治措施;

f)突发环境事件应急预案编制、评审及演练;

g)绿色企业行动计划;

h)油水管道泄漏环境保护应急处置方案编制(实操);

i)固体危险废物处置(实操)。

4.2.31　现场管理

a)现场管理要求(封闭化管理,视频监控,能量隔离与挂牌上锁);

b)生产现场安全标志、标识管理要求;

c)单位安全环保督查内容及考核机制;

d)场(站)"5S"、目视化管理要求,标准化场(站)考核标准及监督检查;

e)施工作业监护管理要求的制修订、监督检查;

f)生产典型事故案例;

g)现场不安全行为 HSE 观察(实操);

h)生产现场安全标志、标识配备(实操)。

4.2.32　应急管理

a)应急管理相关要求(单位或部门应急组织、机制等);

b)单位或部门应急资源调查、应急能力评估;

c)应急预案管理(预案编制、评审、发布、实施、备案及岗位应急处置卡的编制)及企地联动机制;

d)应急资源配备、管理;

e)专项应急演练计划编制(实操);

f)单位应急演练实施(实操);

g)承包点基层单位典型事件应急处置(实操);

h)生产井喷失控现场应急响应(实操)。

4.2.33　消(气)防管理

a)消(气)防管理要求(火灾预防机制,监视与监护管理,消防重点部位分级,档案);

b)消(气)防设施及器材(含火灾监控及自动灭火系统)配置、管理;

c)防雷、防静电管理要求;

d)消(气)防设备设施完好性标准制定及消(气)防管理监督检查;

e)单位或专业领域消(气)防器具检查、维护、保养规程制定(实操)。

4.2.34　事故事件管理

a)事故(事件)管理(含分类、分级、报告、调查、问责、统计分析及整改措施等);

b)事故(事件)警示教育;

c)"风险经历共享"案例分析(实操)。

4.2.35　基层管理

4.2.35.1　基层建设

a)"三基""三标"建设;

b)"争旗夺星"竞赛、岗位标准化等要求;

c)基层建设方案制定、论证。

4.2.35.2　基础工作

a)作业文件的制订、审核、发布、修订、执行监督等相关要求;

b)岗位操作标准化、"五懂五会五能"相关要求及监督检查。

4.2.35.3　基本功训练

a)"手指口述"操作法、生产现场唱票式工作法;

b)导师带徒、岗位练兵等相关要求及监督检查。

4.2.36　绩效评价

4.2.36.1　绩效监测

a)HSE 绩效监测管理机制;

b)单位或部门 HSE 管理体系运行监测指标(结果性监测指标、过程性监测指标)、监测与考核要求。

4.2.36.2　合规性评价

a)合规性评价管理要求;

b)合规性评价报告及不符合整改;

c)如何解决新旧标准变化、政策法规更新带来的不合规问题(实操)。

4.2.36.3　审核

a)HSE 管理体系审核(审核类型及频次,审核方案、计划、实施、报告);

b)审核报告不符合项及建议的落实、跟踪;

c)内审员能力要求及培养。

4.2.36.4 管理评审

a)管理评审要求(管理评审频次、主持人、参加人、形式等);

b)管理评审输入、输出(改进措施);

c)管理评审报告改进措施落实及跟踪。

4.2.37 改进

4.2.37.1 不符合纠正措施

a)不符合来源、分类和纠正措施;

b)某火灾事件的"五个回归"溯源分析(实操);

c)某制度未及时修订"五个回归"溯源分析(实操)。

4.2.37.2 持续改进

a)强化 HSE 管理与专业管理的深度融合,提升单位 HSE 绩效;

b)改进体系适宜性、充分性、有效性的途径,培育单位 HSE 文化。

5 学时安排

油田企业基层级关键岗位管理人员由相关部门应根据培训需求,从表 2-1-7、表 2-1-8中优选培训课题编制年度安全培训计划,保证每年初始安全培训时间不少于 48 学时,每年再教育培训时间不少于 20 学时。

表 2-1-7 油田企业基层级关键岗位管理人员理论培训课时安排

培训模块	培训课程	培训内容	培训方式	学时	备注
安全基础知识	HSE 法律法规	《安全生产法》《环境保护法》《职业病防治法》《特种设备安全法》《石油天然气管道保护法》《刑法》《劳动合同法》《危险化学品安全管理条例》《工伤保险条例》等相关法律法规中关于岗位和现场管理职责、权利、义务、HSE 管理要求、法律责任的相关条款	M1/M5/M9	4	
	HSE 标准规范	《石油天然气工程设计防火规范》(GB 50183)、《建筑设计防火规范》(GB 50016)、《油田油气集输设计规范》(GB 50350)、《石油化工可燃气体和有毒气体检测报警设计规范》(GB 50493)、《安全标志使用原则与要求》(GB/T 2893)等专业部门业务范围涉及标准规范中的 HSE 要求	M5/M9	4	
		安全生产标准化企业创建相关要求	M1/M5	1	
		绿色企业、健康企业创建相关要求		1	
	HSE 相关规章制度	中国石化、油田 HSE 管理制度中 HSE 管理要求	M5/M9	2	
	HSE 技术	油气开发专业涉及的防火防爆、防雷防静电、电气安全、机械安全、环境保护等技术	M1/M5	4	
体系思维	HSE 理念	中国石化(油田)HSE 方针、愿景、管理理念	M1/M7	1	
		中国石化(油田)安全环保禁令、承诺,保命条款		1	
	HSE 管理体系	油田 HSE 管理体系与基层管理(业务管理)相关要素	M1/M7	2	
		直属单位 HSE 管理体系主要内容			

续表

培训模块	培训课程	培训内容	培训方式	学时	备注
领导、承诺和责任	领导引领力	践行有感领导，落实直线责任（属地责任）	M1/M5	2	
		领导干部 HSE 履职能力和尽职情况评估			
	全员参与	全员安全行为规范	M1 + M5	4	
		中国石化安全记分管理规定	M1/M5		
		员工参与协商机制和协商事项	M1/M5		
	组织机构和职责	基层及组织机构设置要求	M5	1	
		全员岗位责任制体系建立及履责	M1/M8	2	
	社会责任	两级机关人员企业年报、可持续发展报告、社会责任报告的编制	M1/M7	1	
		基层单位应履行社会责任的内容	M1/M7		
		危险物品及危害后果、预防及事故响应措施告知	M1/M6	2	
		公众开放日、企业形象宣传等	M1/M2	1	
法律法规识别	法律法规清单建立	法律法规和其他要求的识别要求	M1/M7	1	
		业务（属地）范围内相关法律法规和其他要求清单的建立、更新	M1/M5	1	
	法律法规承接转化	法律法规和其他要求转化的要求	M1/M5	1	
风险管控	双重预防机制	国家、地方政府双重预防机制要求	M1/M9	4	
		中国石化双重预防机制要求	M1/M9		
		油田双重预防机制要求	M1/M9		
		安全生产专项整治三年行动计划	M1/M9		
	风险识别与评估	风险的概念、分类、分级等基本理论	M1/M7	2	
		安全风险评价方法	M1/M5	4	
	安全风险管控	油气开采生产过程安全风险管控	M1/M5	2	
		施工（作业）过程安全风险管控	M1/M5	2	
		交通安全风险管控	M1/M5	1	
		公共安全风险管控	M1/M5	1	
		管理及服务过程安全风险管控	M1/M5	1	
	环境风险管控	环境因素识别、评价、管控和重要环境因素的分级	M1/M5	2	
		环境风险源的评估、分级和管控	M1/M5	2	
		发生突发环境事件风险识别与评估	M1/M5	2	
		环境风险评价与等级划分	M1/M5	2	
	重大危险源辨识与评估	重大危险源辨识、评估、备案及监控	M1/M5	1	
		重大危险源包保责任制	M1/M5	1	

续表

培训模块	培训课程	培训内容	培训方式	学时	备注
隐患排查和治理	隐患排查和治理	事故隐患，中国石化重大生产安全事故隐患判定标准	M1/M7	2	
		隐患排查治理台账	M1/M7		
		隐患排查治理方案的组织制定、审核	M1/M7		
		投资类或安保基金隐患治理项目计划的制定、下达	M1/M5	4	
		隐患治理项目申报	M1/M5		
		隐患治理项目管理	M1/M5		
目标及方案	目标及方案	目标管理	M1/M7	1	
		单位或部门 HSE 目标管理方案制定、实施	M1/M7		
资源投入	人员配备	国家、地方政府、集团公司岗位人员配备管理要求	M1/M5	1	
		外部市场承揽项目、技术服务项目人力资源开发及效果评估	M1/M9	1	
	HSE 投入	安全生产费、环境保护费的计提和使用	M1/M9	1	
		安保基金的计提和上缴	M1/M9		
		隐患治理费用的计提和使用	M1/M9		
科技管理	科技管理	科技成果转化能力提升	M1/M9	1	
		安全环保科技攻关项目的申报和实施	M1/M9	1	
		创新思维开发，创新能力提升	M1/M9	1	
能力、意识和培训	培训需求	岗位持证要求	M1/M5	4	
		岗位 HSE 履职能力要求	M1/M5		
		关键岗位 HSE 履职能力评估	M1/M5		
		单位(部门)HSE 培训矩阵的建立及应用	M1/M5		
	培训实施	培训管理	M1/M5	2	
沟通	安全管理信息系统	安全信息管理系统使用手册	M1/M5	1	
	信息沟通	单位或部门内部沟通机制	M1/M7	2	
		单位或部门外部沟通的方式、渠道及注意事项	M1/M7		
		沟通和公关技巧、仪表礼仪	M1/M7		
文件和记录	文件管理	文件管理相关要求	M1/M5	1	
		协同办公系统文件管理要求	M1/M5		
	记录管理	记录管理要求	M1/M5	1	
		记录格式	M1/M5		
建设项目管理	项目过程管理	建设项目管理要求	M1/M5	2	
		项目管理"三同时"	M1/M5	2	
		项目招标管理、合同管理和 HSE 协议	M1/M5	2	
	物化探项目	物化探项目管理	M1/M5	2	
	勘探、开发建设项目	井位踏勘、设计管理、施工设计、钻前管理、施工管理、完井后验收等	M1/M5	2	
	地面建设项目	科研、设计、招标及合同、建设、试生产与竣工验收等	M1/M5	2	

续表

培训模块	培训课程	培训内容	培训方式	学时	备注
运行过程管控	生产协调管理	生产运行管理流程、制度及 HSE 要求	M1/M7	1	
		生产协调及统计分析	M1/M7	1	
		事故事件及异常的处置、报告、统计	M1/M7	1	
	生产技术管理	工艺卡片、操作规程、开停工方案编制及论证评估	M1/M5	2	
		采油、采气、注水、注气、集输站(库)、集输管道、储气库、天然气净化处理、高含硫气田生产运行等专业技术管理	M1	2	
		电力、通信、热力等技术管理	M1	1	
	生产操作管理	关键岗位巡检、交接班等劳动纪律和工艺纪律制度的制修订	M1/M7	1	
		生产操作监督及考核	M1/M7	1	
	井下作业管理	井下作业监督管理、井下作业质量验收标准	M1/M5	1	
		作业井地质设计、工程设计相关要求及规范,编制及评审	M1/M5	2	
		井下作业施工方案、应急预案的编制及审查	M1/M5	2	
		作业井施工 HSE 管理,作业现场标准化及监督检查	M1/M5	1	
	井控管理	井控管理要求及井控例会	M1 + M7	1	
		石油工程井控管理	M1 + M7	1	
		生产井、长停井、废弃井井控管理(井控三色管理)	M1 + M7	1	
		井控专项检查	M1 + M7	1	
		井控预案编制、评估及审查	M1 + M7	1	
		井控预案演练及评估	M1 + M7	1	
	异常管理	生产异常信息自动采集	M1 + M7	1	
		生产异常情况的发现、分析、处理、报告	M1 + M7	2	
	外部市场管理	外部市场项目评审、合同管理、监督、检查及考核	M1	4	
		承揽(或技术服务)项目 HSE 风险评估及管控	M1		
		项目运营管理	M1		
	设备设施管理	设备(含机械设备、电气设备、仪器仪表等)全生命周期管理、分级管理	M1 + M5	2	
		设备(长输管道)完整性管理	M1 + M5	2	
		特种设备管理;HSE 设施(安全附件)管理	M1 + M5	2	
		设备设施的操作规程、维修维护保养规程编制、评审、发布及实施监督	M1 + M5	2	
		设备设施运行管理要求的制修订(运行条件及参数;"5S";缺陷标准)	M1 + M5	2	

续表

培训模块	培训课程	培训内容	培训方式	学时	备注
运行过程管控	泄漏管理	腐蚀管理(腐蚀机理、防腐设备设施管理、防腐措施制定)	M1 + M6	4	
		泄漏监测、预警、处置机制及泄漏分析评估	M1 + M8	2	
		泄漏物料的合法处置	MI + M9	1	
		生产设备设施(油气水管道)泄漏事故案例	M1 + M8	1	
	危险化学品管理	常用危险化学品种类、危险性分析、应急处置措施等	M1 + M5	2	
		危险化学品生产、储存、销售、装卸、运输、使用、废弃管理要求及备案	M1 + M5	1	
		危险化学品"一书一签"的更新及管理	M1 + M5	1	
		危险化学品生产、储存、销售、装卸、运输、使用及废弃操作规程的制修订	M1 + M5	2	
	承包商安全管理	承包商资质审查,招标、合同管理,分包管理	M1/M5	1	
		承包商 HSE 教育培训	M1/M5	4	
		承包商风险管控要求	M1/M5		
		承包商监督检查、考核评价	M1/M5		
		承包商事故案例	M1/M8		
	采购供应管理	供应商资质审查,考评标准及动态考评	M1/M5	4	
		物资采购计划制定	M1/M5		
		绿色采购、采购验收管理	M1/M5		
	施工作业管理	能量隔离等安全环保技术措施制定、审查、交底	M1/M6	2	
		特殊作业、非常规作业及交叉作业施工现场标准制定	M1 + M2	2	
		特殊作业现场管理流程、现场标准化及施工安全环保监督检查	M1 + M2	2	
		领导带班、值班、HSE 观察的要求	M1 + M2	2	
		油田常见施工作业事故案例	M1 + M8	2	
	变更管理	变更分类分级管理	M1/M5	4	
		变更重点关注内容	M1/M5		
		变更方案编制、申请、论证(风险评估)、审批	M1/M5		
		变更实施及监督检查	M1/M5		
		变更验收、关闭、变更后信息系统调整及相关技术文件修订、人员培训	M1/M5		
	员工健康管理	职业病防护设施"三同时",健康风险识别、评估及监测管理	M5 + M7	4	
		职业病危害因素识别、监控及定期检测公示,职业健康监护档案	M1 + M5	2	

续表

培训模块	培训课程	培训内容	培训方式	学时	备注
运行过程管控	员工健康管理	劳动防护用品配备标准及发放管理，职业病防护设施配备	M1 + M5	2	
				4	
		工伤管理	M1 + M9	2	
		员工帮助计划（EAP），心理健康管理	M1 + M9	2	
		身体健康管理，健康促进活动	M1 + M9	2	
	自然灾害管理	自然灾害类别、预警及应对，地质灾害信息预警	M1/M5	2	
		地质灾害调查、评估	M1/M5	2	
		自然灾害应急预案编制、评估、演练及改进	M1/M5	2	
		企地应急联动机制	M1/M8	1	
	治安保卫与反恐防范	油(气)区、重点办公场所、油气场站、人员密集场所治安防范系统配备及管理	M1/M5	1	
		治安、反恐防范日常管理及"两特两重"管理要求	M1/M5	1	
		治安、反恐突发事件应急预案编制、评估、演练	M1/M5	2	
	公共卫生安全管理	新冠疫情防范	M1 + M5	1	
		单位公共卫生管理，公共卫生预警机制	M1 + M5	1	
		传染病和群体性不明原因疾病的防范	M1 + M5	1	
		食品安全管理，食物中毒预防及控制	M1 + M8	1	
	交通安全管理	道路交通法律法规中涉及车辆单位、驾驶人、道路使用人相关管理要求和法律责任的条款	M1 + M5 + M8	1	
		单位(含外部市场)车辆、驾驶人管理要求	M1/M5	1	
		道路交通安全预警管理机制	M1 + M8	1	
	环境保护管理	环境保护、清洁生产管理	M1/M5	4	
		环境监测与统计，环境信息管理	M1/M5		
		危险废物管理要求、储存管理要求、转运要求等	M1/M5		
		水、废气、固体废物、噪声、放射污染防治管理，土壤和地下水、生态保护	M1/M5		
		作业现场环保管理要求及污染防治措施	M1/M5		
		突发环境事件应急预案编制、评审及演练	M1/M5	2	
		绿色企业行动计划	M1/M5	1	
	现场管理	现场封闭化管理，视频监控，能量隔离与挂牌上锁等	M1 + M8	1	
		生产现场安全标志、标识管理要求	M1 + M8	1	
		单位安全环保督查内容及考核机制	M1 + M8	1	
		场(站)"5S"、目视化管理要求，标准化场(站)考核标准及监督检查	M1 + M8	1	

续表

培训模块	培训课程	培训内容	培训方式	学时	备注
运行过程管控	现场管理	施工作业监护管理要求的制修订、监督检查	M1 + M8	1	
		生产典型事故案例	M1 + M8	2	
		现场管理要求	M1 + M8	1	
	应急管理	单位或部门应急组织、机制等应急管理相关要求	M1/M5	2	
		单位或部门应急资源调查、应急能力评估	M1/M2	1	
		预案编制、评审、发布、实施、备案及岗位应急处置卡的编制等应急预案管理及企地联动机制	M1/M5	2	
		应急资源配备、管理	M1/M5	1	
	消(气)防管理	火灾预防机制、监视与监护管理、消防重点部位分级、档案管理等消(气)防管理要求	M1/M5	2	
		消(气)防设施及器材配置、管理	M1/M5	1	
		防雷、防静电管理要求	M1/M5	1	
		消(气)防设备设施完好性标准制定及消(气)防管理监督检查	M1/M5	1	
	事故事件管理	事故(事件)分类、分级、报告、调查、问责、统计分析及整改措施等	M1/M5	1	
		事故(事件)警示教育	M1/M8		
	基层建设	"三基""三标"建设	M1/M5		
		"争旗夺星"竞赛、岗位标准化等要求	M1/M5	2	
		基层建设方案制定、论证	M1/M5		
	基础工作	作业文件的制订、审核、发布、修订、执行监督等相关要求	M1/M5	2	
		岗位操作标准化、"五懂五会五能"相关要求及监督检查	M1/M5	1	
	基本功训练	"手指口述"操作法、生产现场唱票式工作法	M1 + M3	2	
		导师带徒、岗位练兵等相关要求及监督检查	M1 + M3	1	
绩效评价	绩效监测	HSE 绩效监测管理机制	M1/M5	1	
		单位或部门 HSE 管理体系运行监测指标、监测与考核要求	M1/M5	1	
	合规性评价	合规性评价管理要求	M1/M5	2	
		合规性评价报告及不符合整改	M1/M5		
	审核	HSE 管理体系审核	M1/M5	2	
		审核报告不符合项及建议的落实、跟踪	M1/M5	1	
		内审员能力要求及培养	M1/M5	2	
	管理评审	管理评审要求	M1/M5	1	
		管理评审输入、输出(改进措施)	M1/M5	1	
		管理评审报告改进措施落实及跟踪	M1/M5	1	

续表

培训模块	培训课程	培训内容	培训方式	学时	备注
改进	不符合纠正措施	不符合来源、分类和纠正措施	M1/M5	1	
	持续改进	强化 HSE 管理与专业管理的深度融合，提升单位 HSE 绩效	M1/M5	1	
		改进体系适宜性、充分性、有效性的途径，培育单位 HSE 文化	M1/M5	1	

说明：M1——课堂讲授；M2——实操训练；M3——仿真训练；M4——预案演练；M5——网络学习；M6——班组（科室）安全活动；M7——生产会议或 HSE 会议；M8——视频案例；M9——文件制度自学。其中，M1 + M5 表示 M1 与 M5；M1/M5 表示 M1 或 M5。

表 2 - 1 - 8　油田企业基层级关键岗位管理人员实操培训及考核方式

培训模块	培训课程	培训项目	培训及考核方式	学时
安全基础知识	HSE 相关规章制度	HSE 管理要求融入业务过程	N2	1
体系思维	HSE 理念	运用体系化思维做好业务管控	N3	1
		如何将 HSE 管理体系落实到实践中	N3	1
领导、承诺和责任	领导引领力	业务（属地）岗位 HSE 职责	N1/N2	1
		业务（属地）岗位承诺；岗位负面行为清单	N1/N2	1
		业务（属地）最大的 HSE 风险	N1/N2	1
		参加基层 HSE 活动情况	N3	1
		本岗位风险承包点风险管控情况	N1/N3	1
		论述在主管业务管理过程践行 HSE 管理体系运行思维	N1/N3	1
	全员参与	员工开展隐患排查、报告事件和风险、隐患等信息的情况	N1/N2	2
		本年度员工合理化建议的处置情况	N1/N2	1
		叙述业务范围（属地范围）内负面安全行为	N1	1
	组织机构和职责	陈述本岗位 HSE 职责及承诺内容	N1	1
法律法规识别	法律法规清单建立	业务（属地）范围内 HSE 相关法律法规和其他要求识别情况	N2	1
	法律法规承接转化	业务（属地）范围内涉及法律法规和其他要求的传递、转化、宣贯情况	N1	1
		专业制度承接法律法规和相关要求的情况	N1	1
		组织制修订专业管理制度或 HSE 管理要求	N1	1

续表

培训模块	培训课程	培训项目	培训及考核方式	学时
风险管控	安全风险管控	承包点主要安全风险	N2	1
		承包点安全风险降级、减值	N3	2
		业务(属地)生产过程风险清单、风险分布图、风险管控措施及分责	N2 + N4	2
		业务(属地)施工(作业)过程风险清单、风险分布图、风险管控措施及分责	N2 + N4	2
		业务(属地)交通安全、公共安全及服务过程安全风险(含外部市场)清单、风险分布	N3	2
	环境风险管控	环境敏感区域及存在的环境影响因素分析	N2	1
	重大危险源辨识与评估	业务(属地)重大危险源包保及措施落实	N1/N3	1
隐患排查和治理	隐患排查和治理	向油田或地方政府报告的隐患治理和管控情况	N4	1
		隐患排查治理方案审核组织及审核结论编写	N4	2
能力、意识和培训	培训实施	单位(部门)培训计划及落实情况	N4	1
沟通	安全信息管理系统	安全信息管理系统登录及相关信息录入	N4	1
	信息沟通	单位或部门外部沟通的信息及效果	N3	1
		单位或部门内部沟通的焦点和难点问题	N2	1
文件和记录	文件管理	协同办公系统文件的处理流程	N4	1
	记录管理	单位或部门记录文件类别及要求	N2	1
建设项目管理	建设项目管理	建设项目设计方案的论证	N3	2
		建设项目实施方案的编制和审查	N4	2
		单位或部门建设项目安全环保技术措施的审查、纠错	N3	2
		建设项目实施过程 QHSE 监督与控制	N2	2
		建设项目变更风险评估	N4	2
		单位或部门工艺装置扩建项目的 HSE 设施验收	N3	2
生产运行管理	生产协调管理	任务工单(调度令)发起、监督检查	N4	1
	生产技术管理	工艺技术操作规程等作业文件的修订	N3	2
井下作业管理	井下作业管理	施工方案变更风险评估及审查	N3	2
		井下作业质量验收标准	N3	1
异常管理	异常管理	典型生产异常情况分析评估及措施	N4	2
设备设施管理	设备设施管理	关键设备(一类设备)管理	N1	2
		特种设备的类别、备案、安全等级	N2	2
		抽油机三措施一禁令	N2	2

续表

培训模块	培训课程	培训项目	培训及考核方式	学时
泄漏管理	泄漏管理	天然气管道泄漏处置预案编制及演练组织	N3 + N4	2
		阴极保护桩等腐蚀保护设施检查标准制定	N4	2
施工作业管理	施工作业管理	一级动火作业安全分析（JSA）及审批作业许可	N4	1
		检维修作业现场作业人员不安全行为 HSE 观察	N4	1
员工健康管理	员工健康管理	员工健康管理	N2	2
		单位或部门应急医疗用品配备及管理	N2	1
		现场职业危险告知牌及岗位职业危害告知卡编制	N4	1
治安保卫与反恐防范	治安保卫与反恐防范	油(气)区治安事件应急处置	N2 + N4	2
环境保护管理	环境保护管理	环境保护管理	N2	2
		固体危险废物处置	N2	1
现场管理	现场管理	现场不安全行为 HSE 观察	N4	1
		生产现场安全标志、标识配备	N3	1
应急管理	应急管理	应急管理	N2	
		单位应急演练实施	N2/N4	1
		承包点基层单位典型事件应急处置	N2/N4	2
		生产井喷失控现场应急响应	N4	2
消(气)防管理	消(气)防管理	单位或专业领域消(气)防器具检查、维护、保养规程制定	N2	1
事故事件管理	事故事件管理	"风险经历共享"案例分析	N4	1
合规性评价	合规性评价	如何解决新旧标准变化、政策法规更新带来的不合规问题	N3	2
改进	不符合纠正措施	某火灾事件的"五个回归"溯源分析	N4	2
		某制度未及时修订"五个回归"溯源分析	N4	2

说明：N1——述职；N2——访谈；N3——答辩；N4——模拟实操（手指口述）。其中，N1 + N2 表示 N1 与 N2；N1/N2 表示 N1 或 N2。

6　考核标准

6.1　考核办法

参照本章第一节　企业领导及关键岗位中层管理人员 HSE 培训大纲及考核标准 6.1 考核办法。

6.2　考试要点

6.2.1　安全基础知识

6.2.1.1　HSE 法律法规

掌握《安全生产法》《环境保护法》《职业病防治法》《特种设备安全法》《石油天然气管

道保护法》《刑法》《劳动合同法》《危险化学品安全管理条例》《工伤保险条例》等相关法律法规中关于岗位和现场管理职责、权利、义务、HSE 管理要求、法律责任的相关条款。

6.2.1.2　HSE 标准规范

a)掌握《石油天然气工程设计防火规范》（GB 50183）、《建筑设计防火规范》（GB 50016）、《油田油气集输设计规范》（GB 50350）、《石油化工可燃气体和有毒气体检测报警设计规范》（GB 50493）、《安全标志使用原则与要求》（GB/T 2893）等专业部门业务范围涉及标准规范中的 HSE 要求；

b)掌握安全生产标准化企业、绿色企业、健康企业创建相关要求。

6.2.1.3　HSE 相关规章制度

a)掌握中国石化、油田相关管理制度中 HSE 管理要求；

b)掌握 HSE 管理要求融入业务过程。

6.2.1.4　HSE 技术

掌握业务范围涉及的防火防爆、防雷防静电、电气安全、机械安全、环境保护等技术。

6.2.2　体系思维

6.2.2.1　HSE 理念

a)掌握中国石化(油田)HSE 方针、愿景、管理理念；

b)掌握中国石化(油田)安全环保禁令、承诺，保命条款。

6.2.2.2　HSE 管理体系

a)掌握油田 HSE 管理体系与基层管理(业务管理)相关要素；

b)掌握直属单位 HSE 管理体系主要内容；运用体系化思维做好业务管控；

c)掌握如何将 HSE 管理体系落实到实践中的方法和技巧。

6.2.3　领导、承诺和责任

6.2.3.1　领导引领力

a)掌握践行有感领导，落实直线责任(属地责任)；

b)掌握领导干部 HSE 履职能力和尽职情况评估；

c)掌握业务(属地)岗位 HSE 职责；业务(属地)岗位承诺；岗位负面行为清单；

d)掌握业务(属地)最大的 HSE 风险；

e)掌握基层 HSE 活动情况；本岗位风险承包点风险管控情况；在主管业务管理过程践行 HSE 管理体系运行思维。

6.2.3.2　全员参与

a)掌握员工通用安全行为、安全行为负面清单等全员安全行为规范；

b)了解中国石化安全记分管理规定及企业相关要求；

c)掌握员工参与协商机制和协商事项；员工开展隐患排查、报告事件和风险、隐患等信息的情况；

d)掌握本年度员工合理化建议的处置情况；

e)掌握业务范围(属地范围)内负面安全行为。

6.2.3.3 组织机构和职责

a)掌握基层级组织机构设置要求；

b)掌握全员 HSE 责任制的制、修订，落实及监督考核等岗位责任制体系建立及履责；

c)掌握本岗位 HSE 职责及承诺内容。

6.2.3.4 社会责任

a)掌握两级机关人员企业年报、可持续发展报告、社会责任报告的编制；

b)掌握基层单位应履行社会责任的内容；

c)掌握危险物品及危害后果、事故预防及响应措施告知；

d)掌握公众开放日、企业形象宣传等。

6.2.4 法律法规识别

6.2.4.1 法律法规清单建立

a)掌握法律法规和其他要求的识别要求；

b)掌握业务(属地)范围内相关法律法规和其他要求清单的建立、更新；

c)掌握业务(属地)范围内 HSE 相关法律法规和其他要求识别情况。

6.2.4.2 法律法规承接转化

a)掌握法律法规和其他要求转化的要求；

b)掌握业务(属地)范围内涉及法律法规和其他要求的传递、转化、宣贯情况；

c)掌握专业制度承接法律法规和相关要求的情况；

d)掌握组织制修订专业管理制度或 HSE 管理要求。

6.2.5 风险管控

6.2.5.1 双重预防机制

a)掌握国家、地方政府双重预防机制要求；

b)掌握中国石化双重预防机制要求；

c)掌握油田双重预防机制要求；

d)掌握安全生产专项整治三年行动计划。

6.2.5.2 风险识别与评估

a)掌握风险的概念、分类、分级等基本理论；

b)掌握 SCL、JSA、HAZOP、SIL 等安全风险评价方法。

6.2.5.3 安全风险管控

a)掌握油气开采生产过程安全风险；

b)掌握施工(作业)过程安全风险管控；

c)了解交通安全风险管控；

d)了解掌握公共安全风险管控；

e)了解管理及服务过程安全风险管控；

f)掌握承包点主要安全风险；

g)掌握承包点安全风险降级、减值；

h)掌握业务(属地)生产过程风险清单、风险分布图、风险管控措施及分责；

i)掌握业务(属地)施工(作业)过程风险清单、风险分布图、风险管控措施及分责；

j)了解业务(属地)交通安全、公共安全及服务过程安全风险(含外部市场)清单、风险分布图。

6.2.5.4　环境风险管控

a)掌握环境因素识别、评价、管控和重要环境因素的分级;

b)掌握环境风险源的评估、分级和管控;

c)掌握发生突发环境事件风险识别与评估;

d)掌握环境风险评价与等级划分;

e)掌握环境敏感区域及存在的环境影响因素分析。

6.2.5.5　重大危险源辨识与评估

a)掌握重大危险源辨识、评估、备案及监控;

b)掌握重大危险源包保责任制;

c)掌握业务(属地)重大危险源包保及措施落实。

6.2.6　隐患排查和治理

a)掌握事故隐患(概念、分级、分类)、中国石化重大生产安全事故隐患判定标准;

b)掌握隐患排查治理台账;

c)掌握隐患排查治理方案的组织制定、审核;

d)掌握投资类或安保基金隐患治理项目计划的制定、下达;

e)掌握隐患治理项目申报;

f)掌握隐患治理项目管理(实施、监督检查);

g)掌握"五定"措施审核及实施的监督检查;

h)掌握隐患治理后评估;

i)掌握向油田或地方政府报告的隐患治理和管控情况;

j)掌握隐患排查治理方案审核组织及审核结论编写。

6.2.7　目标及方案

a)掌握目标管理(目标的制定、分解、实施与考核);

b)掌握单位或部门 HSE 目标管理方案制定、实施。

6.2.8　资源投入

6.2.8.1　人员配备

a)掌握国家、地方政府、集团公司岗位人员配备管理要求;

b)掌握外部市场承揽项目、技术服务项目人力资源开发及效果评估。

6.2.8.2　HSE 投入

a)了解安全生产费、环境保护费的计提和使用;

b)了解安保基金的计提和上缴;

c)了解隐患治理费用的计提和使用。

6.2.8.3　科技管理

a)掌握科技论文写作,成果项目论证立项、专利申报、成果文件撰写编制等,提升科技成果转化能力;

b)掌握安全环保科技攻关项目的申报和实施;

c)掌握创新思维开发，创新能力提升。

6.2.9　能力、意识和培训

6.2.9.1　培训需求

a)掌握岗位持证要求；

b)掌握岗位 HSE 履职能力要求；

c)掌握关键岗位 HSE 履职能力评估；

d)掌握单位(部门)HSE 培训矩阵的建立及应用。

6.2.9.2　培训实施

a)了解培训管理，包括培训需求调查、计划编制、培训实施及培训效果评估、培训档案管理等；

b)了解单位(部门)培训计划及落实情况。

6.2.10　沟通

6.2.10.1　安全管理信息系统

a)了解安全信息管理系统使用要求；

b)掌握安全信息管理系统登录及相关信息录入。

6.2.10.2　信息沟通

a)掌握单位或部门内部沟通机制；

b)掌握单位或部门外部沟通的方式、渠道及注意事项；

c)掌握沟通和公关技巧、仪表礼仪；

d)掌握单位或部门外部沟通的信息及效果；

e)掌握单位或部门内部沟通的焦点和难点问题。

6.2.11　文件和记录

6.2.11.1　文件管理

a)掌握企业及单位文件类型、文件识别与获取、文件创建与评审修订、文件发布与宣贯、文件保护、作废处置等文件管理相关要求；

b)掌握协同办公系统文件管理要求；

c)掌握协同办公系统文件的处理流程。

6.2.11.2　记录管理

a)掌握企业及单位的记录形式、标识、保管、归档、检索和处置方法等记录管理要求；

b)掌握企业及单位的专业管理相关台账、生产经营相关的记录、监督检查记录等记录格式；

c)掌握单位或部门记录文件类别及要求。

6.2.12　建设项目管理

6.2.12.1　项目过程管理

a)掌握建设项目的可研、论证、立项、设计、方案编制、审批、质量控制、实施、变更、监督检查和验收等管理要求；

b)掌握项目管理"三同时"；

c)掌握项目招标管理、合同管理和 HSE 协议；

d)掌握建设项目设计方案的论证；

e)掌握建设项目实施方案的编制和审查；单位或部门建设项目安全环保技术措施的审查、纠错；建设项目实施过程 QHSE 监督与控制；

f)掌握建设项目变更风险评估；单位或部门工艺装置扩建项目的 HSE 设施验收。

6.2.12.2　物化探项目

掌握物化探项目设计、招标及合同管理、开工及施工管理、完工验收等管理要求。

6.2.12.3　勘探、开发建设项目

掌握井位踏勘、设计管理、施工设计、钻前管理、施工管理、完井后验收等勘探、开发建设项目管理要求。

6.2.12.4　地面建设项目

掌握地面建设项目可研、设计、招标及合同、建设、试生产与竣工验收等管理标准。

6.2.13　生产运行管理

6.2.13.1　生产协调管理

a)掌握生产运行管理流程、制度及 HSE 要求；

b)掌握生产协调及统计分析；

c)掌握事故事件及异常的处置、报告、统计；

d)掌握任务工单(调度令)发起、监督检查。

6.2.13.2　生产技术管理

a)掌握工艺卡片、操作规程、开停工方案编制及论证评估；

b)掌握采油、采气、注水、注气、集输站(库)、集输管道、储气库、天然气净化处理、高含硫气田生产运行等专业技术管理；

c)掌握电力、通信、热力等技术管理；

d)掌握工艺技术操作规程等作业文件的修订。

6.2.13.3　生产操作管理

a)掌握关键岗位巡检、交接班等劳动纪律和工艺纪律制度的制修订；

b)掌握生产操作监督及考核。

6.2.14　井下作业管理

a)掌握井下作业管理要求，包括井下作业监督管理、井下作业质量验收标准等；

b)掌握作业井地质设计、工程设计相关要求及规范，编制及评审；

c)掌握井下作业施工方案、应急预案的编制及审查；

d)掌握作业井施工 HSE 管理，作业现场标准化及监督检查；

e)掌握施工方案变更风险评估及审查；

f)掌握井下作业质量验收标准。

6.2.15　井控管理

a)掌握井控管理要求及井控例会；

b)掌握石油工程井控管理；

c)掌握生产井、长停井、废弃井井控管理，掌握井控三色管理要求；

d)掌握井控专项检查；

e)掌握井控预案编制、评估及审查；

f)掌握井控预案演练及评估。

6.2.16 异常管理

a) 掌握生产异常信息采集;

b) 掌握生产异常情况的发现、分析、处理、报告;

c) 掌握典型生产异常情况分析评估及措施。

6.2.17 外部市场管理

a) 掌握外部项目评审、合同管理、监督、检查及考核等管理规定;

b) 掌握承揽(或技术服务)项目 HSE 风险评估及管控;

c) 掌握项目运营管理,包括人员、交通及驻地管理。

6.2.18 设备设施管理

a) 掌握机械设备、电气设备、仪器仪表等设备全生命周期管理、分级管理;

b) 掌握设备完整性管理,含长输管道高后果区识别及全面风险评价;

c) 掌握特种设备管理;HSE 设施(安全附件)管理;

d) 了解设备设施的操作规程、维修维护保养规程编制、评审、发布及实施监督;

e) 了解设备设施运行管理要求的制修订,包括设备运行条件及参数;"5S";缺陷标准;

f) 掌握关键设备(或一类设备)管理;

g) 掌握特种设备的类别、备案、安全等级;

h) 掌握抽油机三措施一禁令等管理要求。

6.2.19 泄漏管理

a) 掌握腐蚀管理,包括腐蚀机理、防腐设备设施管理、防腐措施制定等;

b) 掌握泄漏监测、预警、处置机制及泄漏分析评估;

c) 掌握泄漏物料的合法处置;

d) 掌握生产设备设施特别是油气水管道泄漏事故典型案例;

e) 掌握天然气管道泄漏处置预案编制及演练组织;

f) 掌握阴极保护桩等腐蚀保护设施检查标准制定。

6.2.20 危险化学品管理

a) 掌握常用危险化学品种类、危险性分析、应急处置措施等;

b) 掌握危险化学品生产、储存、销售、装卸、运输、使用、废弃管理要求及备案;

c) 掌握危险化学品"一书一签"的更新及管理;

d) 掌握危险化学品生产、储存、销售、装卸、运输、使用及废弃操作规程的制修订。

6.2.21 承包商安全管理

a) 掌握承包商资质审查(QHSE 管理体系审计),招标、合同管理,分包管理;

b) 掌握承包商 HSE 教育培训;

c) 掌握承包商风险管控要求;

d) 掌握承包商监督检查、考核评价;

e) 掌握承包商事故案例。

6.2.22 采购供应管理

a) 掌握供应商资质审查,考评标准及动态考评;

b) 掌握物资采购计划制定、审核;

c)掌握绿色采购、采购验收管理。

6.2.23　施工作业管理

a)掌握施工方案制定、评估、审查，完工验收标准制定；

b)掌握能量隔离等安全环保技术措施制定、审查、交底；

c)掌握特殊作业、非常规作业及交叉作业施工现场标准制定；

d)掌握特殊作业现场管理流程、现场标准化及施工安全环保监督检查等；

e)掌握领导带班、值班、HSE观察的要求；

f)了解油田常见施工作业事故案例；

g)掌握一级动火作业安全分析(JSA)及审批作业许可；

h)掌握检维修作业现场作业人员不安全行为HSE观察。

6.2.24　变更管理

a)掌握变更分类分级管理；

b)掌握变更重点关注内容；

c)掌握变更方案编制、申请、论证(风险评估)、审批；

d)掌握变更实施及监督检查相关要求；

e)掌握变更验收、关闭、变更后信息系统调整及相关技术文件修订、人员培训。

6.2.25　员工健康管理

a)掌握职业病防护设施"三同时"，健康风险识别、评估及监测管理；

b)掌握职业病危害因素识别、监控及定期检测公示，职业健康监护档案；

c)掌握劳动防护用品配备标准及发放管理，职业病防护设施配备；

d)掌握工伤管理；

e)掌握员工帮助计划(EAP)，心理健康管理；

f)掌握身体健康管理，健康促进活动；

g)掌握单位或部门健康重点关注人员管控；

h)掌握单位或部门应急医疗用品配备及管理；

i)掌握现场职业危险告知牌及岗位职业危害告知卡编制。

6.2.26　自然灾害管理

a)掌握自然灾害类别、预警及应对，地质灾害信息预警；

b)掌握地质灾害调查、评估；

c)掌握自然灾害应急预案编制、评估、演练及改进；

d)掌握企地应急联动机制。

6.2.27　治安保卫与反恐防范

a)掌握油(气)区、重点办公场所、油气场站、人员密集场所治安防范系统配备及管理；

b)掌握治安、反恐防范日常管理及"两特两重"管理要求；

c)掌握治安、反恐突发事件应急预案编制、评估、演练；

d)掌握油(气)区治安事件应急处置程序及注意事项。

6.2.28　公共卫生安全管理

a)掌握新冠疫情防范；

b) 掌握单位公共卫生管理，公共卫生预警机制；

c) 了解传染病和群体性不明原因疾病的防范；

d) 了解食品安全管理，食物中毒预防及控制。

6.2.29 交通安全管理

a) 了解道路交通法律法规中涉及车辆单位、驾驶人、道路使用人相关管理要求和法律责任的条款；

b) 了解单位(含外部市场)车辆、驾驶人管理要求；

c) 了解道路交通安全预警管理机制。

6.2.30 环境保护管理

a) 掌握环境保护、清洁生产管理；

b) 掌握环境监测与统计，环境信息管理；

c) 掌握危险废物管理要求、储存管理要求、转运要求等；

d) 掌握水、废气、固体废物、噪声、放射污染防治管理，土壤和地下水、生态保护；

e) 掌握作业现场环保管理要求及污染防治措施；

f) 掌握突发环境事件应急预案编制、评审及演练；

g) 了解绿色企业行动计划；

h) 掌握油水管道泄漏环境保护应急处置方案编制；

i) 掌握固体危险废物处置。

6.2.31 现场管理

a) 掌握封闭化管理，视频监控，能量隔离与挂牌上锁等现场管理要求；

b) 掌握生产现场安全标志、标识管理要求；

c) 掌握单位安全环保督查内容及考核机制；

d) 掌握场(站)"5S"、目视化管理要求，标准化场(站)考核标准及监督检查；

e) 掌握施工作业监护管理要求的制修订、监督检查；

f) 掌握生产现场典型事故案例；

g) 掌握现场不安全行为 HSE 观察的技巧和观察卡记录等；

h) 掌握生产现场安全标志、标识配备要求。

6.2.32 应急管理

a) 掌握单位或部门应急组织、机制等应急管理相关要求；

b) 掌握单位或部门应急资源调查、应急能力评估；

c) 掌握预案编制、评审、发布、实施、备案及岗位应急处置卡的编制等应急预案管理及企地联动机制；

d) 掌握应急资源配备、管理；

e) 掌握单位专项应急演练计划编制；单位应急演练实施、评估；

f) 掌握承包点基层单位典型事件应急处置；生产井喷失控现场应急响应。

6.2.33 消(气)防管理

a) 掌握火灾预防机制、监视与监护管理、消防重点部位分级、档案管理等消(气)防管理要求；

b) 掌握消(气)防设施及器材配置、管理，包括含火灾监控及自动灭火系统管理；

c)掌握防雷、防静电管理要求；

d)掌握消(气)防设备设施完好性标准制定及消(气)防管理监督检查；

e)掌握单位或专业领域消(气)防器具检查、维护、保养规程制定。

6.2.34 事故事件管理

a)掌握事故(事件)分类、分级、报告、调查、问责、统计分析及整改措施等管理要求；

b)掌握事故(事件)警示教育要求、方法并实施；

c)掌握"风险经历共享"案例分析。

6.2.35 基层管理

6.2.35.1 基层建设

a)掌握"三基""三标"建设；

b)掌握"争旗夺星"竞赛、岗位标准化等要求；

c)掌握基层建设方案制定、论证。

6.2.35.2 基础工作

a)掌握作业文件的制订、审核、发布、修订、执行监督等相关要求；

b)掌握岗位操作标准化、"五懂五会五能"相关要求及监督检查。

6.2.35.3 基本功训练

a)掌握"手指口述"操作法、生产现场唱票式工作法；

b)掌握导师带徒、岗位练兵等相关要求及监督检查。

6.2.36 绩效评价

6.2.36.1 绩效监测

a)掌握 HSE 绩效监测管理机制；

b)掌握单位或部门 HSE 管理体系运行监测指标、监测与考核要求，包括结果性监测指标、过程性监测指标。

6.2.36.2 合规性评价

a)掌握合规性评价管理要求；

b)掌握合规性评价报告及不符合整改；

c)掌握如何解决新旧标准变化、政策法规更新带来的不合规问题。

6.2.36.3 审核

a)掌握 HSE 管理体系审核，包括审核类型及频次，审核方案、计划、实施、报告；

b)掌握审核报告不符合项及建议的落实、跟踪；

c)掌握内审员能力要求及培养。

6.2.36.4 管理评审

a)掌握管理评审要求，包括管理评审频次、主持人、参加人、形式等；

b)掌握管理评审输入、输出(改进措施)；

c)掌握管理评审报告改进措施落实及跟踪。

6.2.37 改进

6.2.37.1 不符合纠正措施

a)掌握不符合来源、分类和纠正措施；

b）掌握某火灾事件的"五个回归"溯源分析；

c）掌握某制度未及时修订"五个回归"溯源分析。

6.2.37.2　持续改进

a）掌握强化 HSE 管理与专业管理的深度融合，提升单位 HSE 绩效；

b）掌握改进体系适宜性、充分性、有效性的途径，培育单位 HSE 文化。

第五节　其他基层级管理人员 HSE 培训大纲及考核标准

1　范围

本标准规定了油田企业其他基层级管理人员 HSE 培训要求、理论及实操培训的内容、学时安排，以及考核的方法、内容。

2　适用岗位

油田企业机关及直属单位（A 类）党务、经营、财务等专业岗位基层级管理人员、高级主管及主管等享受基层级管理人员待遇技术管理人员；油田企业机关及直属单位（A 类）党务、经营、财务等专业业务主办；直属单位（B 类）机关及基层单位基层级管理人员、专家、高级主管、主管、主任师、副主任师等享受基层级管理人员待遇的技术管理人员；直属单位（B 类）机关各专业业务主办，基层单位主任技师等。

3　依据

参照本章第四节　企业基层级关键岗位管理人员 HSE 培训培训大纲及考核标准 3 依据。

4　安全生产培训大纲

4.1　培训要求

参照本章第四节　企业基层级关键岗位管理人员 HSE 培训培训大纲及考核标准 4.1 培训要求。

4.2　培训内容

参照第四节　企业基层级关键岗位管理人员 HSE 培训培训大纲及考核标准 4.2 培训内容，具体课程及内容见表 2－1－9、表 2－1－10。

5　学时安排

相关部门应根据每年培训需求，从表 2－1－9、表 2－1－10 中优选培训课题编制年度安全培训计划，其他基层级岗位管理人员的培训时间不少于 20 学时/年。具体课时安排见表 2－1－9、表 2－1－10。

表 2-1-9　其他基层级管理人员培训理论课时安排

培训模块	培训课程	培训内容	培训方式	学时
安全基础知识	HSE 法律法规	国家、地方政府安全生产方针、政策，环保方针、理念	M1/M5	25
		《中华人民共和国宪法》《劳动合同法》《民法典》等法律中关于企业权益及责任的相关条款	M5	4
		《中华人民共和国安全生产法》《环境保护法》《职业病防治法》《消防法》《石油天然气管道保护法》《危险化学品安全管理条例》等相关法律法规中关于企业和管理岗位职责、权利、义务、HSE 管理要求、法律责任的相关条款	M5 + M9	4
	HSE 标准规范	《用电安全导则》(GB/T 13869)《建筑物防雷设计规范》(GB 50057)《消防安全标志》(GB 13495) 等专业部门业务范围涉及标准规范中的 HSE 要求；安全生产标准化企业、绿色企业、健康企业创建相关要求	M1/M5	2
	HSE 相关规章制度	中国石化、油田相关管理制度中 HSE 管理要求	M9	1
	HSE 技术	生产辅助服务涉及的防火防爆、防雷防静电、电气安全、机械安全、环境保护等技术	M1 + M8	1
HSE 管理体系	油田 HSE 理念	中国石化(油田)HSE 方针、愿景、管理理念；中国石化(油田)安全环保禁令、承诺，保命条款	M1	1
	HSE 管理体系	油田 HSE 管理体系与基层管理(业务管理)相关要素；直属单位 HSE 管理体系主要内容	M1/M5	1
领导、承诺和责任	领导引领力	践行有感领导，落实直线责任(属地责任)	M1	1
		领导干部 HSE 履职能力和尽职情况评估	M1 + M7	1
		论述在主管业务管理过程践行 HSE 管理体系运行思维(述职)	M1/M5	1
	全员参与	全员安全行为规范；员工参与协商机制和协商事项	M1/M5	1
	组织机构和职责	基层级组织机构设置要求；全员岗位责任制体系建立及履责(HSE 责任制的制、修订，落实及监督考核)	M1/M5	1
		本岗位 HSE 职责及承诺内容(述职)	M1/M5	1
	社会责任	两级机关人员企业年报、可持续发展报告、社会责任报告的编制；基层单位应履行社会责任的内容；公众开放日、企业形象宣传等	M1/M5	1
法律法规识别	法律法规清单建立	法律法规和其他要求的识别要求；业务(属地)范围内相关法律法规和其他要求清单的建立、更新	M5	1
	法律法规承接转化	法律法规和其他要求转化的要求	M5/M6	1

续表

培训模块	培训课程	培训内容	培训方式	学时
风险管控	双重预防机制	国家、地方政府双重预防机制要求；中国石化双重预防机制要求；油田双重预防机制要求	M6/M7	2
		安全生产专项整治三年行动计划	M1/M6	1
	安全风险识别	风险的概念、分类、分级等；安全风险识别评价方法	M1/M3/M5	1
	安全风险管控	油气开采生产过程安全风险	M1/M3/M5	1
		施工(作业)过程安全风险管控；交通安全风险管控；公共安全风险管控	M1/M4	1
		管理及服务过程安全风险管控	M1/M5	1
	环境风险管控	环境因素识别、评价、管控和重要环境因素的分级；发生突发环境事件风险识别与评估	M1/M5	1
隐患排查和治理	隐患排查和治理	事故隐患、中国石化重大生产安全事故隐患判定标准	M1/M6	1
		隐患排查治理台账；隐患排查治理方案的组织制定、审核	M1/M7	1
		投资类或安保基金隐患治理项目计划的制定、下达	M1/M2	1
		隐患治理项目申报；隐患治理项目管理；"五定"措施审核及实施的监督检查；隐患治理后评估	M1/M7	1
目标及方案	目标设定与落实	目标管理(目标的制定、分解、实施与考核)	M5/M9	1
		单位或部门 HSE 目标管理方案制定、实施	M7 + M9	1
资源投入	人员配备	国家、地方政府、集团公司岗位人员配备管理要求	M5/M9	1
		外部市场承揽项目、技术服务项目人力资源开发及效果评估	M5	1
	HSE 投入	安全生产费、环境保护费的计提和使用 安保基金的计提和上缴；隐患治理费用的计提和使用	M5	1
科技管理	成果转化能力提升	科技论文写作，成果项目论证立项、专利申报、成果文件撰写编制等；安全环保科技攻关项目的申报和实施；创新思维开发，创新能力提升	M5	1.5
能力、意识和培训	培训需求	岗位持证要求	M5 + M9	1
		岗位 HSE 履职能力要求 关键岗位 HSE 履职能力评估；单位(部门)HSE 培训矩阵的建立及应用	M5	1
	培训实施	培训管理(包括培训需求调查、计划编制、培训实施及培训效果评估、培训档案管理等)	M5	1
沟通	安全信息管理系统	安全信息管理系统使用手册	M5	1
	信息沟通	单位或部门内部沟通机制	M8	1
		单位或部门外部沟通的方式、渠道及注意事项；沟通和公关技巧、仪表礼仪	M5	1
文件和记录	文件管理	文件管理相关要求；协同办公系统文件管理要求	M5/M7	1
	记录管理	记录管理要求	M5	1
		记录格式	M5	1

续表

培训模块	培训课程	培训内容	培训方式	学时
建设项目管理	项目管理	建设项目管理要求；项目管理"三同时"；项目招标管理、合同管理和 HSE 协议	M5/M7	1
	地面建设项目	地面建设项目管理	M5	1
生产运行管理	生产协调管理	生产运行管理流程、制度及 HSE 要求 生产协调及统计分析；事故事件及异常的处置、报告、统计	M5 + M7	1
	生产技术管理	操作规程制修订；电力、水务、通信、热力、新能源等技术管理	M1	1
	生产操作管理	岗位巡检、交接班等劳动纪律和工艺纪律制度的制修订；生产辅助服务过程监督及考核	M5	1
异常管理	异常管理	生产异常情况的发现、分析、处理、报告	M1/M5	2
外部市场管理	外部市场管理	外部市场管理规定；承揽(或技术服务)项目 HSE 风险评估及管控；项目运营管理(人员、交通及驻地管理)	M5	2
设备设施管理	设备设施管理	设备全生命周期管理、分级管理 特种设备管理；HSE 设施(安全附件)管理	M1 + M5	2
		设备设施的操作规程、维修维护保养规程编制、评审、发布及实施监督；设备设施运行管理要求的制修订(运行条件及参数；"5S"；缺陷标准)	M1/M5	2
危险化学品管理	危险化学品管理	常用危险化学品种类及储存、装卸、运输、使用、废弃过程的危险性分析、应急处置措施等管理要求	M1/M5	1
		危险化学品"一书一签"的管理 危险化学品装卸、储存、运输、使用及废弃操作规程的制修订	M1/M5	1
承包商安全管理	承包商安全管理	承包商资质审查(QHSE 管理体系审计)，招标、合同管理，分包管理	M1/M5	1
		承包商 HSE 教育培训；承包商风险管控要求	M5	1
		承包商监督检查、考核评价；承包商事故案例	M1/M5	2
采购供应管理	采购供应管理	供应商资质审查，考评标准及动态考评	M1/M5	1
		物资采购计划制定、审核；物资采购、验收管理	M9	2
		绿色采购	M5	1
施工作业管理	施工作业管理	施工方案制定、评估、审查，完工验收标准制定；现场封闭化管理等安全环保技术措施制定、审查、交底	M1/M5	1
		特殊作业现场管理(管理流程、现场标准化及施工安全环保监督检查)	M1/M5	1
		特殊作业、非常规作业施工现场标准制定	M3 + M6	1
		领导带班、HSE 观察的要求	M5	1
		常见施工作业事故案例	M4	1

续表

培训模块	培训课程	培训内容	培训方式	学时
员工健康管理	员工健康管理	健康风险识别、评估及监测管理	M5/M7	1
		职业病危害因素识别、职业健康体检，职业健康监护档案	M5	1
		劳动防护用品配备标准及发放管理	M9	1
		员工帮助计划(EAP)，心理健康管理	M1 + M5	1
		工伤管理；身体健康管理，健康促进活动	M5	1.5
自然灾害管理	自然灾害管理	自然灾害类别、预警及应对，地质灾害信息预警；企地应急联动机制	M5 + M9	1
		自然灾害应急预案编制、评估、演练及改进	M4	1
治安保卫与反恐防范	治安保卫与反恐防范	重点办公场所、人员密集场所治安防范系统、安防器材配备及管理	M5 + M8	1
		治安、反恐防范日常管理及"两特两重"管理要求	M5	1
		治安、反恐突发事件应急预案编制、评估、演练	M5 + M8	1
公共卫生安全管理	公共卫生安全管理	新冠疫情防范	M4	2
		单位公共卫生管理，公共卫生预警机制；传染病和群体性不明原因疾病的防范	M5	1
		食品安全管理，食物中毒预防及控制	M1	1
交通安全管理	交通安全管理	道路交通法律法规中涉及车辆单位、驾驶人、道路使用人相关管理要求和法律责任的条款；单位(含外部市场)车辆、驾驶人管理要求；道路交通安全预警管理机制	M5 + M9	2
环境保护管理	环境保护管理	环境保护管理；环境监测与统计，环境信息管理；危险废物管理(管理要求、储存管理要求、转运要求等)；作业现场环保管理要求及污染防治措施	M5/M9	2
现场管理	现场管理	现场管理要求(封闭化管理，视频监控)；现场安全标志、标识管理要求；单位安全环保督查内容及考核机制；目视化管理要求及监督检查；施工作业监护管理要求的制修订、监督检查；生产辅助服务典型事故案例	M5/M9	1
应急管理	应急管理	应急管理相关要求(单位或部门应急组织、机制等)	M5 + M8	1
		单位或部门应急资源调查、应急能力评估；应急预案管理；应急资源配备、管理	M5	1
消(气)防管理	消(气)防管理	消(气)防管理要求	M2 + M3 + M8	1
		消(气)防设施及器材(含火灾监控及自动灭火系统)配置、管理；防雷、防静电管理要求；消防设备设施完好性标准制定及消防管理监督检查	M1/M2	1
事故事件管理	事故事件管理	事故(事件)管理(含分类、分级、报告、调查、问责、统计分析及整改措施等)；事故(事件)警示教育	M5/M9	1

续表

培训模块	培训课程	培训内容	培训方式	学时
基层管理	基层建设	"三基""三标"建设;"争旗夺星"竞赛、岗位标准化等要求;基层建设方案制定、论证	M5	2
	基础工作	作业文件的制订、审核、发布、修订、执行监督等相关要求;岗位操作标准化、"五懂五会五能"相关要求及监督检查	M5 + M9	1
	基本功训练	"手指口述"操作法、生产现场唱票式工作法;导师带徒、岗位练兵等相关要求及监督检查。"三基"建设;岗位标准化;劳动纪律;岗位 HSE 责任制	M2 + M8	1
绩效评价	绩效监测	HSE 绩效监测管理机制;单位或部门 HSE 管理体系运行监测指标、监测与考核要求	M5	1
	合规性评价	合规性评价管理要求;合规性评价报告及不符合整改	M5	1
	审核	HSE 管理体系审核;审核报告不符合项及建议的落实、跟踪;内审员能力要求及培养	M5	1
	管理评审	管理评审要求;管理评审输入、输出(改进措施);管理评审报告改进措施落实及跟踪	M5	1
改进	不符合纠正措施	不符合来源、分类和纠正措施	M9	1
	持续改进	强化 HSE 管理与专业管理的深度融合,提升单位 HSE 绩效;改进体系适宜性、充分性、有效性的途径,培育单位 HSE 文化	M5/M9	1

说明:M1——课堂讲授;M2——实操训练;M3——仿真训练;M4——预案演练;M5——网络学习;M6——班组(科室)安全活动;M7——生产会议或 HSE 会议;M8——视频案例;M9——文件制度自学。其中,M1 + M5 表示 M1 与 M5;M1/M5 表示 M1 或 M5。

表 2 – 1 – 10　HSE 管理专项能力实操项目培训及考核方式

培训模块	培训课程	培训内容	培训及考核方式	学时
体系思维	HSE 管理体系	运用体系化思维做好业务管控	N2	1
		如何将 HSE 管理体系落实到实践中	N3	1
领导、承诺和责任	领导引领力	业务(属地)岗位 HSE 职责	N2	1
		业务(属地)岗位承诺;岗位负面行为清单	N2	1
		业务(属地)最大的 HSE 风险	N2	1
		本岗位风险承包点及风险管控情况	N2	1
	全员参与	本年度企业员工合理化建议的处置情况	N2	1
		叙述业务范围(属地范围)内负面安全行为	N2	1
		中国石化安全记分管理规定	N3	1
法律法规识别	法律法规承接转化	业务(属地)范围内 HSE 相关法律法规和其他要求识别情况	N2	1
		业务(属地)范围内涉及法律法规和其他要求的传递、转化、宣贯情况	N2	1
		专业制度承接法律法规和相关要求的情况	N2	1

续表

培训模块	培训课程	培训内容	培训及考核方式	学时
风险管控	安全风险管控	承包点主要安全风险	N3	1
		承包点安全风险降级、减值	N3	1
		业务(属地)生产过程风险清单、风险分布图、风险管控措施及分责	N2	1
		业务(属地)施工(作业)过程风险清单、风险分布图、风险管控措施及分责	N2	1
		业务(属地)交通安全、公共安全及服务过程安全风险(含外部市场)清单、风险分布图	N2	1
	环境风险管控	环境影响因素分析	N2/N4	1
隐患排查和治理	隐患排查和治理	向油田或地方政府报告的隐患治理和管控情况	N2	1
		隐患排查治理方案审核组织及审核结论编写	N3	1
能力、意识和培训	培训实施	单位(部门)培训计划及落实情况	N2	1
沟通	安全信息管理系统	安全信息管理系统登录及相关信息录入	N4	1
	信息沟通	单位或部门外部沟通的信息及效果	N2	1
		单位或部门内部沟通的焦点和难点问题	N2	1
文件和记录	文件管理	协同办公系统文件的处理流程	N2	1
	记录管理	单位或部门记录文件类别及要求	N2	1
建设项目管理	项目管理	建设项目设计方案的论证	N3	1
		建设项目实施方案的编制和审查	N4	1
		单位或部门建设项目安全环保技术措施的审查、纠错	N3	1
		建设项目实施过程 QHSE 监督与控制	N2	1
		建设项目变更风险评估	N3	1
生产运行管理	生产协调管理	任务工单发起、监督检查	N2	1
	生产技术管理	操作规程等作业文件的修订	N2	1
异常管理	异常管理	生产辅助服务异常情况分析及措施	N3	1
设备设施管理	设备设施管理	一类设备管理	N3	1
		特种设备的类别、备案、安全等级	N2	2
施工作业管理	施工作业管理	二级动火作业安全分析(JSA)及审批作业许可	N3	2
		施工作业现场作业人员不安全行为 HSE 观察	N2	1
员工健康管理	员工健康管理	单位或部门健康重点关注人员管控	N4	1
		单位或部门应急医疗用品配备及管理	N2	2
治安保卫与反恐防范	治安保卫与反恐防范	治安事件应急处置	N4	2

培训模块	培训课程	培训内容	培训及考核方式	学时
环境保护管理	环境保护管理	突发环境事件应急预案编制、评审及演练	N4	2
现场管理	现场管理	现场不安全行为 HSE 观察	N2	1
		现场安全标志、标识配备	N2	1
应急管理	应急管理	专项应急演练计划编制	N2	1
		单位综合应急预案单项及多项功能演练	N4	1
事故事件管理	事故事件管理	"风险经历共享"案例分析	N2	1
绩效评价	合规性评价	如何解决新旧标准变化、政策法规更新带来的不合规问题	N2	1
改进	不符合纠正措施	某火灾事件的"五个回归"溯源分析	N2	1
		某制度未及时修订"五个回归"溯源分析	N2	1

说明：N1——考试；N2——访谈；N3——答辩；N4——模拟实操（手指口述）。其中，N1 + N2 表示 N1 与 N2；N1/N2 表示 N1 或 N2。

6 考核标准

6.1 考核办法

参照本章第一节　企业领导及关键岗位中层管理人员 HSE 培训大纲及考核标准6.1 考核办法。

6.2 考核要点

6.2.1 安全基础知识

6.2.1.1 HSE 法律法规

掌握 HSE 相关法律法规中的职责、权利、义务、管理要求和法律责任的相关条款。

6.2.1.2 HSE 标准规范

掌握标准规范中的 HSE 要求，安全生产标准化、绿色企业、健康企业创建相关要求等。

6.2.1.3 HSE 相关规章制度

掌握中国石化、油田相关管理制度中 HSE 管理要求。

6.2.1.4 HSE 技术

掌握生产辅助服务涉及的防火防爆、防雷防静电、电气安全、机械安全、环境保护等技术。

6.2.2 体系思维

6.2.2.1 油田 HSE 理念

a)掌握中国石化(油田)HSE 方针、愿景、管理理念；

b)掌握中国石化(油田)安全环保禁令、承诺，保命条款。

6.2.2.2 HSE 管理体系

a)掌握油田 HSE 管理体系与基层管理(业务管理)相关要素；

b) 掌握直属单位 HSE 管理体系主要内容；

c) 掌握运用体系化思维做好业务管控；将 HSE 管理体系管理要求与业务管理相互融入。

6.2.3　领导、承诺和责任

6.2.3.1　领导引领

a) 掌握践行有感领导，落实直线责任（属地责任）；

b) 了解领导干部 HSE 履职能力和尽职情况评估；

c) 掌握业务（属地）岗位 HSE 职责；

d) 掌握业务（属地）岗位承诺；岗位负面行为清单；

e) 掌握业务（属地）最大的 HSE 风险；

f) 掌握本岗位风险承包点及风险管控情况；

g) 掌握（论述）在主管业务管理过程践行 HSE 管理体系运行思维。

6.2.3.2　全员参与

a) 掌握全员安全行为规范，包括员工通用安全行为、安全行为负面清单等；

b) 掌握员工参与协商机制和协商事项；

c) 掌握本年度员工合理化建议的处置情况；

d) 掌握业务范围（属地范围）内的负面安全行为。

6.2.3.3　组织机构和职责

a) 了解基层级组织机构设置要求；

b) 掌握全员岗位责任制体系建立及履责，主要包括 HSE 责任制的制、修订，落实及监督考核；

c) 掌握本岗位 HSE 职责及承诺内容。

6.2.3.4　社会责任

a) 掌握两级机关人员企业年报、可持续发展报告、社会责任报告的编制；

b) 掌握基层单位应履行社会责任的内容；

c) 掌握公众开放日、企业形象宣传等。

6.2.4　法律法规识别

6.2.4.1　法律法规清单建立

a) 掌握法律法规和其他要求的识别要求；

b) 掌握业务（属地）范围内相关法律法规和其他要求清单的建立、更新；

c) 掌握业务（属地）范围内 HSE 相关法律法规和其他要求识别情况。

6.2.4.2　法律法规承接转化

a) 掌握法律法规和其他要求转化的要求；

b) 掌握业务（属地）范围内涉及法律法规和其他要求的传递、转化、宣贯情况；

c) 掌握专业制度承接法律法规和相关要求的情况。

6.2.5　风险管控

6.2.5.1　双重预防机制

a) 掌握国家、地方政府双重预防机制要求；

b) 掌握中国石化双重预防机制及油田双重预防机制要求；

c)掌握安全生产专项整治三年行动计划。

6.2.5.2　风险识别与评估

a)掌握风险的概念、分类、分级等;

b)掌握 SCL、JSA、HAZOP、SIL 等安全风险识别评价方法。

6.2.5.3　安全风险管控

a)了解油气开采生产过程安全风险;

b)掌握施工(作业)过程安全风险管控;

c)掌握交通安全风险管控;

d)了解公共安全风险管控;

e)了解管理及服务过程安全风险管控;

f)了解承包点主要安全风险(实操);

g)了解承包点安全风险降级、减值;

h)了解业务(属地)生产过程风险清单、风险分布图、风险管控措施及分责;

i)了解业务(属地)施工(作业)过程风险清单、风险分布图、风险管控措施及分责;

j)了解业务(属地)交通安全、公共安全及服务过程安全风险(含外部市场)清单、风险分布图。

6.2.5.4　环境风险管控

a)掌握环境因素识别、评价、管控和重要环境因素的分级;

b)掌握发生突发环境事件风险识别与评估;

c)掌握环境影响因素分析。

6.2.6　隐患排查和治理

a)掌握事故隐患的概念、分级、分类,中国石化重大生产安全事故隐患判定标准;

b)掌握隐患排查治理台账;

c)掌握隐患排查治理方案的组织制定、审核;

d)掌握投资类或安保基金隐患治理项目计划的制定、下达;

e)掌握隐患治理项目申报;

f)掌握隐患治理项目实施、监督检查等管理要求;

g)掌握"五定"措施审核及实施的监督检查;

h)掌握隐患治理后评估;

i)掌握向油田或地方政府报告的隐患治理和管控情况;

j)掌握隐患排查治理方案审核组织及审核结论编写。

6.2.7　目标及方案

a)了解管理目标的制定、分解、实施与考核;

b)掌握单位或部门 HSE 目标管理方案制定、实施。

6.2.8　资源投入

6.2.8.1　人员配备

a)掌握国家、地方政府、集团公司岗位人员配备管理要求;

b)掌握外部市场承揽项目、技术服务项目人力资源开发及效果评估。

6.2.8.2　HSE 投入

a)掌握安全生产费、环境保护费的计提和使用；

b)掌握安保基金的计提和上缴；

c)掌握隐患治理费用的计提和使用。

6.2.8.3　科技管理

a)了解科技论文写作，成果项目论证立项、专利申报、成果文件撰写编制等；

b)了解安全环保科技攻关项目的申报和实施；

c)了解创新思维开发，创新能力提升。

6.2.9　能力、意识和培训

6.2.9.1　培训需求

a)掌握业务范围各类岗位持证要求；

b)掌握岗位 HSE 履职能力要求；

c)掌握关键岗位 HSE 履职能力评估的方法及注意事项；

d)掌握单位(部门)HSE 培训矩阵的建立及应用。

6.2.9.2　培训实施

a)了解培训需求调查、计划编制、培训实施及培训效果评估、培训档案管理等培训管理要求；

b)了解单位(部门)培训计划及落实情况。

6.2.10　沟通

6.2.10.1　安全管理信息系统

a)了解安全信息管理系统使用要求；

b)掌握安全信息管理系统登录及相关信息录入。

6.2.10.2　信息沟通

a)掌握单位或部门内部沟通机制；单位或部门内部沟通的焦点和难点问题；

b)掌握单位或部门外部沟通的方式、渠道及注意事项；单位或部门外部沟通的信息及效果；

c)掌握沟通和公关技巧、仪表礼仪。

6.2.11　文件和记录

6.2.11.1　文件管理

a)掌握企业或单位文件类型、识别与获取、创建与评审修订、发布与宣贯、文件保护、作废处置等文件管理相关要求；

b)掌握协同办公系统文件管理要求；协同办公系统文件的处理流程。

6.2.11.2　记录管理

a)了解企业或单位记录形式、标识、保管、归档、检索和处置方法等记录管理要求；

b)了解企业或单位专业管理相关台账、生产经营相关的记录、监督检查记录等记录格式；

c)掌握单位或部门记录文件类别及要求。

6.2.12　建设项目管理

6.2.12.1　项目管理

a)掌握建设项目的可研、论证、立项、设计、方案编制、审批、质量控制、实施、变更、监督检查和验收等管理要求；

b)掌握项目管理"三同时"；

c)掌握项目招标管理、合同管理和 HSE 协议；

d)掌握建设项目设计方案的论证、编制和审查；

e)掌握单位或部门建设项目安全环保技术措施的审查、纠错；

f)掌握建设项目实施过程 QHSE 监督与控制；

g)掌握建设项目变更风险评估。

6.2.12.2 地面建设项目

掌握地面建设项目可研、设计、招标及合同、建设、试生产与竣工验收等管理要求。

6.2.13 生产运行管理

6.2.13.1 生产协调管理

a)掌握生产运行管理流程、制度及 HSE 要求；

b)掌握生产协调及统计分析；

c)掌握事故事件及异常的处置、报告、统计；

d)掌握任务工单(调度令)发起、监督检查等生产协调管理要求。

6.2.13.2 生产技术管理

a)掌握分管业务操作规程制修订；

b)掌握电力、水务、通信、热力、新能源等技术管理；

c)掌握操作规程等作业文件的修订。

6.2.13.3 生产操作管理

a)掌握岗位巡检、交接班等劳动纪律和工艺纪律制度的制修订；

b)掌握生产辅助服务过程监督及考核。

6.2.14 异常管理

a)掌握生产异常情况的发现、分析、处理、报告；

b)掌握生产辅助服务异常情况分析及措施。

6.2.15 外部市场管理

a)掌握外部市场项目评审、合同管理、监督、检查及考核等管理规定；

b)掌握承揽(或技术服务)项目 HSE 风险评估及管控；

c)掌握项目运营管理，主要包括人员、交通及驻地管理。

6.2.16 设备设施管理

a)了解机械设备、电气设备、仪器仪表等设备全生命周期管理、分级管理；

b)了解特种设备管理；HSE 设施(安全附件)管理；

c)了解设备设施的操作规程、维修维护保养规程编制、评审、发布及实施监督；

d)了解设备设施运行管理要求的制修订(运行条件及参数；"5S"；缺陷标准)；

e)掌握一类设备管理要求；特种设备的类别、备案、安全等级管理。

6.2.17 危险化学品管理

a)了解常用危险化学品种类及储存、装卸、运输、使用、废弃过程的危险性分析、应急处置措施等管理要求；

b)了解危险化学品"一书一签"的管理；

c）了解危险化学品装卸、储存、运输、使用及废弃操作规程的制修订。

6.2.18   承包商安全管理

a）掌握承包商资质审查（QHSE 管理体系审计），招标、合同管理，分包管理；

b）掌握承包商 HSE 教育培训、风险管控、监督检查、考核评价要求；

c）了解业务范围内承包商典型事故案例。

6.2.19   采购供应管理

a）掌握供应商资质审查，考评标准及动态考评；

b）掌握物资采购计划制定、审核；

c）掌握物资采购、验收管理；绿色采购。

6.2.20   施工作业管理

a）掌握施工方案制定、评估、审查，完工验收标准制定；

b）掌握现场封闭化管理等安全环保技术措施制定、审查、交底；

c）掌握特殊作业、非常规作业施工现场标准制定；

d）掌握特殊作业管理流程、现场标准化及施工安全环保监督检查等现场管理要求；

e）掌握领导带班、HSE 观察的要求；

f）了解常见施工作业事故案例；

g）掌握二级动火作业安全分析（JSA）及审批作业许可；

h）掌握施工作业现场作业人员不安全行为 HSE 观察。

6.2.21   员工健康管理

a）了解健康风险识别、评估及监测管理；

b）了解职业病危害因素识别、职业健康体检，职业健康监护档案；

c）了解劳动防护用品配备标准及发放管理；

d）了解工伤管理；

e）了解员工帮助计划（EAP），心理健康管理；

f）了解身体健康管理，健康促进活动；

g）掌握单位或部门健康重点关注人员管控；

h）掌握单位或部门应急医疗用品配备及管理。

6.2.22   自然灾害管理

a）了解自然灾害类别、预警及应对，地质灾害信息预警；

b）了解自然灾害应急预案编制、评估、演练及改进；

c）了解企地应急联动机制。

6.2.23   治安保卫与反恐防范

a）掌握重点办公场所、人员密集场所治安防范系统、安防器材配备及管理；

b）了解治安、反恐防范日常管理及"两特两重"管理要求；

c）了解治安、反恐突发事件应急预案编制、评估、演练；

d）掌握治安事件应急处置要求。

6.2.24   公共卫生安全管理

a）掌握新冠疫情防范；

b）掌握单位公共卫生管理，公共卫生预警机制；

c）了解传染病和群体性不明原因疾病的防范；

d）了解食品安全管理，食物中毒预防及控制。

6.2.25　交通安全管理

a）了解道路交通法律法规中涉及车辆单位、驾驶人、道路使用人相关管理要求和法律责任的条款；

b）了解单位（含外部市场）车辆、驾驶人管理要求；

c）了解道路交通安全预警管理机制。

6.2.26　环境保护管理

a）掌握环境保护管理；

b）掌握环境监测与统计，环境信息管理；

c）掌握危险废物管理要求、储存管理要求、转运要求等；

d）掌握作业现场环保管理要求及污染防治措施；

e）掌握突发环境事件应急预案编制、评审及演练。

6.2.27　现场管理

a）掌握现场管理封闭化管理，视频监控的要求；

b）掌握现场安全标志、标识管理要求，并能现场应用；

c）掌握单位安全环保督查内容及考核机制；

d）掌握目视化管理要求及监督检查；

e）掌握施工作业监护管理要求的制修订、监督检查；

f）掌握生产辅助服务典型事故案例；

g）掌握现场不安全行为 HSE 观察技巧及注意事项。

6.2.28　应急管理

a）掌握单位或部门应急组织、机制等应急管理相关要求；

b）掌握单位或部门应急资源调查、应急能力评估；

c）掌握预案编制、评审、发布、实施、备案及岗位应急处置卡的编制等应急预案管理内容；

d）掌握应急资源配备、管理；

e）掌握业务管理范围专项应急演练计划编制；组织单位综合应急预案单项及多项功能演练。

6.2.29　消（气）防管理

a）掌握单位火灾预防机制、监视与监护管理、消防重点区域分级、消防档案等消（气）防管理要求；

b）掌握消（气）防设施及器材配置、管理要求；

c）掌握防雷、防静电管理要求；

d）掌握消防设备设施完好性标准制定及消防管理监督检查。

6.2.30　事故事件管理

a）掌握事故（事件）分类、分级、报告、调查、问责、统计分析及整改措施等管理要求；

b）掌握事故（事件）警示教育要求并实施；

c)掌握"风险经历共享"案例分析方法。

6.2.31 基层管理

6.2.31.1 基层建设

a)掌握"三基""三标"建设标准；

b)了解"争旗夺星"竞赛、岗位标准化等要求；

c)了解基层建设方案制定、论证的要求并组织实施。

6.2.31.2 基础工作

a)掌握作业文件的制订、审核、发布、修订、执行监督等相关要求；

b)掌握岗位操作标准化、"五懂五会五能"相关要求及监督检查。

6.2.31.3 基本功训练

a)了解"手指口述"操作法、生产现场唱票式工作法；

b)了解导师带徒、岗位练兵等相关要求及监督检查。

6.2.32 绩效评价

6.2.32.1 绩效监测

a)掌握 HSE 绩效监测管理机制；

b)掌握单位或部门 HSE 管理体系运行监测指标、监测与考核要求。

6.2.32.2 合规性评价

a)掌握合规性评价管理要求；

b)掌握合规性评价报告及不符合整改；

c)掌握如何解决新旧标准变化、政策法规更新带来的不合规问题。

6.2.32.3 审核

a)掌握 HSE 管理体系审核，包括审核类型及频次，审核方案、计划、实施、报告等；

b)掌握审核报告不符合项及建议的落实、跟踪；

c)了解内审员能力要求及培养。

6.2.32.4 管理评审

a)掌握管理评审要求，包括管理评审频次、主持人、参加人、形式等；

b)掌握管理评审输入、输出(改进措施)；

c)掌握管理评审报告改进措施落实及跟踪。

6.2.33 改进

6.2.33.1 不符合纠正措施

a)掌握不符合来源、分类的分析及纠正措施的制订、论证；

b)掌握某火灾事件的"五个回归"溯源分析方法；

c)掌握某制度未及时修订"五个回归"溯源分析的方法。

6.2.33.2 持续改进

a)掌握强化 HSE 管理与专业管理的深度融合，提升单位 HSE 绩效的途径；

b)掌握改进体系适宜性、充分性、有效性的途径，培育单位 HSE 文化。

第二章　基层班组长及技术管理人员 HSE 培训大纲及考核标准

第一节　油气生产班组长及技术管理人员 HSE 培训大纲及考核标准

1　范围

本标准规定了油田直属单位（A 类）班组长及技术管理人员 HSE 培训要求、理论及实操培训的内容、学时安排，以及考核的方式、内容。

2　适用岗位

油田直属单位（A 类）基层班组长及业务主办、助理员、业务员岗位，技师、高级技师，主任师、副主任师、主管师、助理师、技术员等技术序列管理人员。

3　依据

《生产经营单位安全培训规定》；

《安全生产培训管理办法》；

《油田 HSE 管理体系手册》；

《油田安全培训与安全能力提升管理实施细则》。

4　安全生产培训大纲

4.1　培训要求

a）班组长及技术管理人员（A 类单位）应具备与本岗位所从事生产经营活动相适应的 HSE 相关知识和能力，并经企业人力资源或 HSE 管理监督部门考核合格；

b）培训应按照国家及油田有关 HSE 培训的规定组织进行；

c）培训应以"五懂五会五能"要求为基础，强化现场 HSE 意识，重点关注专业技术能力、现场 HSE 管理能力、风险管控和隐患排查治理能力、应急处置能力，突出安全操作、隐患排查、初期应急和自救互救等内容，加强现场清洁安全生产和 HSE 管理技能提升的综合培训；

d）培训应坚持理论与实践相结合，尽量以导师带徒、岗位练兵、班组安全活动、周练月考、班前/后会、比武竞赛等强化基层能力提升的形式，强化现场管控能力和清洁安全操作能力提升，也可采用课堂讲授、实操训练、仿真训练、预案演练、网络学习、视频案例等培训方式。

4.2　培训内容

4.2.1　安全基础知识

4.2.1.1　HSE 法律法规

《安全生产法》《环境保护法》《职业病防治法》《特种设备安全法》《石油天然气管道保护法》《刑法》《劳动合同法》《危险化学品安全管理条例》《生产安全事故报告和调查处理条例》《工伤保险条例》《女职工劳动保护特别规定》等相关法律法规中关于岗位和现场管理职责、权利、义务、HSE 管理要求、法律责任的相关条款。

4.2.1.2　HSE 标准规范

a)《石油天然气工程设计防火规范》(GB 50183)、《建筑设计防火规范》(GB 50016)、《石油库设计规范》(GB 50074)、《油田油气集输设计规范》(GB 50350)、《石油化工可燃气体和有毒气体检测报警设计规范》(GB 50493)《安全标志使用原则与要求》(GB/T 2893)等技术标准规范中油气开发专业涉及的 HSE 要求;

b)安全生产标准化企业创建相关要求;

c)绿色企业、健康企业创建相关要求。

4.2.1.3　HSE 技术

油气开发专业生产现场涉及的防火防爆、防雷防静电、电气安全、机械安全、环境保护等技术。

4.2.2　HSE 管理体系

4.2.2.1　油田 HSE 理念

a)中国石化(油田)HSE 方针、愿景、管理理念;

b)中国石化(油田)安全环保禁令、承诺,保命条款。

4.2.2.2　HSE 管理体系

a)油田 HSE 管理体系与现场管理相关要素;

b)直属单位 HSE 管理体系主要内容。

4.2.3　领导、承诺和责任

4.2.3.1　领导引领力

a)岗位承诺;

b)领导参加基层 HSE 活动。

4.2.3.2　全员参与

a)全员安全行为规范;

b)中国石化安全记分管理规定;

c)企业员工参与协商机制和协商机制(合理化建议)。

4.2.3.3　组织机构和职责

a)基层单位 HSE 组织机构及主要职责;

b)岗位 HSE 责任制。

4.2.3.4　社会责任

a)基层单位应履行社会责任的内容;

b)危险物品及危害后果、事故预防及响应措施告知;

c)公众开放日、企业形象宣传等。

4.2.4 法律法规识别

4.2.4.1 法律法规清单建立

a) HSE 相关法律法规和其他要求的识别要求；

b) HSE 相关法律法规和其他要求清单建立、更新。

4.2.4.2 法律法规承接转化

a) 法律法规和其他要求转化的要求；

b) 油气开发相关专业涉及法律法规和其他要求的宣贯。

4.2.5 风险管控

4.2.5.1 双重预防机制

a) 油田双重预防机制要求；

b) 安全生产专项整治三年行动计划。

4.2.5.2 安全风险识别评价

a) 风险的概念、分类、分级等；

b) 安全风险识别评价方法（SCL、JSA、HAZOP、SIL 等）。

4.2.5.3 安全风险管控

a) 油气开采生产过程安全风险管控；

b) 施工（作业）过程安全风险管控；

c) 交通安全风险管控；

d) 基层场站或施工区域公共安全风险管控；

e) 基层场站（或区域）生产风险分布图、风险控制措施（实操）；

f) 施工作业风险管控措施（实操）。

4.2.5.4 环境风险管控

a) 环境因素、突发环境事件风险识别；

b) 环境风险源管控。

4.2.5.5 重大危险源辨识与评估

a) 重大危险源辨识及监控；

b) 重大危险源包保责任制。

4.2.6 隐患排查和治理

a) 事故隐患的概念、分级、分类，中国石化重大生产安全事故隐患判定标准；

b) 隐患排查及保护措施；

c) 隐患排查治理台账，隐患治理项目申报；

d) 隐患治理项目管理；

e) 油气生产现场（场站）典型隐患识别及保护措施（实操）；

f) 油气集输场站典型隐患识别及保护措施（实操）；

g) 典型施工作业现场（用火、受限空间等作业）隐患识别及保护措施（实操）。

4.2.7 目标及方案

a) 目标管理（含目标的制定、分解、实施与考核）；

b) 基层单位 HSE 目标管理方案制定、实施。

4.2.8　科技管理

a)科技成果转化能力提升(包括科技论文写作,成果项目论证立项、专利申报、成果文件撰写编制等);

b)安全环保科技攻关项目的申报和实施;

c)基层创新思维开发,创新能力提升。

4.2.9　能力、意识和培训

a)岗位持证要求;

b)基层 HSE 培训管理(基层 HSE 培训矩阵、需求调查、培训实施、效果评估及培训记录等);

c)导师带徒、岗位练兵、班组安全活动、周练月考、班前/后会、岗位劳动比武竞赛等形式的组织及考核。

4.2.10　沟通

4.2.10.1　安全信息管理系统

安全信息管理系统中员工安全诊断建议上报、隐患排查信息上报等信息填报操作。

4.2.10.2　信息沟通

a)信息沟通的方式及注意事项;

b)沟通和公关技巧、仪表礼仪。

4.2.11　文件和记录

4.2.11.1　文件管理

a)文件管理相关要求(包括文件类型、识别与获取、创建与评审修订、发布与宣贯、保护、作废处置等);

b)协同办公系统文件管理要求。

4.2.11.2　记录管理

a)记录管理要求(含记录形式、标识、保管、归档、检索和处置方法等);

b)记录格式(含专业管理相关台账、生产经营相关的记录、监督检查记录等);

c)基层单位相关记录的创建、填写、修改、保存、销毁。

4.2.12　建设项目管理

a)建设项目现场管理要求(项目质量控制、现场监督检查、现场监护等);

b)建设项目安全技术措施交底。

4.2.13　生产运行管理

4.2.13.1　生产协调管理

a)生产运行管理流程、制度及 HSE 要求;

b)生产协调及统计分析;

c)事故事件及异常的报告、统计;

d)任务工单(调度令)发起、监督检查、资料归档(实操)。

4.2.13.2　生产技术管理

a)工艺管理,工艺流程图绘制,工艺卡片、操作规程、开停工方案的执行及监督;

b)采油、采气、注水、注气、集输站(库)、集输管道、储气库、天然气净化处理、高含硫气田生产等专业技术要求;

c)任务工单(调度令)技术指导。

4.2.13.3　生产操作管理

a)岗位巡检、交接班,岗位操作规程等作业文件;

b)装置开停工操作,压力、液位、温度、流量等运行参数管控;

c)任务工单(调度令)接收、实施、归档等(实操);

d)生产操作运行记录填写(实操)。

4.2.14　井下作业管理

a)井下作业施工方案、应急预案的编制及评审;

b)地质设计、工程设计的方案编制及评审,作业监督管理,压裂、酸化等大型施工方案实施,作业井施工方案审核;

c)作业井施工 HSE 管理,现场标准化,作业工艺技术,应急演练。

4.2.15　井控管理

a)井控管理要求及职责,井控三色管理要求;

b)生产井、长停井和废弃井井控管理,井控预案演练。

4.2.16　异常管理

a)生产异常的发现、处置、报告;

b)异常溯源分析与防范措施(实操);

c)生产信息自动采集系统中,生产异常的发现、处理、报告、分析与防范措施(实操)。

4.2.17　外部市场管理

a)外部市场管理规定;

b)承揽(或技术服务)项目 HSE 风险评估及管控;

c)项目运营管理(人员、交通及驻地管理)。

4.2.18　设备设施管理

a)设备全生命周期管理、分级管理;

b)设备(长输管道)完整性管理(管道高后果区识别及全面风险评价)(普光采气厂及长输管道运维单位);

c)特种设备管理;HSE 设施(安全附件)管理;

d)设备设施运行管理(设备运行条件,设备设施"5S",缺陷识别);

e)设备设施操作及维护保养(设备设施操作规程、维修维护保养规程);

f)机械设备(抽油机三措施一禁令)及仪表管理要求;

g)游梁式抽油机维护保养主要检查点(实操);

h)关键设备(或主要设备)运行规程(实操);

i)显示类仪表安装使用及维护保养(实操);

j)关键设备(或主要设备)运行记录填写(实操)。

4.2.19　泄漏管理

a)腐蚀监测;

b)泄漏监测、预警、处置和分析;

c)油气开发常见设备设施、管道泄漏事故案例;

d)阴极保护桩测试(实操);

e)接地电阻测试(实操)。

4.2.20　危险化学品管理

a)油田常用危险化学品分类、生产及备案,储存、装卸、运输、使用、废弃管理及法律责任;

b)危险化学品"一书一签"(业务涉及介质的理化性质、危险性分析、应急处置等);

c)危险化学品操作规程及注意事项,应急处置、个人防护。

4.2.21　承包商安全管理

a)承包商入场 HSE 教育培训;

b)承包商现场监督、监护、考核评价;

c)承包商现场施工作业事故案例。

4.2.22　采购供应管理

a)采购计划(物资材料规格型号、技术参数选用),绿色采购;

b)物资材料验收及管理。

4.2.23　施工作业管理

a)施工方案实施要求,完工验收标准;

b)能量隔离措施,安全环保技术措施;

c)特殊作业、非常规作业现场标准化;

d)特殊作业现场管理(关注管理流程、注意事项及施工安全技术)(实操);

e)施工作业安全分析(JSA 分析)(实操);

f)用火、临时用电、受限空间等特殊作业票证管理要求及监护(实操);

g)油田常见施工作业事故案例。

4.2.24　变更管理

a)变更分类分级管理;

b)油气开发专业工艺、设备变更重点关注内容;

c)变更方案编制;

d)变更申请、风险评估、审批、实施、验收、关闭等流程管理。

4.2.25　员工健康管理

a)健康风险识别、评估及监测管理;

b)职业危害因素识别,职业病危害因素动态监控和定期检测公示;

c)个体防护用品、职业病防护设施配备;

d)职业健康监护档案;

e)员工帮助计划(EAP),心理健康管理;

f)身体健康管理,健康促进活动;

g)现场止血包扎等现场自救互救技能提升(实操);

h)个体防护用品使用及维护保养(实操);

i)职业病防护设施的检查、维护保养(实操);

j)心肺复苏术,AED(自动体外除颤仪)使用及保养(实操)。

4.2.26　自然灾害管理

a)自然灾害分类,灾害信息预警;

b)灾害预案演练及改进。

4.2.27 治安保卫与反恐防范

a)油(气)区、油气场站、人员密集场所治安防范系统、反恐防范及日常管理;

b)"两特两重"管理;

c)突发事件的处置,安防器材使用及维护。

4.2.28 公共卫生管理

a)新冠疫情防范;

b)场站公共卫生管理,安保措施与应急处置机制;

c)传染病和群体性不明原因疾病的防范;

d)食品安全、食物中毒预防。

4.2.29 交通安全管理

a)道路交通法律法规中涉及车辆单位、驾驶人、道路使用人相关管理要求和法律责任的条款;

b)机动车辆管理;

c)道路交通紧急情况处置。

4.2.30 环境保护管理

a)油气开发专业环境保护、清洁生产管理要求;

b)环境监测与统计,环境信息管理;

c)危险废物管理(包括管理要求、储存管理要求、转运要求等);

d)作业现场污染防治措施;

e)突发环境事件应急预案及演练;

f)清洁生产管理,绿色企业行动计划;

g)油水管道泄漏环境保护应急处置方案演练(实操);

h)固体危险废物处置流程(报告、转运、资料归档)(实操)。

4.2.31 现场管理

a)基层单位生产现场网格化管理(责任区域的划分、监督、检查、考核等);

b)现场管理要求(关注封闭化管理,视频监控,能量隔离与挂牌上锁);

c)生产现场安全标志、标识管理;

d)"5S"管理;

e)属地管理,现场监护;

f)习惯性违章,不安全行为纠正(实操)。

4.2.32 应急管理

a)应急管理相关要求(基层应急组织、机制、应急预案等);

b)基层应急资源调查、配备、管理和应急能力评估;

c)专项应急预案、现场处置方案、岗位应急处置卡的编制(135处置原则)(实操);

d)基层(班组)应急演练计划编制(实操);

e)基层(班组)应急演练实施、评估(实操);

f)个人防护器具使用(实操)。

4.2.33　消(气)防管理

a)消(气)防管理要求[包括火灾预防机制，基层消防重点部位分级，档案，防雷、防静电，防火间距识别，消(气)防器材与设施管理，监视与监护等]；

b)灭火初期处置(灭火的"三看八定"，灭火步骤及方法)；

c)消防器材、设施的操作(实操)；

d)气防器具检查与使用(实操)；

e)消防器材检查、维护保养(实操)；

f)基层场站火警巡检、火灾智能视频识别(实操)。

g)防雷、防静电接地设施测试及检查(实操)。

4.2.34　事故事件管理

a)事故(事件)管理(包括事故分类、分级，事故事件报告、调查处理、统计分析、责任追究及整改措施等)；

b)岗前、作业前5min事故案例分享。

4.2.35　基层管理

4.2.35.1　基层建设

a)"三基""三标"建设，"争旗夺星"竞赛、岗位标准化等要求；

b)"信得过班组"创建要求。

4.2.35.2　基础工作

a)作业文件检查及更新；

b)交接班、巡回检查要求；

c)班前/班后会、班组 HSE 活动等管理要求；

d)岗位"五懂五会五能"及操作标准化相关要求；

e)油气开发基层工作经验分享(实操)。

4.2.35.3　基本功训练

a)"手指口述"操作法(实操)；

b)生产现场唱票式工作法(实操)；

c)HSE 观察(实操)；

d)导师带徒、岗位练兵等(实操)。

4.2.36　绩效评价

4.2.36.1　绩效监测

a)油气开发绩效监测指标(结果性监测指标、过程性监测指标)、监测与考核要求；

b)HSE 管理体系基层单位监测指标。

4.2.36.2　合规性评价

合规性评价报告及不符合整改。

4.2.36.3　审核

a)HSE 管理体系审核；

b)企业内审员能力要求及培养方式。

4.2.36.4　管理评审

a)企业管理评审相关要求；

b)单位管理评审。

4.2.37 改进

4.2.37.1 不符合纠正措施

a)不符合来源、分类和纠正措施；

b)"五个回归"溯源分析(实操)。

4.2.37.2 持续改进

识别持续改进机会、持续改进方式。

5 学时安排

油田企业直属单位班组长集中培训时间每月不少于4学时，其他方式学习培训每月不少于8学时；其他技术管理人员在岗培训每年不少于20学时，相关部门应根据每年HSE培训需求，从表2-2-1、表2-2-2中优选培训课程编制年度HSE培训计划，并组织实施。

表2-2-1 班组长及技术管理人员(A类单位)HSE培训学时

培训模块	培训课程	培训内容	培训方式	学时
HSE 基础知识	HSE 法律法规	《安全生产法》《环境保护法》《职业病防治法》《特种设备安全法》《石油天然气管道保护法》《劳动合同法》《危险化学品安全管理条例》《工伤保险条例》等相关法律法规中关于岗位和现场管理职责、权利、义务、HSE 管理要求、法律责任的相关条款	M5 + M9	4
	HSE 标准规范	《石油天然气工程设计防火规范》(GB 50183)、《建筑设计防火规范》(GB 50016)、《石油库设计规范》(GB 50074)、《油田油气集输设计规范》(GB 50350)、《石油化工可燃气体和有毒气体检测报警设计规范》(GB 50493)、《安全标志使用原则与要求》(GB/T 2893)等技术标准规范中油气开发专业涉及的 HSE 要求	M1 + M5	2
		安全生产标准化企业创建相关要求	M5	1
		绿色企业、健康企业创建相关要求	M5	1
	HSE 技术	油气开发专业生产现场涉及的防火防爆、防雷防静电、电气安全、机械安全、环境保护等技术	M1 + M8	4
HSE 管理体系	HSE 理念	中国石化(油田)HSE 方针、愿景、管理理念	M1	1
		中国石化(油田)安全环保禁令、承诺，保命条款	M1	1
	HSE 管理体系	油田 HSE 管理体系与现场管理相关要素	M5	2
		直属单位 HSE 管理体系主要内容	M5 + M7	2
领导、承诺和责任	领导引领力	岗位承诺	M1/M5	1
		领导参加基层 HSE 活动	M1 + M7	1
	全员参与	全员安全行为规范	M1/M5	2
		中国石化安全记分管理规定	M5	1
		企业员工参与协商机制和协商机制	M5	1
	组织机构和职责	基层单位 HSE 组织机构及主要职责	M5/M9	1
		岗位 HSE 责任制	M1/M9	1
	社会责任	基层单位应履行社会责任的内容	M5/M6	1
		危险物品及危害后果、事故预防及响应措施告知	M5/M6	1
		公众开放日、企业形象宣传等	M5/M6	1

续表

培训模块	培训课程	培训内容	培训方式	学时
法律法规识别	法律法规清单建立	HSE 相关法律法规和其他要求的识别要求	M6/M7	1
		HSE 相关法律法规和其他要求清单建立、更新	M6/M7	1
	法律法规承接转化	法律法规和其他要求转化的要求；油气开发相关专业涉及法律法规和其他要求的宣贯	M5/M6	1
风险管控	双重预防机制	油田双重预防机制要求	M6/M7	2
		安全生产专项整治三年行动计划	M6/M7	2
	安全风险识别	风险的概念、分类、分级等	M1/M6/M7	1
		安全风险识别评价方法	M1/M3/M5	1
	安全风险管控	油气开采生产过程安全风险管控	M1//M5	2
		施工(作业)过程安全风险管控	M1/M5	2
		交通安全风险管控	M1/M4	1
		基层场站或施工区域公共安全风险管控	M1/M4	1
	环境风险管控	环境因素、突发环境事件风险识别	M1/M5	1
		环境风险源管控	M1/M5	1
	重大危险源辨识与评估	重大危险源辨识及监控	M1/M2 + M6	1
		重大危险源包保责任制	M1/M2 + M6	1
隐患排查和治理	隐患排查和治理	事故隐患、中国石化重大生产安全事故隐患判定标准	M1/M6	1
		隐患排查及保护措施	M1/M7	1
		隐患排查治理台账，隐患治理项目申报	M1/M7	1
		隐患治理项目管理	M1/M7	1
目标及方案	目标及方案	目标管理	M5/M9	1
		基层单位 HSE 目标管理方案制定、实施	M7 + M9	1
科技管理	科技管理	科技成果转化能力提升	M5	1
		安全环保科技攻关项目的申报和实施	M5	1
		基层创新思维开发，创新能力提升	M5	1
能力、意识和培训	能力、意识和培训	岗位持证要求	M5/M9	1
		基层 HSE 培训管理	M5	2
		导师带徒、岗位练兵、班组安全活动、周练月考、班前/后会、岗位劳动比武竞赛等形式的组织及考核	M5	2
沟通	安全信息管理系统	安全信息管理系统中员工安全诊断建议上报、隐患排查信息上报等信息填报操作	M5	1
	信息沟通	信息沟通的方式及注意事项	M5	1
		沟通和公关技巧、仪表礼仪	M5	1

培训模块	培训课程	培训内容	培训方式	学时
文件和记录	文件管理	文件管理相关要求	M5/M7	1
		协同办公系统文件管理要求	M5/M7	1
	记录管理	记录管理要求	M5	1
		记录格式	M5	1
		基层单位相关记录的创建、填写、修改、保存、销毁	M5	1
建设项目管理	建设项目管理	建设项目现场管理要求	M5/M7	1
		建设项目安全技术措施交底	M5	1
生产运行管理	生产协调管理	生产运行管理流程、制度及 HSE 要求	M5 + M7	1
		生产协调及统计分析	M5	1
		事故事件及异常的报告、统计	M5	1
	生产技术管理	工艺管理，工艺流程图绘制，工艺卡片、操作规程、开停工方案的执行及监督	M5 + M7	1
		采油、采气、注水、注气、集输站(库)、集输管道、储气库、天然气净化处理、高含硫气田生产等专业技术要求	M1	1
		任务工单(调度令)技术指导	M1 + M3	1
	生产操作管理	岗位巡检、交接班，岗位操作规程等作业文件	M5	1
		装置开停工操作，压力、液位、温度、流量等运行参数管控	M4	1
井下作业管理	井下作业管理	井下作业施工方案、应急预案的编制及评审	M5	1
		地质设计、工程设计的方案编制及评审，作业监督管理，压裂、酸化等大型施工方案实施，作业井施工方案审核	M5	1
		作业井施工 HSE 管理，现场标准化，作业工艺技术，应急演练	M2 + M4	1
井控管理	井控管理	井控管理要求及职责，井控三色管理要求	M1/M9	1
		生产井、长停井和废弃井井控管理，井控预案演练	M2 + M4	1
异常管理	异常管理	生产异常的发现、处置、报告	M1 + M6	1
外部市场管理	外部市场管理	外部市场管理规定	M9	1
		承揽(或技术服务)项目 HSE 风险评估及管控	M5	1
		项目运营管理	M5	1
设备设施管理	设备设施管理要求	设备全生命周期管理、分级管理	M1/M5	1
		设备完整性管理	M5	1
		特种设备管理；HSE 设施(安全附件)管理	M1 + M5	1
		设备设施运行管理	M1/M5	1
		设备设施操作及维护保养	M1/M5	1
		机械设备及仪表管理要求	M1/M5	1
泄漏管理	泄漏管理	腐蚀监测	M1/M5	1
		泄漏监测、预警、处置和分析	M1/M5	1
		油气开发常见设备设施、管道泄漏事故案例	M5	1

续表

培训模块	培训课程	培训内容	培训方式	学时
危险化学品管理	危险化学品管理	油田常用危险化学品分类、生产及备案，储存、装卸、运输、使用、废弃管理及法律责任	M1/M5	1
		危险化学品"一书一签"	M1/M2＋M6	1
		危险化学品操作规程及注意事项，应急处置、个人防护	M1/M5	1
承包商安全管理	承包商安全管理	承包商入场 HSE 教育培训	M5	1
		承包商现场监督、监护、考核评价	M5	1
		承包商现场施工作业事故案例	M5	1
采购供应管理	采购供应管理	采购计划，绿色采购	M1/M5	1
		物资材料验收及管理	M1/M5	1
施工作业管理	施工作业管理	施工方案实施要求，完工验收标准	M1/M5	1
		能量隔离措施，安全环保技术措施	M1/M5	1
		特殊作业、非常规作业现场标准化	M1/M5/M6	1
		油田常见施工作业事故案例	M4	1
变更管理	变更管理	变更分类分级管理	M1/M5	1
		油气开发专业工艺、设备变更重点关注内容	M3/M5	1
		变更方案编制	M1/M5	1
		变更申请、风险评估、审批、实施、验收、关闭等流程管理	M1/M5	1
员工健康管理	员工健康管理	健康风险识别、评估及监测管理	M5/M7	1
		职业危害因素识别，职业病危害因素动态监控和定期检测公示	M5	1
		个体防护用品、职业病防护设施配备	M5	1
		职业健康监护档案	M5	1
		员工帮助计划(EAP)，心理健康管理	M1＋M5	1
		身体健康管理，健康促进活动	M5	1
自然灾害管理	自然灾害管理	自然灾害分类，灾害信息预警	M5/M8	1
		灾害预案演练及改进	M5/M8	1
治安保卫与反恐防范	治安保卫与反恐防范	油(气)区、油气场站、人员密集场所治安防范系统、反恐防范及日常管理	M5＋M8	1
		"两特两重"管理	M5	1
		突发事件的处置，安防器材使用及维护	M5＋M8	1
公共卫生管理	公共卫生管理	新冠疫情防范	M14	1
		场站公共卫生管理，安保措施与应急处置机制	M5	1
		传染病和群体性不明原因疾病的防范	M5	1
		食品安全、食物中毒预防	M5	1

培训模块	培训课程	培训内容	培训方式	学时
交通安全管理	交通安全管理	道路交通法律法规中涉及车辆单位、驾驶人、道路使用人相关管理要求和法律责任的条款	M5 + M9	1
		机动车辆管理	M5	1
		道路交通紧急情况处置	M5	1
环境保护管理	环保管理要求	油气开发专业环境保护、清洁生产管理要求	M5/M9	1
		环境监测与统计，环境信息管理	M5/M9	1
		危险废物管理	M5	1
		作业现场污染防治措施	M5	1
		突发环境事件应急预案及演练	M5	1
		清洁生产管理，绿色企业行动计划	M5	1
现场管理	现场管理	基层单位生产现场网格化管理	M5	1
		现场管理要求	M4	1
		生产现场安全标志、标识管理	M5	1
		"5S"管理	M4	1
		属地管理、现场监护	M5	1
应急管理	应急管理	应急管理相关要求	M5 + M8	2
		基层应急资源调查、配备、管理和应急能力评估	M5	2
消(气)防管理	消(气)防管理	消(气)防管理要求	M1 + M2 + M8	2
		灭火初期处置	M1 + M2 + M8	2
事故事件管理	事件事故管理	事故(事件)管理	M5/M9	2
	事故防范及警示教育	岗前、作业前5min事故案例分享	M5 + M8	2
基层管理	基层建设	"三基""三标"建设，"争旗夺星"竞赛、岗位标准化等要求	M5	1
		"信得过班组"创建要求	M5	1
	基础工作	作业文件检查及更新	M5 + M9	1
		交接班、巡回检查要求	M5 + M9	1
		班前/班后会、班组HSE活动等管理要求	M5	1
		油气开发基层工作经验分享	M5	1
绩效评价	绩效监测	油气开发绩效监测指标、监测与考核要求	M5	1
		HSE管理体系基层单位监测指标	M5	1
	合规性评价	合规性评价报告及不符合整改	M5	1
	审核	HSE管理体系审核	M5	1
		企业内审员能力要求及培养方式	M5	1
	管理评审	企业管理评审相关要求	M5/M7	1
		单位管理评审	M5/M7	1

续表

培训模块	培训课程	培训内容	培训方式	学时
改进	不符合纠正措施	不符合来源、分类和纠正措施	M5	1
		"五个回归"溯源分析	M5	1
	持续改进	持续改进机会、持续改进方式	M5	2

说明：M1——课堂讲授；M2——实操训练；M3——仿真训练；M4——预案演练；M5——网络学习；M6——班组（科室）安全活动；M7——生产会议或 HSE 会议；M8——视频案例；M9——文件制度自学。其中，M1 + M5 表示 M1 与 M5；M1/M5 表示 M1 或 M5。

表 2 - 2 - 2　班组长及技术管理人员（A 类单位）HSE 操作技能培训考核方式

培训模块	培训课程	培训内容	培训及考核方式	学时
风险管控	安全风险管控	基层场站（或区域）生产风险分布图、风险控制措施	N2 + N4	1
		施工作业风险管控措施	N3	1
隐患排查和治理	隐患排查和治理	油气生产现场（场站）典型隐患识别及保护措施	N3	1
		油气集输场站典型隐患识别及保护措施	N3	1
		典型施工作业现场（用火、受限空间等作业）隐患识别及保护措施	N2 + N4	1
生产运行管理	生产协调管理	任务工单（调度令）发起、监督检查、资料归档	N3	1
	生产操作管理	任务工单（调度令）接收、实施、归档等	N3	1
		生产操作运行记录填写	N3	1
异常管理	异常管理	异常溯源分析与防范措施	N3	2
		生产信息自动采集系统中，生产异常的发现、处理、报告、分析与防范措施	N3	1
设备设施管理	设备设施管理	游梁式抽油机维护保养主要检查点	N3	1
		关键设备（或主要设备）运行规程	N3	1
		显示类仪表安装使用及维护保养	N3	1
		关键设备（或主要设备）运行记录填写	N3	1
泄漏管理	泄漏管理	阴极保护桩测试	N4	1
		接地电阻测试	N4	1
施工作业管理	施工作业管理	特殊作业现场管理	N2/N4	1
		施工作业安全分析（JSA 分析）	N2 + N4	1
		用火、临时用电、受限空间等特殊作业票证管理要求及监护	N2/N4	2
员工健康管理	员工健康管理	现场止血包扎等现场自救互救技能提升	N4	1
		个体防护用品使用及维护保养	N4	1
		职业病防护设施的检查、维护保养	N4	1
		心肺复苏术，AED（自动体外除颤仪）使用及保养	N4	1
环境保护管理	环境保护管理	油水管道泄漏环境保护应急处置方案演练	N2 + N4	1
		固体危险废物处理流程（报告、转运、资料归档）	N2	1

续表

培训模块	培训课程	培训内容	培训及考核方式	学时
现场管理	现场管理	习惯性违章，不安全行为纠正	N3	2
应急管理	应急管理	专项应急预案、现场处置方案、岗位应急处置卡的编制	N4	1
		基层（班组）应急演练计划编制	N2	1
		基层（班组）应急演练实施、评估	N4	1
		个人防护器具使用	N4	1
消（气）防管理	消（气）防管理	消防器材、设施的操作	N4	1
		气防器具检查与使用	N4	1
		消防器材检查、维护保养	N4	1
		基层场站火警巡检、火灾智能视频识别	N4	1
		防雷、防静电接地设施测试及检查	N4	1
基层管理	基层管理	油气开发基层工作经验分享	N2	1
		"手指口述"操作法	N3	1
		生产现场唱票式工作法	N3	2
		HSE 观察	N2	1
		导师带徒、岗位练兵等	N2	1
改进	改进	"五个回归"溯源分析	N3	1

说明：N1——述职；N2——访谈；N3——答辩；N4——模拟实操（手指口述）。其中，N1 + N2 表示 N1 与 N2；N1/N2 表示 N1 或 N2。

6 考核标准

6.1 考核办法

a）培训时长 4 课时（0.5 工作日）以上的 HSE 培训要组织考核。考核分为 HSE 理论知识考核及 HSE 技能操作考核两部分。

b）HSE 理论知识考试为闭卷笔试，宜采用计算机考试为主。考试内容应符合本标准 4.2 和 6.2 规定的范围，考试时间不少于 60min。考试采用百分制，80 分及以上为合格。

c）HSE 操作技能考核由企业、直属单位相关部门或培训主管部门组织，采用访谈、答辩、实操等方式。考核内容应符合本标准 6.2 规定的范围，成绩评定分为合格、不合格；

d）HSE 理论知识考核及岗位 HSE 操作技能考核均合格者，综合判定岗位 HSE 能力为合格。考试（核）不合格允许补考一次，补考仍不合格者需重新培训。

e）考核要点的深度分为了解和掌握两个层次，两个层次由低到高，高层次的要求包含低层次的要求。

了解：能正确理解本标准所列知识的含义、内容并能够应用；

掌握：对本标准所列知识有全面、深刻的认识，能够综合分析、解决较为复杂的相关问题。

6.2 考核要点

6.2.1 安全基础知识

6.2.1.1 HSE 法律法规

掌握《安全生产法》《环境保护法》《职业病防治法》《特种设备安全法》《石油天然气管

道保护法》《刑法》《劳动合同法》《工伤保险条例》等相关法律法规中关于岗位和现场管理职责、权利、义务、HSE 管理要求、法律责任的相关条款。

6.2.1.2　HSE 标准规范

a) 掌握《石油天然气工程设计防火规范》(GB 50183)、《建筑设计防火规范》(GB 50016)、《石油库设计规范》(GB 50074)、《油田油气集输设计规范》(GB 50350)、《石油化工可燃气体和有毒气体检测报警设计规范》(GB 50493)、《安全标志使用原则与要求》(GB/T 2893)等技术标准规范中油气开发专业涉及的 HSE 要求。

b) 掌握安全生产标准化企业、绿色企业、健康企业创建相关要求。

6.2.1.3　HSE 技术

掌握油气开发专业生产现场涉及的防火防爆、防雷防静电、电气安全、机械安全、环境保护等技术。

6.2.2　HSE 管理体系

6.2.2.1　油田 HSE 理念

a) 掌握中国石化(油田)HSE 方针、愿景、管理理念;

b) 掌握中国石化(油田)安全环保禁令、承诺,保命条款。

6.2.2.2　HSE 管理体系

a) 掌握油田 HSE 管理体系与现场管理相关要素;

b) 掌握直属单位 HSE 管理体系主要内容。

6.2.3　领导、承诺和责任

6.2.3.1　领导引领力

a) 了解岗位承诺;

b) 了解领导参加基层 HSE 活动。

6.2.3.2　全员参与

a) 掌握全员安全行为规范;中国石化安全记分管理规定;

b) 了解企业员工参与协商机制和协商机制,掌握合理化建议报送、处理等。

6.2.3.3　组织机构和职责

a) 了解基层单位 HSE 组织机构及主要职责;

b) 了解岗位 HSE 责任制。

6.2.3.4　社会责任

a) 了解基层单位应履行社会责任的内容;

b) 了解危险物品及危害后果、事故预防及响应措施告知;

c) 了解公众开放日、企业形象宣传等。

6.2.4　法律法规识别

6.2.4.1　法律法规清单建立

a) 了解 HSE 相关法律法规和其他要求的识别要求;

b) 了解 HSE 相关法律法规和其他要求清单建立、更新。

6.2.4.2　法律法规承接转化

a) 了解法律法规和其他要求转化的要求;

b) 了解油气开发相关专业涉及法律法规和其他要求的宣贯。

6.2.5 风险管控

6.2.5.1 双重预防机制

a) 掌握油田双重预防机制要求；

b) 掌握安全生产专项整治三年行动计划。

6.2.5.2 安全风险识别

a) 掌握风险的概念、分类、分级等；

b) 掌握 SCL、JSA、HAZOP、SIL 等安全风险识别评价方法。

6.2.5.3 安全风险管控

a) 掌握油气开采生产过程安全风险管控；

b) 掌握施工（作业）过程安全风险管控；

c) 了解交通安全风险管控；

d) 了解基层场站或施工区域公共安全风险管控；

e) 掌握基层场站（或区域）生产风险分布图、风险控制措施；

f) 掌握施工作业风险管控措施。

6.2.5.4 环境风险管控

a) 了解环境因素、突发环境事件风险识别；

b) 了解环境风险源管控。

6.2.5.5 重大危险源辨识与评估

a) 掌握重大危险源辨识及监控；

b) 掌握重大危险源包保责任制。

6.2.6 隐患排查和治理

a) 掌握事故隐患的概念、分级、分类，中国石化重大生产安全事故隐患判定标准；

b) 掌握隐患排查及保护措施；

c) 掌握隐患排查治理台账，隐患治理项目申报；

d) 了解隐患治理项目管理；

e) 掌握油气生产现场（场站）典型隐患识别及保护措施；

f) 掌握油气集输场站典型隐患识别及保护措施；

g) 掌握典型施工作业现场（用火、受限空间等作业）隐患识别及保护措施。

6.2.7 目标及方案

a) 了解目标的制定、分解、实施与考核等管理要求；

b) 了解基层单位 HSE 目标管理方案制定、实施。

6.2.8 科技管理

a) 了解科技论文写作，成果项目论证立项、专利申报、成果文件撰写编制等科技成果转化能力提升要求；

b) 了解安全环保科技攻关项目的申报和实施；了解基层创新思维开发，创新能力提升。

6.2.9 能力、意识和培训

a) 了解岗位持证要求；

b) 掌握基层 HSE 培训矩阵、需求调查、培训实施、效果评估及培训记录等 HSE 培训管理要求；

c)掌握导师带徒、岗位练兵、班组安全活动、周练月考、班前/后会、岗位劳动比武竞赛等形式的组织及考核。

6.2.10　沟通

6.2.10.1　安全信息管理系统

掌握安全信息管理系统中员工安全诊断建议上报、隐患排查信息上报等信息填报操作。

6.2.10.2　信息沟通

a)了解信息沟通的方式及注意事项；

b)掌握沟通和公关技巧、仪表礼仪等。

6.2.11　文件和记录

6.2.11.1　文件管理

a)掌握单位及基层单位文件类型、识别与获取、创建与评审修订、发布与宣贯、保护、作废处置等文件管理相关要求；

b)掌握协同办公系统文件管理要求。

6.2.11.2　记录管理

a)掌握单位及基层单位记录形式、标识、保管、归档、检索和处置方法等管理要求；

b)掌握单位及基层单位专业管理相关台账、生产经营相关的记录、监督检查记录等记录格式要求；

c)掌握基层单位相关记录的创建、填写、修改、保存、销毁的要求。

6.2.12　建设项目管理

a)了解建设项目质量控制、现场监督检查、现场监护等项目现场管理要求；

b)掌握建设项目安全技术措施交底的内容、要求等。

6.2.13　生产运行管理

6.2.13.1　生产协调管理

a)掌握生产运行管理流程、制度及 HSE 要求；

b)掌握生产协调及统计分析、事故事件及异常的报告、统计的要求；

c)掌握任务工单(调度令)发起、监督检查、资料归档。

6.2.13.2　生产技术管理

a)掌握工艺管理要求，绘制工艺流程图，工艺卡片、操作规程、开停工方案的执行及监督；

b)掌握采油、采气、注水、注气、集输站(库)、集输管道、储气库、天然气净化处理、高含硫气田生产等专业技术要求；

c)掌握任务工单(调度令)技术指导的要点。

6.2.13.3　生产操作管理

a)掌握岗位巡检、交接班，岗位操作规程等作业文件的规定；

b)掌握装置开停工操作，压力、液位、温度、流量等运行参数管控的要求；

c)了解任务工单(调度令)接收、实施、归档等；

d)掌握生产操作运行记录填写。

6.2.14　井下作业管理

a)了解井下作业施工方案、应急预案的编制及评审；

b) 了解地质设计、工程设计的方案编制及评审，作业监督管理，压裂、酸化等大型施工方案实施，作业井施工方案审核；

c) 掌握作业井施工 HSE 管理，现场标准化，作业工艺技术，应急演练。

6.2.15　井控管理

a) 掌握井控管理要求及职责，井控三色管理要求；

b) 掌握生产井、长停井和废弃井井控管理，井控预案演练。

6.2.16　异常管理

a) 掌握生产异常的发现、处置、报告；

b) 掌握异常溯源分析与防范措施；

c) 掌握生产信息自动采集系统中，生产异常的发现、处理、报告、分析与防范措施。

6.2.17　外部市场管理

a) 了解外部市场管理规定；

b) 了解承揽(或技术服务)项目 HSE 风险评估及管控；

c) 了解项目人员、交通及驻地等运营管理。

6.2.18　设备设施管理

a) 掌握设备全生命周期管理、分级管理；

b) 掌握设备完整性管理，普光采气厂及长输管道运维基层单位需了解长输管道高后果区识别及全面风险评价；

c) 掌握特种设备管理；HSE 设施(安全附件)管理；

d) 了解设备设施运行管理主要包括设备运行条件、设备设施"5S"管理、缺陷识别等；

e) 掌握设备设施操作及维护保养，主要包括设备设施操作规程、维修维护保养规程；

f) 掌握抽油机三措施一禁令及现场仪表管理要求；

g) 掌握游梁式抽油机维护保养主要检查点；关键设备(或主要设备)运行规程；显示类仪表安装使用及维护保养；

h) 掌握关键设备(或主要设备)运行记录填写。

6.2.19　泄漏管理

a) 掌握腐蚀监测；泄漏监测、预警、处置和分析；

b) 掌握油气开发常见设备设施、管道泄漏事故案例；

c) 掌握阴极保护桩测试、接地电阻测试的方法及注意事项。

6.2.20　危险化学品管理

a) 掌握油田常用危险化学品分类、生产及备案，储存、装卸、运输、使用、废弃管理及法律责任；

b) 掌握危险化学品"一书一签"管理要求，常用助剂或产品的理化性质、危险性分析、应急处置等；

c) 掌握现场涉及的危险化学品操作规程及注意事项，应急处置、个人防护。

6.2.21　承包商安全管理

a) 掌握承包商入场 HSE 教育培训要求；

b) 掌握承包商现场监督、监护、考核评价；

c) 掌握承包商现场施工作业事故案例。

6.2.22　采购供应管理

a)了解采购计划、绿色采购相关要求，主要物资材料规格型号、技术参数选用等；

b)了解物资材料验收及管理。

6.2.23　施工作业管理

a)掌握施工方案实施要求，完工验收标准；

b)掌握能量隔离措施，安全环保技术措施；

c)掌握特殊作业、非常规作业现场标准化；

d)掌握特殊作业管理流程、注意事项及施工安全技术等现场管理要求；

e)掌握施工作业安全分析(JSA 分析)；

f)掌握用火、临时用电、受限空间等特殊作业票证管理要求及监护注意事项；

g)掌握油田常见施工作业事故案例。

6.2.24　变更管理

a)掌握变更分类分级管理；

b)掌握油气开发专业工艺、设备变更重点关注内容；

c)掌握变更方案编制；

d)掌握变更申请、风险评估、审批、实施、验收、关闭等流程管理。

6.2.25　员工健康管理

a)了解健康风险识别、评估及监测管理；

b)了解职业危害因素识别，职业病危害因素动态监控和定期检测公示；

c)了解个体防护用品、职业病防护设施配备；

d)了解职业健康监护档案；

e)了解员工帮助计划(EAP)，心理健康管理；

f)掌握身体健康管理，健康促进活动；

g)掌握个体防护用品使用及维护保养；

h)掌握职业病防护设施的检查、维护保养；

i)掌握现场止血包扎等现场自救互救技能提升；心肺复苏术，AED(自动体外除颤仪)使用及保养。

6.2.26　自然灾害管理

a)了解自然灾害分类，灾害信息预警；

b)了解灾害预案演练及改进。

6.2.27　治安保卫与反恐防范

a)掌握油(气)区、油气场站、人员密集场所治安防范系统、反恐防范及日常管理；

b)掌握"两特两重"管理要求；

c)掌握突发事件的处置，安防器材使用及维护。

6.2.28　公共卫生安全管理

a)了解新冠疫情防范；

b)了解场站公共卫生管理，安保措施与应急处置机制；

c)了解传染病和群体性不明原因疾病的防范；

d)了解食品安全、食物中毒预防。

6.2.29　交通安全管理

a) 了解道路交通法律法规中涉及车辆单位、驾驶人、道路使用人相关管理要求和法律责任的条款；

b) 了解机动车辆管理；

c) 了解道路交通紧急情况处置。

6.2.30　环境保护管理

a) 掌握油气开发专业环境保护、清洁生产管理要求；

b) 了解环境监测与统计，环境信息管理；

c) 了解危险废物管理要求、储存管理要求、转运要求等；

d) 掌握作业现场污染防治措施；

e) 掌握突发环境事件应急预案及演练；

f) 了解清洁生产管理，绿色企业行动计划；

g) 掌握油水管道泄漏环境保护应急处置方案演练；

h) 掌握固体危险废物处置报告、转运、资料归档等流程。

6.2.31　现场管理

a) 掌握基层单位生产现场责任区域的划分、监督、检查、考核等网格化管理要求；

b) 掌握现场封闭化管理、视频监控、能量隔离与挂牌上锁等管理要求；

c) 掌握生产现场安全标志、标识管理的要求；

d) 掌握"5S"管理；属地管理，现场监护要求；

e) 掌握习惯性违章行为分析，纠正不安全行为的技巧和注意事项。

6.2.32　应急管理

a) 掌握基层应急组织、机制、应急预案等应急管理相关要求；

b) 掌握基层应急资源调查、配备、管理和应急能力评估；

c) 掌握专项应急预案、现场处置方案、岗位应急处置卡的编制（135处置原则）；

d) 掌握基层（班组）应急演练计划编制、演练实施、评估要求并实施；

e) 掌握现场配备的个人防护器具使用。

6.2.33　消（气）防管理

a) 掌握火灾预防机制、基层消防重点部位分级、消防档案管理要求，防雷、防静电，防火间距识别，消（气）防器材与设施管理，监视与监护等消（气）防管理要求；

b) 掌握灭火初期处置的方法，如灭火的"三看八定"，灭火步骤及方法等；

c) 掌握消防器材、设施的操作；

d) 掌握气防器具检查与使用；消防器材检查、维护保养；

e) 掌握基层场站火警巡检、火灾智能视频识别；防雷、防静电接地设施测试及检查。

6.2.34　事故事件管理

a) 了解事故分类、分级，事故事件报告、调查处理、统计分析、责任追究及整改措施等事故（事件）管理要求；

b) 掌握岗前、作业前5min事故案例分享的方法。

6.2.35　基层管理

6.2.35.1　基层建设

a) 掌握"三基""三标"建设，"争旗夺星"竞赛、岗位标准化等要求；

b)掌握"信得过班组"创建要求。

6.2.35.2　基础工作

a)掌握作业文件检查及更新；

b)掌握交接班、巡回检查要求；

c)掌握班前/班后会、班组 HSE 活动等管理要求；

d)掌握岗位"五懂五会五能"及操作标准化相关要求；

e)掌握油气开发基层工作经验分享。

6.2.35.3　基本功训练

a)掌握"手指口述"操作法；

b)掌握生产现场唱票式工作法；

c)掌握 HSE 观察；

d)掌握导师带徒、岗位练兵等。

6.2.36　绩效评价

6.2.36.1　绩效监测

a)了解油气开发绩效监测指标、监测与考核要求；

b)了解 HSE 管理体系基层单位监测指标。

6.2.36.2　合规性评价

了解合规性评价报告及不符合整改。

6.2.36.3　审核

a)了解 HSE 管理体系审核；

b)了解企业内审员能力要求及培养方式。

6.2.36.4　管理评审

a)了解企业管理评审相关要求；

b)了解单位管理评审。

6.2.37　改进

6.2.37.1　不符合纠正措施

a)掌握不符合来源、分类和纠正措施；

b)掌握"五个回归"溯源分析。

6.2.37.2　持续改进

掌握识别持续改进机会和持续改进方式。

第二节　生产辅助服务班组长及技术管理人员 HSE 培训大纲及考核标准

1　范围

本标准规定了油田直属单位(B 类单位)班组长及技术管理人员 HSE 培训要求、理论及实操培训的内容、学时安排，以及考核的方式、内容。

2 适用岗位

油田直属单位(B类)基层班组长及业务主办等岗位,技师、高级技师、主任师、副主任师、主管师、助理师、技术员等各类技术序列的管理人员。

3 依据

参照本章第一节 油气生产班组长及技术管理人员 HSE 培训大纲及考核标准 3 依据。

4 安全生产培训大纲

4.1 培训要求

参照本章第一节 油气生产班组长及技术管理人员 HSE 培训大纲及考核标准 4.1 培训要求。

4.2 培训内容

参照本章第一节 油气生产班组长及技术管理人员 HSE 培训大纲及考核标准 4.2 培训内容,具体课程及内容见表 2 – 2 – 3、表 2 – 2 – 4。

5 学时安排

班组长集中培训时间每月不少于 4 学时,其他方式学习培训每月不少于 8 学时;其他技术管理人员在岗培训每年不少于 20 学时,直属单位可根据基层单位生产实际,结合培训需求,从表 2 – 2 – 3、表 2 – 2 – 4 班组长及技术管理人员(B 类单位)培训课时中选择课程编制年度计划,并落实培训实施。

表 2 – 2 – 3 油田直属单位(B 类单位)班组长及技术管理人员的培训课时安排

培训模块	培训课程	培训内容	培训方式	学时
安全基础知识	HSE 法律法规	《安全生产法》《环境保护法》《职业病防治法》《道路交通安全法》《刑法》《消防法》等相关法律法规中关于岗位和现场管理职责、权利、义务、HSE 管理要求、法律责任的相关条款	M1 + M5 + M7	25
	HSE 标准规范	《用电安全导则》(GB/T 13869)、《建筑物防雷设计规范》(GB 50057)、《消防安全标志》(GB 13495)、《城镇供热服务》(GB/T 33833)、《燃气用户设施技术检查安全要求》(DB31/T 1011)、《健康客房技术规范》(SB/T 10582)等技术标准规范中油田辅助生产涉及的 HSE 要求	M1 + M5 + M7 + M9	3
	HSE 技术	油气生产辅助服务各专业涉及的防火防爆、防雷防静电、电气安全、机械安全、环境保护等技术	M1 + M5 + M8	2
HSE 管理体系	油田 HSE 理念	中国石化(油田)HSE 方针、愿景、管理理念	M6/M9	2
		中国石化(油田)安全环保禁令、承诺,保命条款	M1 + M5 + M7 + M9	2
	HSE 管理体系	油田 HSE 管理体系与现场管理相关要素	M1/M5/M7/M9	1
		直属单位 HSE 管理体系主要内容	M5/M7/M9	1

续表

培训模块	培训课程	培训内容	培训方式	学时
领导、承诺和责任	领导引领力	岗位承诺	M1/M5/M9	25
		领导参加基层 HSE 活动	M1/M5/M9	25
	全员参与	全员安全行为规范	M1/M5/M7/M9	1
		中国石化安全记分管理规定	M1/M5/M7/M9	25
		企业员工参与协商机制和协商机制(合理化建议)	M1/M5/M7/M9	1
	组织机构和职责	基层单位 HSE 组织机构及主要职责	M5/M9	2
		岗位 HSE 责任制	M5/M9	1
	社会责任	基层单位应履行社会责任的内容	M5/M6	2
		公众开放日、企业形象宣传等	M5/M6	1
法律法规识别	法律法规清单建立	HSE 相关法律法规和其他要求的识别要求	M6/M7	2
		HSE 相关法律法规和其他要求清单建立、更新	M1/M5/M7	1
	法律法规承接转化	法律法规和其他要求转化的要求	M1/M5/M7	1
		生产辅助服务相关专业涉及法律法规和其他要求的宣贯	M2 + M3 + M4	1
风险管控	双重预防机制	油田双重预防机制要求	M1/M6/M7/M9	2
		安全生产专项整治三年行动计划	M1/M6/M7/M9	2
	安全风险识别	风险的概念、分类、分级等	M1/M6/M7	1
		安全风险识别评价方法(SCL、JSA 等)	M1/M6/M7/M9	2
	安全风险管控	施工(作业)过程安全风险管控	M1/M5	2
		交通安全风险管控	M1/M5/M7 + M9	2
		基层场站或施工区域公共安全风险管控	M1/M5/M7 + M9	2
		管理及服务过程安全风险管控	M1/M5/M7 + M9	2
	环境风险管控	环境因素、突发环境事件风险识别	M1/M5/M7 + M9	2
		环境风险源管控	M1/M5/M7 + M9	1
隐患排查和治理	隐患排查和治理	事故隐患、中国石化重大生产安全事故隐患判定标准	M1/M5/M7 + M9	1
		隐患排查及保护措施	M1/M5/M7 + M9	1
		隐患排查治理台账，隐患治理项目申报	M1/M5/M7 + M9	1
		隐患治理项目管理	M1/M5/M7 + M9	1
目标及方案	目标及方案	目标管理(目标的制定、分解、实施与考核)	M5/M7/M9	2
		基层单位 HSE 目标管理方案制定、实施	M5/M7/M9	1
科技管理	科技管理	科技论文写作，成果项目论证和立项、专利申报、成果文件撰写编制等	M1/M5/M9	1
		安全环保科技攻关项目的申报和实施	M1/M5/M9	1
		基层创新思维开发，创新能力提升	M2 + M3 + M4	1

培训模块	培训课程	培训内容	培训方式	学时
能力、意识和培训	能力、意识和培训	岗位持证要求	M1M + M5 + M7	1
		基层 HSE 培训矩阵、需求调查、培训实施、效果评估及培训记录等	M1/M5/M9	1
		导师带徒、岗位练兵、班组安全活动、周练月考、班前/后会、岗位劳动比武竞赛等形式的组织及考核	M1/M5/M9	1
沟通	安全信息管理系统	安全信息管理系统中员工安全诊断建议上报、隐患排查信息上报等信息填报操作	M1/M5/M9	1
	信息沟通	信息沟通的方式及注意事项;沟通和公关技巧、仪表礼仪	M1/M5/M9	1
文件和记录	文件管理	包括文件类型、识别与获取、创建与评审修订、发布与宣贯、保护、作废处置等	M1 + M5 + M7	1
		协同办公系统文件管理要求	M1 + M5 + M7	2
	记录管理	记录形式、标识、保管、归档、检索和处置方法等	M1 + M5 + M7	1
		专业管理相关台账、生产经营相关的记录、监督检查记录等	M2 + M3	2
		基层单位相关记录的创建、填写、修改、保存、销毁	M2/M3	2
建设项目管理	建设项目管理	建设项目质量控制、现场监督检查、现场监护等	M1/M5	1
		建设项目安全技术措施交底	M1/M5	1
生产运行管理	生产协调管理	生产或服务运行管理流程、制度及 HSE 要求	M1/M5/M9	0
		生产或服务调度及统计分析	M1/M5/M9	1
	生产技术管理	事故事件及异常的报告、统计	M1 + M6 + M7	1
		工艺管理,操作规程、开停工方案的执行及监督	M1/M5/M9	1
		电力、水务、通信、热力、新能源等油气开发辅助服务专业技术要求	M1/M5/M9	1
	生产操作管理	任务工单技术指导	M1 + M5	1
		岗位巡检、交接班,岗位操作规程等作业文件	M1/M5/M9	2
		装置开停工操作,压力、液位、温度、流量等运行参数监控	M1/M5/M9	1
异常管理	异常管理	异常情况的发现、处置、报告	M1 + M5	1
外部市场管理	外部市场管理	外部市场管理规定	M1/M5/M9	1
		承揽(或技术服务)项目 HSE 风险评估及管控	M1/M3/M9	1
		人员、交通及驻地管理	M1/M3/M9	1
设备设施管理	设备设施管理	设备全生命周期管理、分级管理	M1/M5/M9	1
		特种设备管理;HSE 设施(安全附件)管理	M1/M5/M9	1
		设备设施运行条件,设备设施"5S",缺陷识别	M1/M5/M9	1
		设备设施操作规程、维修维护保养规程	M1/M5/M9	1
		仪表及工器具管理要求	M1/M5/M9	1

续表

培训模块	培训课程	培训内容	培训方式	学时
泄漏管理	泄漏管理	燃气泄漏处置	M1/M5	1
		辅助生产及服务过程泄漏事故案例	M1/M6/M8 + M2/M3	1
危险化学品安全	危险化学品安全	生产辅助及服务过程危险化学品储存、装卸、运输、使用、废弃管理及法律责任	M1/M5/M9	1
		危险化学品"一书一签"及理化性质、危险性分析、应急处置等	M1/M5/M9	2
		危险化学品操作规程及注意事项，应急处置、个人防护	M1/M5/M9 + M8	1
承包商安全管理	承包商安全管理	承包商入场 HSE 教育培训	M1/M5/M9	1
		承包商现场监督、监护、考核评价	M1/M5/M9	1
		承包商现场施工作业事故案例	M1/M5/M9 + M8	1
采购供应管理	采购供应管理	采购计划、绿色采购要求，物资材料规格型号、技术参数选用	M1/M5	1
		物资材料验收及管理	M1/M5	1
施工作业管理	施工作业管理	施工方案实施要求，安全技术措施，完工验收标准	M1/M5/M6/M9 + M8	1
		特殊作业、非常规作业现场标准化	M1/M5/M9	2
		服务及生产辅助施工作业事故案例	M1/M5/M8/M9	1
变更管理	变更管理	变更分类分级管理	M1/M5/M9	1
		变更申请、风险评估、审批、实施、验收、关闭等流程管理	M1/M5/M9	1
员工健康管理	员工健康管理	健康风险识别、评估及监测管理	M5 + M7	2
		职业危害因素识别、职业病危害因素动态监控和定期检测公示	M5 + M7	2
		个体防护用品、职业病防护设施配备	M5 + M7	1
		职业健康监护档案	M5 + M7	1
		员工帮助计划（EAP），心理健康管理	M5 + M7	1
		身体健康管理，健康促进活动	M5 + M7	1
自然灾害管理	自然灾害管理	自然灾害分类，灾害信息预警	M1/M5/M9	1
		灾害预案演练及改进	M1/M5/M9	1
治安保卫与反恐防范	治安保卫与反恐防范	油(气)区、重点办公场所、人员密集场所治安防范系统、反恐防范及日常管理	M1 + M5 + M8	1
		"两特两重"管理	M1 + M5 + M8	1
		突发事件的处置，安防器材使用及维护	M1 + M5 + M8	1

培训模块	培训课程	培训内容	培训方式	学时
公共卫生安全管理	公共卫生安全管理	新冠疫情防范	M1 + M5 + M8	1
		基层单位公共卫生管理，安保措施与应急处置机制	M1 + M5 + M8	1
		传染病和群体性不明原因疾病的防范	M1 + M5 + M8	1
		食物中毒预防	M1 + M5 + M8	2
交通安全管理	交通安全管理	道路交通法律法规中涉及车辆单位、驾驶人、道路使用人相关管理要求和法律责任的条款	M1/M5/M9	2
		机动车辆管理，机动车辆安全行驶技术	M1 + M5 + M8	2
		道路交通紧急情况处置	M1 + M5 + M8	2
环境保护管理	环境保护管理	生产辅助及服务环境保护要求	M1/M5 + M8	1
		环境监测与统计，环境信息管理	M1/M5/M9	0
		作业现场污染防治措施	M1/M5/M9	1
		突发环境事件应急预案及演练	M1/M4/M9	1
		作业现场环保管理要求及污染防治措施；清洁生产	M1/M4/M9	1
现场管理	现场管理	封闭化管理，网格化管理，视频监控；能量隔离与挂牌上锁	M1/M8 + M2/M3	1
		生产现场安全标志、标识管理，"5S"管理	M1/M5/M9	2
		属地管理，现场监护	M1/M5/M9	1
应急管理	应急管理	基层应急组织、机制、应急预案等	M1/M5/M9	1
		基层应急资源调查、配备、管理和应急能力评估	M1/M5/M9	1
消(气)防管理	消(气)防管理	火灾预防机制，基层消防重点部位分级，档案，防火间距识别，消(气)防器材与设施管理，消(气)防监视与监护等	M1 + M5	1
		灭火初期处置，包括灭火的"三看八定"，灭火步骤及方法	M1 + M5	1
事故事件管理	事故事件管理	事故分类、分级，事故事件报告、调查处理、统计分析、责任追究及整改措施等	M1/M5 + M8	1
		岗前、作业前5min事故案例分享	M1/M5 + M8	1
基层管理	基层建设	"三基""三标"建设，"争旗夺星"竞赛、岗位标准化等要求	M1 + M2 + M3 + M8	1
		"信得过班组"创建要求	M1 + M2 + M3 + M8	1
	基础工作	作业文件检查及更新	M1/M5 + M8	1
		巡回检查要求	M1/M5 + M8	1
		班组 HSE 活动等管理要求	M1/M5 + M8	1
		岗位"五懂五会五能"及操作标准化相关要求	M1/M5 + M8	1

续表

培训模块	培训课程	培训内容	培训方式	学时
绩效评价	绩效监测	绩效监测指标、监测与考核要求	M1/M5/M9	1
	合规性评价	合规性评价	M1/M5/M9	2
	审核	HSE 管理体系审核	M1/M5/M9	2
	管理评审	企业管理评审相关要求	M1/M5/M9	2
		单位管理评审	M1/M5/M9	2
改进	不符合纠正措施	不符合来源、分类和纠正措施	M1/M5	2
	持续改进	识别持续改进机会、持续改进方式	M1/M5	2

说明：M1——课堂讲授；M2——实操训练；M3——仿真训练；M4——预案演练；M5——网络学习；M6——班组（科室）安全活动；M7——生产会议或 HSE 会议；M8——视频案例；M9——文件制度自学。其中，M1 + M5 表示 M1 与 M5；M1/M5 表示 M1 或 M5。

表 2 - 2 - 4　油田直属单位(B 类单位)班组长及技术管理人员 HSE 实操培训考核方式

培训模块	培训课程	培训内容	培训及考核方式	学时
风险管控	安全风险管控	施工作业管控措施	N2 + N4	1
隐患排查和治理	隐患排查和治理	辅助生产服务现场典型隐患识别及保护措施	N2	1
		典型施工作业现场(用火、受限空间等作业)隐患识别及保护措施	N2	1
生产运行管理	生产协调管理	任务工单发起、监督检查、资料归档	N2	1
	生产操作管理	任务工单接收、实施、归档等	N2	1
		服务过程运行记录填写	N2	1
异常管理	异常管理	异常溯源分析与防范措施	N2	1
设备设施管理	设备设施管理	生产或服务主要设备运行安全操作	N2	1
		显示类仪表安装使用及维护保养	N2	1
		主要设备运行记录填写	N2	1
施工作业管理	施工作业管理	特殊作业现场管理(管理流程、注意事项及施工安全技术)	N2	1
		施工作业安全分析(JSA 分析)	N2	1
		用火、临时用电、受限空间等特殊作业票证管理要求及监护	N2	1
员工健康管理	员工健康管理	现场止血包扎等现场自救互救技能提升	N2	1
		个体防护用品使用及维护保养	N2	1
		心肺复苏术，AED(自动体外除颤器)使用及保养	N2	1
		职业病防护设施的检查、维护保养	N2	1
环境保护管理	环境保护管理	固体危险废物清运报告、实施、资料归档	N2	1
现场管理	现场管理	不安全行为纠正	N2	1

培训模块	培训课程	培训内容	培训方式	学时
应急管理	应急管理	专项应急预案、现场处置方案、岗位应急处置卡的编制	N2	1
		基层(班组)应急演练计划编制	N2	1
		基层(班组)应急演练实施、评估	N2	1
消(气)防管理	消(气)防管理	消防器材检查、维护保养	N2	1
		消防器材、设施的操作	N2	1
		消防疏散演练	N2	1
		建筑设施火灾智能报警信号识别	N2 + N4	1
基层管理	基础工作	基层工作经验分享	N1	1
	基本功训练	"手指口述"操作法	N4	1
		生产现场唱票式工作法	N2	1
		HSE 观察	N2	1
		导师带徒、岗位练兵等	N1	1

说明：N1——考试；N2——访谈；N3——答辩；N4——模拟实操(手指口述)。其中，N1 + N2 表示 N1 与 N2；N1/N2 表示 N1 或 N2。

6 考核标准

6.1 考核办法

参照本章第一节　油气生产班组长及技术管理人员 HSE 培训大纲及考核标准 6.1 考核办法。

6.2 考试要点

6.2.1　安全基础知识

a)掌握《安全生产法》《环境保护法》《职业病防治法》《道路交通安全法》《刑法》《消防法》等相关法律法规中关于岗位和现场管理职责、权利、义务、HSE 管理要求、法律责任的相关条款。

b)掌握《用电安全导则》(GB/T 13869)、《建筑物防雷设计规范》(GB 50057)、《消防安全标志》(GB 13495)、《城镇供热服务》(GB/T 33833)、《燃气用户设施技术检查安全要求》(DB31/T 1011)、《健康客房技术规范》(SB/T 10582)等技术标准规范中油田辅助生产涉及的 HSE 要求。

c)掌握油气生产辅助服务各专业涉及的防火防爆、防雷防静电、电气安全、机械安全、环境保护等技术。

6.2.2　HSE 管理体系

6.2.2.1　油田 HSE 理念

a)掌握中国石化(油田)HSE 方针、愿景、管理理念；

b)掌握中国石化(油田)安全环保禁令、承诺，保命条款。

6.2.2.2　HSE 管理体系

a)了解油田 HSE 管理体系与现场管理相关要素；

b) 掌握直属单位 HSE 管理体系主要内容。

6.2.3　领导、承诺和责任

6.2.3.1　领导引领力

a) 了解岗位承诺；

b) 了解领导参加基层 HSE 活动。

6.2.3.2　全员参与

a) 掌握员工通用安全行为、安全行为负面清单等安全行为规范；

b) 掌握中国石化安全记分管理规定；

c) 了解企业员工参与协商机制和协商机制(合理化建议)。

6.2.3.3　组织机构和职责

a) 了解基层单位 HSE 组织机构及主要职责；

b) 掌握岗位 HSE 责任制。

6.2.3.4　社会责任

a) 了解基层单位应履行社会责任的内容；

b) 了解公众开放日、企业形象宣传等。

6.2.4　法律法规识别

6.2.4.1　法律法规清单建立

a) 了解 HSE 相关法律法规和其他要求的识别要求；

b) 了解 HSE 相关法律法规和其他要求清单建立、更新。

6.2.4.2　法律法规承接转化

a) 了解法律法规和其他要求转化的要求；

b) 了解生产辅助服务相关专业涉及法律法规和其他要求的宣贯。

6.2.5　风险管控

6.2.5.1　双重预防机制

a) 掌握油田双重预防机制要求；

b) 掌握安全生产专项整治三年行动计划。

6.2.5.2　安全风险识别评价

a) 掌握风险的概念、分类、分级等；

b) 掌握 SCL、JSA 等安全风险识别评价方法。

6.2.5.3　安全风险管控

a) 掌握施工(作业)过程安全风险管控；

b) 了解交通安全风险管控；

c) 了解基层场站或施工区域公共安全风险管控；

d) 了解管理及服务过程安全风险管控；

e) 掌握施工作业管控措施。

6.2.5.4　环境风险管控

a) 掌握环境因素、突发环境事件风险识别；

b) 掌握环境风险源管控。

6.2.6 隐患排查和治理

a) 掌握事故隐患的概念、分级、分类，中国石化重大生产安全事故隐患判定标准；

b) 掌握隐患排查及保护措施；

c) 掌握隐患排查治理台账，隐患治理项目申报；

d) 掌握隐患治理项目管理；

e) 掌握辅助生产服务现场典型隐患识别及保护措施；

f) 掌握用火、受限空间等典型施工作业现场隐患识别及保护措施。

6.2.7 目标及方案

a) 了解目标的制定、分解、实施与考核；

b) 了解基层单位 HSE 目标管理方案制定、实施。

6.2.8 科技管理

a) 了解科技论文写作，成果项目论证和立项、专利申报、成果文件撰写编制等；

b) 了解安全环保科技攻关项目的申报和实施；

c) 了解基层创新思维开发，创新能力提升。

6.2.9 能力、意识和培训

a) 了解岗位持证要求；

b) 掌握基层 HSE 培训矩阵、需求调查、培训实施、效果评估及培训记录等 HSE 培训管理；

c) 掌握导师带徒、岗位练兵、班组安全活动、周练月考、班前/后会、岗位劳动比武竞赛等形式的组织及考核。

6.2.10 沟通

6.2.10.1 安全信息管理系统

了解安全信息管理系统中员工安全诊断建议上报、隐患排查信息上报等信息填报操作。

6.2.10.2 信息沟通

a) 掌握信息沟通的方式及注意事项；

b) 掌握沟通和公关技巧、仪表礼仪。

6.2.11 文件和记录

6.2.11.1 文件管理

a) 掌握文件类型、识别与获取、创建与评审修订、发布与宣贯、保护、作废处置等文件管理相关要求；

b) 掌握协同办公系统文件管理要求。

6.2.11.2 记录管理

a) 掌握单位或基层组织记录形式、标识、保管、归档、检索和处置方法等记录管理要求；

b) 掌握专业管理相关台账、生产经营相关的记录、监督检查记录等记录格式；

c) 掌握基层单位相关记录的创建、填写、修改、保存、销毁。

6.2.12 建设项目管理

a) 了解建设项目质量控制、现场监督检查、现场监护等项目现场管理要求；

b) 了解建设项目安全技术措施交底。

6.2.13　生产运行管理

6.2.13.1　生产协调管理

a)掌握生产或服务运行管理流程、制度及 HSE 要求;

b)掌握生产或服务调度及统计分析;

c)掌握事故事件及异常的报告、统计;

d)掌握任务工单发起、监督检查、资料归档。

6.2.13.2　生产技术管理

a)掌握工艺管理,操作规程、开停工方案的执行及监督;

b)掌握电力、水务、通信、热力、新能源等油气开发辅助服务专业技术要求;

c)掌握任务工单技术指导。

6.2.13.3　生产操作管理

a)掌握岗位巡检、交接班,岗位操作规程等作业文件;

b)掌握装置开停工操作,压力、液位、温度、流量等运行参数监控;

c)掌握任务工单接收、实施、归档等;

d)掌握服务过程运行记录填写。

6.2.14　异常管理

a)了解异常情况的发现、处置、报告;

b)掌握异常溯源分析与防范措施。

6.2.15　外部市场管理

a)了解外部市场管理规定;

b)了解承揽(或技术服务)项目 HSE 风险评估及管控;

c)了解项目运营管理(人员、交通及驻地管理)。

6.2.16　设备设施管理

a)掌握设备全生命周期管理、分级管理;

b)掌握特种设备管理;HSE 设施(安全附件)管理;

c)掌握设备设施运行条件,设备设施"5S",缺陷识别等;

d)掌握设备设施操作规程、维修维护保养规程;

e)掌握仪表及工器具管理要求;

f)掌握生产或服务主要设备运行安全操作;

g)掌握显示类仪表安装使用及维护保养;

h)掌握主要设备运行记录填写。

6.2.17　泄漏管理

a)了解燃气泄漏处置;

b)了解辅助生产及服务过程泄漏事故案例分析。

6.2.18　危险化学品安全

a)了解生产辅助及服务过程危险化学品储存、装卸、运输、使用、废弃管理及法律责任;

b)了解危险化学品"一书一签",及主要助剂或产品的理化性质、危险性分析、应急处置等;

c)了解危险化学品操作规程及注意事项，应急处置、个人防护。

6.2.19　承包商安全管理

a)掌握承包商入场HSE教育培训；

b)掌握承包商现场监督、监护、考核评价；

c)掌握承包商现场施工作业事故案例。

6.2.20　采购供应管理

a)了解采购计划及绿色采购要求，掌握物资材料规格型号、技术参数选用等；

b)了解物资材料验收及管理。

6.2.21　施工作业管理

a)掌握施工方案实施要求，安全技术措施，完工验收标准；

b)掌握特殊作业、非常规作业现场标准化；

c)掌握特殊作业管理流程、注意事项及施工安全技术等现场管理要求；

d)掌握施工作业安全分析(JSA分析)；

e)掌握用火、临时用电、受限空间等特殊作业票证管理要求及监护；

f)掌握服务及生产辅助施工作业事故案例。

6.2.22　变更管理

a)了解变更分类分级管理；

b)了解变更申请、风险评估、审批、实施、验收、关闭等流程管理。

6.2.23　员工健康管理

a)了解健康风险识别、评估及监测管理；

b)了解职业危害因素识别、职业病危害因素动态监控和定期检测公示；

c)了解个体防护用品、职业病防护设施配备；

d)了解职业健康监护档案；

e)了解员工帮助计划(EAP)，心理健康管理；

f)了解身体健康管理，健康促进活动；

g)掌握现场止血包扎等现场自救互救技能提升；

h)掌握个体防护用品使用及维护保养；

i)掌握职业病防护设施的检查、维护保养；

j)掌握心肺复苏术，AED(自动体外除颤器)使用及保养。

6.2.24　自然灾害管理

a)了解自然灾害分类，灾害信息预警；

b)了解灾害预案演练及改进。

6.2.25　治安保卫与反恐防范

a)了解油(气)区、重点办公场所、人员密集场所治安防范系统、反恐防范及日常管理；

b)了解"两特两重"管理；

c)了解突发事件的处置，安防器材使用及维护。

6.2.26　公共卫生安全管理

a)了解新冠疫情防范；

b)了解基层单位公共卫生管理，安保措施与应急处置机制；

c)了解传染病和群体性不明原因疾病的防范；

d)了解食物中毒预防。

6.2.27 交通安全管理

a)了解道路交通法律法规中涉及车辆单位、驾驶人、道路使用人相关管理要求和法律责任的条款；

b)了解机动车辆管理，机动车辆安全行驶技术；

c)了解道路交通紧急情况处置。

6.2.28 环境保护管理

a)了解生产辅助及服务环境保护要求；

b)了解环境监测与统计，环境信息管理；

c)了解危险废物管理要求、储存管理要求、转运要求等；

d)了解作业现场污染防治措施；

e)了解突发环境事件应急预案及演练；

f)掌握固体危险废物清运报告、实施、资料归档。

6.2.29 现场管理

a)了解现场封闭化管理、网格化管理、视频监控、能量隔离与挂牌上锁的管理要求；

b)了解生产现场安全标志、标识管理，"5S"管理；

c)了解属地管理，现场监护；

d)掌握不安全行为纠正。

6.2.30 应急管理

a)掌握基层应急组织、机制、应急预案等应急管理相关要求；

b)掌握基层应急资源调查、配备、管理和应急能力评估；

c)掌握专项应急预案、现场处置方案、岗位应急处置卡的编制(135 处置原则)；

d)掌握基层(班组)应急演练计划编制；

e)掌握基层(班组)应急演练实施、评估。

6.2.31 消(气)防管理

a)了解火灾预防机制，掌握基层消防重点部位分级，消防档案，防火间距识别，消(气)防器材与设施管理，消(气)防监视与监护等消(气)防管理要求；

b)掌握灭火初期处置方法，掌握灭火的"三看八定"，灭火步骤及方法；

c)掌握消防器材检查、维护保养；

d)掌握消防器材、设施的操作；

e)掌握消防疏散演练；

f)掌握建筑设施火灾智能报警信号识别。

6.2.32 事故事件管理

a)了解事故分类、分级，事故事件报告、调查处理、统计分析、责任追究及整改措施等事故(事件)管理要求；

b)掌握岗前、作业前 5min 事故案例分享。

6.2.33　基层管理

6.2.33.1　基层建设

a)掌握"三基""三标"建设、"争旗夺星"竞赛、岗位标准化等要求;

b)掌握"信得过班组"创建要求。

6.2.33.2　基础工作

a)掌握作业文件检查及更新;

b)掌握巡回检查要求;

c)掌握班组 HSE 活动等管理要求;

d)掌握岗位"五懂五会五能"及操作标准化相关要求;

e)掌握基层工作经验分享。

6.2.33.3　基本功训练

a)掌握"手指口述"操作法;

b)掌握生产现场唱票式工作法;

c)掌握 HSE 观察;

d)掌握导师带徒、岗位练兵等。

6.2.34　绩效评价

6.2.34.1　绩效监测

了解绩效监测指标、监测与考核要求。

6.2.34.2　合规性评价

了解合规性评价。

6.2.34.3　审核

了解 HSE 管理体系审核。

6.2.34.4　管理评审

a)了解企业管理评审相关要求;

b)了解单位管理评审。

6.2.35　改进

6.2.35.1　不符合纠正措施

a)掌握不符合来源、分类和纠正措施;

b)掌握异常事件五个回归溯源分析。

6.2.35.2　持续改进

掌握识别持续改进机会、持续改进方式。

第三章 技能操作岗位 HSE 培训大纲及考核标准

第一节 采油(气)、注水(气)操作岗位 HSE 培训大纲及考核标准

1 范围

本标准规定了油田企业采油(气)、注水(气)技能操作人员 HSE 培训的要求，理论及实操培训的内容、学时安排，以及考核的方法、内容。

2 适用岗位

包含但不限于石油(天然气)开采直属单位的采油工、采气工、注水泵工、气举增压工、采油地质工、采油化验工等技能序列操作人员。

3 依据

《生产经营单位安全培训规定》；
《安全生产培训管理办法》；
《中原油田 HSE 管理体系手册》；
《中原油田安全培训与安全能力提升管理实施细则》。

4 安全生产培训大纲

4.1 培训要求

a)油田企业采油(气)、注水(气)技能操作人员应具备与本岗位所从事生产经营活动相适应的 HSE 相关知识和岗位操作技能，并经企业、直属单位人力资源或 HSE 管理监督部门考核合格；

b)培训应按照国家及油田企业、直属单位有关 HSE 培训的规定组织进行；

c)培训应以"五懂五会五能"要求为基础，注重提高采油(气)、注水(气)技能操作人员的安全意识及安全操作、现场清洁安全生产和自救互救等能力，重点培训采油(气)、注水(气)技能操作人员的岗位生产运行工艺技术、危险特性、设备原理、法规标准、制度要求的基础知识，突出安全生产操作、生产异常分析、设备巡检、风险辨识、应急处置的岗位技能，加强工艺纪律、安全纪律、劳动纪律、制止违章、抵制违章能力提升综合培训。

d)培训应坚持理论与实践相结合，尽量以导师带徒、岗位练兵、班组安全活动、周练月考、班前/后会、技能验证、比武竞赛等强化岗位技能提升的形式，强化现场执行能力

和清洁安全操作能提升，也可采用课堂讲授、实操训练、仿真训练、预案演练、网络学习、视频案例等培训方式。

4.2 培训内容

4.2.1 HSE 管理基础

4.2.1.1 HSE 法律法规

a)国家、地方政府安全生产方针、政策，环保方针、理念；

b)《中华人民共和国劳动法》《中华人民共和国劳动合同法》《民法典》等法律中关于企业员工权益及责任的相关条款；

c)《中华人民共和国安全生产法》《中华人民共和国环境保护法》《中华人民共和国职业病防治法》《中华人民共和国消防法》《危险化学品安全管理条例》等相关法律法规中关于操作岗位职责、权利、义务、HSE 管理要求、法律责任的相关条款。

4.2.1.2 HSE 标准规范

a)采油(气)、注水(气)等操作程序涉及技术标准规范中的 HSE 要求；

b)安全生产标准化企业创建相关要求；

c)绿色采油气管理区评价办法相关要求。

4.2.1.3 HSE 相关规章制度

中国石化、油田及直属单位相关管理制度中 HSE 管理要求。

4.2.1.4 HSE 技术

采油(气)、注水(气)业务在生产工艺、设备设施、操作规程和其他方面涉及的防火防爆、防雷防静电、电气安全、机械安全、环境保护等技术。

4.2.2 体系思维

4.2.2.1 中国石化及油田 HSE 理念

a)中国石化 HSE 方针、愿景、管理理念；

b)中国石化安全环保禁令、承诺，保命条款；

c)企业愿景和 HSE 管理理念(实操)；

d)安全环保禁令、保命条款(实操)。

4.2.2.2 HSE 管理体系

单位级 HSE 管理体系架构及主要内容。

4.2.3 领导、承诺和责任

4.2.3.1 全员参与

a)员工通用安全行为、安全行为负面清单等全员安全行为规范；

b)中国石化安全记分管理规定；

c)企业员工参与协商机制和协商事项；

d)员工开展隐患排查、报告事件和风险、隐患等信息的情况(实操)。

4.2.3.2 组织机构和职责

采油(气)、注水(气)技能操作岗位 HSE 责任制。

4.2.3.3 社会责任

a)企业安全发展、绿色发展、和谐发展社会责任及参与公益活动；

b)采油(气)、注水(气)涉及的危险物品及危害后果、事故预防及响应措施告知。

4.2.4 风险管控

4.2.4.1 双重预防机制

a) 油田及直属单位双重预防机制要求；

b) 采油(气)、注水(气)安全生产专项整治三年行动落实。

4.2.4.2 安全风险识别

a) 风险的概念、分类、分级等基本理论；

b) 风险识别方法；

c) 采油(气)或注水(气)场站、设备设施、操作过程的风险识别(实操)；

d) 计量站风险警示牌(实操)；

e) 更换抽油机盘根、皮带等采油关键工序操作风险识别(实操)；

f) 更换孔板阀、阀门等采气关键工序操作风险识别(实操)；

g) 更换增注泵盘根、柱塞等注水关键工序操作风险识别(实操)；

h) 压缩机启、停操作等注气关键工序操作风险识别(实操)。

4.2.4.3 安全风险管控

a) 采油(气)、注水(气)施工(作业)过程安全风险管控；

b) 交通安全风险管控；

c) 公共安全风险管控；

e) 采油(气)井、注水(气)井巡检风险管控(实操)；

f) 更换采油(气)、注水(气)高压井口配件风险管控(实操)。

4.2.4.4 环境风险管控

a) 环境因素识别评估与管控；

b) 环境风险评价与等级划分；

c) 生产过程中环境因素识别，主要包括原油、天然气、注水等管输介质泄漏(或在燃烧、爆炸、废液废气排放等)的环境因素识别、评价及控制措施分析。

4.2.4.5 重大危险源辨识与评估

a) 重大危险源辨识及监控措施；

b) 重大危险源安全监控警戒装置参数设置(实操)。

4.2.5 隐患排查和治理

a) 事故隐患(概念、分级、分类)，中国石化重大生产安全事故隐患判定标准；

b) 典型油气生产场站的隐患排查(实操)；

c) 岗位日常巡检过程中隐患的初步排查(实操)；

d) 直接作业施工现场(用火、受限空间等作业)隐患的初步排查(实操)。

4.2.6 能力、意识和培训

岗位持证要求，包括国家、地方政府、油田要求的各类安全资质、资格证，职业技能等级证等。

4.2.7 沟通

4.2.7.1 安全信息管理系统

安全信息管理系统登录及安全诊断信息录入(实操)。

4.2.7.2 信息沟通

班组沟通的方式、渠道及注意事项(实操)。

4.2.8　文件和记录

油气开发生产及工艺过程记录格式及要求，包括工作指令记录、生产运行报表、HSE工作记录、交接班记录、设备维护保养记录等(实操)。

4.2.9　建设项目管理

建设项目安全技术措施交底。

4.2.10　生产运行管理

4.2.10.1　生产协调管理

a)生产运行管理流程、制度及 HSE 要求；

b)事故事件及异常的报告程序、内容。

4.2.10.2　生产技术管理

a)采油(气)、注水(气)生产运行等专业技术知识；

b)采油(气)、注水(气)工艺技术操作规程等作业文件的修订；

c)工艺流程图识读(实操)；

d)工艺纪律的检查及整改(实操)。

4.2.10.3　生产操作管理

a)采油(气)、注水(气)关键操作岗位巡检、交接班制度；

b)采油(气)、注水(气)操作规程等作业文件的执行监督；

c)生产运行手指口述确认程序具体内容与实施(实操)；

d)气举、高压洗井等关键工序生产操作(实操)。

4.2.11　井控管理

a)井控管理制度、职责；

b)生产井、长停井、废弃井井控管理及井控三色管理要求；

c)井控预案演练(实操)；

d)油(气)、水井控操作规程(理论+实操)。

4.2.12　异常管理

a)采油(气)、注水(气)生产异常信息自动采集数据分析(实操)；

b)采油(气)、注水(气)生产异常的发现、初步处理、报告(实操)。

4.2.13　设备设施管理

a)设备全生命周期管理、分级管理、缺陷评价；

b)特种设备管理；HSE 设施(安全附件)管理；

c)设备设施的操作规程、维修维护保养规程编制及实施；

d)设备运行条件；生产装置"5S"；设备缺陷识别；

e)机械设备(抽油机三措施一禁令)及仪表管理要求；

f)游梁式抽油机、增注泵、压缩机等常用设备运行检查点(实操)；

g)游梁式抽油机、增注泵、压缩机等常用设备维护保养(实操)。

4.2.14　泄漏管理

a)泄漏预防；腐蚀管理(腐蚀机理、防腐措施)；

b)管线、管件、分离器等部位泄漏监测、预警、处置，分析评估；

c)泄漏物料的合法处置；

d）生产设备设施（油气水管道）泄漏事故案例；

e）生产设备设施泄漏后的处置措施及堵漏工具的使用（实操）。

4.2.15　危险化学品安全

a）采油（气）、注水（气）常用危险化学品种类、危险性分析、应急处置措施等；

b）采油（气）、注水（气）危险化学品生产、储存、销售、装卸、运输、使用、废弃管理要求及备案；

c）危险化学品"一书一签"管理；

d）危险化学品装卸、储存、运输、使用及废弃操作规程，个人防护及注意事项；

e）危化品个人防护用品的使用和注意事项（实操）。

4.2.16　承包商安全管理

a）承包商现场监督、监护；

b）承包商现场施工作业事故案例。

4.2.17　施工作业管理

a）施工方案实施要求，完工验收标准；

b）特殊作业、非常规作业及交叉作业施工现场标准化；

c）特殊作业现场管理（管理流程、注意事项及施工安全技术）；

d）油田常见施工作业事故案例及相关责任；

e）用火、临时用电、受限空间等七项作业的票证管理要求及监护（实操）；

f）能量隔离等安全环保技术措施的落实（实操）；

g）抽油机调水平、采油树连流程等施工现场作业安全分析（JSA）（实操）。

4.2.18　变更管理

变更重点关注内容。

4.2.19　员工健康管理

a）个体防护用品、职业病防护设施配备；

b）员工帮助计划（EAP），心理健康管理；

c）身体健康管理，健康促进活动；

d）现场职业危险告知牌及岗位职业危害告知卡（实操）；

e）心脏病、脑出血、脑梗死等突发性疾病救治方法（实操）。

4.2.20　自然灾害管理

a）自然灾害类别、预警及应对，地质灾害信息预警；

b）地震逃离演练（实操）；

c）防汛撤离演练（实操）。

4.2.21　治安保卫与反恐防范

a）油（气）区、油气场站等治安防范系统配备及管理；

b）治安、反恐防范日常管理及"两特两重"管理要求；

c）安防器材使用及维护（实操）。

4.2.22　公共卫生安全管理

a）新冠疫情防范及处置；

b）宿舍公共卫生管理，公共卫生预警机制；

c)传染病和群体性不明原因疾病的防范；

c)食品安全、食物中毒预防及处置。

4.2.23 交通安全管理

a)乘坐人员安全管理；

b)私家车人员安全管理；

c)电动三轮车辆驾驶及检查(实操)；

d)止血、包扎等急救方法(实操)；

e)交通紧急情况处置演练(实操)。

4.2.24 环境保护管理

a)环境保护、清洁生产管理；

b)产生的危险废物管理要求、储存管理要求、转运要求等；

c)水、废气、固体废物、噪声、放射污染防治管理，土壤和地下水、生态保护；

d)作业现场环保管理要求及污染防治措施；

e)突发环境事件应急管理；

f)绿色企业行动计划；

g)危险废物处置(实操)；

h)采油(气)、注水(气)装置及管道泄漏突发环境事件应急处置(实操)。

4.2.25 现场管理

a)现场管理要求(封闭化管理，视频监控，能量隔离与挂牌上锁)；

b)属地管理及现场监护管理要求；

c)生产典型事故案例；

d)生产现场安全标志、标识管理(实操)；

e)"5S"及现场目视化管理(实操)。

4.2.26 应急管理

a)单位或基层场站应急组织、机制等应急管理相关要求；

b)采油(气)、注水(气)生产应急演练实施、评估(实操)；

c)岗位应急处置卡及演练(实操)；

d)现场急救处理的识别、原则和方法及步骤(实操)；

e)现场心肺复苏及救助措施，应急防护器具使用(实操)；

f)防毒面具、正压式空气呼吸器等应急防护器具使用(实操)；

g)突发情况现场巡检及智能视频识别(实操)。

4.2.27 消(气)防管理

a)消(气)防管理要求[含火灾预防机制、消防重点部位分级、消(气)防档案管理]；

b)消(气)防设施及器材(含火灾监控及自动灭火系统)配置、管理；

c)防雷、防静电管理要求；

d)油(气)场站火警巡检及视频识别(实操)；

e)火灾报警联动控制器操作及注意事项(实操)；

f)消防器材、设施的使用与维护(实操)；

g)灭火的"三看八定"和方法步骤(实操)；

h)防雷、防静电接地设施测试及检查(实操)。

4.2.28　事故事件管理

a)事故(事件)警示教育;

b)"风险经历共享"案例分析(实操);

c)反习惯性违章活动(实操)。

4.2.29　基层管理

4.2.29.1　基层建设

a)"三基""三标"建设;

b)"争旗夺星"竞赛、岗位标准化等要求。

4.2.29.2　基础工作

a)作业文件检查及更新相关要求;

b)岗位操作标准化及"五懂五会五能"相关要求。

4.2.29.3　基本功训练

a)"手指口述"操作法、生产现场唱票式工作法及导师带徒、岗位练兵等相关要求;

b)班组安全活动(实操);

c)不安全行为识别及分析,操作规程安全分析(实操)。

5　学时安排

根据《中国石化安全教育与技能培训管理办法》等制度要求,企业应明确每月一次的副班学习培训要求,明确规定企业技能操作人员集中培训时间每月不少于 4 学时,其他方式学习培训每月不少于 8 学时;直属单位可根据基层单位生产实际,结合培训需求,从表 2 - 3 - 1 采油(气)、注水(气)技能操作人员培训课时安排、表 2 - 3 - 2 采油(气)、注水(气)运行岗位技能操作人员实操项目培训课时安排中选择课程编制年度计划,并落实培训实施。

表 2 - 3 - 1　采油(气)、注水(气)技能操作人员培训课时安排

培训模块	培训课程	培训内容	培训方式	学时
HSE 管理基础	HSE 法律法规	国家、地方政府安全生产方针、政策,环保方针、理念	M1/M5/M7	2
		《中华人民共和国宪法》《劳动合同法》《民法典》等法律中关于企业权益及责任的相关条款		2
		《中华人民共和国安全生产法》《环境保护法》《职业病防治法》《消防法》《危险化学品安全管理条例》等相关法律法规中关于企业和技能操作岗位职责、权利、义务、HSE 管理要求、法律责任的相关条款		2
	HSE 标准规范	采油(气)、注水(气)等操作程序涉及技术标准规范中的 HSE 要求	M1/M5/M7	2
		安全生产标准化企业创建相关要求		2
		绿色采油气管理区评价办法相关要求		1
	HSE 技术	采油(气)、注水(气)业务在生产工艺、设备设施、操作规程和其他方面涉及的防火防爆、防雷防静电、电气安全、机械安全、环境保护等技术	M1/M6/M7	2

续表

培训模块	培训课程	培训内容	培训方式	学时
体系思维	HSE 理念	中国石化 HSE 方针、愿景、管理理念	M1/M5/M7	2
		中国石化安全环保禁令、承诺，保命条款		2
	HSE 管理体系	单位级 HSE 管理体系架构及主要内容	M1/M7	2
领导、承诺和责任	全员参与	全员安全行为规范	M1/M5/M7	1
		中国石化安全记分管理规定		1
		企业员工参与协商机制和协商事项		1
	组织机构和职责	采油(气)、注水(气)技能操作岗位 HSE 责任制		1
	社会责任	企业安全发展、绿色发展、和谐发展社会责任及参与公益活动	M1/M5/M7	1
		采油(气)、注水(气)业务涉及的危险物品及危害后果、事故预防及响应措施告知		1
风险管控	双重预防机制	油田及直属单位双重预防机制要求	M1/M5/M7	1
		采油(气)、注水(气)安全生产专项整治三年行动落实		1
	安全风险识别	风险的概念、分类、分级等基本理论	M1/M6/M7	1
		风险识别方法		1
	安全风险管控	采油(气)、注水(气)施工(作业)过程安全风险管控	M1/M5/M8	1
		交通安全风险管控		1
		公共安全风险管控		1
	环境风险管控	环境因素识别评估与管控	M1/M3/M5	1
		环境风险评价与等级划分		1
		生产过程中环境因素识别，主要包括原油、天然气、注水等管输介质泄漏(或在燃烧、爆炸、废液废气排放等)的环境因素识别、评价及控制措施分析		1
	重大危险源辨识与评估	重大危险源辨识及监控措施	M5	1
隐患排查和治理	隐患排查治理	事故隐患基础；中国石化重大生产安全事故隐患判定标准	M1	0.5
能力、意识和培训	能力、意识和培训	岗位持证要求，包括国家、地方政府、油田要求的各类安全资质、资格证，职业技能等级证等	M1	1
建设项目管理	建设项目管理	建设项目安全技术措施交底	M1/M5/M7	0.5
生产运行管理	生产协调管理	生产运行管理流程、制度及 HSE 要求	M1	0.5
		事故事件及异常的报告流程	M1	0.5
	生产技术管理	采油(气)、注水(气)生产运行等专业知识	M1	0.5
		采油(气)、注水(气)工艺技术操作规程等作业文件的修订	M1	1
	生产操作管理	采油(气)、注水(气)关键操作岗位巡检、交接班制度	M1/M6	1
		采油(气)、注水(气)操作规程等作业文件的执行监督	M2	1

续表

培训模块	培训课程	培训内容	培训方式	学时
井控管理	井控管理	井控管理制度、职责	M1	0.5
		生产井、长停井、废弃井井控管理要求及井控三色管理要求	M1	1
		油(气)、水井控操作规程		1
设备设施管理	设备设施管理	设备全生命周期管理、分级管理、缺陷评价	M1	0.5
		特种设备管理；HSE 设施(安全附件)管理	M2	1
		设备设施的操作规程、维修维护保养规程编制及实施	M1	1
		设备运行条件；生产装置"5S"；设备缺陷识别		1
		机械设备(抽油机三措一禁令及仪表管理要求)		1
泄漏管理	泄漏管理	泄漏预防；腐蚀管理(腐蚀机理、防腐措施)	M1 + M8	1
		管线、管件、分离器等部位泄漏监测、预警、处置,分析评估	M1 + M3 + M8	1
		泄漏物料的合法处置	M1/M5/M7	1
		生产设备设施(油气水管道)泄漏事故案例	M1 + M8	1
危险化学品管理	危险化学品安全	采油(气)、注水(气)常用危险化学品种类、危险性分析、应急处置措施等	M1/M6	0.5
		采油(气)、注水(气)危险化学品生产、储存、销售、装卸、运输、使用、废弃管理要求及备案	M1/M6	0.5
		危险化学品"一书一签"管理	M1/M6	0.5
		危险化学品装卸、储存、运输、使用及废弃操作规程,个人防护及注意事项	M1/M6	1
承包商管理	承包商安全管理	承包商现场监督、监护	M1/M6 + M8	1
		承包商现场施工作业事故案例		1
施工作业管理	施工作业管理	施工方案实施要求,完工验收标准	M1	1
		特殊作业、非常规作业及交叉作业施工现场标准化	M1/M5	0.5
		特殊作业现场管理(特殊施工作业管理流程、注意事项及施工安全技术)	M1/M5	0.5
		油田常见施工作业事故案例及相关责任	M1	0.5
变更管理		变更重点关注内容	M1/M5	0.5
员工健康管理	员工健康管理	个体防护用品、职业病防护设施配备	M1/M7	0.5
		员工帮助计划(EAP),心理健康管理	M1/M7	0.5
		身体健康管理,健康促进活动	M1 + M5 + M8	0.5
自然灾害管理		自然灾害类别、预警及应对,地质灾害信息预警	M1 + M2/M5	1
治安保卫与反恐防范		油(气)区、油气场站等治安防范系统配备及管理	M1 + M2 + M8	1
		治安、反恐防范日常管理及"两特两重"管理要求		1

续表

培训模块	培训课程	培训内容	培训方式	学时
公共卫生安全管理		新冠疫情防范及处置	M1＋M2＋M3＋M8	1
		场站公共卫生管理，安保措施与应急处置机制	M1＋M2＋M3＋M8	1
		传染病和群体性不明原因疾病的防范	M1＋M2＋M3＋M8	1
		食品安全、食物中毒预防及处置	M1＋M2＋M3＋M8	1
交通安全管理		乘坐人员安全管理	M1/M5＋M8	1
		私家车人员安全管理	M1/M5＋M8	1
环境保护管理		环境保护、清洁生产管理	M1/M5＋M8	0.5
		产生的危险废物管理要求、储存管理要求、转运要求等	M1/M5	
		水、废气、固体废物、噪声、放射污染防治管理，土壤和地下水、生态保护	M1/M5	1
		作业现场环保管理要求及污染防治措施	M1/M5/M7	0.5
		突发环境事件应急管理		0.5
		绿色企业行动计划		0.5
现场管理		现场管理要求（封闭化管理，视频监控，能量隔离与挂牌上锁）	M1/M5/M7	0.5
		属地管理及现场监护管理要求	M1/M5/M7	0.5
		生产典型事故案例	M1/M5	0.5
应急管理		应急管理相关要求（单位或专业领域应急组织、机制等）	M1	1
消(气)防管理		消(气)防管理要求（火灾预防机制，消防重点部位分级，档案）	M1/M6/M7	0.5
		消(气)防设施及器材（含火灾监控及自动灭火系统）配置、管理	M1/M2/M5	0.5
		防雷、防静电管理要求	M1/M2/M5	0.5
事故事件管理		事故(事件)警示教育	M1/M6	1
基层管理	基本建设	"三基""三标"建设	M1/M5/M6	0.5
		"争旗夺星"竞赛、岗位标准化等要求	M1/M5/M6	0.5
	基础工作	作业文件检查及更新相关要求	M1/M5/M6	0.5
		岗位操作标准化及"五懂五会五能"相关要求	M1/M5/M6	0.5
	基本功训练	"手指口述"操作法、生产现场唱票式工作法及导师带徒、岗位练兵等相关要求	M1/M5/M6	1

说明：M1——课堂讲授；M2——实操训练；M3——仿真训练；M4——预案演练；M5——网络学习；M6——班组(科室)安全活动；M7——生产会议或 HSE 会议；M8——视频案例。其中，M1＋M5 表示 M1 与 M5；M1/M5 表示 M1 或 M5。

表2-3-2　采油(气)、注水(气)运行岗位技能操作人员实操项目培训考核安排

培训模块	培训课程	培训内容	培训及考核方式	学时
体系思维	中国石化及油田 HSE 理念	企业愿景和 HSE 管理理念	N2	1
		安全环保禁令、保命条款		1

续表

培训模块	培训课程	培训内容	培训及考核方式	学时
领导、承诺和责任	全员参与	员工开展隐患排查、报告事件和风险、隐患等信息的情况	N4	1
风险管控	安全风险识别	采油(气)、注水(气)场站、设备设施、操作过程的风险识别	N2/N4	0.5
		计量站健康风险警示牌		0.5
		更换抽油机盘根、皮带等采油关键工序操作风险识别		0.5
		更换孔板阀、阀门等采气关键工序操作风险识别		0.5
		更换增注泵盘根、柱塞等注水关键工序操作风险识别		0.5
		压缩机启、停操作等注气关键工序操作风险识别		0.5
	安全风险管控	采油(气)井、注水(气)井巡检风险管控	N4	1
		更换采油(气)、注水(气)高压井口配件风险管控	N4	1
	重大危险源辨识与评估	重大危险源安全监控警戒装置参数设置	N4	1
隐患排查和治理	隐患排查和治理	典型油气生产场站的隐患排查	N4	1
		岗位日常巡检过程中隐患的初步排查	N4	1
		直接作业施工现场(用火、高处作业、受限空间等作业)隐患的初步排查	N4	1
沟通	信息沟通	安全信息管理系统登录及安全诊断信息录入	N4	1
		班组沟通的方式、渠道及注意事项	N4	1
文件和记录	文件和记录	记录格式(含工作指令记录、生产运行报表、HSE工作记录、交接班记录、设备维护保养记录等)	N4	1
生产运行管理	生产技术管理	工艺流程图识读	N2	1
		工艺纪律的检查及整改		1
	生产操作管理	生产运行手指口述确认程序具体内容与实施	N4	1
		气举、高压洗井等关键工序生产操作		1
井控管理	井控管理	井控预案演练	N3/N4	2
		油(气)、水井控操作规程	N3/N4	2
异常管理	异常管理	采油(气)、注水(气)生产异常信息自动采集数据分析	N1/N4	1
		采油(气)、注水(气)生产异常的发现、初步处理、报告	N1/N4	2
设备设施管理	设备设施管理	游梁式抽油机、增注泵、压缩机等常用设备运行检查点	N4	1
		游梁式抽油机、增注泵、压缩机等常用设备维护保养	N4	1
泄漏管理	泄漏管理	生产设备设施泄漏后的处置措施及堵漏工具的使用	N2/N4	2
危险化学品安全	危险化学品安全	危化品个人防护用品的使用和注意事项	N4	1

培训模块	培训课程	培训内容	培训及考核方式	学时
施工作业管理	施工作业管理	用火、临时用电、受限空间等七项作业的票证管理要求及监护	N4	1
		能量隔离等安全环保技术措施的落实（JSA）	N4	1
		抽油机调水平、采油树连流程等施工现场作业安全分析（JSA）	N4	1
员工健康管理	员工健康管理	现场职业危险告知牌及岗位职业危害告知卡	N2/N4	2
		心脏病、脑出血、脑梗死等突发性疾病救治方法	N2/N4	1
自然灾害管理	自然灾害管理	地震逃离演练	N4	1
		防汛撤离演练		1
治安保卫与反恐防范	治安保卫与反恐防范	安防器材使用及维护	N4	1
交通安全管理	交通安全管理	电动三轮车辆驾驶及检查	N3/N4	1
		止血、包扎等急救方法		1
		交通紧急情况处置演练		2
环境保护管理	环境保护管理	危险废物处置	N4	2
		采油（气）、注水（气）装置及管道泄漏突发环境事件应急处置	N4	2
现场管理	现场管理	生产现场安全标志、标识管理	N4	1
		"5S"及现场目视化管理	N4	1
应急管理	应急管理	采油（气）、注水（气）生产应急演练实施、评估	N4	1
		岗位应急处置卡演练	N4	1
		现场急救处理的识别、原则和方法及步骤	N4	1
		现场心肺复苏及救助措施，应急防护器具使用	N4	1
		防毒面具、正压式空气呼吸器等应急防护器具使用	N4	1
		突发情况现场巡检及智能视频识别	N4	1
消（气）防管理	消（气）防管理	油（气）场站火警巡检及视频识别	N4	1
		火灾报警联动控制器操作及注意事项	N4	1
		消防器材、设施的使用与维护	N4	1
		灭火的"三看八定"和方法步骤	N4	1
		防雷、防静电接地设施测试及检查	N4	1
事故事件管理	事故事件管理	"风险经历共享"案例分析	N2	1
		反习惯性违章活动	N2	1
基层管理	基本功训练	班组安全活动	N4	1
		不安全行为识别及分析，操作规程安全分析	N4	1

说明：N1——考试；N2——访谈；N3——答辩；N4——模拟实操（手指口述）。其中，N1 + N2 表示 N1 与 N2；N1/N2 表示 N1 或 N2。

6　考核标准

6.1　考核办法

a) 培训时长 4 课时(0.5 工作日)以上的 HSE 培训要组织考核。

b) 考核分为 HSE 理论考核及岗位 HSE 技能操作考核两部分。技能操作人员以岗位技能操作考核为主。

c) HSE 理论知识考核为闭卷答题,一般采用上机或 APP 线上考核方式。考试内容应符合本标准 4.2 和 6.2 规定的范围,考试时间为 60min。考试采用百分制,80 分及以上为合格。

d) HSE 岗位技能操作考核由企业、直属单位组织实施,可自上而下分级考核,日常由基层班组落实训练考核,每月由基层单位验证考核,每季由直属单位抽查考核,每年由企业或直属单位实施考核或抽验,确保岗位员工每年至少考核一次。考核可采用访谈、答辩、仿真、演练、实操、竞赛等方式。考核内容应符合本标准 6.2 规定的范围,成绩评定80 分以上为合格。

e) HSE 理论知识考核及岗位 HSE 操作技能考核均合格者,综合判定岗位 HSE 能力为合格。考核不合格允许补考一次,补考仍不合格者需重新培训。

f) 考核要点的深度分为了解和掌握两个层次,两个层次由低到高,高层次的要求包含低层次的要求。

了解：能正确理解本标准所列知识的含义、内容并能够应用;

掌握：对本标准所列知识有全面、深刻的认识,能够综合分析、解决较为复杂的相关问题。

6.2　安全理论知识考试要点

6.2.1　HSE 管理基础

6.2.1.1　HSE 法律法规

a) 了解国家、地方政府安全生产方针、政策,环保方针、理念;

b) 了解《中华人民共和国宪法》《劳动合同法》《民法典》等法律中关于企业权益及责任的相关条款;

c) 了解《中华人民共和国安全生产法》《环境保护法》《职业病防治法》《消防法》《危险化学品安全管理条例》等相关法律法规中关于企业和技能操作岗位职责、权利、义务、HSE 管理要求、法律责任的相关条款。

6.2.1.2　HSE 标准规范

a) 了解采油(气)、注水(气)等操作程序涉及技术标准规范中的 HSE 要求;

b) 了解安全生产标准化企业创建相关要求;

c) 了解绿色采油气管理区评价办法相关要求。

6.2.1.3　HSE 相关规章制度

了解中国石化、油田及直属单位相关管理制度中 HSE 管理要求。

6.2.1.4　HSE 技术

了解采油(气)、注水(气)专业在生产工艺、设备设施、操作规程和其他方面涉及的防火防爆、防雷防静电、电气安全、机械安全、环境保护等技术。

6.2.2 体系思维

6.2.2.1 中国石化及油田 HSE 理念

a) 了解中国石化 HSE 方针、愿景、管理理念；

b) 了解中国石化安全环保禁令、承诺，保命条款；

c) 掌握企业愿景和 HSE 管理理念；

d) 掌握安全环保禁令、保命条款。

6.2.2.2 HSE 管理体系

了解单位级 HSE 管理体系架构及主要内容。

6.2.3 领导、承诺和责任

6.2.3.1 全员参与

a) 了解员工通用安全行为、安全行为负面清单等安全行为规范；

b) 了解中国石化安全记分管理规定及油田相关要求；

c) 了解企业员工参与协商机制和协商事项；

d) 掌握员工开展隐患排查、报告事件和风险、隐患等信息的要求。

6.2.3.2 组织机构和职责

了解采油(气)、注水(气)技能操作岗位 HSE 责任制。

6.2.3.3 社会责任

a) 了解企业安全发展、绿色发展、和谐发展社会责任及参与公益活动；

b) 了解危险物品及危害后果、事故预防及响应措施告知。

6.2.4 风险管控

6.2.4.1 双重预防机制

a) 了解油田及直属单位双重预防机制要求；

b) 了解采油(气)、注水(气)安全生产专项整治三年行动落实。

6.2.4.2 安全风险识别

a) 了解风险的概念、分类、分级等基本理论；

b) 了解风险识别方法；

c) 掌握采油(气)、注水(气)场站、设备设施、操作过程的风险识别；

d) 掌握计量站风险警示牌；

e) 掌握更换抽油机盘根、皮带等采油关键工序操作风险识别；

f) 掌握更换孔板阀、阀门等采气关键工序操作风险识别；

g) 掌握更换增注泵盘根、柱塞等注水关键工序操作风险识别；

h) 掌握压缩机启、停操作等注气关键工序操作风险识别。

6.2.4.3 安全风险管控

a) 了解采油(气)、注水(气)施工(作业)过程安全风险管控；

b) 了解交通安全风险管控；公共安全风险管控；

c) 掌握游梁式抽油机检查风险管控；

d) 掌握采气生产过程风险管控；

e) 掌握注水井口巡查风险管控;

f) 掌握储气库注采井安全风险管控。

6.2.4.4　环境风险管控

a) 了解环境因素识别评估与管控,环境风险评价与等级划分;

b) 了解生产过程中环境因素识别,主要包括原油、天然气、注水等管输介质泄漏(或在燃烧、爆炸、废液废气排放等)的环境因素识别、评价及控制措施分析。

6.2.4.5　重大危险源辨识与评估

a) 了解重大危险源辨识及监控措施;

b) 掌握重大危险源安全监控警戒参数要求并进行设置。

6.2.5　隐患排查和治理

a) 了解事故隐患的概念、分级、分类,中国石化重大生产安全事故隐患判定标准;

b) 掌握油气聚集场所(或场站)的隐患排查;

c) 掌握岗位日常巡检过程中隐患的初步排查;

d) 掌握用火、受限空间等直接作业施工现场隐患的初步排查。

6.2.6　能力、意识和培训

了解岗位持证要求,包括国家、地方政府、油田要求的各类安全资质、资格证,职业技能等级证等。

6.2.7　沟通

6.2.7.1　安全信息管理系统

掌握安全信息管理系统登录及相关信息录入。

6.2.7.2　信息沟通

掌握班组沟通的方式、渠道及注意事项。

6.2.8　文件和记录

掌握单位或基层场站相关工作指令记录、生产运行报表、HSE 工作记录、交接班记录、设备维护保养记录等记录格式要求,并坚决执行。

6.2.9　建设项目管理

了解建设项目安全技术措施交底。

6.2.10　生产运行管理

6.2.10.1　生产协调管理

a) 了解生产运行管理流程、制度及 HSE 要求;

b) 了解事故事件及异常的报告程序、内容。

6.2.10.2　生产技术管理

a) 了解采油(气)、注水(气)生产运行等专业技术知识;

b) 了解采油(气)、注水(气)工艺技术操作规程等作业文件的修订;

c) 掌握工艺流程图识读;

d) 掌握工艺纪律的检查及整改。

6.2.10.3　生产操作管理

a) 了解采油(气)、注水(气)关键操作岗位巡检、交接班制度;

b) 了解采油(气)、注水(气)操作规程等作业文件的执行监督;

c) 掌握生产运行手指口述确认程序具体内容与实施;

d) 掌握气举、高压洗井等关键工序生产操作。

6.2.11　井控管理

a) 了解井控管理制度、职责;

b) 了解生产井、长停井、废弃井井控管理要求及井控三色管理要求;

c) 掌握井控预案演练;

d) 掌握油(气)、水井控操作规程。

6.2.12　异常管理

a) 掌握采油(气)、注水(气)生产异常信息自动采集数据分析;

b) 掌握采油(气)、注水(气)生产异常的发现、初步处理、报告。

6.2.13　设备设施管理

a) 了解设备全生命周期管理、分级管理、缺陷评价;

b) 了解特种设备管理;HSE设施(安全附件)管理;

c) 了解设备设施的操作规程、维修维护保养规程编制及实施;

d) 了解设备运行条件;生产装置"5S";设备缺陷识别;

e) 掌握抽油机三措施一禁令等机械设备及仪表管理要求;

f) 掌握游梁式抽油机、增注泵、压缩机等常用设备运行检查;

g) 掌握游梁式抽油机、增注泵、压缩机等常用设备维护保养。

6.2.14　泄漏管理

a) 了解泄漏预防;腐蚀管理(腐蚀机理、防腐措施);

b) 了解管线、管件、分离器等部位泄漏监测、预警、处置,分析评估;

c) 了解泄漏物料的合法处置;

d) 了解生产设备设施(油气水管道)泄漏事故案例;

e) 掌握生产设备设施泄漏后的处置措施及堵漏工具的使用。

6.2.15　危险化学品安全

a) 了解采油(气)、注水(气)常用危险化学品种类、危险性分析、应急处置措施等;

b) 了解采油(气)、注水(气)危险化学品生产、储存、销售、装卸、运输、使用、废弃管理要求及备案;

c) 了解危险化学品"一书一签"管理;

d) 掌握危险化学品装卸、储存、运输、使用及废弃操作规程,个人防护及注意事项。

6.2.16　承包商安全管理

a) 了解承包商现场监督、监护;

b) 了解承包商现场施工作业事故案例。

6.2.17　施工作业管理

a) 了解施工方案实施要求,完工验收标准;

b) 了解特殊作业、非常规作业及交叉作业施工现场标准化;

c) 了解特殊作业现场管理(管理流程、注意事项及施工安全技术);

d）了解油田常见施工作业事故案例及相关责任；

e）掌握用火、临时用电、受限空间等七项作业的票证管理要求及监护；

f）掌握能量隔离等安全环保技术措施的落实；

g）掌握抽油机保养作业现场施工作业安全分析（JSA）。

6.2.18　变更管理

了解变更重点关注内容。

6.2.19　员工健康管理

a）了解个体防护用品、职业病防护设施配备；

b）了解员工帮助计划（EAP），心理健康管理；

c）了解身体健康管理，健康促进活动；

d）掌握现场职业危险告知牌及岗位职业危害告知卡；

e）掌握心脏病、脑出血、脑梗死等突发性疾病救治方法。

6.2.20　自然灾害管理

a）了解自然灾害类别、预警及应对，地质灾害信息预警；

b）掌握地震逃离演练；

c）掌握防汛撤离演练。

6.2.21　治安保卫与反恐防范

a）了解油（气）区、油气场站等治安防范系统配备及管理；

b）了解治安、反恐防范日常管理及"两特两重"管理要求；

c）掌握安防器材使用及维护。

6.2.22　公共卫生安全管理

a）了解新冠疫情防范及处置；

b）了解场站公共卫生管理，安保措施与应急处置机制；

c）了解传染病和群体性不明原因疾病的防范；

d）了解食品安全、食物中毒预防及处置。

6.2.23　交通安全管理

a）了解乘坐人员安全管理；

b）了解私家车人员安全管理；

c）掌握电动三轮车辆驾驶及检查；

d）掌握止血、包扎等急救方法；

e）掌握交通紧急情况处置演练。

6.2.24　环境保护管理

a）了解环境保护、清洁生产管理；

b）了解采油（气）、注水（气）过程的危险废物管理要求、储存管理要求、转运要求等，并能按照要求处置；

c）了解水、废气、固体废物、噪声、放射污染防治管理，土壤和地下水、生态保护；

d）了解作业现场环保管理要求及污染防治措施；

e）了解突发环境事件应急管理；

f) 了解绿色企业行动计划；

g) 掌握采油(气)、注水(气)装置及管道泄漏突发环境事件应急处置。

6.2.25 现场管理

a) 掌握现场管理要求(封闭化管理，视频监控，能量隔离与挂牌上锁)；

b) 掌握属地管理及现场监护管理要求；

c) 了解生产典型事故案例；

d) 掌握生产现场安全标志、标识管理；

e) 掌握"5S"及现场目视化管理。

6.2.26 应急管理

a) 了解单位或基层场站应急组织、机制等应急管理相关要求；

b) 了解采油(气)、注水(气)生产应急演练实施、评估；

c) 掌握岗位应急处置卡主要内容及注意事项，并规范演练；

d) 掌握现场急救处理的识别、原则和方法及步骤；

e) 掌握现场心肺复苏及救助措施，应急防护器具使用；

f) 掌握防毒面具、正压式空气呼吸器等应急防护器具使用；

g) 掌握突发情况现场巡检及智能视频识别。

6.2.27 消(气)防管理

a) 了解火灾预防机制、消防重点部位分级，消(气)防档案管理要求；

b) 了解消(气)防设施及器材(含火灾监控及自动灭火系统)配置、管理；

c) 了解防雷、防静电管理要求；

d) 掌握油(气)场站火警巡检及视频识别；

e) 掌握火灾报警联动控制器操作及注意事项；

f) 掌握消防器材、设施的使用与维护；

g) 掌握灭火的"三看八定"和方法步骤；

h) 掌握防雷、防静电接地设施测试及检查。

6.2.28 事故事件管理

a) 了解事故(事件)警示教育；

b) 掌握"风险经历共享"案例分析；

c) 掌握本岗位不安全行为判定标准，反习惯性违章。

6.2.29 基层管理

6.2.29.1 基层建设

a) 了解"三基""三标"建设；

b) 了解"争旗夺星"竞赛、岗位标准化等要求。

6.2.29.2 基础工作

a) 了解作业文件检查及更新相关要求；

b) 掌握岗位操作标准化及"五懂五会五能"相关要求。

6.2.29.3 基本功训练

a) 掌握"手指口述"操作法、生产现场唱票式工作法及导师带徒、岗位练兵等相关要求；

b) 掌握班组安全活动;

c) 掌握不安全行为识别及分析,操作规程安全分析。

第二节　油(气)集输、油(气)田水处理操作岗位 HSE 培训大纲及考核标准

1　范围

本标准规定了油田企业油(气)集输、油(气)田水处理技能操作人员 HSE 培训要求、理论及实操培训的内容、学时安排,以及考核的方法、内容。

2　适用岗位

包括但不限于石油(天然气)开采直属单位的集输工、输气工、输油工、综合计量工、油(气)田水处理工、油品分析工、水质化验工等技能序列操作人员。

3　依据

参照本章第一节　采油(气)、注水(气)操作岗位 HSE 培训大纲及考核标准 3 依据。

4　安全生产培训大纲

4.1　培训要求

参照本章第一节　采油(气)、注水(气)操作岗位 HSE 培训大纲及考核标准 4.1 培训要求。

4.2　培训内容

参照本章第一节　采油(气)、注水(气)操作岗位 HSE 培训大纲及考核标准 4.2 培训内容。

5　学时安排(表2-3-3、表2-3-4)

表2-3-3　油(气)集输、油(气)田水处理操作人员培训课时

培训模块	培训课程	培训内容	培训方式	学时
安全基础知识	HSE 法律法规	HSE 相关法律法规中的职责、权利、义务、管理要求和法律责任	M1 + M5 + M7	6
	HSE 标准规范	标准规范中的 HSE 要求,安全生产标准化、绿色企业、健康企业创建	M1 + M5 + M7	
	HSE 技术	防火防爆、防雷防静电消防安全知识	M1 + M5 + M8	
		油气高危场所防火防静电检查操作	M1/M6/M7	
		电气安全知识;机械安全知识	M1/M5	

续表

培训模块	培训课程	培训内容	培训方式	学时
体系思维	HSE 理念	中国石化(油田)HSE 方针、愿景目标、管理理念、禁令、保命条款	M1/M5/M7	2
	HSE 管理体系	单位级 HSE 管理体系架构及主要内容	M1/M5/M7	
领导、承诺和责任	全员参与	全员安全行为规范(含通用安全行为、安全行为负面清单等)	M1/M5/M7	1
		中国石化安全记分管理规定		
		企业员工参与协商机制和协商事项		
		员工开展隐患排查、报告事件和风险、隐患等信息的情况		
	职责	油(气)集输、油(气)田水处理岗位 HSE 职责	M1/M5/M7	
	社会责任	企业安全发展、绿色发展、和谐发展社会责任及参与公益活动	M1/M5/M7	1
		油(气)集输、油(气)田水处理业务涉及的危险物品及危害后果、事故预防及响应措施告知		
风险管控	双重预防机制	油田及直属单位双重预防机制要求；安全生产专项整治三年行动计划	M1/M5/M6	0.5
	安全风险识别	安全风险概念、分类与分级内容	M1/M6/M7	
		风险识别方法		
		油(气)集输、油(气)田水处理场站设备设施风险识别		
	安全风险管控	危害识别、风险评价(JSA 等)工具，风险管控措施	M1/M6/M7	4
		油(气)集输、油(气)田水处理施工(作业)过程安全风险管控	M1/M2/M5	
		岗位切换流程设备 JSA 分析记录填写	M1/M2/M5	
		施工(作业)过程安全风险管控措施	M1/M2	
		交通安全风险管控措施	M1/M2	
		公共安全风险(反恐)管控措施(场站门禁风险识别与管理)	M1/M2	
	环境风险管控	环境因素识别评估与管控；生产过程中环境因素识别：原油、天然气、污水等管输介质泄漏(燃烧、废液废气排放等)危害识别、管控	M1/M3/M5	
重大危险源	重大危险源辨识与评估	重大危险源辨识及监控措施落实；重大危险源安全警戒设置	M1/M3/M5	1
隐患排查和治理	隐患排查治理	中国石化重大生产安全事故隐患判定标准；事故隐患基础知识(概念与分级、分类管理)	M1	
		油气聚集场所的隐患排查	M1/M7	
能力、意识和培训	培训需求	上岗持证要求；特种作业、作业许可等取证人员培训管理要求	M1	0.5

续表

培训模块	培训课程	培训内容	培训方式	学时
沟通	信息沟通	安全信息管理系统登录及相关信息录入	M1/M5/M7	0.5
		班组沟通的方式、渠道及注意事项	M1/M5/M7	
文件和记录	班组岗位记录填写资料	工作指令记录、生产运行报表、HSE 工作记录、交接班记录、设备维护保养记录等记录格式	M1/M5/M7	0.5
		岗位巡检及交接班记录(正确填写)	M1/M5/M7	
建设项目管理	地面建设项目	建设项目安全技术措施交底	M1/M5/M7	0.5
运行过程管控	生产协调管理	油(气)集输站、污水站生产运行管理流程、制度及 HSE 要求	M1/M5/M7	1.5
		事故事件及异常的报告程序、内容	M1/M5/M7	
	生产技术管理	工艺流程图识读	M1/M5/M7	
		油(气)集输、油(气)田水处理、油(气)生产运行等专业知识	M1 + M5 + M7	
		油(气)集输、油(气)田水处理工艺技术操作规程等作业文件修订		
		工艺纪律的检查及整改		
	生产操作管理	岗位巡检、交接班制度	M1/M5/M7	1.5
		油(气)集输、油(气)田水处理操作规程等作业文件的执行监督	M1/M5/M7	
		压力、液位、温度、流量等运行参数识读与管控	M1/M5/M7	
	异常管理	油(气)集输、油(气)田水处理生产异常信息自动采集数据分析	M1/M5/M7	1
		生产异常情况的发现、处理、报告(岗位突发生产异常汇报及上下线岗位联系,油水管线泄漏的处置)	M1 + M6	
	设备设施管理	设备全生命周期管理、分级管理、缺陷评价	M1/M5/M7	1.5
		特种设备管理;HSE 设施(安全附件)管理	M2 + M4	
		设备设施的操作规程、维修维护保养规程及实施	M1 + M6	
		设备运行条件;生产装置"5S";设备缺陷识别	M1 + M6	
		机械设备管理;电气设备管理;仪表管理	M1 + M3 + M6 + M8	
		油(气)集输、油(气)田水处理设备构造、工作原理	M1 + M3 + M6 + M8	
	泄漏管理	泄漏预防;腐蚀管理(腐蚀机理、防腐措施)	M1 + M8	1
		管线、管件、罐体等部位泄漏监测、预警、处置,分析评估	M1 + M3 + M8	
		泄漏物料的合法处置	M1/M5/M7	
		生产设备设施(油气水管道)泄漏事故案例	M1 + M8	

续表

培训模块	培训课程	培训内容	培训方式	学时
运行过程管控	危险化学品安全	常用危险化学品种类、危险性分析、应急处置措施等	M1/M5/M7	1
		危险化学品生产、储存、销售、装卸、运输、使用、废弃管理要求及备案	M1/M6	
		危险化学品"一书一签"管理		
		危险化学品装卸、储存、运输、使用及废弃操作规程，个人防护及注意事项		
	承包商安全管理	承包商现场监督、监护；承包商事故案例及追责	M1+M3+M6+M8	1
	施工作业管理	施工方案实施要求，完工验收标准	M1+M8	3
		能量隔离等安全环保技术措施的落实	M1/M5/M7	
		特殊作业、非常规作业及交叉作业施工现场标准化	M1/M5/M7	
		特殊作业现场管理（管理流程、注意事项及施工安全技术）	M1+M8	
		用火、临时用电、受限空间等七项作业的票证管理要求及监护	M1/M5/M7	
		油田常见施工作业事故案例及相关责任	M1+M5+M8	
	变更管理	变更重点关注内容	M1+M8	0.5
	员工健康管理	个体防护用品、职业病防护设施配备	M1/M7	1
		员工帮助计划（EAP），心理健康管理	M1/M7	
		身体健康管理，健康促进活动	M1+M5+M8	
		现场职业危险告知牌及岗位职业危害告知卡	M1/M7	
		心脏病、脑出血、脑梗死等突发性疾病救治方法	M1/M7	
	自然灾害管理	自然灾害类别、预警及应对，地质灾害信息预警	M1+M8	0.5
	治安保卫与反恐防范	油（气）区、油气场站等治安防范系统配备及管理；治安、反恐防范日常管理及"两特两重"管理要求；安防器材使用及维护	M1+M2+M8	1
	公共卫生安全管理	新冠疫情防范及处置	M1+M3+M8	1
		场站公共卫生管理，公共卫生预警机制	M1+M8	
		传染病和群体性不明原因疾病的防范	M1+M8	
		食品安全、食物中毒预防及处置	M1+M8	
	交通安全管理	乘坐人员安全管理；私家车人员安全管理	M1+M8	1
		季节、节日交通风险	M1+M8	
		交通紧急情况应急处置	M1+M3+M8	
	环境保护管理	环境保护、清洁生产管理	M1+M3+M8	2
		危险废物管理要求、储存管理要求、转运要求等	M1+M5+M7	
		水、废气、固体废物、噪声、放射污染防治管理，土壤和地下水、生态保护	M1/M6/M7	

续表

培训模块	培训课程	培训内容	培训方式	学时
运行过程管控	环境保护管理	油(气)集输、油(气)田水处理作业现场环保管理要求及污染防治措施	M1/M5	2
		突发环境事件应急管理		
		绿色企业行动计划	M1/M5/M7	
	现场管理	现场"5s"管理，属地管理及现场监护管理要求	M1/M5/M7	3
		现场管理要求(封闭化管理，视频监控，能量隔离与挂牌上锁)	M1/M5/M7	
		生产现场安全标志、标识管理	M1/M5/M7	
		属地管理及现场监护管理要求	M1/M5/M7	
		生产典型事故案例	M5/M6	
	应急管理	应急管理相关要求	M6/M7	2
		油(气)集输、油(气)田水处理业务应急演练实施	M1/M5/M6	
	消(气)防管理	消(气)防管理要求(火灾预防机制，消防重点部位分级，档案)	M1/M6/M7	2
		消(气)防设施及器材(含火灾监控及自动灭火系统)配置、管理	M1/M2	
		防雷、防静电管理要求	M1/M5	
	事故事件管理	事故(事件)警示教育	M1/M5	1
	基层管理	"三基""三标"建设	M1/M5/M7	3
		"争旗夺星"竞赛、岗位标准化等要求	M1/M5/M7	
		作业文件检查及更新相关要求	M1/M5/M7	
		岗位操作标准化及"五懂五会五能"相关要求	M1/M5/M7	
		"手指口述"操作法、生产现场唱票式工作法及导师带徒、岗位练兵等相关要求	M1/M5/M7	
		班组安全活动	M1/M2/M6	

说明：M1——课堂讲授；M2——实操训练；M3——仿真训练；M4——预案演练；M5——网络学习；M6——班组安全活动；M7——生产会议或 HSE 会议；M8——视频案例。其中，M1 + M5 表示 M1 与 M5；M1/M5 表示 M1 或 M5。

表 2 - 3 - 4　油(气)集输、油(气)田水处理技能操作人员实操项目培训考核

培训模块	培训课程	培训内容	培训考核方式	学时
体系思维	中国石化及油田 HSE 理念	企业愿景和 HSE 管理理念、安全环保禁令、保命条款	N4	1
安全风险管控	安全风险管控	油(气)集输、油(气)田水处理场站设备设施风险识别(液位高、压力高、温度高风险识别)	N2 + N4	1
		压缩机运行巡检风险与管控	N4	1
		高压注水泵运行巡检风险与管控	N4	1

培训模块	培训课程	培训内容	培训考核方式	学时
安全风险管控	安全风险管控	油品化验操作风险与管控	N4	1
		油(气)集输、油(气)田水处理更换闸门 JSA 分析及记录	N2 + N4	1
		重大危险源安全警戒设置	N4	0.5
隐患排查和治理	隐患排查和治理	油气聚集场所的隐患排查	N2	0.5
		直接作业施工现场(用火、受限空间等作业)隐患识别	N3	0.5
		轻烃、原油装卸操作过程中隐患排查	N3	0.5
沟通	安全信息管理系统	安全信息管理系统登录及相关信息录入	N4	0.5
	信息沟通	班组沟通的方式、渠道及注意事项		
文件和记录	记录	记录格式(含工作指令记录、生产运行报表、HSE 工作记录、交接班记录、设备维护保养记录等)	N4	1
生产运行管理	生产运行管理	工艺流程图识读	N3	0.5
		油(气)集输、油(气)田水处理生产装置启停操作及安全措施	N2/N4	1
		工艺纪律的检查及整改		
		生产运行手指口述确认程序具体内容与实施	N3	0.5
异常管理	异常管理	生产异常情况的发现、处理、报告	N3	0.5
设备设施管理	设备设施管理	电接点压力表、液位计调试	N3	0.5
		设备设施巡检路线、巡检点的内容及要求	N4	1
		离心泵的启停及巡检	N4	1
		离心泵(柱塞泵)及电机检查保养	N3	0.5
		机械设备风险点及管理	N3	0.5
泄漏管理	泄漏管理	生产设备设施泄漏后的处置措施及堵漏工具的使用	N2/N4	1
危险化学品安全	危险化学品安全	危化品个人防护用品的使用和注意事项	N2/N4	1
施工作业管理	施工作业管理	正确更换压力表	N4	1
		更换 DN50 阀门法兰垫片	N4	1
员工健康管理	员工健康管理	心脏病、脑出血、脑梗死等突发性疾病救治方法	N3/N4	1
		现场职业危害告知牌及岗位职业危害告知卡	N4	1
治安保卫与反恐防范	治安保卫与反恐防范	场站门禁风险与管控及安防器材使用及维护	N3/N4	1
交通安全管理	交通安全管理	止血、包扎等急救方法	N3/N4	1
环境保护管理	环境保护管理	固体危险废物处置	N3	0.5

续表

培训模块	培训课程	培训内容	培训考核方式	学时
现场管理	现场管理	使用消除静电仪、气体检测仪、排风扇操作	N3	0.5
应急管理	应急管理	油(气)集输、油(气)田水处理应急演练实施	N4	1
		岗位应急处置卡演练	N4	1
		现场急救处理的识别、原则和方法及步骤	N3	0.5
		现场心肺复苏及救助措施，应急防护器具使用	N4	1
		防毒面具、正压式空气呼吸器等应急防护器具使用	N4	1
消(气)防管理	消(气)防管理	灭火初期处置；灭火的"三看八定"和方法步骤	N4	1
		油(气)场站火警巡检、火灾报警器及视频识别	N2	0.5
		防雷 防静电接地设施测试及检查	N4	0.5
事故事件管理	事故事件管理	"风险经历共享"案例分析	N2	1
		反习惯性违章活动		
基层管理	基本功训练	班组安全活动	N4	1
		安全操作规程岗位验证	N4	1

说明：N1——述职；N2——访谈；N3——答辩；N4——模拟实操(手指口述)。其中，N1 + N2 表示 N1 与 N2；N1/N2 表示 N1 或 N2。

6　考核标准

6.1　考核办法

参照本章第一节　采油(气)、注水(气)操作岗位 HSE 培训大纲及考核标准 6.1 考核办法。

6.2　考核要点

6.2.1　安全基础知识

6.2.1.1　HSE 法律法规

a)了解国家、地方政府安全生产方针、政策，环保方针、理念；

b)了解《中华人民共和国宪法》《劳动合同法》《民法典》等法律中关于企业权益及责任的相关条款；

c)了解《中华人民共和国安全生产法》《环境保护法》《职业病防治法》《消防法》《危险化学品安全管理条例》等相关法律法规中关于企业和技能操作岗位职责、权利、义务、HSE 管理要求、法律责任的相关条款。

6.2.1.2　HSE 标准规范

a)了解油(气)集输、油(气)田水处理等操作程序涉及技术标准规范中的 HSE 要求；

b)了解安全生产标准化企业、绿色企业、健康企业创建相关要求。

6.2.1.3　HSE 相关规章制度

了解中国石化、油田及直属单位相关管理制度中 HSE 管理要求。

6.2.1.4　HSE 技术

掌握油(气)集输、油(气)田水处理业务在生产工艺、设备设施、操作规程和其他方面涉及的防火防爆、防雷防静电、电气安全、机械安全、环境保护等技术。

6.2.2 体系思维

6.2.2.1 中国石化及油田 HSE 理念

a) 掌握中国石化 HSE 方针、愿景、管理理念；

b) 掌握中国石化安全环保禁令、承诺，保命条款；

c) 掌握企业愿景和 HSE 管理理念；

d) 掌握安全环保禁令、保命条款。

6.2.2.2 HSE 管理体系

了解单位级 HSE 管理体系架构及主要内容。

6.2.3 领导、承诺和责任

6.2.3.1 全员参与

a) 了解全员安全行为规范(含通用安全行为、安全行为负面清单等)；

b) 了解中国石化安全记分管理规定；

c) 了解企业员工参与协商机制和协商事项；

d) 掌握员工开展隐患排查、报告事件和风险、隐患等信息的要求。

6.2.3.2 组织机构和职责

掌握油(气)集输、油(气)田水处理技能操作岗位 HSE 责任制。

6.2.3.3 社会责任

a) 了解企业安全发展、绿色发展、和谐发展社会责任及参与公益活动；

b) 了解油(气)集输、油(气)田水处理涉及的危险物品及危害后果、事故预防及响应措施告知。

6.2.4 风险管控

6.2.4.1 双重预防机制

a) 了解油田及直属单位双重预防机制要求；

b) 了解单位或基层场站安全生产专项整治三年行动计划实施进度。

6.2.4.2 安全风险识别

a) 了解风险的概念、分类、分级等基本理论；

b) 了解风险识别方法；

c) 掌握油(气)集输、油(气)田水处理场站设备设施、操作过程的风险识别。

6.2.4.3 安全风险管控

a) 掌握油(气)集输、油(气)田水处理岗位施工(作业)过程安全风险管控；

b) 了解交通安全风险管控；

c) 了解公共安全风险管控；

d) 掌握压缩机运行巡检风险与管控；

e) 掌握高压注水泵运行巡检风险与管控；

f) 掌握油品化验操作风险与管控；

g) 掌握更换闸门风险与管控。

6.2.4.4 环境风险管控

a) 了解环境因素识别、评价、管控和重要环境因素的分级；

b) 了解生产过程中环境因素识别、管控措施，关注原油、天然气、污水等管输介质泄漏（燃烧、爆炸、废液废气排放等）的危害识别及管控。

6.2.4.5　重大危险源辨识与评估

a) 了解重大危险源辨识及监控措施；

b) 掌握重大危险源安全监控警戒参数设置要求，并正确设置。

6.2.5　隐患排查和治理

a) 了解事故隐患的概念、分级、分类，中国石化重大生产安全事故隐患判定标准；

b) 掌握储罐区、泵房等油气聚集场所的隐患排查；

c) 掌握轻烃、原油装卸操作过程中隐患排查；

d) 掌握用火、受限空间等作业现场隐患的初步排查。

6.2.6　能力、意识和培训

了解岗位持证要求，包括国家、地方政府、油田要求的各类安全资质、资格证，职业技能等级证等。

6.2.7　沟通

6.2.7.1　安全信息管理系统

掌握安全信息管理系统登录及安全诊断信息录入。

6.2.7.2　信息沟通

掌握班组沟通的方式、渠道及注意事项。

6.2.8　文件和记录

掌握单位或基层场站相关工作指令记录、生产运行报表、HSE 工作记录、交接班记录、设备维护保养记录等记录格式，并正确填报。

6.2.9　建设项目管理

了解项目安全技术措施交底。

6.2.10　运行过程管控

6.2.10.1　生产协调管理

a) 了解生产运行管理流程、制度及 HSE 要求；

b) 掌握事故事件及异常的报告程序、内容。

6.2.10.2　生产技术管理

a) 了解油（气）集输、油（气）田水处理生产运行专业技术知识；

b) 了解油（气）集输、油（气）田水处理工艺技术操作规程等作业文件的修订；

c) 掌握工艺流程图识读；

d) 掌握生产装置启停操作及安全措施；

e) 掌握工艺纪律执行的检查及整改。

6.2.10.3　生产操作管理

a) 掌握油（气）集输、油（气）田水处理关键操作岗位巡检、交接班制度；

b) 了解油（气）集输、油（气）田水处理操作规程等作业文件的执行监督；

c) 掌握生产运行手指口述确认程序具体内容与实施要求。

6.2.11　异常管理

a) 掌握油（气）集输、油（气）田水处理生产异常信息自动采集数据分析；

b) 掌握油(气)集输、油(气)田水处理生产异常情况的发现、分析、处理。

6.2.12　设备设施管理

a) 了解设备全生命周期管理、分级管理、缺陷评价;

b) 了解特种设备管理;HSE 设施(安全附件)管理;

c) 掌握设备设施的操作规程、维修维护保养规程及实施;

d) 了解设备运行条件;生产装置"5S";设备缺陷识别;

e) 了解机械设备管理;电气设备管理;仪表管理;

f) 掌握油(气)集输、油(气)田水处理设备构造、工作原理;

g) 掌握设备设施巡检路线、巡检点的内容及要求;

h) 掌握离心泵的启停及巡检;

i) 掌握机械设备风险点及管理;

j) 掌握离心泵(柱塞泵)及电机检查保养;

k) 掌握电接点压力表、液位计调试。

6.2.13　泄漏管理

a) 了解泄漏预防;腐蚀管理(腐蚀机理、防腐措施);

b) 了解管线、管件、罐体等部位泄漏监测、预警、处置,分析评估;

c) 掌握泄漏物料的合法处置;

d) 了解生产设备设施(油气水管道)泄漏事故案例;

e) 掌握生产设备设施泄漏后的处置措施及堵漏工具的使用。

6.2.14　危险化学品安全

a) 了解常用危险化学品种类、危险性分析、应急处置措施等;

b) 了解危险化学品生产、储存、销售、装卸、运输、使用、废弃管理要求及备案;

c) 了解危险化学品"一书一签"管理;

d) 掌握危险化学品装卸、储存、运输、使用及废弃操作规程,个人防护及注意事项。

6.2.15　承包商安全管理

a) 了解承包商现场监督、监护相关要求;

b) 了解承包商现场施工作业事故案例。

6.2.16　施工作业管理

a) 了解施工方案实施要求,完工验收标准;

b) 掌握能量隔离等安全环保技术措施的落实;

c) 掌握特殊作业、非常规作业及交叉作业施工现场标准化;

d) 掌握特殊作业现场管理流程、注意事项及施工安全技术;

e) 掌握用火、临时用电、受限空间等七项作业的票证管理要求及监护;

f) 了解油田常见施工作业事故案例及相关责任;

g) 掌握更换 $DN50$ 阀门法兰垫片;

h) 掌握正确更换压力表。

6.2.17　变更管理

了解变更重点关注内容。

6.2.18　员工健康管理

a) 了解个体防护用品、职业病防护设施配备;

b）了解掌握员工帮助计划（EAP），心理健康管理；

c）了解身体健康管理，健康促进活动；

d）掌握现场职业危险告知牌及岗位职业危害告知卡（实操）；

e）掌握心脏病、脑出血、脑梗死等突发性疾病现场救治方法（实操）。

6.2.19 自然灾害管理

了解自然灾害类别、预警及应对，地质灾害信息预警。

6.2.20 治安保卫与反恐防范

a）了解油（气）区、油气场站等治安防范系统配备及管理；

b）了解治安、反恐防范日常管理及"两特两重"管理要求；

c）掌握安防器材使用及维护。

6.2.21 公共卫生安全管理

a）了解新冠疫情防范；

b）了解场站公共卫生管理，安保措施与应急处置机制；

c）了解传染病和群体性不明原因疾病的防范；

d）了解食品安全、食物中毒预防及处置。

6.2.22 交通安全管理

a）了解乘坐人员安全管理；

b）了解私家车人员安全管理；

c）了解季节、节日交通风险；

d）掌握止血、包扎等急救方法；

e）了解交通紧急情况处置。

6.2.23 环境保护管理

a）了解环境保护、清洁生产管理；企业绿色企业行动计划；

b）掌握危险废物管理要求、储存管理要求、转运要求等，并规范处置；

c）了解水、废气、固体废物、噪声、放射污染防治管理，土壤和地下水保护及生态保护；

d）了解作业现场环保管理要求及污染防治措施；

e）了解突发环境事件应急管理。

6.2.24 现场管理

a）掌握封闭化管理，视频监控，能量隔离与挂牌上锁等现场管理要求；

b）掌握属地管理及现场监护管理要求；

c）了解生产典型事故案例；

d）掌握生产现场安全标志、标识管理；

e）掌握"5S"及现场目视化管理。

6.2.25 应急管理

a）了解单位或专业领域应急组织、机制等应急管理相关要求；

b）了解油（气）集输、油（气）田水处理业务应急演练实施、评估；

c）掌握岗位应急处置卡主要内容及注意事项，并开展演练；

d）掌握现场急救处理的识别、原则和方法及步骤；

e）掌握现场心肺复苏及创伤救护措施，AED 等器具维护及使用；

f)掌握防毒面具、正压式空气呼吸器等应急防护器具使用。

6.2.26 消(气)防管理

a)了解火灾预防机制，消防重点部位分级，消(气)防档案管理要求；

b)了解消(气)防设施及器材(含火灾监控及自动灭火系统)配置、管理；

c)了解防雷、防静电管理要求；

d)掌握油(气)场站火警巡检、火灾报警器及视频识别；

e)掌握灭火的"三看八定"初期处置方法步骤；

f)掌握消防器材、设施的使用与维护；

g)掌握防雷、防静电接地设施测试及检查。

6.2.27 事故事件管理

a)了解事故(事件)警示教育要求及典型案例；

b)掌握"风险经历共享"案例分析；

c)掌握违章行为判定，习惯性违章分析。

6.2.28 基层管理

6.2.28.1 基层建设

a)了解"三基""三标"建设；

b)了解"争旗夺星"竞赛、岗位标准化等要求。

6.2.28.2 基础工作

a)了解作业文件检查及更新相关要求；

b)掌握岗位操作标准化及"五懂五会五能"相关要求。

6.2.28.3 基本功训练

a)掌握"手指口述"操作法、生产现场唱票式工作法及导师带徒、岗位练兵等相关要求；

b)掌握班组安全活动；

c)掌握操作规程安全分析及岗位验证方法。

第三节 天然气加工(净化、硫黄回收)操作岗位 HSE 培训大纲及考核标准

1 范围

本标准规定了油田企业天然气加工(净化、硫黄回收)技能操作人员 HSE 培训的要求，理论及实操培训的内容、学时安排，以及考核的方法、内容。

2 适用岗位

包含但不限于石油(天然气)开采直属单位的轻烃装置操作工、中控室净化内操工、净化装置外操工、硫黄成型工、液流罐区操作工、LNG 装置操作工、LNG 充装工、火炬工、胺液净化工、碱渣处理工、空分空压工等技能序列操作人员。

3 依据

参照本章第一节 采油(气)、注水(气)操作岗位 HSE 培训大纲及考核标准 3 依据。

4　安全生产培训大纲

4.1　培训要求

参照本章第一节　采油(气)、注水(气)操作岗位 HSE 培训大纲及考核标准 4.1 培训要求。

4.2　培训内容

参照本章第一节　采油(气)、注水(气)操作岗位 HSE 培训大纲及考核标准 4.2 培训内容，具体课程及内容见表 2 - 3 - 5、表 2 - 3 - 6。

5　学时安排(表 2 - 3 - 5、表 2 - 3 - 6)

表 2 - 3 - 5　天然气加工(净化、硫黄回收)技能操作人员培训课时安排

培训模块	培训课程	培训内容	培训方式	学时
HSE 管理基础	HSE 法律法规	国家、地方政府安全生产方针、政策，环保方针、理念	M1 + M5 + M7	0.25
		相关法律中关于企业权益及责任的相关条款	M1 + M5 + M7	4
		相关法律法规中关于企业和管理岗位职责、权利、义务、HSE 管理要求、法律责任的相关条款	M1 + M5 + M7	4
	HSE 标准规范	技术标准规范中的 HSE 要求	M1 + M5	2
		安全生产标准化企业创建相关要求	M1 + M5 + M7	0.5
		绿色企业、健康企业创建相关要求	M1 + M5 + M7	0.5
	HSE 相关规章制度	中国石化、油田相关管理制度中 HSE 管理要求	M1 + M5 + M7	2
	HSE 技术	天然气加工(净化、硫黄回收)业务在生产工艺、设备设施、操作规程和其他方面涉及的防火防爆、防雷防静电、电气安全、机械安全、环境保护等技术	M1 + M5 + M8	2
体系思维	HSE 理念	中国石化 HSE 方针、愿景、管理理念	M6	0.2
		中国石化安全环保禁令、承诺，保命条款	M1 + M5 + M7	0.2
	HSE 管理体系	单位级 HSE 管理体系架构及主要内容	M5/M7	0.5
领导、承诺和责任	全员参与	员工通用安全行为、安全行为负面清单等安全行为规范	M1/M5/M7	0.5
		中国石化安全记分管理规定及企业相关要求	M1/M5/M7	0.25
		企业员工参与协商机制和协商事项，合理化建议渠道及处理情况	M1/M5/M7	0.5
		员工开展隐患排查、报告事件和风险、隐患等信息的情况	M2 + M3	1
	社会责任	企业安全发展、绿色发展、和谐发展社会责任及参与公益活动	M5/M6	0.2
		危险物品及危害后果、事故预防及响应措施告知	M5/M6	0.5

续表

培训模块	培训课程	培训内容	培训方式	学时
风险管控	双重预防机制	油田双重预防机制要求	M1/M6/M7	0.2
		安全生产专项整治三年行动计划	M1/M6/M7	0.2
	安全风险识别	风险(概念、分类与分级)	M1/M6/M7	0.5
		风险评价方法(SCL、HAZOP、SIL)	M1/M6/M7	0.5
		关键装置、设备、设施的识别项目、标准、主要危害及后果	M1+M2+M6	1
		主要工作、任务过程的工作步骤、潜在事件、主要危害及后果	M1+M2+M6	1
		岗位风险清单及风险告知卡	M1+M2+M6	1
	安全风险管控	关键装置、设备、设施安全风险管控措施	M1+M2+M6	1
		主要工作、任务过程安全风险管控措施	M1+M2+M6	1
		工作场所风险分布图,重大风险告知栏,重大、较大风险工作场所或岗位警示标识	M1+M6	0.2
		交通安全风险管控	M1/M5/M7	0.2
		公共安全风险管控	M1/M5/M7	0.2
	环境风险管控	环境因素识别、评价、管控和重要环境因素的分级	M1/M5/M7	0.2
		发生突发环境事件风险识别与评估	M1/M5/M7	1
隐患排查和治理	隐患排查和治理	事故隐患(概念、分级、分类)、中国石化重大生产安全事故隐患判定标准	M1/M5/M7	0.5
		岗位日常巡检过程中隐患的初步排查、隐患上报,一般隐患治理措施的落实、一般及以上隐患治理前的挂牌、监测与报告	M6	0.2
		隐患治理项目验收合格后,投产前对相关岗位人员的培训内容	M6	0.2
能力、意识和培训	能力、意识和培训	岗位持证要求	M1+M5+M7	0.5
沟通	信息沟通	员工或班组员间沟通的方式、渠道及注意事项	M1/M6	0.5
		内外操协调配合沟通规范语言要求,防爆通信器材或场内通信方式	M1/M6	0.5
文件和记录	记录管理	记录格式(含工作指令记录、生产运行报表、HSE工作记录、交接班记录、设备维护保养记录等)	M2+M3	0.2
生产运行管理	生产协调管理	生产运行管理流程、制度及HSE要求	M1/M5	0.5
		事故事件及异常的报告、统计	M1+M6+M7	1
		生产调度令的接收、执行与反馈	M6	0.2
	生产技术管理	天然气净化处理、高含硫气田生产运行等专业技术知识	M1/M5	1
		工艺技术操作规程等作业文件的修订	M1+M5	0.5
		工艺纪律的检查及整改	M2+M3	1
	生产操作管理	关键岗位巡检、交接班制度	M1/M5	0.2
		操作规程、工艺卡片、产品质量标准等文件的执行与监督	M1/M5	0.5
		手指口述安全确认法	M2+M4	0.2

续表

培训模块	培训课程	培训内容	培训方式	学时
异常管理	异常管理	生产异常信息采集	M1 + M5	0.5
		生产异常情况的发现、分析、处理、报告	M1 + M5	0.5
设备设施管理	设备设施管理	设备全生命周期管理、分级管理、缺陷评价	M1/M5	0.5
		特种设备管理；HSE 设施(安全附件)管理	M1/M5	1
		设备设施的操作规程、维修维护保养规程	M1/M5	1
		设备运行条件；生产装置"5S"；设备缺陷识别	M1/M5	1
		机械设备管理；电气设备管理；仪表管理	M1/M5	1
		关键设备(或一类设备)管理	M2 + M3 + M4	1
		设备设施巡检路线、巡检点的内容及要求	M2 + M3	1
泄漏管理	泄漏管理	腐蚀管理(腐蚀机理、防腐措施)	M1/M5	0.5
		泄漏监测、预警、处置，分析评估	M1/M5	1
		泄漏物料的合法处置	M1/M6/M8 + M2/M3	0.5
		生产设备设施(油气水管道)泄漏事故案例	M1/M6/M8 + M2/M3	1
危险化学品安全	危险化学品安全	常用危险化学品种类、危险性分析、应急处置措施等	M1/M6 + M2	1
		危险化学品生产、储存、销售、装卸、运输、使用、废弃管理要求及备案	M1/M5	0.5
		危险化学品"一书一签"管理	M1/M5	0.2
		危险化学品装卸、储存、运输、使用及废弃操作规程，个人防护及注意事项	M1/M5 + M8	0.5
承包商安全管理	承包商安全管理	场站属地监护责任要求，承包商相关事故案例及追责	M1/M5 + M8	1
施工作业管理	施工作业管理	能量隔离等安全环保技术措施的落实	M1/M5	0.2
		特殊作业、非常规作业及交叉作业施工现场标准化	M1/M5	0.5
		特殊作业现场管理	M1/M5	0
		油田常见施工作业事故案例及相关责任	M1/M5/M8	0.5
		现场施工作业安全分析(JSA)	M1/M5/M6 + M8	1
变更管理	变更管理	变更后信息系统的调整及相关技术文件的修订	M1/M5	0.2
员工健康管理	员工健康管理	个体防护用品、职业病防护设施配备	M5 + M7	0.5
		员工帮助计划(EAP)，心理健康管理	M1 + M5 + M7	0.5
		身体健康管理，健康促进活动	M5 + M7	0.2
		现场职业危险告知牌及岗位职业危害告知卡	M2 + M3 + M4	0.5
自然灾害管理	自然灾害管理	自然灾害类别、预警及应对，地质灾害信息预警	M1/M5	0.5
治安保卫与反恐防范	治安保卫与反恐防范	油(气)区、重点办公场所、油气场站、人员密集场所治安防范系统配备及管理	M1 + M5 + M8	0.5
		治安、反恐防范日常管理及"两特两重"管理要求	M1 + M5 + M8	0.5

续表

培训模块	培训课程	培训内容	培训方式	学时
公共卫生 安全管理	公共卫生 安全管理	新冠疫情等传染病防范	M1 + M5 + M8	0.5
		群体性不明原因疾病的防范	M1 + M5 + M8	0.5
交通安全 管理	交通安全管理	单位(含外部市场)车辆、驾驶人管理要求	M1/M5	0.2
		道路交通安全预警管理机制	M1 + M5 + M8	0.2
环境保护 管理	环境保护管理	环境保护、清洁生产管理	M1/M5 + M8	0.5
		危险废物管理要求、储存管理要求、转运要求等,并规范 处置危险废物	M1/M5	0.5
		水、废气、固体废物、噪声、放射污染防治管理,土壤和 地下水、生态保护	M1/M5	1
		作业现场环保管理要求及污染防治措施	M1/M4	0.5
		突发环境事件应急预案及演练	M1/M4	1
		绿色企业行动计划	M1/M5	0.5
		危险废物处置	M2 + M3 + M4	1
现场管理	现场管理	现场管理要求	M1/M8 + M2/M3	0.5
		生产现场安全标志、标识管理	M1/M5	0.2
		"5S"管理,生产及施工现场布局、配置	M1/M5	0.5
		属地管理及现场监护管理要求	M1/M5	0.5
		生产典型事故案例	M1/M8 + M2/M3	1
应急管理	应急管理	应急管理相关要求	M1 + M3 + M5 + M8	0.5
		单位或专业领域应急演练实施、评估	M1 + M2 + M3 + M8	1
		重大安全风险专项应急预案、其他等级安全风险现场处置 方案中的本岗位职责	M4	2
		岗位应急处置卡的主要内容和注意事项	M4	2
消(气)防 管理	消(气)防管理	消(气)防管理要求	M1 + M5	0.5
		消(气)防设施及器材配置、管理	M1 + M5	0.5
		防雷、防静电管理要求	M1 + M5	1
事故事件 管理	事故事件管理	事故(事件)警示教育	M1/M5 + M8	1
		"风险经历共享"案例分析	M1 + M2 + M3 + M8	1
		反习惯性违章活动	M6	1
基层管理	基层建设	"三基""三标"建设内容	M1 + M2 + M3 + M8	0.5
		"争旗夺星"竞赛、岗位标准化等要求	M1 + M2 + M3 + M8	0.5
	基础工作	作业文件检查及更新相关要求	M1/M5 + M8	0.5
		岗位操作标准化及"五懂五会五能"相关要求	M1/M5 + M8	0.5
	基本功训练	"手指口述"操作法、生产现场唱票式工作法及导师带徒、 岗位练兵等相关要求	M1 + M2 + M3 + M8	0.5
		班组安全活动要求	M6	2
		操作规程安全分析及岗位验证方法	M2/M3	2

说明:M1——课堂讲授;M2——实操训练;M3——仿真训练;M4——预案演练;M5——网络学习;M6——班组(科室)安全活动;M7——生产会议或HSE会议;M8——视频案例。其中,M1 + M5 表示 M1 与 M5;M1/M5 表示 M1 或 M5。

表 2 – 3 – 6 天然气加工（净化、硫黄回收）岗位技能操作人员实操项目培训考核安排

培训模块	培训课程	培训内容	培训及考核方式	课时
体系思维	中国石化 HSE 理念	企业愿景和 HSE 管理理念	N2	1
		安全环保禁令、保命条款	N2	1
领导、承诺 和责任	全员参与	冬夏季隐患排查重点内容	N2 + N3	1
风险管控	安全风险管控	本岗位相关装置、设备、设施危害识别、风险评价、和控制措施（SCL 表）	N2 + N3	1
		本岗位相关工作、任务危害识别、风险评价、和控制措施（JHA 表）	N2 + N3	1
沟通	安全信息 管理系统	安全信息管理系统登录及相关信息录入	N4	1
生产运行 管理	生产技术管理	处理丙烷塔，塔顶含乙烷、塔底含丙烷	N4	2
		脱甲烷塔冻堵的判断、原因分析及解冻操作	N4	4
		岗位工艺流程简图的绘制	N4	4
	生产操作管理	天然气处理装置充压操作	N4	2
		干燥塔的投运与切换	N4	2
		精馏塔的投运	N4	2
		罐区接收、倒罐、外销作业	N4	2
		储罐补压操作	N4	1
		LNG/LPG 槽车安检操作	N4	1
		LNG/LPG 充装操作	N4	1
		运行报表的填写	N4	0.5
异常管理	异常管理	原料气组分、压力波动大的调整操作	N4	2
		关键机组、设备（压缩机、膨胀机、空冷器等）突然停运后的应急操作	N4	4
		不合格产品回炼操作	N4	1
设备设施 管理	设备设施管理	岗位《关键设备清单》及《设备维护保养记录》	N1	1
		离心式压缩机的启、停机操作	N4	2
		膨胀机的启、停操作	N4	2
		丙烷制冷压缩机的启、停操作	N4	1
		启停离心泵	N4	0.5
		离心泵运行中的检查维护	N4	0.5
		空气压缩机启停机操作	N4	0.5
		仪表风压缩机的巡检	N4	0.5
泄漏管理	泄漏管理	$\Phi 300$ 应急封漏工具的使用	N4	1
		泵房轻烃泄漏的应急处置	N4	1
危险化学品 安全	危险化学品安全	正确使用正压式空气呼吸器	N4	1

续表

培训模块	培训课程	培训内容	培训及考核方式	课时
施工作业管理	施工作业管理	用火作业等直接作业环节 JSA 分析	N4	2
员工健康管理	员工健康管理	现场职业危险告知牌及岗位职业危害告知卡	N2	0.5
环境保护管理	环境保护管理	分离器污油操作规程	N4	1
应急管理	应急管理	典型事故应急桌面演练(1000m³ 轻烃储罐根部管线泄漏的应急桌面演练)	N4	2
		心肺复苏操作	N4	1
		岗位应急处置卡	N2	2
消(气)防管理	消(气)防管理	8kg 干粉灭火器的使用	N4	1
		便携式气体检测仪的使用	N4	1
事故事件管理	事故事件管理	典型案例分析,事故事件类型、原因分析及预防措施	N3	1
		"典型习惯性违章"活动分享及后果	N3	1
基层管理	基本功训练	班组安全活动要求	N1	0.2
		操作规程安全分析及岗位验证方法	N4	2

说明：N1——考试；N2——访谈；N3——答辩；N4——模拟实操(手指口述)。其中，N1 + N2 表示 N1 与 N2；N1/N2 表示 N1 或 N2。

6 考核标准

6.1 考核办法

参照本章第一节 采油(气)、注水(气)操作岗位 HSE 培训大纲及考核标准 6.1 考核办法。

6.2 考试要点

6.2.1 HSE 管理基础

6.2.1.1 HSE 法律法规

a)了解国家、地方政府安全生产方针、政策，环保方针、理念；

b)了解《中华人民共和国宪法》《劳动合同法》《民法典》等法律中关于企业权益及责任的相关条款；

c)了解《中华人民共和国安全生产法》《环境保护法》《职业病防治法》《消防法》《危险化学品安全管理条例》等相关法律法规中关于企业和技能操作岗位职责、权利、义务、HSE 管理要求、法律责任的相关条款。

6.2.1.2 HSE 标准规范

a)了解天然气加工(净化、硫黄回收)等操作程序涉及技术标准规范中的 HSE 要求；

b)了解安全生产标准化企业、绿色企业、健康企业创建相关要求。

6.2.1.3 HSE 相关规章制度

了解中国石化、油田及直属单位相关管理制度中 HSE 管理要求。

6.2.1.4　HSE 技术

掌握天然气加工（净化、硫黄回收）业务在生产工艺、设备设施、操作规程和其他方面涉及的防火防爆、防雷防静电、电气安全、机械安全、环境保护等技术。

6.2.2　体系思维

6.2.2.1　中国石化及油田 HSE 理念

a）了解中国石化 HSE 方针、愿景、管理理念、安全环保禁令、承诺，保命条款；

b）掌握企业愿景和 HSE 管理理念、安全环保禁令、保命条款。

6.2.2.2　HSE 管理体系

了解单位级 HSE 管理体系架构及主要内容。

6.2.3　领导、承诺和责任

6.2.3.1　全员参与

a）了解员工通用安全行为、安全行为负面清单等安全行为规范；

b）了解中国石化安全记分管理规定及企业相关要求；

c）了解企业员工参与协商机制和协商事项，合理化建议渠道及处理情况；

d）掌握员工开展隐患排查、报告事件和风险、隐患等信息的要求。

6.2.3.2　社会责任

a）了解企业安全发展、绿色发展、和谐发展社会责任及参与公益活动；

b）了解危险物品及危害后果、事故预防及响应措施告知。

6.2.4　风险管控

6.2.4.1　双重预防机制

a）了解油田及直属单位双重预防机制要求；

b）了解天然气加工（净化、硫黄回收）安全生产专项整治三年行动计划。

6.2.4.2　安全风险识别

a）了解安全风险的概念、分类与分级；

b）了解 SCL、HAZOP、SIL 等风险评价方法；

c）掌握天然气加工（净化、硫黄回收）关键装置、设备、设施的识别项目、标准、主要危害及后果；

d）掌握天然气加工（净化、硫黄回收）主要工作、任务过程的工作步骤、潜在事件、主要危害及后果；

e）掌握岗位风险清单及风险告知卡。

6.2.4.3　安全风险管控

a）掌握天然气加工（净化、硫黄回收）关键装置、设备、设施安全风险管控措施；

b）掌握天然气加工（净化、硫黄回收）主要工作、任务过程安全风险管控措施；

c）掌握工作场所风险分布图，重大风险告知栏，重大、较大风险工作场所或岗位警示标识；

d）了解交通安全风险管控措施；

e）了解天然气加工（净化、硫黄回收）场站公共安全风险管控。

6.2.4.4　环境风险管控

a）了解环境因素识别、评价、管控和重要环境因素的分级；

b) 了解发生突发环境事件风险识别与评估。

6.2.5 隐患排查和治理

a) 了解事故隐患的概念、分级、分类等，掌握中国石化重大生产安全事故隐患判定标准；

b) 掌握岗位日常巡检过程中隐患的初步排查、隐患上报，一般隐患治理措施的落实、一般及以上隐患治理前的挂牌、监测与报告；

c) 掌握隐患治理项目验收合格后，投产前对相关岗位人员的培训内容。

6.2.6 能力、意识和培训

了解技能操作岗位持证要求，包括国家、地方政府、油田要求的各类安全资质、资格证，职业技能等级证等。

6.2.7 沟通

6.2.7.1 安全信息管理系统

掌握安全信息管理系统登录及相关信息录入方法。

6.2.7.2 信息沟通

a) 掌握员工或班组员间沟通的方式、渠道及注意事项；

b) 掌握内外操协调配合沟通规范语言要求，防爆通信器材或场内通信方式。

6.2.8 文件和记录

掌握天然气加工(净化、硫黄回收)相关工作指令记录、生产运行报表、HSE 工作记录、交接班记录、设备维护保养记录等记录格式的要求，并规范填报。

6.2.9 生产运行管理

6.2.9.1 生产协调管理

a) 了解生产运行管理流程、制度及 HSE 要求；

b) 了解事故事件及异常的报告程序、内容；

c) 掌握生产调度令的接收、执行与反馈。

6.2.9.2 生产技术管理

a) 了解天然气加工(净化、硫黄回收)生产运行专业技术知识；

b) 了解天然气加工(净化、硫黄回收)工艺技术操作规程等作业文件的修订；

c) 掌握工艺纪律的检查及整改；

d) 掌握天然气预处理、天然气凝液回收、精馏、LNG、CNG、轻烃储运等工艺流程。

6.2.9.3 生产操作管理

a) 掌握天然气加工(净化、硫黄回收)关键操作岗位巡检、交接班制度；

b) 掌握天然气加工(净化、硫黄回收)操作规程、工艺卡片、产品质量标准等文件的执行与监督；

c) 掌握生产运行手指口述确认程序具体内容与实施。

6.2.10 异常管理

a) 掌握生产异常信息自动采集；

b) 了解生产异常情况的发现、分析、处理、报告；

c) 掌握岗位常见生产异常情况的发现、分析、处理。

6.2.11 设备设施管理

a) 了解设备全生命周期管理、分级管理、缺陷评价；

b)掌握特种设备管理；HSE 设施(安全附件)管理；

c)掌握本岗位主要工艺设备、公用工程、消防设备设施、安全设施的操作规程、维修维护保养规程；

d)了解设备运行条件；生产装置"5S"；设备缺陷识别；

e)了解机械设备管理；电气设备管理；仪表管理；

f)掌握关键设备(或一类设备)管理；

g)掌握设备设施巡检路线、巡检点的内容及要求；

h)掌握机泵的启停及运行中的检查；

i)掌握燃气轮机/原料气压缩机、膨胀/增压机、丙烷制冷压缩机等工艺设备启停机操作。

6.2.12　泄漏管理

a)了解泄漏预防；腐蚀机理、防腐措施；

b)了解管线、管件、罐体等部位泄漏监测、预警、处置，分析评估；

c)掌握泄漏物料的合法处置；

d)了解生产设备设施(油气水管道)泄漏事故案例；

e)掌握生产设备设施泄漏后的处置措施及堵漏工具的使用。

6.2.13　危险化学品安全

a)了解危险化学品种类、危险性分析、应急处置措施等；

b)了解危险化学品生产、储存、销售、装卸、运输、使用、废弃管理要求及备案；

c)了解危险化学品"一书一签"管理要求；

d)掌握天然气加工(净化、硫黄回收)危险化学品装卸、储存、运输、使用及废弃操作规程，个人防护及注意事项。

6.2.14　承包商安全管理

a)掌握场站属地监护责任要求；

b)了解承包商相关事故案例。

6.2.15　施工作业管理

a)掌握能量隔离等安全环保技术措施的落实；

b)掌握特殊作业、非常规作业及交叉作业施工现场标准化；

c)了解特殊作业现场管理流程、注意事项及施工安全技术；

d)了解油田常见施工作业事故案例及相关责任；

e)掌握机泵或压缩机检维修作业现场施工作业安全分析(JSA)。

6.2.16　变更管理

a)掌握变更后信息系统的调整(包括 DCS 操作系统、PLC 控制系统、SIS 系统控制程序、报警及联锁控制参数等)；

b)掌握变更后相关技术文件的修订(工艺卡片、控制指标、操作规程、报表格式及参数范围等)。

6.2.17　员工健康管理

a)了解个体防护用品、职业病防护设施配备；

b)了解员工帮助计划(EAP)，心理健康管理；

c)了解身体健康管理，健康促进活动；

d)掌握现场职业危险告知牌及岗位职业危害告知卡。

6.2.18 自然灾害管理

了解自然灾害类别、预警及应对，地质灾害信息预警。

6.2.19 治安保卫与反恐防范

a)了解油(气)区、重点办公场所、人员密集场所治安防范系统配备及管理；

b)了解治安、反恐防范日常管理及"两特两重"管理要求。

6.2.20 公共卫生安全管理

a)了解新冠疫情防范；

b)了解传染病和群体性不明原因疾病的防范。

6.2.21 交通安全管理

a)了解单位车辆、驾驶人管理要求；

b)了解道路交通安全预警管理机制。

6.2.22 环境保护管理

a)了解环境保护、清洁生产管理；

b)了解危险废物管理要求、储存管理要求、转运要求等，并规范处置危险废物；

c)了解水、废气、固体废物、噪声、放射污染防治管理，土壤和地下水、生态保护；

d)了解作业现场环保管理要求及污染防治措施；

e)掌握突发环境事件应急管理；

f)了解绿色企业行动计划。

6.2.23 现场管理

a)掌握封闭化管理、视频监控、能量隔离与挂牌上锁等现场管理要求；

b)掌握属地管理及现场监护管理要求；

c)了解生产典型事故案例；

d)掌握生产现场安全标志、标识管理；

e)掌握"5S"及现场目视化管理。

6.2.24 应急管理

a)了解单位或专业领域应急组织、机制等相关要求；

b)了解天然气加工(净化、硫黄回收)业务应急演练实施、评估；

c)掌握重大安全风险专项应急预案、其他等级安全风险现场处置方案中的本岗位职责，并开展演练；

d)掌握岗位应急处置卡的主要内容和注意事项，并开展演练；

e)掌握现场心肺复苏及伤害处置措施，AED等急救器具使用。

6.2.25 消(气)防管理

a)了解火灾预防机制，消防重点部位分级，消(气)防档案管理；

b)了解场站消(气)防设施及器材(含火灾监控及自动灭火系统)配置、管理；

c)了解场站设备设施防雷、防静电管理要求；

d)掌握场站消防设施及消防器材的维护、使用；

e)掌握便携式空气呼吸器、气体检测仪等器材的维护、保养、使用。

6.2.26　事故事件管理

a)掌握事故(事件)警示教育要求及天然气加工典型案例;

b)掌握"风险经历共享"案例分析;

c)掌握违章行为判定,习惯性违章分析。

6.2.27　基层管理

6.2.27.1　基层建设

a)了解"三基""三标"建设内容;

b)了解"争旗夺星"竞赛、岗位标准化等要求。

6.2.27.2　基础工作

a)了解作业文件检查及更新相关要求;

b)掌握岗位操作标准化及"五懂五会五能"相关要求。

6.2.27.3　基本功训练

a)掌握"手指口述"操作法、生产现场唱票式工作法及导师带徒、岗位练兵等相关要求;

b)掌握班组安全活动要求;

c)掌握操作规程安全分析及岗位验证方法。

第四节　管道巡护操作岗位 HSE 培训大纲及考核标准

1　范围

本标准规定了油田企业石油(天然气)开采、储运、处理等直属单位压力管道巡护操作人员 HSE 培训的要求,理论及实操培训的内容、学时安排,以及考核的方法、内容。

2　适用岗位

包含但不限于采油巡护岗、集输巡检岗、巡线岗、管网巡护岗等技能序列操作人员。

3　依据

参照本章第一节　采油(气)、注水(气)操作岗位 HSE 培训大纲及考核标准 3 依据。

4　安全生产培训大纲

4.1　培训要求

参照本章第一节　采油(气)、注水(气)操作岗位 HSE 培训大纲及考核标准 4.1 培训要求。

4.2　培训内容

参照本章第一节　采油(气)、注水(气)操作岗位 HSE 培训大纲及考核标准 4.2 培训内容,具体课程及内容见表 2-3-7、表 2-3-8。

5 学时安排(表2-3-7、表2-3-8)

表2-3-7 管道巡护岗位操作人员培训课时安排

培训模块	培训课程	培训内容	培训方式	学时
HSE 管理基础	HSE 法律法规	国家、地方政府安全生产方针、政策,环保方针、理念	M1/M5/M7	2
		《中华人民共和国宪法》《劳动合同法》《民法典》等法律中关于企业权益及责任的相关条款		2
		《中华人民共和国安全生产法》《环境保护法》《职业病防治法》《消防法》《危险化学品安全管理条例》等相关法律法规中关于企业和技能操作岗位职责、权利、义务、HSE 管理要求、法律责任的相关条款		2
	HSE 标准规范	管道巡检、维护等操作程序涉及技术标准规范中的 HSE 要求	M1/M5/M7	2
		安全生产标准化企业创建相关要求		1
		绿色企业、健康企业创建相关要求		1
	HSE 技术	管道巡检、维护等业务在生产工艺、设备设施、操作规程和其他方面涉及的防火防爆、防雷防静电、电气安全、机械安全、环境保护等技术	M1/M6/M7	2
体系思维	中国石化及油田 HSE 理念	中国石化 HSE 方针、愿景、管理理念	M1/M5/M7	2
		中国石化安全环保禁令、承诺,保命条款		
		企业愿景和 HSE 管理理念		
		企业安全环保禁令、保命条款		
	HSE 管理体系	单位级 HSE 管理体系架构及主要内容	M1/M7	1
领导、承诺和责任	全员参与	全员安全行为规范	M1/M5/M7	2
		中国石化安全记分管理规定		
		企业员工参与协商机制和协商事项		
	组织机构和职责	管道巡护技能操作岗位 HSE 责任制	M1/M7	0.5
	社会责任	企业安全发展、绿色发展、和谐发展社会责任及参与公益活动	M1/M5/M7	0.5
		管道危险物品及管道周边危害后果、事故预防		1
风险管控	双重预防机制	油田及直属单位双重预防机制要求	M1/M5/M7	1
		管道巡护安全生产专项整治三年行动计划		1
	安全风险识别	风险的概念、分类、分级等基本理论	M1 + M2/M5/M6	2
		风险识别方法		
	安全风险管控	压力管道检维修施工(作业)过程安全风险及管控措施	M1/M5/M8	1
		乘车交通安全风险及管控措施		1
	环境风险管控	环境因素识别评估与管控,环境风险评价与等级划分	M1/M3/M5	1
		管道巡护作业相关环境因素识别、评价及控制措施分析表		1
	重大危险源辨识与评估	重大危险源辨识及监控措施	M5	1

续表

培训模块	培训课程	培训内容	培训方式	学时
隐患排查和治理	隐患排查治理	事故隐患概念、分级、分类；中国石化重大生产安全事故隐患判定标准	M1	0.5
		管道隐患排查方式及仪器设施工作原理	M1/M8	0.5
能力、意识和培训	能力、意识和培训	岗位持证要求，包括国家、地方政府、油田要求的各类安全资质、资格证，职业技能等级证等	M1	1
沟通	安全信息管理系统	安全信息管理系统各平台功能简介	M1/M5/M7	1
	信息沟通	企业员工与领导及员工之间沟通的方式和沟通渠道		
文件和记录	文件和记录	工作指令记录、生产运行报表、HSE 工作记录、交接班记录、设备维护保养记录等记录格式填写要求	M1/M5/M7	1
建设项目管理	建设项目管理	建设项目安全技术措施交底	M1/M5/M7	0.5
生产运行管理	生产协调管理	生产运行管理流程、制度及 HSE 要求	M1	0.5
		集输管道生产运行管理流程	M1	0.5
	生产技术管理	集输管道进出口压力、温度、流量、含水、有机氯等工艺运行参数	M1	2
		集输管段占压圈占、第三方破坏、泄漏、渗漏等情况记录信息		1
		集输管道附属设施及穿(跨)河、渠、路、水体的管段状况信息		1
		管道巡护操作规程等作业文件的修订	M1	1
	生产操作管理	岗位巡检、交接班制度管理要求	M1/M6	1
		管道巡护操作规程等作业文件的执行监督	M2	1
井控管理	井控管理	井控管理制度、职责及井控三色管理要求	M1	0.5
		生产井、长停井、废弃井井控管理要求	M1	0.5
异常管理	异常管理	集输管道异常事件分析、报告和处置制度	M4	2
设备设施管理	设备设施管理	设备全生命周期管理、分级管理、缺陷评价	M1	0.5
		特种设备(压力管道)及 HSE 设施(安全附件)管理	M2	1
		管道巡护检测设备设施的操作规程、维护保养规程编制及实施	M1	1
		长输管道完整性管理要求	M1	2
		管道高后果区识别、风险评价以及完整性管理		
泄漏管理	泄漏管理	泄漏预防、腐蚀机理、防腐措施等腐蚀管理基础	M1	1
		管线、管件等部位泄漏监测、预警、处置，分析评估		1
		泄漏物料的合法处置		
		压力管道(油气水管道)泄漏事故案例		1

续表

培训模块	培训课程	培训内容	培训方式	学时
危险化学品安全管理	危险化学品安全	管道巡检维护业务常用危险化学品种类、危险性分析、应急处置措施等	M1	0.5
		管道巡检维护业务危险化学品生产、储存、销售、装卸、运输、使用、废弃管理要求及备案		0.5
		管道巡检维护业务危险化学品"一书一签"管理		0.5
		管道巡检维护业务危险化学品装卸、储存、运输、使用及废弃操作规程，个人防护及注意事项		1
承包商安全管理	承包商安全管理	承包商现场监督、监护	M1	1
		承包商现场施工作业事故案例	M5	0.5
施工作业管理	施工作业管理	施工方案实施要求，完工验收标准	M1	3
		能量隔离等安全环保技术措施的落实	M1/M5	0.5
		特殊作业、非常规作业及交叉作业施工现场标准化	M1/M5	0.5
		特殊施工作业现场管理	M1/M5	0.5
		用火、临时用电、受限空间等七项作业的票证管理要求及监护	M1 + M5 + M8	1
		油田常见施工作业事故案例及相关责任	M1	0.5
变更管理	变更管理	变更基础知识(含概念、分类、分级)	M1/M5	0.5
		管道设施工艺及材料等变更及操作执行要求		1
员工健康管理	员工健康管理	个体防护用品、职业病防护设施配备	M1/M7	0.5
		员工帮助计划(EAP)，心理健康管理	M1/M7	0.5
		身体健康管理，健康促进活动	M1 + M5 + M8	0.5
自然灾害管理	自然灾害管理	自然灾害分类	M1 + M2/M5	1
		地质灾害(山体滑坡、泥石流等)信息预警		1
治安保卫与反恐防范	治安保卫与反恐防范	输油(气)管道治安保卫管理制度	M1 + M2 + M8	2
		治安、反恐防范日常管理及"两特两重"管理要求	M1 + M2 + M8	1
公共卫生安全管理	公共卫生安全管理	新冠疫情防控及处置	M1/M7	2
		场站公共卫生管理，安保措施与应急处置机制	M1/M7	
		传染病和群体性不明原因疾病的防范	M1/M7	
		食品安全、食物中毒预防及处置	M1/M7	
交通安全管理	交通安全管理	道路交通安全预警管理机制	M1/M5	1
		乘坐人员安全管理	M1/M5	0.5
		私家车人员安全管理	M1/M5	0.5
环境保护管理	环境保护管理	环境保护、清洁生产管理	M1/M5	0.5
		水、废气、固体废物、噪声、放射污染防治管理，土壤和地下水、生态保护	M1/M5	1
		突发环境事件应急管理	M1/M5/M7	2
		绿色企业行动计划		

培训模块	培训课程	培训内容	培训方式	学时
现场管理	现场管理	现场管理要求	M1/M5/M7	0.5
		属地管理及现场监护管理要求	M1/M5/M7	0.5
应急管理	应急管理	单位或专业领域应急组织、机制等应急管理相关要求	M1	1
消(气)防管理	消(气)防管理	消(气)防管理要求	M1/M6/M7	0.5
		消(气)防设施及器材配置、管理	M1/M2/M5	0.5
		防雷、防静电管理要求	M1/M2/M5	0.5
事故事件管理	事故事件管理	事故(事件)警示教育	M1/M6	1
基层管理	基层建设	"三基""三标"建设	M1/M5/M6	0.5
		"争旗夺星"竞赛、岗位标准化等要求	M1/M5/M6	0.5
	基础工作	作业文件检查及更新相关要求	M1/M5/M6	0.5
		岗位操作标准化及"五懂五会五能"相关要求	M1/M5/M6	0.5
	基本功训练	"手指口述"操作法、生产现场唱票式工作法及导师带徒、岗位练兵等相关要求	M1/M5/M6	1

说明：M1——课堂讲授；M2——实操训练；M3——仿真训练；M4——预案演练；M5——网络学习；M6——班组(科室)安全活动；M7——生产会议或 HSE 会议；M8——视频案例。其中，M1 + M5 表示 M1 与 M5；M1/M5 表示 M1 或 M5。

表 2 - 3 - 8　管道巡护岗位操作人员实操项目培训课时安排

培训模块	培训课程	培训内容	培训及考核方式	学时
领导、承诺和责任	全员参与	员工开展隐患排查、报告事件和风险、隐患等信息的情况	N3	1
	社会责任	管道巡护业务涉及的危险物品及危害后果告知与应急联动	N2 + N4	2
风险管控	安全风险识别	管道巡护作业过程的风险识别	N2 + N4	1
		管道腐蚀、违章占压等安全风险识别	N2 + N4	1
	安全风险管控	管道巡护、管道腐蚀等生产安全风险及管控措施	N3/N4	1
		违章占压治理、打孔盗油治理等公共安全风险识别与管控措施	N3	1
	环境风险管控	重大环境因素识别、评价及控制措施分析	N3	1
	重大危险源辨识与评估	油气管道重大危险源安全监控警戒设备设施维护与使用	N3	1
隐患排查和治理	隐患排查	管道腐蚀穿孔、泄漏、违章占压隐患识别	N4	1
		用火、受限空间等作业施工现场隐患的初步排查	N4	1
	隐患治理	管道腐蚀穿孔、泄漏隐患现场治理措施及防范措施	N3	1
		管道违章占压隐患现场治理措施及防范措施	N4	1
沟通	信息沟通	安全信息管理系统登录及相关信息录入	N4	1
		管道占压事件处理的沟通方式及注意事项	N4	

培训模块	培训课程	培训内容	培训及考核方式	学时
文件和记录	文件和记录	工作指令记录、生产运行报表、HSE 工作记录、交接班记录、设备维护保养记录等记录填写	N4	1
生产运行管理	生产协调管理	集输管道异常信息报告流程	N3	1
	生产技术管理	管道工艺流程图识读	N2	1
		工艺纪律的检查及整改	N3	1
	生产操作管理	阴极保护巡线操作	N4	1
		超声波测厚仪操作	N4	1
		PCM 管线探测仪操作	N4	1
		压力、液位、温度、流量等运行参数调控	N3/N4	1
		生产运行手指口述确认程序具体内容与实施	N4	1
井控管理	井控管理	井控预案演练	N3/N4	2
		井控操作规程	N3/N4	2
异常管理	异常管理	油、气、水管线穿孔泄漏异常事件发现、处理、报告	N1/N4	1
泄漏管理	泄漏管理	压力管道(油气水管道)泄漏后的处置措施	N2/N4	2
		堵漏工具(Φ300 应急封漏工具)的使用	N4	1
危险化学品安全	危险化学品安全	危化品个人防护用品的使用和注意事项	N4	1
施工作业管理	施工作业管理	管道维修用火、起重作业等施工现场作业安全分析(JSA)	N4	1
员工健康管理	员工健康管理	现场职业危险告知牌及岗位职业危害告知卡	N2/N4	2
		心脏病、脑出血、脑梗死等突发性疾病救治方法	N2/N4	1
自然灾害管理	自然灾害管理	自然灾害(恶劣环境、异常天气)预案演练	N3	1
治安保卫与反恐防范	治安保卫与反恐防范	输油气管道安全保护和反恐防范措施 安防器材使用及维护	N4	0.5
交通安全管理	交通安全管理	电动三轮车辆检查	N3/N4	1
		止血、包扎等急救方法		1
		交通紧急情况处置演练		2
环境保护管理	环境保护管理	危险废物处置	N4	2
		集输管道泄漏突发环境事件应急处置		
应急管理	应急管理	石油、天然气管道泄漏应急演练实施、评估	N4	1
		岗位应急处置卡演练		1
		现场急救处理的识别、原则和方法及步骤		1
		现场心肺复苏及救助措施,应急防护器具使用		1
		防毒面具、正压式空气呼吸器等应急防护器具使用		1
		突发情况现场巡检及智能视频识别	N4	1

培训模块	培训课程	培训内容	培训及考核方式	学时
消(气)防管理	消(气)防管理	消防器材、设施的使用与维护	N4	1
		灭火初期处置；灭火的"三看八定"和方法步骤	N4	1
		防雷、防静电接地设施测试及检查	N4	1
事故事件管理	事故事件管理	"风险经历共享"案例分析	N2	1
		反习惯性违章活动		1
基层管理	基本功训练	班组安全活动	N4	1
		操作规程安全分析岗位验证	N4	1

说明：N1——考试；N2——访谈；N3——答辩；N4——模拟实操(手指口述)。其中，N1 + N2 表示 N1 与 N2；N1/N2 表示 N1 或 N2。

6　考核标准

6.1　考核办法

参照本章第一节　采油(气)、注水(气)操作岗位 HSE 培训大纲及考核标准 6.1 考核办法。

6.2　安全理论知识考试要点

6.2.1　HSE 管理基础

6.2.1.1　HSE 法律法规

a)了解国家、地方政府安全生产方针、政策，环保方针、理念；

b)了解《中华人民共和国宪法》《劳动合同法》《民法典》等法律中关于企业权益及责任的相关条款；

c)了解《中华人民共和国安全生产法》《环境保护法》《职业病防治法》《消防法》《危险化学品安全管理条例》《石油天然气管道保护法》等相关法律法规中关于企业和技能操作岗位职责、权利、义务、HSE 管理要求、法律责任的相关条款。

6.2.1.2　HSE 标准规范

a)了解管道巡检、维护等操作程序涉及技术标准规范中的 HSE 要求；

b)了解安全生产标准化企业、绿色企业、健康企业创建相关要求。

6.2.1.3　HSE 相关规章制度

了解中国石化、油田及直属单位相关管理制度中 HSE 管理要求。

6.2.1.4　HSE 技术

了解管道巡护业务在生产工艺、设备设施、操作规程和其他方面涉及的防火防爆、防雷防静电、电气安全、机械安全、环境保护等技术。

6.2.2　体系思维

6.2.2.1　中国石化及油田 HSE 理念

a)了解中国石化 HSE 方针、愿景、管理理念、安全环保禁令、承诺，保命条款；

b)掌握企业愿景和 HSE 管理理念、安全环保禁令、保命条款。

6.2.2.2　HSE 管理体系

了解单位级 HSE 管理体系架构及主要内容。

6.2.3　领导、承诺和责任

6.2.3.1　全员参与

a) 了解员工通用安全行为、安全行为负面清单等安全行为规范(含);

b) 了解中国石化安全记分管理规定及企业安全相关管理要求;

c) 了解企业员工参与协商机制和协商事项,合理化建议渠道及处理情况;

d) 掌握员工开展隐患排查、报告事件和风险、隐患等信息的要求及告知情况。

6.2.3.2　社会责任

a) 了解企业及管道单位安全发展、绿色发展、和谐发展社会责任及参与公益活动;

b) 掌握管道输送介质危险物品危险性,管道周边影响危害后果、事故预防及响应措施告知与应急联动。

6.2.4　风险管控

6.2.4.1　双重预防机制

a) 了解油田及直属单位双重预防机制要求;

b) 了解管道巡护安全生产专项整治三年行动计划。

6.2.4.2　安全风险识别

a) 了解风险的概念、分类、分级等基本理论;

b) 了解风险识别方法;

c) 掌握管道巡护作业过程的风险识别;

d) 掌握管道腐蚀、违章占压等安全风险识别。

6.2.4.3　安全风险管控

a) 掌握管道巡护、管道腐蚀等生产安全风险及管控措施(实操);

b) 掌握压力管道检维修施工(作业)过程安全风险及管控措施;

c) 了解乘车交通安全风险及管控措施;

d) 掌握违章占压治理、打孔盗油治理等公共安全风险识别与管控措施(实操)。

6.2.4.4　环境风险管控

a) 了解环境因素识别评估与管控,环境风险评价与等级划分;

b) 掌握管道巡护作业相关环境因素识别、评价及控制措施;

c) 掌握重大环境因素识别、评价及控制措施分析,关注原油、天然气等管输介质泄漏环境影响风险管控措施。

6.2.4.5　重大危险源辨识与评估

a) 了解重大危险源辨识及监控措施;

b) 掌握管道等重大危险源安全监控警戒相关要求及设备设施维护使用。

6.2.5　隐患排查和治理

6.2.5.1　隐患排查

a) 了解事故隐患的概念、分级、分类,掌握中国石化重大生产安全事故隐患判定标准;

b) 了解管道隐患排查方式及仪器设施工作原理;

c) 掌握管道腐蚀穿孔、泄漏、违章占压隐患识别;

d)掌握管道检维修用火、受限空间等作业施工现场隐患的初步排查。

6.2.5.2 隐患治理

a)掌握管道腐蚀穿孔、泄漏隐患现场治理措施及防范措施;

b)掌握管道违章占压隐患现场治理措施及防范措施。

6.2.6 能力、意识和培训

了解岗位持证要求,包括国家、地方政府、油田要求的各类安全资质、资格证,职业技能等级证等。

6.2.7 沟通

6.2.7.1 安全信息管理系统

a)了解安全信息管理系统各平台功能;

b)掌握安全信息管理系统登录及安全诊断信息录入。

6.2.7.2 信息沟通

a)了解企业员工与领导及员工之间沟通的方式和沟通渠道;

b)掌握管道占压事件处理的沟通方式及注意事项。

6.2.8 文件和记录

a)了解单位或管道巡护工作指令记录、生产运行报表、HSE 工作记录、交接班记录、设备维护保养记录等记录格式要求;

b)掌握记录格式的规范填写。

6.2.9 建设项目管理

了解建设项目安全技术措施交底。

6.2.10 生产运行管理

6.2.10.1 生产协调管理

a)了解生产运行管理流程、制度及 HSE 要求;

b)掌握集输管道生产运行管理流程;

c)掌握集输管道异常信息报告流程。

6.2.10.2 生产技术管理

a)掌握集输管道进出口压力、温度、流量、含水、有机氯等工艺运行参数;

b)掌握集输管段占压圈占、第三方破坏、泄漏、渗漏等情况记录信息;

c)掌握集输管道附属设施及穿(跨)河、渠、路、水体的管段状况信息;

d)了解管道巡护操作规程等作业文件的修订;

e)掌握管道工艺流程图识读。

6.2.10.3 生产操作管理

a)掌握岗位巡检、交接班制度;

b)了解管道巡护操作规程等作业文件的执行监督;

c)掌握阴极保护巡线操作、超声波测厚仪操作、PCM 管线探测仪操作等关键工序操作;

d)掌握压力、液位、温度、流量等运行参数调控;

e)掌握生产运行手指口述确认程序具体内容与实施。

6.2.11 井控管理

a)了解井控管理制度、职责;井控三色管理要求。

b) 了解生产井、长停井、废弃井井控管理要求；

c) 掌握井控预案演练；

d) 掌握井控操作规程。

6.2.12 异常管理

a) 了解集输管道异常事件分析、报告和处置制度；

b) 掌握油、气、水管线穿孔泄漏异常事件发现、处理、报告。

6.2.13 设备设施管理

a) 了解设备全生命周期管理、分级管理、缺陷评价；

b) 了解特种设备管理；HSE设施(安全附件)管理；

c) 掌握管道巡护检测设备设施的操作规程、维护保养规程编制及实施；

d) 了解长输管道完整性管理要求(适用油田外部项目及普光分公司等长输管道巡线岗位)；

e) 了解管道高后果区识别、风险评价以及完整性管理(适用普光分公司涉硫长输管道巡线岗位)。

6.2.14 泄漏管理

a) 了解泄漏预防；腐蚀机理、防腐措施等腐蚀管理基础；

b) 了解管线、管件、分离器等部位泄漏监测、预警、处置，分析评估；

c) 了解生产设备设施(油气水管道)泄漏事故案例；

d) 掌握压力管道(油气水管道)泄漏后的处置措施及堵漏工具($\Phi300$应急封漏工具)的使用。

6.2.15 危险化学品安全

a) 了解管道介质等危险化学品种类、危险性分析、应急处置措施等；

b) 了解管道巡检维护涉及危险化学品储存、装卸、使用、废弃管理要求；

c) 了解危险化学品"一书一签"管理；

d) 掌握管道巡检维护涉及危险化学品储存、装卸、使用、废弃操作规程，个人防护及注意事项。

6.2.16 承包商安全管理

a) 了解承包商现场监督、监护相关要求，并履行属地监护职责；

b) 了解承包商现场施工作业事故案例。

6.2.17 施工作业管理

a) 了解管道检维修施工方案实施要求，完工验收标准；

b) 了解能量隔离等安全环保技术措施的落实；

c) 了解特殊作业、非常规作业及交叉作业施工现场标准化要求

d) 了解特殊作业现场管理流程、注意事项及施工安全技术；

e) 掌握用火、临时用电、受限空间等七项作业的票证管理要求，并履行监护职责；

f) 了解管道检维修、巡护作业典型事故案例；

g) 掌握管道维修用火、起重作业等施工现场作业安全分析(JSA)。

6.2.18 变更管理

a) 了解变更管理的概念、分类、分级等基础知识；

b) 掌握管道设施工艺及材料等变更及操作执行要求。

6.2.19 员工健康管理

a) 了解个体防护用品、职业病防护设施配备；

b) 了解员工帮助计划（EAP），心理健康管理；

c) 了解身体健康管理，健康促进活动；

d) 掌握现场职业危险告知牌及岗位职业危害告知卡；

e) 掌握心脏病、脑出血、脑梗死等突发性疾病现场救治技能。

6.2.20 自然灾害管理

a) 了解自然灾害分类；

b) 掌握地质灾害（山体滑坡、泥石流等）信息预警，预判可能地灾事件对管道的影响；

c) 掌握自然灾害（恶劣环境、异常天气、地灾事件）预案，规范演练。

6.2.21 治安保卫与反恐防范

a) 了解输油（气）管道治安保卫管理制度；

b) 了解治安、反恐防范日常管理及"两特两重"管理要求；

c) 掌握输油（气）管道安全保护和反恐防范措施；

d) 掌握油气管道场站安防器材使用及维护。

6.2.22 公共卫生安全管理

a) 了解新冠疫情防范及处置；

b) 了解场站公共卫生管理，安保措施与应急处置机制；

c) 了解传染病和群体性不明原因疾病的防范；

d) 了解食品安全、食物中毒预防及处置。

6.2.23 交通安全管理

a) 了解单位车辆、驾驶人管理要求；

b) 了解道路交通安全预警管理机制；

c) 了解乘坐人员安全管理相关要求；

d) 掌握私家车人员安全管理规定；

e) 掌握电动三轮车辆（巡检或维修使用车辆）检查；

f) 掌握止血、包扎等急救方法；

g) 掌握交通紧急情况处置。

6.2.24 环境保护管理

a) 了解环境保护、清洁生产管理；

b) 了解水、废气、固体废物、噪声、放射污染防治管理，土壤和地下水、生态保护要求；

c) 掌握突发环境事件应急管理；

d) 了解绿色企业行动计划；

e) 掌握管道检维修产生危险废物处置；

f) 掌握集输管道泄漏突发环境事件应急处置。

6.2.25 现场管理

a) 掌握封闭化管理，视频监控，能量隔离与挂牌上锁等现场管理要求；

b) 掌握属地管理及现场监护管理要求;

c) 了解生产现场监护、监管不到位典型事故案例;

d) 掌握生产现场(或场站)安全标志、标识管理要求;

e) 掌握生产现场(或场站)"5S"及现场目视化管理。

6.2.26 应急管理

a) 了解单位或专业领域应急组织、机制等应急管理相关要求;

b) 掌握石油、天然气管道泄漏应急演练实施、评估;

c) 掌握岗位应急处置卡主要内容及注意事项,并实施演练;

d) 掌握现场急救的识别、原则和方法及步骤;

e) 掌握现场心肺复苏及外伤处置技能,正确使用 AED 等救护器具;

f) 掌握防毒面具、正压式空气呼吸器、便携式气体检测仪等应急防护器具使用。

6.2.27 消(气)防管理

a) 了解火灾预防机制、消防重点部位分级、消(气)防档案管理;

b) 了解消(气)防设施及器材(含火灾监控)配置、管理;

c) 了解管道及辅助设备设施的防雷、防静电管理要求;

d) 掌握消防器材、设施的使用与维护;

e) 掌握灭火的"三看八定"和方法步骤;

f) 掌握防雷、防静电接地设施测试及检查。

6.2.28 事故事件管理

a) 了解事故(事件)警示教育相关要求,以及典型事故(事件);

b) 掌握"风险经历共享"案例分析;

c) 掌握违章行为判定,习惯性违章分析。

6.2.29 基层管理

6.2.29.1 基层建设

a) 了解"三基""三标"建设;

b) 了解"争旗夺星"竞赛、岗位标准化等要求。

6.2.29.2 基础工作

a) 了解管道巡护、检维修等作业文件的检查及更新相关要求;

b) 掌握岗位操作标准化及"五懂五会五能"相关要求。

6.2.29.3 基本功训练

a) 掌握"手指口述"操作法、生产现场唱票式工作法及导师带徒、岗位练兵等相关要求;

b) 掌握班组安全活动要求;

c) 掌握操作规程安全分析,并进行岗位验证。

第五节 井下作业岗位 HSE 培训大纲及考核标准

1 范围

本标准规定了油田企业井下作业及井下作业相关操作人员 HSE 培训的要求,理论及实操培训的内容、学时安排，以及考核的方法、内容。

2　适用岗位

包含但不限于井下作业岗、井下作业工具岗、作业机修理岗、作业井架安装岗、工具维修岗、特车驾驶岗、油管(杆)修复岗等操作人员。

3　依据

参照本章第一节　采油(气)、注水(气)操作岗位 HSE 培训大纲及考核标准 3 依据。

4　安全生产培训大纲

4.1　培训要求

参照本章第一节　采油(气)、注水(气)操作岗位 HSE 培训大纲及考核标准 4.1 培训要求。

4.2　培训内容

参照本章第一节　采油(气)、注水(气)操作岗位 HSE 培训大纲及考核标准 4.2 培训内容，具体课程及内容见表 2 – 3 – 9、表 2 – 3 – 10。

5　学时安排(表 2 – 3 – 9、表 2 – 3 – 10)

表 2 – 3 – 9　井下作业操作人员培训课时安排

培训模块	培训内容	培训课题	培训方式	学时
HSE 管理基础	HSE 法律法规	国家、地方政府安全生产方针、政策，环保方针、理念；《中华人民共和国宪法》《劳动合同法》《民法典》等法律中关于企业权益及责任的相关条款；《中华人民共和国安全生产法》《环境保护法》《职业病防治法》《消防法》《危险化学品安全管理条例》等相关法律法规中关于企业和技能操作岗位职责、权利、义务、HSE 管理要求、法律责任的相关条款	M1/M5/M7	4
	HSE 标准规范	井下作业等操作程序涉及技术标准规范中的 HSE 要求；安全生产标准化企业创建相关要求；绿色企业、健康企业创建相关要求	M1/M5/M7	2
	HSE 相关规章制度	中国石化、油田及直属单位相关管理制度中 HSE 管理要求	M1/M5/M7	2
	HSE 技术	井下作业业务在生产工艺、设备设施、操作规程和其他方面涉及的防火防爆、防雷防静电、电气安全、机械安全、环境保护等技术	M1/M6/M7	2
体系思维	中国石化及油田 HSE 理念	中国石化 HSE 方针、愿景、管理理念；中国石化安全环保禁令、承诺，保命条款	M1/M5/M7	2
	HSE 管理体系	单位级 HSE 管理体系架构及主要内容	M1/M7	

续表

培训模块	培训内容	培训课题	培训方式	学时
领导、承诺和责任	全员参与	全员安全行为规范；中国石化安全记分管理规定；企业员工参与协商机制和协商事项	M1/M5/M7	1
	组织机构和职责	井下作业技能操作岗位 HSE 责任制	M1/M7	0.5
	社会责任	企业安全发展、绿色发展、和谐发展社会责任及参与公益活动	M1/M5/M7	0.5
风险管控	双重预防机制	油田及直属单位双重预防机制要求	M1/M5/M7	1
		井下作业安全生产专项整治三年行动计划	M1/M5/M7	1
	安全风险识别	风险的概念、分类、分级等基本理论	M1 + M2/M5/M6	
		风险识别方法	M1 + M2/M5/M6	
	安全风险管控	井下作业施工过程安全风险及管控措施	M1/M5/M8	4
		作业搬迁、特车服务、油管(杆)运送、送班车等交通安全风险及管控措施	M1/M5/M8	
隐患排查和治理	隐患排查治理	事故隐患，中国石化重大生产安全事故隐患判定标准	M1	0.5
		井下作业隐患排查治理及管控措施的落实	M1/M8	0.5
能力、意识和培训	能力、意识和培训	岗位持证要求，包括国家、地方政府、油田要求的各类安全资质、资格证，职业技能等级证等	M1	1
沟通	安全信息管理系统	安全信息管理系统岗位涉及模块功能简介	M1/M5/M7	1
	信息沟通	企业员工与领导及员工之间沟通的方式和沟通渠道		
文件和记录	文件和记录	记录格式	M1/M5/M7	1
建设项目管理	建设项目管理	建设项目安全技术措施交底	M1/M5/M7	0.5
生产运行管理	生产协调管理	生产运行管理流程、制度及 HSE 要求	M1	0.5
		井下作业施工生产运行管理流程	M1	0.5
	生产技术管理	井下作业施工工序管理要求	M1	2
		井下作业施工修井机、液压钳、井控设备等操作规程	M1	1
		井下作业施工井架、三吊一卡、防喷器等相关参数说明	M1	1
	生产操作管理	岗位巡检、交接班制度	M1/M6	1
		井下作业施工操作规程等作业文件的执行监督	M2	1
井下作业管理	管理机制	井下作业相关管理制度、管理职责、操作规程	M1	0.5
		作业施工方案、应急预案的编制及审查	M1	0.5
		作业井工程设计标准规范	M1	0.5
	技术管理、监督	其他设计中岗位相关要求	M1	0.5
		井下作业监督管理岗位职责	M1	0.5
	现场管理	井下作业井施工 HSE 管理	M1	0.5
		作业施工现场标准化	M1	0.5
		作业工艺技术、应急演练	M1	0.5

续表

培训模块	培训内容	培训课题	培训方式	学时
井控管理	井控管理	井控管理制度、职责	M1	0.5
		作业施工井井控管理要求	M1	0.5
异常管理	异常管理	井下作业异常事件分析、报告和处置制度	M4	2
设备设施管理	设备设施管理	设备全生命周期管理、分级管理、缺陷评价	M1	0.5
		井口液压钳、井架、防碰天车、防挂板、小滑车等管理技术要求	M2	1
		司钻、液压钳、修井机、井架等设备设施的操作、维护保养规程编制及实施	M1	1
泄漏管理	泄漏管理	井下作业施工涉及泄漏相关工序及处置要求	M1	1
危险化学品安全	危险化学品安全	井下作业施工涉及危险化学品储存、装卸、使用、废弃管理要求及备案	M1	0.5
		井下作业施工涉及危险化学品"一书一签"管理	M1	0.5
施工作业管理	施工作业管理	施工方案实施要求，完工验收标准	M1	3
		能量隔离等安全环保技术措施的落实	M1/M5	0.5
		特殊作业、非常规作业及交叉作业施工现场标准化	M1/M5	0.5
		特殊作业现场管理	M1/M5	0.5
		高处、临时用电、起重等许可作业的票证管理要求及监护	M1/M5 + M7	0.5
		油田常见施工作业事故案例及相关责任	M1 + M5 + M8	1
变更管理	变更管理	变更的概念、分类、分级等基础知识	M1/M5	0.5
		施工工序等变更及操作执行要求	M1/M5	0.5
员工健康管理	员工健康管理	个体防护用品、职业病防护设施配备	M1/M7	0.5
		员工帮助计划（EAP），心理健康管理	M1/M7	0.5
		身体健康管理，健康促进活动	M1 + M5 + M8	0.5
自然灾害管理	自然灾害管理	自然灾害分类	M1 + M2/M5	1
		地质灾害（山体滑坡、泥石流等）信息预警	M1 + M2/M5	1
治安保卫与反恐防范	治安保卫与反恐防范	井下作业施工现场治安保卫管理制度	M1 + M2 + M8	1
		治安、反恐防范日常管理及"两特两重"管理要求	M1 + M2 + M8	1
公共卫生安全管理	公共卫生安全管理	新冠疫情防范及处置	M1/M7	1
		宿舍公共卫生管理、公共卫生预警机制	M1/M7	
		传染病和群体性不明原因疾病的防范	M1/M7	
		食品安全、食物中毒预防及处置	M1/M7	
交通安全管理	交通安全管理	道路交通安全预警管理机制	M1/M5/M7	1
		乘坐人员安全管理	M1/M5	1
		私家车人员安全管理	M1/M5	0.5

续表

培训模块	培训内容	培训课题	培训方式	学时
环境保护管理	环境保护管理	环境保护、清洁生产管理	M1/M5	0.5
		水、废气、固体废物、噪声污染防治管理，土壤和地下水、生态保护要求	M1/M5	1
		突发环境事件应急管理	M1/M5/M7	2
		绿色基层单位创建岗位要求		
		环境保护、清洁生产管理		
现场管理	现场管理	现场管理要求	M1/M5/M7	0.5
		生产现场安全标志、标识管理	M1/M5/M7	0.5
		"5S"管理，属地管理及现场监护管理要求	M1/M5/M7	0.5
		属地管理及现场监护管理要求	M1	0.5
应急管理	应急管理	单位或专业应急管理相关要求	M1	1
消(气)防管理	消(气)防管理	消(气)防管理要求	M1/M6/M7	0.5
		消(气)防设施及器材配置、管理	M1/M2/M5	0.5
		防雷、防静电管理要求	M1/M2/M5	0.5
事故事件管理	事故事件管理	事故(事件)警示教育	M1/M6	1
基层管理	基层建设	"三基""三标"建设	M1/M5/M6	0.5
		"争旗夺星"竞赛、岗位标准化等要求	M1/M5/M6	0.5
	基础工作	作业文件检查及更新相关要求	M1/M5/M6	0.5
		岗位操作标准化及"五懂五会五能"相关要求	M1/M5/M6	0.5
	基本功训练	"手指口述"操作法、生产现场唱票式工作法及导师带徒、岗位练兵等相关要求	M1/M5/M6	1

说明：M1——课堂讲授；M2——实操训练；M3——仿真训练；M4——预案演练；M5——网络学习；M6——班组(科室)安全活动；M7——生产会议或HSE会议；M8——视频案例。其中，M1 + M5 表示 M1 与 M5；M1/M5 表示 M1 或 M5。

表2-3-10 井下作业岗位技能操作人员实操项目培训课时安排

培训模块	培训课程	培训内容	培训及考核方式	学时
领导、承诺和责任	全员参与	员工开展隐患排查、报告事件和风险、隐患等信息的情况	N3	1
风险管控	安全风险识别	井下作业施工过程的风险识别	N2 + N4	1
		特殊井施工安全风险识别	N2 + N4	1
	安全风险管控	井下作业施工、油管(杆)收送等生产安全风险及管控措施	N3/N4	1
		井下作业井控安全风险识别与管控措施	N3	1

续表

培训模块	培训课程	培训内容	培训及考核方式	学时
隐患排查和治理	隐患排查	井下作业隐患识别、管控措施及执行	N4	1
		井下作业涉及特殊作业票证办理及安全措施的落实	N4	1
	隐患治理	井下作业施工现场隐患排查标准及防范措施	N3	1
沟通	信息沟通	安全信息管理系统登录及安全诊断信息录入	N4	1
		特殊区域井下作业施工沟通的方式及注意事项	N4	
文件和记录	文件和记录	记录格式(含工作指令记录、生产运行报表、HSE 工作记录、交接班记录、设备维护保养记录等)记录填写	N4	1
生产运行管理	生产协调管理	井下作业施工异常信息报告流程	N3	1
	生产技术管理	井下作业施工及现场布局要求	N2	1
	生产操作管理	井下作业施工井控装置的操作	N4	1
		井下作业施工防喷器试压、井口、井深、溢流、井涌等运行参数调控	N4	1
		七个立即关井的具体内容与实施	N4	1
井控管理	井控管理	作业施工井井控预案演练	N3/N4	2
		井口技术要求及井控设备操作规程	N3/N4	2
异常管理	异常管理	油气水井井下作业溢流、井喷等异常事件发现、处理、报告	N1/N4	1
设备设施管理	设备设施管理	液压钳的操作及管理要求	N1/N4	1
		井下作业施工前怎样开展设备设施关键部位的专项检查	N1/N4	1
泄漏管理	泄漏管理	井下作业施工溢流、井涌、井喷的判定	N2/N4	2
危险化学品安全		井下作业施工涉及危险化学品个人防护用品的使用和注意事项	N4	1
施工作业管理	施工作业管理	高处、临时用电、起重等许可作业施工现场安全分析	N4	1
员工健康管理	员工健康管理	现场职业危险告知牌及岗位职业危害告知卡	N2/N4	2
		心脏病、脑出血、脑梗死等突发性疾病救治方法	N2/N4	1
自然灾害管理	自然灾害管理	自然灾害(恶劣环境、异常天气)预案演练	N3	1
交通安全管理	交通安全管理	电动三轮车辆检查	N3/N4	1
		止血、包扎等急救方法		1
		交通紧急情况处置演练		2
环境保护管理	环境保护管理	井下作业施工环境污染岗位风险要求	N4	2
		井下作业施工产生危险废物的种类、收集与处置	N4	
现场管理	现场管理	井下作业风险经历与典型事故案例原因分析、防范措施及关键防范节点叙述	N3	1
		怎样落实井下作业施工现场管理标准化要求	N3	1

续表

培训模块	培训课程	培训内容	培训及考核方式	学时
应急管理	应急管理	井下作业施工井喷应急演练实施、评估	N4	1
		岗位应急处置卡演练		1
		现场急救处理的识别、原则和方法及步骤		1
		现场心肺复苏及救助措施，应急防护器具使用		1
		正压式空气呼吸器等应急防护器具使用		1
消(气)防管理	消(气)防管理	消防器材、设施的使用与维护	N4	1
		灭火的"三看八定"和方法步骤	N4	1
		硫化氢、可燃气体等检测仪使用操作	N4	1
事故事件管理	事故事件管理	"风险经历共享"案例分析	N2	1
		井下作业严重违章行为判定标准		1
基层管理	基本功训练	班组安全活动	N4	1
		安全操作规程岗位验证	N4	1

说明：N1——考试；N2——访谈；N3——答辩；N4——模拟实操（手指口述）。其中，N1＋N2 表示 N1 与 N2；N1/N2 表示 N1 或 N2。

6 考核标准

6.1 考核办法

参照本章第一节 采油(气)、注水(气)操作岗位 HSE 培训大纲及考核标准 6.1 考核办法。

6.2 安全理论知识考试要点

6.2.1 HSE 管理基础

6.2.1.1 HSE 法律法规

a）了解国家、地方政府安全生产方针、政策，环保方针、理念；

b）了解《中华人民共和国劳动法》《劳动合同法》《民法典》等法律中关于企业员工权益及责任的相关条款；

c）了解《中华人民共和国安全生产法》《环境保护法》《职业病防治法》《消防法》《危险化学品安全管理条例》等相关法律法规中关于操作岗位职责、权利、义务、HSE 管理要求、法律责任的相关条款。

6.2.1.2 HSE 标准规范

a）了解井下作业等操作程序涉及技术标准规范中的 HSE 要求；

b）了解安全生产标准化企业、绿色企业、健康企业创建相关要求。

6.2.1.3 HSE 相关规章制度

了解中国石化、油田及直属单位相关管理制度中 HSE 管理要求。

6.2.1.4 HSE 技术

掌握井下作业业务在生产工艺、设备设施、操作规程和其他方面涉及的防火防爆、防雷防静电、电气安全、机械安全、环境保护等技术。

6.2.2 体系思维

6.2.2.1 中国石化及油田 HSE 理念

a)掌握中国石化 HSE 方针、愿景、管理理念；

b)掌握中国石化安全环保禁令、承诺，保命条款。

6.2.2.2 HSE 管理体系

了解单位级 HSE 管理体系架构及主要内容。

6.2.3 领导、承诺和责任

6.2.3.1 全员参与

a)掌握员工通用安全行为、安全行为负面清单等安全行为规范；

b)掌握中国石化安全记分管理规定；

c)掌握企业员工参与协商机制和协商事项；

d)掌握员工开展隐患排查、报告事件和风险、隐患等信息的情况。

6.2.3.2 组织机构和职责

了解井下作业技能操作岗位 HSE 责任制。

6.2.3.3 社会责任

了解企业安全发展、绿色发展、和谐发展社会责任及参与公益活动。

6.2.4 风险管控

6.2.4.1 双重预防机制

a)了解油田及直属单位双重预防机制要求；

b)了解井下作业安全生产专项整治三年行动计划。

6.2.4.2 安全风险识别

a)了解风险的概念、分类、分级等基本理论；

b)了解风险识别方法；

c)掌握井下作业施工过程的风险识别；

d)掌握特殊井施工安全风险识别。

6.2.4.3 安全风险管控

a)了解井下作业施工过程安全风险及管控措施；

b)了解作业搬迁、特车服务、油管(杆)运送、送班车等交通安全风险及管控措施；

c)掌握井下作业施工、油管(杆)收送等生产安全风险及管控措施；

d)掌握井下作业井控安全风险识别与管控措施。

6.2.5 隐患排查和治理

6.2.5.1 隐患排查

a)了解事故隐患的概念、分级、分类，中国石化重大生产安全事故隐患判定标准；

b)了解井下作业隐患排查治理及管控措施的落实；

c)掌握井下作业隐患识别、管控措施及执行；

d)掌握井下作业涉及特殊作业票证办理及安全措施的落实。

6.2.5.2 隐患治理

掌握井下作业施工现场隐患排查标准及防范措施。

6.2.6 能力、意识和培训

了解岗位持证要求，包括国家、地方政府、油田要求的各类安全资质、资格证，职业技能等级证等。

6.2.7 沟通

6.2.7.1 安全信息管理系统

a）了解安全信息管理系统岗位涉及模块功能；

b）掌握安全信息管理系统登录及安全诊断信息录入。

6.2.7.2 信息沟通

a）了解企业员工与领导及员工之间沟通的方式和沟通渠道；

b）掌握特殊区域井下作业施工沟通的方式及注意事项。

6.2.8 文件和记录

掌握井下作业及相关业务工作指令记录、生产运行报表、HSE 工作记录、交接班记录、设备维护保养记录等记录格式，并规范填写记录。

6.2.9 生产运行管理

6.2.9.1 生产协调管理

a）了解生产运行管理流程、制度及 HSE 要求；

b）了解井下作业施工生产运行管理流程；

c）掌握井下作业施工异常信息报告流程。

6.2.9.2 生产技术管理

a）了解井下作业施工工序管理要求；

b）了解井下作业施工修井机、液压钳、井控设备等操作规程；

c）了解井下作业施工井架、三吊一卡、防喷器等相关参数说明；

d）掌握井下作业施工及现场布局要求。

6.2.9.3 生产操作管理

a）了解井下作业岗位巡检、交接班制度；

b）了解井下作业施工操作规程等作业文件的执行监督；

c）掌握井下作业施工井控装置的操作；

d）掌握井下作业施工防喷器试压、井口、井深、溢流、井涌等运行参数调控；

e）掌握"七个立即"关井的具体内容与实施。

6.2.10 井下作业管理

6.2.10.1 管理机制

a）掌握井下作业相关管理制度、管理职责、操作规程；

b）了解作业施工方案、应急预案的编制及审查；

c）掌握作业井工程设计标准规范。

6.2.10.2 技术管理、监督

a）掌握其他设计中岗位相关要求；

b）掌握井下作业监督管理岗位职责。

6.2.10.3 现场管理

a）掌握井下作业井施工 HSE 管理；

b）掌握作业施工现场标准化；

c）掌握作业工艺技术、应急演练。

6.2.11 井控管理

a）了解井控管理制度、职责。

b）了解作业施工井井控管理要求；

c）掌握作业施工井井控预案演练；

d）掌握井口技术要求及井控设备操作规程。

6.2.12 异常管理

a）掌握井下作业异常事件分析、报告和处置制度；

b）掌握油、气、水井井下作业溢流、井喷等异常事件发现、处理、报告。

6.2.13 设备设施管理

a）了解设备全生命周期管理、分级管理、缺陷评价；

b）了解井口液压钳、井架、防碰天车、防挂板、小滑车等管理技术要求；

c）了解司钻、液压钳、修井机、井架等设备设施的操作、维护保养规程编制及实施；

d）掌握液压钳的操作及管理要求；

e）掌握井下作业施工前怎样开展设备设施关键部位的专项检查。

6.2.14 泄漏管理

a）掌握井下作业施工涉及泄漏相关工序及处置要求；

b）掌握井下作业施工溢流、井涌、井喷的判定。

6.2.15 危险化学品安全

a）掌握井下作业施工涉及危险化学品储存、装卸、使用、废弃管理要求及备案；

b）掌握井下作业施工涉及危险化学品"一书一签"管理；

c）掌握井下作业施工涉及危险化学品个人防护用品的使用和注意事项。

6.2.16 施工作业管理

a）了解施工方案实施要求，完工验收标准；

b）了解能量隔离等安全环保技术措施的落实；

c）了解特殊作业、非常规作业及交叉作业施工现场标准化；

d）了解特殊作业现场管理（管理流程、注意事项及施工安全技术）；

e）了解高处、临时用电、起重等许可作业的票证管理要求及监护；

f）了解油田常见施工作业事故案例及相关责任；

g）掌握高处、临时用电、起重等许可作业施工现场安全分析（JSA）。

6.2.17 变更管理

a）了解变更概念、分类、分级等基础知识；

b）了解施工工序等变更及操作执行要求。

6.2.18 员工健康管理

a）了解个体防护用品、职业病防护设施配备；

b）了解员工帮助计划（EAP），心理健康管理；

c）掌握身体健康管理，健康促进活动；

d）掌握现场职业危险告知牌及岗位职业危害告知卡；

e) 掌握心脏病、脑出血、脑梗死等突发性疾病救治方法。

6.2.19 自然灾害管理

a) 了解自然灾害分类；

b) 了解地质灾害(山体滑坡、泥石流等)信息预警；

c) 掌握自然灾害(恶劣环境、异常天气)预案演练。

6.2.20 治安保卫与反恐防范

a) 掌握井下作业施工现场治安保卫管理制度；

b) 掌握治安、反恐防范日常管理及"两特两重"管理要求。

6.2.21 公共卫生安全管理

a) 掌握新冠疫情防范及处置；

b) 掌握宿舍公共卫生管理、公共卫生预警机制；

c) 掌握传染病和群体性不明原因疾病的防范；

d) 掌握食品安全、食物中毒预防及处置。

6.2.22 交通安全管理

a) 了解道路交通安全预警管理机制；

b) 了解乘坐人员安全管理；

c) 了解私家车人员安全管理；

d) 掌握电动三轮车辆驾驶及检查；

e) 掌握止血、包扎等急救方法；

f) 掌握交通紧急情况处置演练。

6.2.23 环境保护管理

a) 了解环境保护、清洁生产管理；

b) 了解水、废气、固体废物、噪声污染防治管理，土壤和地下水、生态保护要求；

c) 了解突发环境事件应急管理；

d) 了解绿色基层单位创建岗位要求；

e) 掌握井下作业施工环境污染岗位风险要求；

f) 掌握井下作业施工产生危险废物的种类、收集与处置。

6.2.24 现场管理

a) 掌握井下作业现场封闭化管理，视频监控，能量隔离与挂牌上锁等管理要求；

b) 掌握井下作业生产现场安全标志、标识管理相关要求；

c) 掌握"5S"管理，属地管理及现场监护管理要求；

d) 掌握属地管理及现场监护管理要求；

e) 掌握井下作业风险经历与典型事故案例原因分析、防范措施及关键防范节点叙述；

f) 掌握井下作业施工现场管理标准化要求。

6.2.25 应急管理

a) 掌握单位或井下作业专业系统应急组织、机制等应急管理相关要求；

b) 掌握井下作业施工井喷应急演练实施、评估；

c) 掌握井下作业岗位应急处置卡主要内容，并规范演练；

d) 掌握现场急救处理的识别、原则和方法及步骤；

e)掌握现场心肺复苏及伤害救护措施，AED 及气防器具的检查、维护及使用；

f)掌握正压式空气呼吸器等应急防护器具检查、维护及使用。

6.2.26　消(气)防管理

a)了解火灾预防机制、消防重点部位分级、消(气)防档案管理要求；

b)了解消(气)防设施及器材(含火灾监控)配置、管理；

c)了解防雷、防静电管理要求；

d)掌握消防器材、设施的使用与维护；

e)掌握灭火的"三看八定"和方法步骤；

f)掌握硫化氢、可燃气体等检测仪使用操作。

6.2.27　事故事件管理

a)掌握事故(事件)警示教育相关要求及井下作业典型事故案例；

b)掌握"风险经历共享"要求及案例分析；

c)掌握井下作业严重违章行为判定标准，杜绝习惯性违章。

6.2.28　基层管理

6.2.28.1　基层建设

a)了解"三基""三标"建设；

b)了解"争旗夺星"竞赛、岗位标准化等要求。

6.2.28.2　基础工作

a)了解作业电子资料建立、作业文件检查及更新相关要求；

b)掌握岗位操作标准化及"五懂五会五能"相关要求。

6.2.28.3　基本功训练

a)掌握"手指口述"操作法、生产现场唱票式工作法及导师带徒、岗位练兵等相关要求；

b)掌握井下作业班组 HSE 活动，"周一安全活动"要求；

c)掌握井下作业操作规程安全分析并岗位验证。

第六节　综合维修操作岗位 HSE 培训大纲及考核标准

1　范围

本标准规定了油田企业油(气)开发基层单位综合维修技能操作人员 HSE 培训要求、理论及实操培训的内容、学时安排，以及考核的方法、内容。

2　适用岗位

包括但不限于石油(天然气)开采直属单位的电气焊工、油气管线安装工、抽油机安装工、机修钳工(注输泵修理工)、采油维修工、电机检修工等技能序列操作人员。

3　依据

参照本章第一节　采油(气)、注水(气)操作岗位 HSE 培训大纲及考核标准 3 依据。

4 安全生产培训大纲

4.1 培训要求

参照本章第一节 采油(气)、注水(气)操作岗位 HSE 培训大纲及考核标准 4.1 培训要求。

4.2 培训内容

参照本章第一节 采油(气)、注水(气)操作岗位 HSE 培训大纲及考核标准 4.2 培训内容,具体课程及内容见表 2 − 3 −11、表 2 − 3 −12。

5 学时安排(表 2 − 3 −11、表 2 − 3 −12)

表 2 − 3 −11　综合维修技能操作人员培训课程内容及课时安排

培训模块	培训课程	培训内容	培训方式	学时
安全基础知识	HSE 法律法规	国家、地方政府安全生产方针、政策,环保方针、理念	M1 + M5 + M7	2
		《中华人民共和国宪法》《劳动合同法》《民法典》等法律中关于企业权益及责任的相关条款		2
		《中华人民共和国安全生产法》《中华人民共和国环境保护法》《中华人民共和国职业病防治法》等相关法律法规中关于企业和技能操作岗位职责、权利、HSE 管理要求、法律责任的相关条款		2
	HSE 标准规范	综合维修等操作程序涉及技术标准规范中的 HSE 要求	M1 + M5 + M7	2
		安全生产标准化企业要求		2
		绿色企业、健康企业创建相关要求		2
	HSE 技术	综合维修在生产工艺、设备设施、操作规程和其他方面涉及的防火防爆、防雷防静电、电气安全、机械安全、环境保护等技术	M1 + M5 + M8	2
体系思维	HSE 理念	中国石化(油田)HSE 方针、愿景目标、管理理念	M1/M5/M7	1
		中国石化(油田)安全环保禁令、承诺、保命条款		1
	HSE 管理体系	单位级 HSE 管理体系架构及主要内容	M1/M7	2
领导、承诺和责任	全员参与	全员安全行为规范(含通用安全行为、安全行为负面清单等);中国石化安全记分管理规定;企业员工参与协商机制和协商事项;员工开展隐患排查、报告事件和风险、隐患等信息的情况	M1/M5/M7	1
	社会责任	企业安全发展、绿色发展、和谐发展社会责任及参与公益活动	M1/M5/M7	0.5
		采油(气)综合维修作业涉及的危险物品及危害后果、事故预防及响应措施告知		

续表

培训模块	培训课程	培训内容	培训方式	学时
风险管控	双重预防机制	油田及直属单位双重预防机制要求；采油(气)、注水(气)安全生产专项整治三年行动计划	M1/M5/M7	
	安全风险识别	风险的概念、分类、分级等基本理论；风险识别方法	M1 + M2/M5/M6 M1/M5/M8	1
		采油(气)、注水(气)场站、综合维修设备设施、维修过程的风险识别；计量站风险警示牌		
		更换抽油机游梁关键工序操作风险识别；更换增注泵盘根、柱塞等注水关键工序操作风险识别		0.5
	安全风险管控	采油(气)维修施工(作业)过程安全风险管控	M1/M5/M8	2
		交通安全风险管控；公共安全风险管控		
		游梁式抽油机拆装风险管控；管线维修过程风险管控		
	环境风险管控	环境因素识别评估与管控；环境风险评价与等级划分；生产过程中环境因素识别、评价及控制措施分析表	M1/M3/M5	1
	重大危险源辨识与评估	重大危险源辨识及监控措施；重大危险源安全警戒设置	M5	1
隐患排查和治理	隐患排查治理	事故隐患概念、分级、分类；中国石化重大生产安全事故隐患判定标准	M1	0.5
		岗位日常巡检过程中隐患的初步排查	M1/M4	0.5
		直接作业施工现场(用火、受限空间等作业)隐患的初步排查	M1/M2/M8	1
能力、意识和培训	能力、意识和培训	岗位持证要求，包括国家、地方政府、油田要求的各类安全资质、资格证，职业技能等级证等	M1	1
沟通	安全信息管理系统	安全信息管理系统登录及相关信息录入	M1/M5/M7	1
文件和记录	文件和记录	工作指令记录、生产运行报表、HSE 工作记录、交接班记录、设备维护保养记录等记录格式要求	M1/M5/M7	1
建设项目管理	建设项目管理	建设项目安全技术措施交底	M1/M5/M7	0.5
生产运行管理	生产协调管理	生产运行管理流程、制度及 HSE 要求	M1	1
		事故事件及异常的报告流程		
	生产技术管理	综合维修作业生产运行等专业知识	M1	0.5
		综合维修作业工艺技术操作规程等作业文件的修订	M1	1
		工艺流程图识读	M1/M5	
		工艺纪律的检查及整改	M1	1
	生产操作管理	综合维修各操作岗位巡检、交接班制度	M1/M6	1
		综合维修各操作规程等作业文件的执行监督	M2	1
		生产运行手指口述确认程序具体内容与实施	M1/M5/M7	1

续表

培训模块	培训课程	培训内容	培训方式	学时
井控管理		井控管理制度、职责；井控三色管理要求	M1	0.5
		生产井、长停井、废弃井井控管理要求	M1	0.5
异常管理		生产异常信息自动采集数据分析	M4	2
		生产异常的发现、处理、报告		
设备设施管理		设备全生命周期管理、分级管理、缺陷评价	M1	0.5
		特种设备管理；HSE设施(安全附件)管理	M2	1
		设备设施的操作规程、维修维护保养规程编制及实施	M2	1
		设备运行条件；生产装置"5S"；设备缺陷识别	M1	1
		电气设备管理，电气设备设施的安全附件管理	M4	0.5
		机械设备风险点及管理、仪表使用	M4	0.5
		油(气)开发、集输、水处理设备构造、工作原理	M4	0.5
		仪表基础知识(电接点压力表、双臂电桥、钳形电流表)	M4	0.5
泄漏管理		泄漏预防；腐蚀管理(腐蚀机理、防腐措施)	M1	1
		管线、管件、分离器等部位泄漏监测、处置，分析评估	M1	1
		泄漏物料的合法处置		1
		生产设备设施泄漏后的处置措施及堵漏工具的使用	M1	0.5
危险化学品安全		油田常用危险化学品分类、生产及备案	M1	0.5
		油田危险化学品储存、装卸、运输、使用、废弃管理及法律责任	M1	0.5
		危险化学品"一书一签"及理化性质、危险性分析、应急处置等	M1	0.5
		综合维修岗位生产过程涉及危险化学品装卸、运输、使用及废弃的操作规程	M1	0.5
		个人防护及注意事项	M1	0.5
承包商安全管理		承包商现场监督、监护	M1	1
		承包商现场施工作业事故案例	M8	1
施工作业管理		施工方案实施要求，完工验收标准	M1	3
		能量隔离等安全环保技术措施的落实	M1/M5	0.5
		特殊作业、非常规作业及交叉作业施工现场标准化	M1/M5	0.5
		特殊施工作业管理流程、注意事项及施工安全技术	M1/M5	0.5
		施工作业安全分析(JSA分析)	M1/M5 + M7	0.5
		用火、临时用电、受限空间等七项作业的票证管理要求及监护	M1 + M5 + M8	1
变更管理		变更重点关注内容	M1/M5	0.5

续表

培训模块	培训课程	培训内容	培训方式	学时
员工健康管理		个体防护用品、职业病防护设施配备	M1/M7	0.5
		员工帮助计划（EAP），心理健康管理	M1/M7	0.5
		身体健康管理，健康促进活动	M1＋M5＋M8	0.5
		身体健康风险识别与防范措施（高血压、心脏病、高温高寒天气、恶劣环境等预防）	M4	0.5
自然灾害管理		自然灾害类别、预警及应对，地质灾害信息预警	M1＋M2/M5	1
治安保卫与反恐防范		油（气）区、油气场站等治安防范系统配备及管理	M1＋M2＋M8	1
		治安、反恐防范日常管理及"两特两重"管理要求，安防器材使用及维护		
公共卫生安全管理		新冠疫情防范及处置	M1＋M2＋M3＋M8	1
		公共卫生管理，安保措施与应急处置机制	M1＋M2＋M3＋M8	
		传染病和群体性不明原因疾病的防范	M1＋M2＋M3＋M8	
		食品安全、食物中毒预防及处置	M1＋M2＋M3＋M8	
交通安全管理		单位车辆、驾驶人管理要求，道路交通安全预警管理机制	M1/M5/M7	1
		季节变化、节假日交通管理	M1/M5	1
		乘坐人员安全管理	M1/M5	0.5
		私家车人员安全管理	M1/M5	0.5
		工程机械（电动三轮）车辆检查	M1/M5	0.5
		交通紧急情况处置	M4	2
环境保护管理		环境保护、清洁生产制度体系	M1/M5	0.5
		危险废物管理要求、储存管理要求、转运要求等	M1/M5	0.5
		水、废气、固体废物、噪声、放射污染防治管理，土壤和地下水、生态保护	M1/M5	0.5
		综合维修施工中管线更换中泄漏突发环境事件应急处置	M1/M5	0.5
		环境保护、清洁生产管理	M1/M5	0.5
现场管理		封闭化管理，视频监控，能量隔离与挂牌上锁等管理要求	M1/M5/M7	0.5
		生产现场安全标志、标识管理	M1/M5/M7	0.5
		属地管理及现场监护管理要求	M1/M5/M7	0.5
		生产典型事故案例	M1/M5/M7	0.5
应急管理		应急管理相关要求（单位或专业领域应急组织、机制等）	M1	1
消（气）防管理		消（气）防设施及器材（含火灾监控及自动灭火系统）配置、管理要求	M1/M2/M5	0.5
		消（气）防设施及器材（含火灾监控及自动灭火系统）配置、管理	M1/M2	1

续表

培训模块	培训课程	培训内容	培训方式	学时
事故(事件)管理		事故(事件)警示教育	M1/M6	1
		"风险经历共享"案例分析	M4	1
基层管理	基本建设	"三基""三标"建设	M1/M5/M6	0.5
		"争旗夺星"竞赛、岗位标准化等要求	M1/M5/M6	0.5
	基础工作	作业文件检查及更新相关要求	M1/M5/M6	0.5
		岗位操作标准化及"五懂五会五能"相关要求		0.5
	基本功训练	"手指口述"操作法、生产现场唱票式工作法及导师带徒、岗位练兵等相关要求	M1/M5/M6 M1/M5/M6	1
		班组安全活动	M2 + M3 + M4	1
		"五能"岗位操作要点,操作规程安全分析	M2	1

说明:M1——课堂讲授;M2——实操训练;M3——仿真训练;M4——预案演练;M5——网络学习;M6——班组安全活动;M7——生产会议或HSE会议;M8——视频案例。其中,M1 + M5 表示 M1 与 M5;M1/M5 表示 M1 或 M5。

表 2 - 3 - 12 油田综合维修技能操作人员实操培训及考核方式安排

培训模块	培训课程	培训内容	培训及考核方式	学时
体系思维	中国石化及油田 HSE 理念	企业愿景和 HSE 管理理念;安全环保禁令、保命条款	N4	1
领导、承诺和责任	全员参与	员工开展隐患排查、报告事件和风险,隐患等信息的情况	N4	1
风险管控	安全风险识别	油(气)综合维修各岗位生产过程风险管控措施及要求,JSA 分析及记录填写	N2 + N4	1
		采油站、抽油机、泵房隐患排查模拟		0.5
		直接作业施工现场(用火、受限空间等作业)隐患识别		0.5
		油气管线施工中管道腐蚀穿孔、泄漏,电器设备施工违章隐患识别		0.5
	安全风险管控	工艺流程图识读(流程制作工艺、含油污水管线维修工艺、电机修理、注输泵修理工艺图识读)	N4	0.5
		综合维修安全操作规程(抽油机拆装、注输泵拆装,油气管线的敷设及维修,电动机维修等)生产开停工方案及安全环保技术措施交底		1
生产运行管理	生产技术管理	工艺流程图识读(采油站注水管线流程图实操)	N2	1
	生产操作管理	生产运行手指口述确认程序具体内容与实施(抽油机拆装、注输泵拆装现场实操)	N4	1
设备设施管理		游梁式抽油机的拆装	N4	1
		电动机、注输泵修理	N4	1
		行吊、工程机械等设备的运行检查实操	N4	1

续表

培训模块	培训课程	培训内容	培训及考核方式	学时
泄漏管理		生产设备设施泄漏后的处置措施及堵漏工具的使用，行吊减速箱渗漏处置	N2/N4	2
施工作业管理		抽油机拆装作业、注输泵修理作业、管线维修作业等现场施工作业安全分析(JSA)	N4	1
员工健康管理		现场职业危险告知牌及岗位职业危害告知卡，电焊岗位职业危害告知实操	N2/N4	1
		心肺复苏操作		1
		员工身体健康识别(高血压、心脏病、高温高寒天气、恶劣环境等)与救护	N1/N4	0.5
治安保卫与反恐防范		安防器材使用及维护	N4	0.5
交通安全管理		工程机械(含电动三轮车)活动设备检查	N3/N4	1
		止血、包扎等急救方法	N2	1
		交通紧急情况处置演练		2
环境保护管理		固体危险废物处置	N4	0.5
		管道泄漏处置中突发环境事件应急处置，管线维修过程中泄漏处置		0.5
应急管理		综合维修施工作业应急演练实施、评估	N4	0.5
		现场急救处理的识别、原则和方法及步骤，岗位应急处置卡演练		0.5
		突发情况现场巡检及智能视频识别		0.5
		防毒面具、正压式空气呼吸器等应急防护器具使用		0.5
		综合检维修管线泄漏火灾、维修设备机械伤害应急处置方案、桌面推演		0.5
		正压式空气呼吸器操作		0.5
消(气)防管理		基层场站施工区域火警巡检、火灾报警器及视频识别使用	N4	1
		灭火初期处置；灭火的"三看八定"和方法步骤	N4	1
		防雷、防静电接地设施测试及检查	N4	1
事故事件管理		"风险经历共享"案例分析	N2	1
		反习惯性违章活动		1
基层管理	基本功训练	班组安全活动	N4	1
		操作规程安全分析	N4	1

说明：N1——述职；N2——访谈；N3——答辩；N4——模拟实操(手指口述)。其中，N1+N2 表示 N1 与 N2；N1/N2 表示 N1 或 N2。

6　考核标准

6.1　考核办法

参照本章第一节　采油(气)、注水(气)操作岗位 HSE 培训大纲及考核标准6.1考核办法。

6.2 安全理论知识考试要点

6.2.1 HSE 管理基础

6.2.1.1 HSE 法律法规

a）了解国家、地方政府安全生产方针、政策，环保方针、理念；

b）了解《中华人民共和国劳动法》《中华人民共和国劳动合同法》《民法典》等法律中关于企业员工权益及责任的相关条款；

c）了解《中华人民共和国安全生产法》《环境保护法》《职业病防治法》《消防法》《危险化学品安全管理条例》等相关法律法规中关于操作岗位职责、权利、义务、HSE 管理要求、法律责任的相关条款。

6.2.1.2 HSE 标准规范

a）了解地面工程综合维修各岗位操作程序涉及技术标准规范中的 HSE 要求；

b）了解安全生产标准化企业、绿色企业、健康企业创建相关要求。

6.2.1.3 HSE 相关规章制度

中国石化、油田及直属单位相关管理制度中 HSE 管理要求。

6.2.1.4 HSE 技术

了解维修专业在油气开发工艺、设备设施、操作规程和其他方面涉及的防火防爆、防雷防静电、电气安全、机械安全、环境保护等技术。

6.2.2 体系思维

6.2.2.1 中国石化及油田 HSE 理念

a）了解中国石化 HSE 方针、愿景、管理理念；

b）了解中国石化安全环保禁令、承诺，保命条款；

c）掌握油田企业愿景和 HSE 管理理念；

d）掌握安全环保禁令、保命条款。

6.2.2.2 HSE 管理体系

了解单位级 HSE 管理体系架构及主要内容。

6.2.3 领导、承诺和责任

6.2.3.1 全员参与

a）了解全员安全行为规范（含通用安全行为、安全行为负面清单等）；

b）了解《中国石化安全记分管理规定》；

c）了解企业员工参与协商机制和协商机制；

d）掌握员工开展隐患排查、报告事件和风险、隐患等信息的情况（实操）。

6.2.3.2 社会责任

a）了解企业安全发展、绿色发展、和谐发展社会责任及参与公益活动；

b）了解油（气）综合维修生产现场危险物品及危害后果、事故预防及响应措施告知。

6.2.4 风险管控

6.2.4.1 双重预防机制

a）了解油田及直属单位双重预防机制要求；

b）了解地面工程综合维修安全生产专项整治三年行动计划。

6.2.4.2　安全风险识别

a）了解生产安全风险概念、分类与分级；

b）了解风险识别方法；

c）掌握油（气）开发中涉及综合维修设备设施、操作过程的风险识别；

d）掌握综合维修过程中风险告知；

e）掌握更换抽油机游梁、减速箱等更换抽油机配件关键工序操作风险识别；

f）掌握井口连流程作业等焊接与切割关键工序操作风险识别；

g）掌握更换电机轴承、增注泵轴瓦等综合维修关键工序操作风险识别。

6.2.4.3　安全风险管控

a）了解油气开发专业在综合维修风险评价（JSA）工具，风险管控措施；

b）了解油（气）综合维修岗位施工过程风险管控措施及要求；

c）了解公共安全风险识别与管控措施；

d）掌握油（气）综合维修各岗位生产过程风险管控措施及要求；

e）掌握抽油机拆装风险与管控；

f）掌握油气管线维修施工操作风险与管控；

g）掌握交通安全风险（场站内车辆）识别与管控；

i）掌握离心泵、电动机维修风险与管控。

6.2.4.4　环境风险管控

a）了解环境因素识别评估与管控；环境风险评价与等级划分；

b）了解生产过程中原油、天然气、污水等环境因素识别及管控措施。

6.2.4.5　重大危险源辨识与评估

a）了解重大危险源辨识及监控措施；

b）掌握毗邻重大危险源施工作业安全警戒设置要求及检查。

6.2.5　隐患排查和治理

a）了解事故隐患概念与分级、分类管理；

b）了解隐患分级管控措施的落实及检查；

c）掌握油气聚集场所维修施工中的隐患排查；

d）掌握用电、用火、起吊、受限空间等作业施工现场隐患识别及保护措施；

e）掌握油气管线施工中管道腐蚀穿孔、泄漏，电器设备施工违章隐患识别；

f）掌握一般隐患整改的实施。

6.2.6　能力、意识和培训

　　了解岗位持证要求，包括国家、地方政府、油田要求的各类安全资质、资格证，职业技能等级证等。

6.2.7　沟通

6.2.7.1　安全信息管理系统

掌握安全信息管理系统登录及安全诊断信息录入。

6.2.7.2　信息沟通

掌握班组沟通的方式、渠道及注意事项。

6.2.8　文件和记录

掌握综合维修相关工作指令记录、生产运行报表、HSE 工作记录、交接班记录、设备维护保养记录等记录格式。

6.2.9 建设项目管理

了解建设项目安全技术措施交底。

6.2.10 生产运行管理

6.2.10.1 生产协调管理

a) 掌握综合维修施工生产运行管理流程、制度及 HSE 要求;

b) 了解事故(事件)及异常的报告程序、内容。

6.2.10.2 生产技术管理

a) 了解综合维修生产运行等专业技术知识;

b) 了解抽油机拆装、注输泵拆装、油气管线的敷设及维修、电动机维修等常见综合维修安全操作规程、生产开停工方案及安全环保技术措施交底;

c) 掌握工艺流程图识读;

d) 掌握工艺纪律的检查及整改。

6.2.10.3 生产操作管理

a) 了解岗位巡检、交接班制度;

b) 掌握检维修中管道防腐安全操作规程;

c) 掌握综合维修安全操作规程;

d) 掌握井口流程制作施工等关键工序生产操作;

e) 掌握生产运行手指口述确认抽油机、注输泵拆装程序。

6.2.11 井控管理

a) 了解井控管理制度、职责;

b) 了解生产井、长停井、废弃井井控管理要求;井控三色管理要求;

c) 掌握井控预案演练;

d) 掌握井控操作规程。

6.2.12 异常管理

a) 掌握维修施工生产异常信息自动采集分析;

b) 掌握维修施工生产异常的发现、初步处置、报告;

6.2.13 设备设施管理

a) 了解生产工艺和设备运行条件;HSE 设施管理基本要求;

b) 了解设备缺陷识别;

c) 了解电气设备管理;特种设备设施管理;仪表器具基础知识;

d) 掌握更换抽油机平衡块操作;

e) 掌握工程机械、电焊机的巡检检查点;

f) 掌握仪表使用及维护;

g) 掌握离心泵(柱塞泵)的拆卸操作;

h) 掌握有毒气体检测报警器使用及维护。

6.2.14 泄漏管理

a) 了解泄漏预防管理措施、工艺措施、应急处置;

b) 了解泄漏物料的合法处置;

c)了解生产设备设施(行吊减速箱、拖拉机减速箱)泄漏事故案例;

d)掌握生产设备设施维修过程中泄漏的处置措施及堵漏工具的使用。

6.2.15 危险化学品安全

a)了解油田常用危险化学品分类、生产及备案;

b)了解油田危险化学品储存、装卸、运输、使用、废弃管理及法律责任;

c)了解危险化学品"一书一签",施工作业危化品的理化性质、危险性分析、应急处置等;

d)掌握综合维修岗位生产过程涉及危险化学品装卸、运输、使用及废弃的操作规程(井口加药泵使用药品、注输泵修理中废弃油料的处置等);

e)掌握危化品个人防护用品的使用和注意事项。

6.2.16 承包商安全管理

a)了解承包商进场安全教育、现场监督、监护相关要求;

b)了解承包商现场施工作业事故案例。

6.2.17 施工作业管理

a)了解施工方案实施要求,施工作业安全环保技术措施;

b)了解能量隔离等安全环保技术措施的落实;

c)了解特殊作业、非常规作业及交叉作业施工现场标准化;

d)掌握施工作业安全分析方法(JSA);

e)掌握用火、临时用电、受限空间等七项作业的票证管理要求及监护;

f)了解特殊施工作业管理流程、注意事项及施工安全技术;

g)了解施工作业完工验收标准;

h)了解油田常见施工作业事故案例及相关责任;

i)掌握抽油机安装、拆卸作业安全分析。

6.2.18 变更管理

a)了解变更的概念、分类、分级等管理要求;

b)了解综合维修过程中方案、设施工艺及材料等变更及设备设施、流程工艺等技术参数操作执行要求。

6.2.19 员工健康管理

a)了解个体防护用品、职业病防护设施配备;

b)了解员工帮助计划(EAP),心理健康管理;

c)了解身体健康管理,健康促进活动;

d)掌握现场职业危险告知牌及岗位职业危害告知卡。

6.2.20 自然灾害管理

了解自然灾害类别、预警及应对,地质灾害信息预警。

6.2.21 治安保卫与反恐防范

a)了解生产区域、重点办公场所、人员密集场所治安防范系统、反恐防范及日常管理;

b)了解治安、反恐防范日常管理及"两特两重"管理要求;

c)掌握安防器材使用及维护。

6.2.22　公共卫生安全管理

a) 了解新冠疫情防范及处置；

b) 了解传染病和群体性不明原因疾病的防范；

c) 了解食品安全、食物中毒预防及处置；

d) 了解宿舍公共卫生管理，公共卫生预警机制。

6.2.23　交通安全管理

a) 了解乘坐人员乘车安全管理相关要求；

b) 了解私家车驾乘人员安全管理要求；

c) 掌握工程机械(含电动三轮车)驾驶及检查要点；

d) 掌握交通事故止血、包扎等急救方法；

e) 掌握冬季交通紧急情况处置演练。

6.2.24　环境保护管理

a) 了解环境保护、清洁生产制度体系；

b) 了解环境监测及环境信息管理；

c) 掌握作业现场环保管理要求及污染防治措施；

d) 了解清洁生产管理，绿色企业行动计划；

e) 掌握综合维修施工中管线更换中泄漏突发环境事件应急处置；

f) 掌握危险废物处置流程及相关要求、注意事项。

6.2.25　现场管理

a) 掌握封闭化管理、视频监控、能量隔离与挂牌上锁等现场管理要求；

b) 掌握属地管理及现场监护管理要求；

c) 了解近期综合维修生产现场典型事故案例；

d) 掌握生产现场安全标志、标识管理；

e) 掌握"5S"及现场目视化管理。

6.2.26　应急管理

a) 了解单位或专业领域应急组织、机制等应急管理相关要求；

b) 了解应急管理基础知识与现场应急处置技能；

c) 掌握综合检维修管线泄漏火灾、维修设备机械伤害应急处置方案并桌面推演；

d) 掌握现场应急处理的识别、原则和方法及步骤；

e) 掌握正压式空气呼吸器使用；

f) 掌握现场心肺复苏及现场包扎、搬运等救护技能；

g) 掌握突发情况现场巡检及智能视频识别。

6.2.27　消(气)防管理

a) 了解火灾预防机理；基层消防重点部位分级；消防档案管理；防雷、防静电；防火间距识别；消(气)防器材与设施管理；监视与监护等消(气)防管理要求；

b) 了解灭火的"三看八定"，灭火步骤及方法等灭火初期处置要求；

c) 掌握消防器材、设施的操作(如8kg手提式干粉灭火器的使用)；

d) 掌握消防器材检查、维护保养；

e) 掌握维修施工区域火警巡检、火灾报警器及视频识别；

f)掌握防雷、防静电接地设施测试及检查。

6.2.28 事故事件管理

a)了解事故(事件)警示教育相关要求;

b)掌握"风险经历共享"案例分析;

c)掌握不安全行为的特点,杜绝惯性违章。

6.2.29 基层管理

6.2.29.1 基层建设

a)了解"三基""三标"建设;

b)了解"争旗夺星"竞赛、岗位标准化等要求。

6.2.29.2 基础工作

a)了解作业文件检查及更新相关要求;

b)掌握岗位操作标准化及"五懂五会五能"相关要求。

6.2.29.3 基本功训练

a)掌握"手指口述"操作法、生产现场唱票式工作法及导师带徒、岗位练兵等相关要求;

b)掌握班组安全活动;

c)掌握"五能"操作要点,操作规程的安全分析。

第七节 公共服务操作岗位 HSE 培训大纲及考核标准

1 范围

本标准规定了油田企业公共服务板块技能操作人员 HSE 培训要求、理论及实操培训的内容、学时安排,以及考核的方法、内容。

2 适用岗位

主要包含交通运输(客运)、电工作业、热力及水务处理、后勤服务等岗位等技能操作人员。

3 依据

参照本章第一节 采油(气)、注水(气)操作岗位 HSE 培训大纲及考核标准 3 依据。

4 安全生产培训大纲

4.1 培训要求

参照本章第一节 采油(气)、注水(气)操作岗位 HSE 培训大纲及考核标准 4.1 培训要求。

4.2 培训内容

参照本章第一节 采油(气)、注水(气)操作岗位 HSE 培训大纲及考核标准 4.2 培训内容,具体课程及内容见表 2 – 3 – 13、表 2 – 3 – 14。

5 学时安排(表2-3-13、表2-3-14)

表2-3-13 公共服务板块技能操作人员培训课时安排

培训模块	培训课程	培训内容	培训方式	学时
HSE 管理基础	HSE 法律法规	国家法律、行政法规和国家标准或者行业标准规定的安全生产方针、政策、环保方针、理念	M1 + M5 + M7	0.5
		相关法律中关于生产经营单位的安全生产保障	M1 + M5 + M7 + M9	4
		相关法律法规中对从业人员的权利、义务、HSE 管理要求	M1 + M5 + M7 + M9	4
	HSE 标准规范	安全技术标准规范中的 HSE 要求	M1 + M5 + M9	2
		安全生产标准化企业创建相关要求	M1 + M5 + M7 + M9	0.5
		绿色企业、健康企业创建相关要求	M1 + M5 + M7 + M9	0.5
	HSE 相关规章制度	中国石化、油田 HSE 管理制度	M1 + M5 + M7 + M9	2
		急性中毒、交通、火灾、爆炸事故的管理	M1/M5	1
	HSE 技术	高处坠落、物体打击、机械伤害、起重伤害、触电、淹溺、灼烫、车辆伤害、坍塌、中毒和窒息和其他伤害类型的管控和应急处置知识	M1/M5	2
		电力、运输、防汛排涝、防震减灾、水务、热力、泄漏及冬防保温等运营过程中专业安全知识	M1/M5	0.5
体系思维	HSE 理念	中国石化、油田 HSE 方针、愿景、管理理念	M6	0.2
		中国石化、油田安全环保禁令、承诺,保命条款	M1 + M5 + M7 + M9	0.2
	HSE 管理体系	油田 HSE 管理体系手册相关管理要求,公司 HSE 管理体系相关管理要求。	M5/M7	0.5
领导、承诺和责任	全员参与	全员安全行为规范	M1/M5/M7	0.5
		中国石化安全记分管理规定	M1/M5/M7	0.25
		企业员工参与协商机制和协商事项	M1/M5/M7	0.5
		员工开展隐患排查、报告事件和风险、隐患等信息的情况	M2 + M3	1
	社会责任	企业安全发展、绿色发展、和谐发展社会责任及参与公益活动	M5/M6	0.2
		危险物品风险告知与应急联动	M5/M6	0.5
风险管控	双重预防机制	油田双重预防机制要求	M1/M6/M7	0.2
		安全生产专项整治三年行动计划	M1/M6/M7	0.2
	安全风险识别	风险(概念、分类与分级)	M1/M6/M7	0.5
		风险评价方法(SCL、HAZOP、SIL)	M1/M6/M7	0.5
		电力、水务、热力等工艺运营过程中和交通运输过程中的风险识别	M1/M6/M7	2
		岗位风险清单及风险告知卡	M1/M6/M7	0.5

续表

培训模块	培训课程	培训内容	培训方式	学时
风险管控	安全风险管控	关键装置、设备、设施安全风险管控措施	M1 + M2 + M6	1
		电力、水务、热力等工艺运营过程中安全风险管控	M1 + M2 + M6	1
		施工(作业)过程安全风险管控	M1/M5	0.2
		交通安全风险管控	M1/M5/M7 + M9	0.2
		公共安全风险管控	M1/M5/M7 + M9	0.2
	环境风险管控	环境因素识别、评价、管控和重要环境因素的分级	M1/M5/M7 + M9	0.2
		发生突发环境事件风险识别与评估	M1/M5/M7 + M9	1
隐患排查和治理	隐患排查和治理	事故隐患	M1/M5/M7 + M9	0.5
		日常巡检过程中隐患排查、整改及报告	M6	0.2
能力、意识和培训	能力、意识和培训	岗位持证要求	M1 + M5 + M7	0.5
沟通	信息沟通	员工或班组员间沟通的方式、渠道及注意事项	M1/M6	0.5
		内外操协调配合沟通规范语言要求，防爆场所内通信方式	M1/M6	0.5
文件和记录	记录管理	记录格式	M2 + M3	0.2
生产运行管理	生产协调管理	生产运行管理流程、制度及 HSE 要求	M1/M5	0.5
		事故事件及异常的报告、统计	M1 + M6 + M7	1
		公司调度指令的接收、执行与反馈	M6	0.2
	生产技术管理	电力、水务、热力等生产运行专业技术知识	M1/M5	1
		工艺技术操作规程等作业文件的修订	M1 + M5	0.5
		工艺纪律的检查及整改	M2 + M3	1
	生产操作管理	关键岗位巡检、交接班制度	M1/M5	0.2
		操作规程等作业文件的执行监督	M1/M5	0.5
		手指口述安全确认法	M2 + M4	0.2
异常管理	异常管理	生产异常信息采集	M1 + M5	0.5
		生产异常情况的发现、分析、处理、报告	M1 + M5	0.5
设备设施管理	设备设施管理	设备全生命周期管理、分级管理、缺陷评价	M1/M5	0.5
		特种设备管理；HSE 设施(安全附件)管理	M1/M5	1
		设备设施的操作规程、维修维护保养规程	M1/M5	1
		设备运行条件；生产装置"5S"；设备缺陷识别	M1/M5	1
		机械设备管理；电气设备管理；仪表管理	M1/M5	1
		关键设备(或一类设备)管理	M2 + M3 + M4	1
		设备设施巡检路线、巡检点的内容及要求	M2 + M3	1
泄漏管理	泄漏管理	腐蚀管理(腐蚀机理、防腐措施)	M1/M5	0.5
		泄漏监测、预警、处置，分析评估	M1/M5	1
		泄漏物料的合法处置	M1/M6/M8 + M2/M3	0.5
		生产设备设施(油气水管道)泄漏事故案例	M1/M6/M8 + M2/M3	1

续表

培训模块	培训课程	培训内容	培训方式	学时
危险化学品安全	危险化学品安全	常用危险化学品种类、危险性分析、应急处置措施等	M1/M6 + M2	1
		危险化学品储存、装卸、使用、废弃管理要求及备案	M1/M5	0.5
		危险化学品"一书一签"管理	M1/M5	0.2
		危险化学品装卸、储存、运输、使用及废弃操作规程，个人防护及注意事项	M1/M5 + M8	0.5
承包商安全管理	承包商安全管理	属地监管责任	M1/M5	0.5
		承包商相关事故案例及追责	M1/M5 + M8	1
施工作业管理	施工作业管理	能量隔离等安全环保技术措施的落实	M1/M5	0.2
		特殊作业、非常规作业及交叉作业施工现场标准化	M1/M5	0.5
		特殊作业现场管理	M1/M5	0
		油田常见施工作业事故案例及相关责任	M1/M5/M8	0.5
		现场施工作业安全分析(JSA)	M1/M5/M6 + M8	1
变更管理	变更管理	变更后信息系统的调整及相关技术文件的修订	M1/M5	0.2
员工健康管理	员工健康管理	个体防护用品、职业病防护设施配备	M5 + M7	0.5
		员工帮助计划(EAP)，心理健康管理	M1 + M5 + M7	0.5
		身体健康管理，健康促进活动	M5 + M7	0.2
		岗位职业风险识别和应急处置	M2 + M3 + M4	0.5
自然灾害管理	自然灾害管理	自然灾害类别、预警及应对，地质灾害信息预警	M1/M5	0.5
治安保卫与反恐防范	治安保卫与反恐防范	特殊管控区域、油(气)区、重点办公场所、油气场站、人员密集场所治安防范系统配备及管理	M1 + M5 + M8	0.5
		治安、反恐防范日常管理及"两特两重"管理要求	M1 + M5 + M8	0.5
公共卫生安全管理	公共卫生安全管理	新冠疫情等传染病防范	M1 + M5 + M8	0.5
		群体性不明原因疾病的防范	M1 + M5 + M8	0.5
交通安全管理	交通安全管理	单位(含外部市场)车辆、驾驶人管理要求	M1/M5	0.2
		道路交通安全预警管理机制	M1 + M5 + M8	0.2
环境保护管理	环境保护管理	环境保护、清洁生产管理	M1/M5 + M8	0.5
		危险废物管理要求、储存管理要求、转运要求等，并规范处置危险废物	M1/M5	0.5
		水、废气、固体废物、噪声、放射污染防治管理，土壤和地下水、生态保护	M1/M5	1
		作业现场环保管理要求及污染防治措施	M1/M4	0.5
		突发环境事件应急预案及演练	M1/M4	1
		绿色企业行动计划	M1/M5	0.5
		危险废物处置	M2 + M3 + M4	1

续表

培训模块	培训课程	培训内容	培训方式	学时
现场管理	现场管理	现场管理要求	M1/M8 + M2/M3	0.5
		生产现场安全标志、标识管理	M1/M5	0.2
		"5S"管理，生产及施工现场布局、配置	M1/M5	0.5
		属地管理及现场监护管理要求	M1/M5	0.5
		典型事故案例	M1/M8 + M2/M3	1
应急管理	应急管理	单位或专业领域应急组织、机制等相关要求	M1 + M3 + M5 + M8	0.5
		单位或专业领域应急演练实施、评估	M1 + M2 + M3 + M8	1
		重大安全风险专项应急预案、其他等级安全风险现场处置方案中的本岗位职责	M4	2
		岗位应急处置卡的主要内容和注意事项	M4	2
消(气)防管理	消(气)防管理	消(气)防管理要求	M1 + M5	0.5
		消(气)防设施及器材配置、使用及管理	M1 + M5	0.5
		防雷、防静电安全管理要求	M1 + M5	1
事故事件管理	事故事件管理	事故(事件)警示教育	M1/M5 + M8	1
		"风险经历共享"案例分析	M1 + M2 + M3 + M8	1
		反习惯性违章活动	M6	1
基层管理	基层建设	"三基""三标"建设	M1/M5/M6	0.5
		"争旗夺星"竞赛、岗位标准化等要求	M1/M5/M6	0.5
	基础工作	作业文件检查及更新相关要求	M1/M5/M6	0.5
		岗位操作标准化及"五懂五会五能"相关要求	M1/M5/M6	0.5
	基本功训练	"手指口述"操作法、生产现场唱票式工作法及导师带徒、岗位练兵等相关要求	M1/M5/M6	1

说明：M1——课堂讲授；M2——实操训练；M3——仿真训练；M4——预案演练；M5——网络学习；M6——班组(科室)安全活动；M7——生产会议或 HSE 会议；M8——视频案例。其中，M1 + M5 表示 M1 与 M5；M1/M5 表示 M1 或 M5。

表 2 - 3 - 14　公共服务板块岗位技能操作人员实操项目培训考核方式

培训模块	培训课程	培训内容	培训及考核方式	学时
体系思维	中国石化及油田 HSE 理念	企业愿景和 HSE 管理理念	N2	1
		安全环保禁令、保命条款	N2	1
领导承诺和责任	全员参与	员工开展隐患排查、报告事件和风险、隐患等信息的情况	N4	1
风险管控	安全风险识别管控	电力、水务、热力设备设施、操作过程的风险识别、评价、和控制措施(SCL 表)	N2/N4	0.5
		岗位职业病危害因素识别及管控措施	N2/N4	0.5
	重大危险源辨识与评估	重大危险源安全监控警戒装置参数设置	N4	1

培训模块	培训课程	培训内容	培训及考核方式	学时
隐患排查和治理	隐患排查和治理	典型生产现场的隐患排查	N4	1
		岗位日常巡检过程中隐患的排查、整改及上报	N4	1
		直接作业施工现场隐患的排查、整改及上报	N4	1
沟通	信息沟通	安全信息管理系统登录及安全诊断信息录入	N4	1
		班组沟通的方式、渠道及注意事项	N4	1
文件和记录	文件和记录	规范填写记录(含工作指令记录、生产运行报表、HSE 工作记录、交接班记录、设备维护保养记录等)	N4	1
生产运行管理	生产技术管理	工艺流程图识读	N2	1
		工艺纪律的检查及整改	N2	1
	生产操作管理	生产运行手指口述确认程序具体内容与实施	N4	1
		电气倒闸操作票	N4	1
异常管理	异常管理	电气事故应急处理	N1/N4	1
		关键机组(汽机)、设备(锅炉)突然停运后的应急操作	N1/N4	1
		电力、热电、水务生产异常的发现、初步处理、报告	N1/N4	2
设备设施管理	设备设施管理	电力、热电、水务等各工艺设备运行巡回检查点	N4	1
		污水处理罗茨鼓风机的启动	N4	1
		变压器巡视	N4	1
		汽机的启停运操作	N4	1
		热泵的启停运操作	N4	1
		燃煤(气)锅炉启停炉操作	N4	1
泄漏管理	泄漏管理	液氨泄漏的应急处置	N2/N4	1
		高温蒸汽管线的泄漏应急处置	N2/N4	1
		硫化氢泄漏应急处置	N2/N4	1
		锅炉爆管的应急处置	N2/N4	1
危险化学品安全	危险化学品安全	危化品个人防护用品(正压空呼)的使用和注意事项	N4	1
施工作业管理	施工作业管理	用火、临时用电、受限空间等七项作业安全技术要求	N4	1
		能量隔离等安全环保技术措施的落实(JSA)	N4	1
		岗位现场监护的主要事项(现场作业硫化氢防护)	N4	1
		施工现场作业安全分析(JSA)	N4	1
员工健康管理	员工健康管理	现场职业危险告知牌及岗位职业危害告知卡	N2/N4	2
		创伤救护		
		休克、脑卒中、脑梗死等常见急症救护	N2/N4	1
自然灾害管理	自然灾害管理	地震逃离演练	N4	1
		防汛撤离演练	N4	1

续表

培训模块	培训课程	培训内容	培训及考核方式	学时
治安保卫与反恐防范	治安保卫与反恐防范	安防器材使用及维护	N4	1
交通安全管理	交通安全管理	车辆出车及回场检查	N4	1
		识别交通标志	N4	1
		交通紧急情况处置	N4	1
环境保护管理	环境保护管理	突发环境事件应急预案及演练	N4	2
		液氨、水(暖)主管线、火灾等环境影响的应急处置	N4	2
现场管理	现场管理	生产现场安全标志、标识管理	N4	1
		"5S"及现场目视化管理	N4	1
应急管理	应急管理	突发事故(事件)识别、应急处置、汇报	N4	1
		岗位应急处置卡演练	N4	1
		现场急救处理的识别、应急处置	N4	2
消(气)防管理	消(气)防管理	现场消防安全隐患排查(看图识别隐患)	N4	1
		火灾报警联动控制器操作及注意事项	N4	1
		消防器材、设施的使用与维护	N4	1
		便携式气体检测仪的使用	N4	1
		防雷、防静电接地设施测试及检查	N4	1
事故事件管理	事故事件管理	"风险经历共享"案例分析	N2	1
		反习惯性违章活动	N2	1
基层管理	基本功训练	班组安全活动	N4	1
		不安全行为识别及分析,操作规程安全分析	N4	1

说明:N1——考试;N2——访谈;N3——答辩;N4——模拟实操(手指口述)。其中,N1 + N2 表示 N1 与 N2;N1/N2 表示 N1 或 N2。

6　考核标准

6.1　考核办法

参照本章第一节　采油(气)、注水(气)操作岗位 HSE 培训大纲及考核标准 6.1 考核办法。

6.2　考核要点

6.2.1　HSE 管理基础

6.2.1.1　HSE 法律法规

a)掌握安全生产法中安全生产方针、从业人员的安全生产权利义务、法律责任等内容;

b)掌握环境保护法中防治污染和其他公害、公众参与、法律责任等内容;

c)掌握职业病防治法中职业病前期预防、劳动过程中的防护、职业病病人保障等内容;

d) 了解消防法中工作方针、火灾预防、灭火救援内容等内容；

e) 了解工伤保险条例中工伤认定、劳动能力鉴定、工伤保险待遇等内容；

f) 了解与本岗位相关的其他与安全生产相关的法律法规；

g) 了解交通安全、电力安全等典型生产安全事故案例中对作业人员的相关处理、处罚情况。

6.2.1.2　HSE 标准规范

了解与公共服务岗相关作业相关的国家、行业、企业安全技术规范与标准。

6.2.1.3　HSE 相关规章制度

了解中国石化、油田及直属单位相关管理制度中 HSE 管理要求。

6.2.1.4　HSE 技术

了解防火防爆、防雷防静电消防安全知识、电气安全知识、机械安全知识、环境保护基础知识。

6.2.2　体系思维

6.2.2.1　中国石化及油田 HSE 理念

a) 了解中国石化 HSE 方针、愿景、管理理念；

b) 了解中国石化安全环保禁令、承诺，保命条款；

c) 掌握企业愿景和 HSE 管理理念；

d) 掌握安全环保禁令、保命条款。

6.2.2.2　HSE 管理体系

了解单位级 HSE 管理体系架构及主要内容。

6.2.3　领导、承诺和责任

6.2.3.1　全员参与

a) 掌握中国石化全员安全行为规范及油田相关制度要求的通用安全行为、安全行为负面清单内容；

b) 掌握中国石化全员安全记分管理办法中所要求的操作岗位安全职责履职严重不力和严重违章行为及记分标准；

c) 掌握群众安全监督员的作用。

6.2.3.2　社会责任

了解基层单位应履行社会责任的内容。

6.2.4　风险管控

6.2.4.1　双重预防机制

a) 了解双重预防机制建设的背景；

b) 了解国家、地方政府双重预防机制建设工作(目的、意义及主要内容)；

c) 了解油田公司双重预防机制建设主要内容。

6.2.4.2　安全风险识别

a) 了解生产安全风险的概念、分类与分级；

b) 掌握风险识别与危险源辨识方法。

6.2.4.3　安全风险管控

a) 掌握交通安全风险等生产安全风险及管控措施；

b)掌握水务技术服务、热力技术服务风险及管控措施；

c)掌握消防治理等公共安全风险识别与管控措施；

d)掌握热电动力运维安全风险及管控措施；

e)掌握电力生产作业安全风险及管控措施；

f)掌握施工作业安全风险及管控措施；

g)掌握驻地后勤安全风险及管控措施。

6.2.4.4　环境风险管控

a)掌握环境因素识别评估与管控；

b)掌握环境风险评价与等级划分。

6.2.5　隐患排查和治理

a)了解事故隐患的概念、分级、分类，中国石化重大生产安全事故隐患判定标准；

b)掌握各岗位隐患识别。

6.2.6　能力、意识和培训

了解岗位持证要求，包括国家、地方政府、油田要求的各类安全资质、资格证、职业技能等级证等。

6.2.7　沟通

6.2.7.1　安全信息管理系统

掌握安全信息管理系统登录及相关信息录入。

6.2.7.2　信息沟通

掌握班组成员(或员工)沟通的方式、渠道及注意事项。

6.2.8　文件和记录

掌握单位或基层单位相关工作指令记录、生产运行报表、HSE 工作记录、交接班记录、设备维护保养记录等记录格式。

6.2.9　生产运行管理

6.2.9.1　生产协调管理

a)了解公共服务岗位生产运行管理流程；

b)掌握记录填写、修改、保存；

c)掌握运维过程中异常信息报告流程。

6.2.9.2　生产技术管理

a)掌握热电动力系统运行要求；运行服务要求(限热力及新能源服务中心)；

b)了解新能源开发利用技术要求(限热力及新能源服务中心)；

c)掌握水务运行服务要求(限水务服务中心)；

d)掌握电力生产运行管理规程(限电力及运行服务中心)；

e)掌握机动车安全驾驶管理规定(限车辆管理中心)；

f)其他生产技术服务要求等。

6.2.9.3　生产操作管理

a)掌握交接班制度；巡回检查制度；

b)掌握辅助生产或服务岗位安全操作规程；

c)了解设备设施运行工况、工艺参数管控；

d) 掌握操作运行报表填写。

6.2.10　异常管理

a) 了解生产运行异常管理相关要求；

b) 掌握异常事件发现、处理、报告。

6.2.11　设备设施管理

a) 了解设备管理基本要求；

b) 掌握公共服务岗位相关设备的操作与维护保养要求；

c) 掌握设备风险识别、评价以及管控。

6.2.12　泄漏管理(限燃气、热力及水务服务中心等涉及管道设备单位)

a) 了解管道易腐蚀、泄漏部位监测信息及预防措施；

b) 掌握管道泄漏处置方案及环保处置措施；

c) 了解管道泄漏事故案例及相关责任。

6.2.13　危险化学品安全(限涉及危险化学品操作的生产辅助服务技能操作单位)

a) 了解危险化学品"一书一签"、基础知识；

b) 了解"两重点一重大"危险化学品的管控；

c) 掌握危险化学品操作规程、应急处置、个人防护及注意事项。

6.2.14　承包商安全管理

a) 了解承包商现场监督、监护；

b) 了解承包商现场施工作业事故案例。

6.2.15　施工作业管理

a) 掌握施工方案实施要求，完工验收标准；

b) 了解能量隔离等安全环保技术措施的落实；

c) 了解特殊作业、非常规作业及交叉作业施工现场标准化；

d) 了解特殊作业现场管理(特殊施工作业管理流程、注意事项及施工安全技术)；

e) 掌握施工作业安全分析(JSA 分析)；

f) 掌握用火、临时用电、受限空间等七项作业的票证管理要求及监护；

g) 了解施工作业事故案例。

6.2.16　变更管理

了解变更重点关注内容。

6.2.17　员工健康管理

a) 了解个体防护用品、职业病防护设施配备；

b) 了解员工帮助计划(EAP)，心理健康管理；

c) 了解身体健康管理，健康促进活动；

d) 掌握现场职业危险告知牌及岗位职业危害告知卡；

e) 掌握心脏病、脑出血、脑梗死等突发性疾病救治方法。

6.2.18　自然灾害管理

了解自然灾害类别、预警及应对，地质灾害信息预警。

6.2.19　治安保卫与反恐防范

a) 了解要害部位、驻地治安保卫管理要求；

b）了解"两特两重"时期管理要求；

c）掌握进入人员、车辆的告知、查验及登记；

d）掌握安防器材使用及维护。

6.2.20　公共卫生安全管理

a）了解新冠疫情防范及处置；

b）了解场站公共卫生管理，安保措施与应急处置机制；

c）了解传染病和群体性不明原因疾病的防范；

c）掌握食品安全、食物中毒预防及处置。

6.2.21　交通安全管理

a）了解交通安全管理要求和法律责任；

b）掌握驾驶员安全管理；交通紧急情况应急处置；交通事故急救技能培训（限车辆管理中心）；

c）掌握车辆出车前检查和回场后的检查；

d）了解租用油田外部车辆管理要求；

e）了解乘坐人安全管理。

6.2.22　环境保护管理

a）了解环境保护、清洁生产制度体系；

b）掌握酸碱泄漏突发环境事件应急处置；

c）掌握作业现场环保管理要求及污染防治措施；

d）了解固体废物和危险废物防治；

e）了解噪声污染防治；

f）了解清洁生产、绿色企业行动计划。

6.2.23　现场管理

a）了解生产、施工作业现场标准化、规范化现场管理；

b）了解现场安全标志、标识管理要求，了解《安全色使用导则》《安全标志及其使用导则》；

c）了解封闭化管理，能量隔离与挂牌上锁等管理要求。

6.2.24　应急管理

a）了解单位或场站应急组织、机制等应急管理相关要求；

b）掌握应急知识与技能、现场急救技能，包括现场心肺复苏及现场包扎转运等注意事项等；

c）掌握岗位应急处置卡及基层应急演练；

d）掌握现场急救处理的识别、原则和方法及步骤；

e）掌握突发情况现场巡检及智能视频识别。

6.2.25　消（气）防管理

a）掌握灭火的"三看八定"和方法步骤；

d）掌握消防器材或设施的检查和维护保养；

c）掌握消防器材、设施的操作，包括便携式灭火器、便携式可燃气体和有毒气体检测报警器等器材，场地或室内消防栓等。

6.2.26　事故事件管理

a) 了解事故(事件)警示教育规定；

b) 了解"风险经历共享"案例分析；

c) 掌握反习惯性违章活动。

6.2.27　基层管理

6.2.27.1　基层建设

a) 了解"三基""三标"建设；

b) 了解"争旗夺星"竞赛、岗位标准化等要求。

6.2.27.2　基础工作

a) 了解作业文件检查及更新相关要求；

b) 掌握岗位操作标准化及"五懂五会五能"相关要求。

6.2.27.3　基本功训练

a) 掌握"手指口述"操作法、生产现场唱票式工作法及导师带徒、岗位练兵等相关
要求；

b) 掌握班组安全活动管理规定；

c) 掌握操作规程安全分析并岗位验证。

第三篇

业务承揽项目HSE培训

第一章　业务承揽项目风险分析

第一节　业务承揽项目概述

随着油田信息化建设和油公司体制机制转换工作的稳步推进，大部分油田企业历经几十年的勘探开发，油少人多、开发成本高、难度大等矛盾日益凸显。为实现中国石化"打造世界领先洁净能源化工公司"的企业愿景，逐步完善现代企业经营管理理念，各油田企业在"走出去"的国际化经营思想指导下，按照"效益优先"的原则，全面落实了"油公司"经营模式，油田企业各专业化服务单位的业务承揽项目部（基层组织）如雨后春笋出现。

油田"走出去"的经营战略实施较早，可追溯到 21 世纪初的油田体制机制改革，难则思变的挑战促使人奋发拼搏，多年的积累和努力，塑造了"气服""服务"油气开发生产技术服务产业链品牌。"气服""服务"品牌以天然气技术服务为龙头，整合全油田的技术、管理、人才、装备等优质资源，集成技术工人队伍的优质服务，形成技术、装备、资质、人员的强强联合，紧抓集团公司鼓励系统内企业互相承揽业务的有利时机，积极承揽工程技术服务、劳务承包服务等业务项目，凸显了品牌下的技术、管理、人才、装备等在业务项目的专业优势，推动油田外部市场从"走出去创效益"向"占市场创品牌"转化，提升了品牌的影响力，被业主誉为值得信赖的合作伙伴，成为享誉石油石化行业的知名品牌。

1　业务承揽项目

业务承揽项目是指以承揽合同方式明确的技术服务类、劳务承包类业务项目。主要包括油气田勘探、开发、天然气处理与深加工、油气储运、储气库建设和运维、城镇燃气运行管理、石油化工等技术服务类业务项目；采油气工程、地面工程抢维修、消防应急救援、电力管理、信息化管理、物资供应管理、餐饮服务、公寓管理服务等油气生产运行辅助配套服务类业务项目。

如普光分公司《关于印发承包商管理实施细则的通知》（普光〔2020〕102 号）中规定，承包商是指承揽普光分公司建设工程施工和技术服务项目、生产服务项目、石油工程施工及技术服务项目的单位或企业；《关于印发项目实施管理细则的通知》（普光〔2020〕80 号）规定，本细则所指项目主要包括分公司的天然气勘探工程、天然气开发产能项目、地面技术改造、净化工程、配套工程等。

1.1　技术服务业务项目

以油田东濮凹陷和四川普光气田的勘探开发经验为依托，提供全产业链的技术服务业务。其中，东濮凹陷是油田早期勘探开发的主战场，是典型的多含油层系复杂断块油气田，地质构造复杂，断块破碎，具有埋藏深、高温、高压、高盐、低渗等特点，是我国较复杂的断块油气田之一；建设运行的四川普光气田是国内迄今为止规模最大、丰度最高的整装海相高含硫气田，是我国第一个超百亿立方米高含硫大气田。

（1）油气田勘探、开发业务项目。以拥有地质物探、勘探开发和石油工程技术等研究院所成熟的技术和成果为依托，以及整装海相高酸气田、复杂断块油气田以及砂岩气田勘探开发应用的实践经验，能为油气田勘探、开发提供过硬的技术服务和研究咨询；以拥有中国石化集团公司级和油田级采油（注）气工程专家、开发地质首席专家、采油气工程专家、油气技术首席专家、油气计量技术专家等专家型人才领军任务及团队人员，可开展油气田开发生产运行管理维护、作业监督、采油气工艺技术服务等。

（2）天然气处理与深加工业务项目。在石油伴生气处理、高含硫天然气净化、天然气及轻烃深加工、大型装置故障诊断及维护保养等方面积累了丰富的运营经验，形成了集人才、技术和管理优势于一体的技术服务体系。能为国内外客户提供天然气处理、轻烃生产及深加工、高含硫天然气净化、LMG、CMG 和 LPG 装置运行管理、天然气装置相关技术咨询、设备租赁、大型天然气设备维护保养以及 HSE 体系建设、技术培训指导等专业服务。

（3）油气储运业务项目。以原油天然气集输、油气场站及管道投运管理、油气储运应用技术研发、综合培训等专业化人才为基础，熟练使用 E 鸟系统、微机监控系统、智能化管线管控系统等多种安全运行管控技术，掌握了海底变径大落差（1000m）输气管道投运关键技术、天然气投产控制软件、输油管道泄漏检测及防护技术等储运关键技术，均达到了同行业国内领先水平；同时积极开展储罐非金属浮顶技术研究、碳纤维等前瞻性技术研究在储运过程中的应用，引领储运行业技术发展，为国内外业主提供相应技术服务。

（4）储气库建设和运维业务项目。拥有一大批储气库专业技术人员和专家型管理人才，以设计、建设、运维、管理中国石化文 96、文 23 储气库的技术储备和经验为依托，在储气库建设论证、方案设计、施工技术支撑、运行管理方面，有一套成熟的气库建设和运行的技术，有完善的储气库管理体系。可提供储气库前期论证、气藏工程评价与库容设计、井位部署与设计、钻井工程、注采工程、老井修井封井设计、组织协调现场施工及质量监督控制等技术服务，还可开展储气库运行方案设计、储气库数字模型建立及日常生产动态模拟、现场操作及管理、储气库动态监测等服务。

（5）城镇燃气运行管理业务项目。拥有二十多年的城镇燃气运营管理经验，在生产运营、安全管理、标准规范、为民服务、品牌形象等方面，创造出了"四标"管理、"五到"检查法等先进管理措施，形成了具有"油田燃气"特色的管理体系，起草制定了中国石化矿区（社区）供气服务规范企业标准。可与多地燃气公司合作，提供燃气服务项目的经营管理、生产运行、操作服务等。

（6）石油化工业务项目。可开展石油炼制、油品储运、石化设备检修、机电仪设备维护保养、化验分析、锅炉运行、污水处理等工艺装置及部分单元的开工试运和保运、生产运行、安全管理及员工培训等业务项目。

1.2　油气生产运行辅助配套服务业务项目

截至目前，通过盯住国内外各业主服务需求，争取获得业务承揽，业务承揽项目涵盖石油天然气全产业链各业态，还包括油气生产运行辅助配套服务业务项目。

（1）钻井及井下作业监督。拥有中国石化颁发的工程监督市场准入资质，专业化的钻井和作业监督队伍，丰富的钻井、地质、试油及作业监督经验，能够承揽国内陆上石油相关工程监督技术服务。

（2）应急救援及消防服务。能够处置油田特大型井喷、大型危化品仓储和化工装置火灾、危化品泄漏，实施地震和洪涝灾害救援等。近年来，已承揽了上海石化、海南炼化、浙江恒逸集团文莱 PMB 石油化工项目等消防专业技术服务，开创了中国企业专职消防队伍走出国门的先河。

（3）采油气工程及地面工程抢维修。具备油气水井的大、小修作业和带压作业等井下作业施工能力，可开展井下作业服务及油气田地面设施、管网、抽油机、机泵的安装及维修、集气站场以及生活设施维保等。

（4）质量技术监测检测服务。拥有通过国家认可和国家资质认定实验室或可国家特种设备检验监测机构核准，开展油气产品质量监测、装备监测、节能监测、安全监测、环保监测、计量检定、能源审计、清洁生产审核、油气（水）井测试及标准化研究等。

（5）电力管理及电气设备设施维保服务。可开展电力供应、输变电运行、供电设备检维修、线路检维修及承装、承修、承试等。目前运行项目 26 个，承揽了中国石化川气东送天然气管道有限公司黄金增压站 110kV 变电站运维项目，主要负责变电站高压一次、二次设备的维保运行，低压设备设施维护维修。

（6）物资供应管理服务。可开展物资采购、质量检验、仓储、配送、物资调剂销售等。承揽了中安联合煤化工项目物资供应管理技术服务，主要负责提供企业物资材料采购管理服务等。

（7）信息化管理方案设计及维护。可开展智能油气田规划、建设与运营，云平台设计与开发、ERP 方案设计与实施、勘探开发大数据分析与深化应用、网络信息安全服务等。

（8）其他生产运行辅助服务业务。包括工业、生活用水供应及污水处理服务，培训服务、安全管理咨询协作服务、物业服务、餐饮服务、公寓管理服务等油气生产运行辅助配套服务类业务项目。

2 业务承揽项目的转型发展

按照"轻资产、重技术、高端化"的发展要求，坚持"劳务市场规模化，技术市场一体化、多元化"原则，业务承揽在逐步退出高风险、无边际效益服务项目的同时，加大了高技术、低成本、大利润项目，以及技术服务与劳务输出一体化项目的开发力度，强化了业务整体打包和长期项目服务，持续扩大高附加值项目规模。通过积极开拓油气勘探开发前期技术管理支持服务、中期开车保运、后期运行维护的一体化项目，进一步拓宽油气开发技术服务行业服务、技术服务业务项目开发领域，努力实现技术 + 劳务服务的综合服务，实现了单工种项目服务向多工种综合服务总体承包的跨越，逐步实现业务承揽项目的市场开发从低端向高端市场的转型。

（1）投产保运服务。该项服务内容主要包括协助业主对新建工程进行"三查四定"，编制投产方案、生产管理制度以及操作规程等，并负责工程投产成功和设备调试正常以及业主员工培训。

（2）行业服务。该项服务内容主要是承担已投产运行的石油、天然气场站及管网的生产运行服务，如日常巡检、操作及生产设备的日常维保等。

（3）技术服务。该项服务内容主要是为业主提供油气场站、区块或工艺系统的建设、投产、运行、维保等各阶段的技术支持，现场派驻专业技术人员，帮助业主解决生产中的难题。

（4）技术＋劳务服务。该项服务内容主要是完全独立承担业主的全部或部分生产、建设任务，并为业主提供全方位的技术支持。

（5）培训服务。该项服务内容主要依托我方强大的培训师资力量和教学设施、3D 计算机模拟操作和真实的实习场地、装置和设备，对业主方人员进行技能（知识）提高、取证等专项培训，以满足业主的要求。

3　业务承揽项目的特点

业务承揽项目涵盖石油天然气全产业链各业态，具有如下特点：

（1）突出了油气勘探开发技术特色，对油气勘探开发现有技术和人力资源进行优化整合，整合全产业链优质资源，转换外闯市场体制机制，统一开发市场，统一签订合同，统一对外合作，提升油田油气勘探开发技术整体外部创效能力。

（2）突出了油气勘探开发业务管理、技术和操作三支人才队伍的综合实力。

（3）突出了天然气开发运用技术特色，符合"第三能源时代"的特点。

4　业务承揽合同

承揽合同是承揽人按照定做人的要求完成工作，交付工作成果，定做人给付报酬的合同。完成工作并交付成果的一方称承揽人，接受承揽人的工作成果并给付报酬的一方称为定做人。承揽人完成的工作成果称作定作物。承揽活动是人们生产、生活不可缺少的民事活动，诸如加工、定作、修理、印刷等，均与人们的生产、生活息息相关，故承揽合同是现实社会生活中广泛存在的合同类型。

4.1　承揽合同的特征

（1）承揽合同的标的是按照定做人的要求完成的工作成果，而不是一般的商品。

（2）工作成果不仅要体现定做人的要求，而且要有相应的物质形态。加工定作要有符合定做人要求的物品，修理、复制在有符合定做人要求的修复完好的物品。

（3）承揽人是自己的名义，并应以自己的设备、技术和劳力完成主要工作。承揽人可以将其承揽的辅助工作交给第三人完成，但他应当就该第三人完成的工作成果向定做人负责。

（4）承揽合同是诺成合同、双务合同、有偿合同。

4.2　承揽合同的归责原则

合同法中只就履行承揽合同不当所造成物的损失作出一般性归责规定。归责的方式基本上属于过错责任，而不是严格责任中的替代责任。

承揽作业中致人伤害的归责问题，在合同法中无明确规定，最高人民法院《关于审理人身损害赔偿案件适用法律若干问题的解释》则根据合同法规定的承揽合同归责原则，及合同法第二百六十条中"定做人不得因监督检验妨碍承揽人的正常工作"的规定，在第10条中做了"承揽人在完成工作过程中对第三人造成损害或者造成自身损害的，定做人不承担赔偿责任。但定做人对定作、指示或者选任有过失的，应当承担相应的赔偿责任"的规定。

4.3 雇佣合同和承揽合同的区别

（1）雇佣合同以直接提供劳务为目的，合同的标的是提供劳务，雇员只要提供了劳务就有权获得报酬。承揽合同则是以完成工作成果为目的，提供劳务仅仅是完成工作成果的手段。

（2）雇佣合同中雇员与雇主具有一定的人身依附性，即雇员在一定程度上要服从雇主的监管和安排，具有隶属性。而承揽合同中承揽人在完成工作中具有独立性，如何完成工作，由承揽人自己决定，不受定做人的监控，承揽人主要是依靠自己的技术力量和能力来完成工作，双方之间不存在支配与服从关系。

（3）雇佣合同履行中所发生的危险、意外事故或损失，一般是由接受劳务的雇主承担。承揽合同履行中所产生风险则由完成工作成果的承揽人承担，除非损失是由于定做人的指示过失原因所造成的。

（4）雇佣合同中，雇主一般按星期、按月按时向雇员支付报酬，该报酬相当于劳动力的价格。承揽合同中，定做人因承揽人完成某项工作或做完某件事支付报酬，该报酬不仅包括劳动力价格，还包括其他的一些工本费等。

（5）雇佣合同雇员的工作方式要听任于雇主的指挥与分配，承揽合同中承揽人完成工作有自主权，只要其能在合同约定的期限内完成任务，具体的完成方式和时间由承揽人自己决定。

（6）雇佣合同中，雇员的工作对雇主而言是不可或缺的，是雇主所从事业务整体的一部分。承揽合同中，承揽人的工作通常不属雇主所从事的工作内容，或是定做人工作的附属部分。

（7）人身依附关系不同。承揽合同关系中承揽人与定做人双方地位平等，承揽人在其工作范围内有独立的自主权。雇佣关系中，雇员与雇主之间存在着一定的人身依附关系，一般情况下，雇员在工作时间、工作场所等方面需要接受雇主的安排，双方存在控制、支配和从属的关系。

（8）工作的目的和性质不同。承揽关系中，承揽人以完成工作成果为目的，提供劳务仅仅是完成工作成果的手段，而在雇佣关系中，雇员工作目的只是单纯地提供劳务，与雇主形成的是以劳动力的交换为标的的劳动合同关系。

（9）报酬的给付标准不同。承揽关系中，承揽人的报酬给付以完成总的劳动成果为条件，报酬的体现以工作效果为重。而雇佣关系中雇员的报酬一般仅包含劳动力的价值，通常以每日劳务的价格作为计算报酬的标准。

（10）报酬的给付方式不同。因承揽人提供或交付的是劳动成果，通常情况下报酬的支付是一次性的，即完成承揽合同约定的劳动成果后，定做人一次性向承揽人支付报酬。而在雇佣关系中，雇员提供的劳务是连续性的，报酬的支付方式往往具有一个较长的周期，且支付的时间及标准较为固定。

第二节　业务承揽项目风险分析

业务承揽项目涵盖石油天然气全产业链各业态，一般需进行项目开发论证、合同签订、项目实施及项目结算评估等过程。加强业务承揽项目的管理工作，首先需对项目开发过程的风险进行分析，然后针对具体业务承揽项目的特色，根据业务项目中油气勘探开发工艺、设备设施场所及施工作业的生产安全风险，具体分析业务项目的各阶段、各工艺、各区域、各岗位的生产安全风险。

1　项目开发管理风险

1.1　业务项目信息风险(表 3 - 1 - 1)

表 3 - 1 - 1　业务项目信息风险

序号	风险项目		具体表现或后果
1	相关法律法规及政策导向		没有专门的部门研究分析业务项目涉及的项目相关法律法规政策
2			政府或上级主管部门等监管重点不全面了解，业务执行不规范被查处的风险
3	项目信息	技术环境	对油气勘探开发技术发展趋势不了解或了解不全面
4		业务竞争力	技术或服务未整合优化，未形成品牌，竞争力不足
5		对业主需求不全面了解	不了解业主项目主管部门发包背景及业务项目的具体要求
			对项目技术服务工艺参数或服务标准了解不全面
6		材料及工器具、设备设施配备	业务项目材料供应途径及工器具、设备设施等配备信息掌握不全面
7		业务项目信息管理混乱	大部分项目资料分散存储，未统一规划、统一管理，导致企业知识资产状况无法了解，项目知识成果无法有效传承与共享
8	项目考察	项目考察人员	考察人员组合不合理或对业务项目背景了解不全面，无专业技术人员参与项目考察
9		项目考察方案	无考察计划或考察方案不适合，偏离考察目标
10		考察信息分析转化	项目考察信息分析评估偏离真实情况，不能指导项目开发成果
11	项目管理流程	管理时效	业务项目运作机制(制度)的流程审核、审批、督办时效
12		项目激励	不科学的绩效管理可能造成优秀人才的流失
13		考核兑现指标	不科学的指标会引发公司里的内部冲突

1.2　招标及合同签订风险

业务承揽项目的确定需经过招投标、合同签订、HSE 协议签订等过程，不仅需关注招标文件的获取、招标文件内信息资料的解读，审核合同及 HSE 协议条款并拟定附加条款，更需围绕招投标文件及合同、HSE 协议条款验证技术力量、设备设施、工器具、人员资质及能力等，还需核算技术服务业务(定作物)或劳务成本，确定盈亏平衡点，评估项目可行性和风险，评估预期盈利等。招标及合同签订风险见表 3 - 1 - 2。

表 3 - 1 - 2　招标及合同签订风险

序号	风险项目		后果及具体表现
1	对业主单位的需求预测	对需求预测不准不全	与业主方未建立长期战略合作关系
2		未进行标前考察评估	相关领导不重视
3		协作配合单位业务联合不紧密	缺乏协作配合服务沟通

续表

序号	风险项目		后果及具体表现
4	招标文件及合同文本	获取招标文件不及时、不全面	沟通调整不及时
5		超出技术能力或服务范围评估不准确，超技术能力或服务范围投标	标书文件有缺陷，投标不中或运营风险量级增大
6		对技术或服务项目了解不够，对招标文件个别条款误解，且无沟通	
7		可能产生安全、环保、经营、法律、稳定等风险的条款未评估，或未全面评估审核	
8		技术方案不成熟，或者工方案不够详细具体，劳务服务人员调配或组织不合理等	
9		核算技术服务或劳务成本不准确	
10		修改意见未充分沟通，导致业主方产生误解	
11		包含合同文本的招标文件审查时间过长，修改意见未沟通	
12		包含合同文本的招标文件审查部门或人员未全面评估审查	
13	投标文件编制与会审	会议流于形式，未形成确定必要的修改项	标书文件有缺陷
14		必要的修改项未与发包方充分沟通	
15		技术标和商务标编制人员配合不紧密	业务项目对接有间隙
16		现场实施单位负责人未参与	
17	一对一谈判的项目	参与谈判的人员不足，不全面了解项目技术特征	项目合同文本有缺陷，增大了运行风险。应对合同标的、业务承包方式、工程价款、工程技术要求、工艺选择、工程（或劳务）数量、技术（或劳务）质量、变更条款、结算方式、付款方式、违约责任条款、争议解决方式等内容，必须明确细化说明
18		可能产生安全、环保、经营、法律、稳定等风险的条款后果影响判断偏差，未谈判纠正	
19		现场实施单位负责人未参与	
20		合同条款遗漏，合同表达有误，合同类型选择不当，承发包模式选择不当，索赔管理不利，合同纠结等	
21		合同存在着单方面的约束性，责权利不平衡、发包人提出的开脱条款带来的风险、业主违约带来的风险、工程款逾期支付、材料大幅上涨以及履约过程中的变更、签证风险等	
22	投标或谈判	投标活动未组织配合	未明确主责部门及负责人
23		标的或标书条款需调整	标书编制及现场实施负责人等未参与
24		合同或 HSE 协议条款需调整	
25	文件保密、报备及归档	投标及合同文件、审查过程文件等未按要求管理	商业信息泄漏，信息管理不规范
26		中标及合同文件未按要求报备、归档	不符合管理要求，管理不规范

1.3　项目运行管理风险

项目中标后，业务服务合同上线审批由相关主管部门负责，单位急需及时组织现场实施服务项目团队，配齐业务项目负责人和技术(或劳务)服务操作人员团队，开展项目合同交底培训，围绕项目技术服务特点或劳务服务特色培训油田、业主方及单位相关管理规定，同时筹备业务项目实施准备等。项目运行管理风险见表 3 - 1 - 3。

表 3 - 1 - 3　项目运行管理风险

序号	风险项目		后果及具体表现
1	项目管理	项目管理体系不健全，管理人员职能分工不明确	效率低下，履约困难甚至不能完成合同要求
2		未明确项目负责人、安全负责人及现场技术负责人，未配备合格的班组长	
3		管理人员不熟悉项目运作流程，协调能力差，管理能力不适应项目管理需要	
4		技术人员没有相应资格，技术水平低、无服务质量意识	
5		操作服务人员技能不适宜技术服务项目	
6		与业主发包方沟通不及时到位，变更不及时	
7	项目质量标准及要求	合同约定的工作质量标准和要求未入心入脑	项目质量标准及要求不明确，过程记录不规范，出现质量问题推诿扯皮等
8		劳动组织、工作安排无记录，交接班无记录	
9		操作或施工现场布置无标准	
10		工艺、操作过程无记录	
11		设备设施运行状态无监测，检查维修不及时	
12		对业主(甲方)指令执行不及时，未记录与分析	
13		异常事件处理时扯皮、拖拉，未及时报告	
14	项目 HSE 要求	项目各阶段 HSE 需求未进行策划，员工未能准确领会，不能按规定进行操作	HSE 承诺及要求未交底，项目启动前培训不到位，管理过程不规范导致异常事件频发，甚至出现人身伤害事件(事故)
15		没有获取国家及属地政府的有关安全、消防、职业卫生和环境保护方面的法律法规，甲方的 HSE 规定、制度及相关文件	
16		执行项目环境保护限值偏离甲方标准，未书面报告至甲方	
17		没有定期的 HSE 例会和 HSE 月报，并持续改进、评估 HSE 计划	
18		未按照项目的 HSE 策略制定施工作业 HSE 计划	
19		按照项目实施进度制定 HSE 培训计划，按照计划实施并保存相关记录	
20		进入生产现场前进行 HSE 专业培训，保存培训记录，并接受甲方现场安全教育和考核、技能验证等	
21		坚持"周一安全活动""班前讲话"，落实现场安全讲解和作业任务分析，把 HSE 要求和措施达落实到每个人、每个作业环节	
22		涉及许可作业的施工作业项目，在作业前必须办理许可作业手续	
23		现场作业按照要求劳保着装，进入含硫区域作业人员必须按要求配备使用气防器具	
24		排查现场隐患，按照报告程序登记报告	
25		接受甲方相关管理部门的监督检查指导和考核	

续表

序号	风险项目		后果及具体表现
26	文明施工管理	建立文明施工管理体系,要建章立制、职责明确,确保文明施工管理体系的有效运转	施工方案交底不充分;现场管理要求不明确,"5S"管理不到位,现场管理流程不清楚,项目管理人员不能及时落实现场带班等
27		进入施工现场的施工机具和施工材料等摆放整齐有序,不得堵塞装置巡检通道、消防通道,若必须占用须甲方主管部门同意并办理相应审批手续	
28		未经甲方同意严禁触动工艺设备、管道、阀门等其他设施	
29		施工临时用水、电、气等要办理有关手续,严禁动用消防栓供水	
30		施工组织及施工方案,尽可能地降低对现场环境的影响	
31		施工废料要按甲方规定地点分类堆放,要做到"工完料净场地清"	
32	人力资源管理	按照业务项目的合同规定和有关要求制定员工管理办法,分别报本单位主管部门和业主方备案,严格执行行业主单位和本单位员工管理制度	项目施工设计人员资质要求不明确,技术、管理人员有缺乏,未能按项目要求配备适岗人员
33		未定期核对本单位人员岗位配置及借聘人员信息,及时与单位(业主方)人力资源管理部门保持沟通,并在相关信息系统中进行维护	
34		业务服务团队根据现场工作实际情况,未参加相关职能部门组织的各类培训、取证以及鉴定考试	
35		管理和操作人员除具备相关工种资质外,未取得业主方认可的上岗考核和技能验证	

2 项目施工作业风险

2.1 严重违章严禁行为(表3-1-4)

表3-1-4 严禁类严重违章行为

序号	风险具体表现	后果
1	无有效操作证从事电气、起重、电气焊、司钻、井控等特种作业	按照违反《十条措施》及严重违章行为判别标准等制度被重罚
2	高处作业不系安全带	
3	负责放射源、火工器材、井控坐岗的监护人员擅离岗位	
4	危险化学品装卸人员擅离岗位,未经批准装卸、使用和处置危险化学品	
5	未经验收审批擅自决定钻开油气层或进行试油、试气作业	
6	违反井控安全操作规程、井控坐岗人员擅离岗位、不按规定拆安防喷器	
7	不佩戴、不使用便携式硫化氢检测仪进入含硫化氢场所、不正确佩戴使用正压式空气呼吸器进入硫化氢泄漏区域	
8	含硫化氢场所单人巡检操作或未经批准擅自将非工作人员带入含硫化氢场所	
9	非岗位人员擅自操作含硫设备、调整工艺参数	
10	未经批准擅自停用安全设施	
11	不听从安全管理人员或监护人劝告,进行野蛮施工或恫吓安全管理人员或监护人	

2.2　许可作业严重违章行为

2.2.1　许可作业严重违章行为(通用类，见表 3 – 1 – 5)

表 3 – 1 – 5　许可作业严重违章行为(通用类)

序号	风险具体表现	后果
1	未办理施工作业许可证进行施工的	
2	未经过业务主管科室组织开工验收擅自施工的	
3	未进行安全技术交底擅自施工的	
4	项目经理或安全员、技术员不在作业现场的	
5	未编制方案或方案未经审批擅自作业	
6	未持有特种作业人员操作证实施特种作业的	
7	未开展 JSA 工作安全分析	
8	风险辨识不准确，或未制定防范措施的	
9	许可证办理程序不符合规定要求，各栏目填写不符合规定要求	违反国家特殊作业管理规定及中国石化许可作业管理规定，严重违章行为判别标准等
10	作业前，未针对作业内容进行 JSA，制定并落实相应的作业程序及安全措施的	
11	施工与生产单位未逐条检查确认安全措施，未经确认人签字施工或作业的	
12	审批人未到现场对作业程序和安全措施检查确认后签发许可证	
13	未按照一个施工点一张作业许可证办理作业票证的，填写存在涂改、代签名的现象	
14	监护人不具备监护资格；无监护人作业的	
15	未按照要求进行视频监控的	
16	未开展工前会、进行安全技术交底或条件确认的	
17	作业许可的主要安全措施未在现场确认，或确认结果与现场实际不符的	
18	冒用公章或人员签字实施作业的	
19	中断复工未重新进行安全条件确认	
20	作业部位与作业级别不相符，作业时间不在有效范围内的	

2.2.2　临时用电类作业严重违章行为(表 3 – 1 – 6)

表 3 – 1 – 6　临时用电类作业严重违章行为

序号	风险具体表现	后果
1	配电箱无操作规程、巡检记录、系统线路图	
2	配电箱未搭建规范防雨棚	
3	配电箱未上锁、锁具损坏的	
4	配电箱无"当心触电"警示标识的	现场人员触电事件(事故)；电气线路、设备火灾爆炸事故；线路(设备)事件(事故)
5	配电箱无编号、单位名称的	
6	配电箱门与箱体之间未采用编织裸软铜线连接的	
7	配电箱里面的 M 线、PE 线端子排无标识	
8	配电箱未自检擅自使用的	
9	总开关无绝缘防护罩	
10	进线处无防护措施、不按规范进线的	
11	施工现场未实行三相五线制供电方式；用电设备未按照规范连接 PE 线；配电箱未按照规范做重复接地	

续表

序号	风险具体表现	后果
12	违规使用民用电线、插座、线盘及淘汰电器	现场人员触电事件（事故）；电气线路、设备火灾爆炸事故；线路（设备）事件（事故）
13	配电箱安装位置不能保证两人操作空间；箱内有杂物、箱体下部进出电缆（严禁受力）无绝缘保护；箱内的导线绝缘达不到要求；导线端头没有采用铜鼻子、用螺母压接	
14	配电箱电源电缆明敷设在地面上，未按照规范架空或埋地；焊机把线、手持电动工具电缆线、热处理线相互缠绕，未按要求敷设排列整齐有序，固定点未做绝缘隔离保护；电源线浸泡在水中、或被物件材料设备挤压，过路未采取架空或保护措施	
15	对现场临时用配电盘、箱未进行编号，无防雨措施，盘、箱、门关闭不牢靠	
16	行灯电压超过36V，在特别潮湿的场所或塔、釜、槽、罐等金属设备作业装设的临时行灯电压超过12V	
17	临时用电设施未实行一机一闸一保护，移动工具、手持式电动工具未安装符合规范要求的漏电保护器	
18	用电单位及配送电单位未进行每天不少于两次的巡回检查，未建立检查记录和隐患通知单的	
20	违反临时用电安全管理规定的其他事项	

2.2.3 脚手架作业类严重违章行为（表3-1-7）

表3-1-7 脚手架作业类严重违章行为

序号	风险具体表现	后果
1	钢管、扣件外观完好但未提供质量合格证	高处坠落、物体打击等事件（事故）；人员伤害事件（事故）
2	钢管、扣件存在弯曲、变形、开裂、严重锈蚀等并投入现场的	
3	钢管、扣件存在明显缺陷投入使用的	
4	型钢规格或材质不符合要求，钢管壁厚未达到$\Phi48\times3.6$mm或垫板厚度未达到50mm×200mm、立杆无底座	
5	搭设、拆除脚手架作业区域未拉警戒围护、无警告标识、监护人	
6	搭设未验收脚手架未挂红牌或无牌	
7	脚手架作业平台孔洞、无(缺)栏杆、无上下通道	
8	脚手架未组织验收(挂红牌或无牌)投入使用	
9	脚手架使用过程中拆、改脚手架部件未恢复	
10	脚手架搭设或拆除未编制专项施工措施，或措施与现场不符合	
11	立杆基础不平实，无扫地杆。脚手架高度在7m以上，架体未与建筑结构拉结牢固；立杆、大横杆、小横杆间距不符合规定要求，未设置剪刀撑；脚手板未满铺，材质不符合要求；立杆与大横杆交点处未设置小横杆，杆件搭接不符合要求	
12	违反脚手架搭设与防护的其他条款	

2.2.4　用火作业类作业严重违章行为(表 3 - 1 - 8)

表 3 - 1 - 8　用火作业类作业严重违章行为

序号	风险具体表现	后果
1	气瓶超期的、压力表超期的	火灾爆炸;人员伤害等事件(事故)
2	气瓶减压器和回火防止器不完好,或无回火防止器,气管老化漏气,气瓶的防震圈、防护帽与压力表不齐全完好的	
3	乙炔、氧气瓶的放置地点,靠近热源和电器设备,与明火的距离小于10m(高处作业时,此距离为在地面的垂直投影距离)。乙炔与氧气瓶间距小于5m的	
4	动火作业未配备防火器材、高处焊接(气割)未做接火措施,电焊机接线不规范,将裸露地线搭接在装置、设备、脚手架上的	
5	未执行"三不用火"原则的	
6	违反用火作业安全管理规定的其他事项	

2.2.5　受限空间类作业严重违章行为(表 3 - 1 - 9)

表 3 - 1 - 9　受限空间类作业严重违章行为

序号	风险具体表现	后果
1	未进行有毒有害气体检测的	中毒、窒息等人员伤害事件(事故);环境污染事件(事故)
2	受限空间设备、设施未设置"受限危险,请勿进入"警示牌的	
3	未配备强制通风设施的	
4	未使用防爆工具的	
5	进入受限空间未及时填写人员进出登记表或没有把证件留在入口处,监护人不在入口处监护;监护人不在监护岗位却不停止作业的	
6	作业现场未配备一定数量符合规定的应急救护器具和灭火器材,受限空间出入口存在障碍物的	
7	作业人员不能正确佩戴气防器具的	
8	作业过程中未定时监测受限空间环境情况的	
9	受限空间内不按规定使用安全电压和安全电器、照明的,绝缘性能达不到要求的	
10	违反进入受限空间作业安全管理规定的其他事项	

2.2.6　动土作业类作业严重违章行为(表 3 - 1 - 10)

表 3 - 1 - 10　动土作业类作业严重违章行为

序号	风险具体表现	后果
1	未进行作业前安全条件确认的	人员伤害事件(事故);坍塌;设备设施受损等
2	无破土作业示意图的	
3	深度1.2m以上未设置逃生通道的	
4	开挖基坑、管沟未设可靠的硬隔离防护设施及警告牌,夜间未设警示灯	
5	破土施工时,对邻近设施未能采取防止塌方或滑坡措施,引起塌方、滑坡或邻近设施地基下沉,影响安全生产的	
6	使用手持电动工具未安装漏电保护器、穿戴绝缘用品	
7	人员上下要有专用通道,通道设置符合要求;挖土机作业时,作业人员不得进入挖土机作业半径范围内	
8	违反破土作业安全管理规定的其他事项	

2.2.7 高处作业类作业严重违章行为(表 3 – 1 – 11)

表 3 – 1 – 11　高处作业类作业严重违章行为

序号	风险具体表现	后果
1	高处(≥2m)物料清理至地面,不设警戒线,上下投掷工具、材料和杂物等	
2	在高处(≥2m)或二层以上操作平台作业过程中的工具、余废物料、螺帽螺栓等零配件和小件物料没有集中装箱、袋并置于不易坠落位置	
3	垂直面交叉作业时没有设置安全隔离板(网)或其他安全措施的	
4	未经批准安全带低挂高用	
5	安全带系挂不规范及临边作业不系安全带	
6	使用非双大钩或破损的安全带;安全带两绳打结	高处坠落、物体打击等导致人员伤害事件(事故);设备设施损坏事件(事故)等
7	六级以上大风、雷电、暴雨、大雾等恶劣气象条件下露天高处作业	
8	攀爬非人行通道的构筑物和不按要求拉设生命线、生命线拉设不规范的	
9	高处作业时,施工单位监护人员做监护职责外工作或擅自离开作业而不按规定停止作业的	
10	凡进行 30m 及其以上高处作业人员施工前未进行现场体检,作业前未进行血压、体温测量,或未填写相关记录。患有高血压、心脏病、贫血病、癫痫病、精神病等不适合于高处作业的人员,从事高处作业的	
11	高处作业人员站在不牢固的结构物上进行作业,坐在平台边缘、孔洞边缘和躺在通道或安全网内休息;在没有安全防护设施和未固定的构件上行走或作业	
12	违反高处作业安全管理规定的其他事项	

第三节　施工作业项目安全技术措施

为了保障业务承揽项目的施工作业安全,制定并落实安全技术措施是业务承揽方的法定责任。安全技术措施业是施工组织设计中的重要组成部分。

1　施工安全技术措施概述

在业务承揽的工程项目施工中,针对工程特点、作业条件、作业环境、作业对象、施工作业方法、作业工具及机械动力设备等的不安全因素制定的确保安全施工的预防措施,称为施工安全技术措施。

1.1　施工安全技术措施类别

按照危险、有害因素的类别可分为:防火防爆安全技术措施、锅炉与压力容器安全技术措施、起重与机械安全技术措施、电气安全技术措施等。按照导致事故的原因可分为:防止事故发生的安全技术措施、减少事故损失的安全技术措施等。

1.1.1　防止事故发生的安全技术措施

防止事故发生的安全技术措施是指为了防止事故发生,采取的约束、限制能量或危险物质,防止其意外释放的技术措施。常用的防止事故发生的安全技术措施有消除危险源、限制能量或危险物质、隔离等。

（1）消除危险源。消除系统中的危险源，可以从根本上防止事故的发生。但是，按照现代安全工程的观点，彻底消除所有危险源是不可能的。因此，人们往往首先选择危险性较大、在现有技术条件下可以消除的危险源，作为优先考虑的对象。可以通过选择合适的工艺、技术、设备、设施，合理的结构形式，选择无害、无毒或不能致人伤害的物料来彻底消除某种危险源。

（2）限制能量或危险物质。限制能量或危险物质可以防止事故的发生，如减少能量或危险物质的量，防止能量蓄积，安全地释放能量等。

（3）隔离。隔离是一种常用的控制能量或危险物质的安全技术措施。采取隔离技术，既可以防止事故的发生，也可以防止事故的扩大，减少事故的损失。

（4）故障—安全设计。在系统、设备、设施的一部分发生故障或破坏的情况下，在一定时间内也能保证安全的技术措施称为故障—安全设计。通过设计，使得系统、设备、设施发生故障或事故时处于低能状态，防止能量的意外释放。

（5）减少故障和失误。通过增加安全系数、增加可靠性或设置安全监控系统等来减轻物的不安全状态，减少物的故障或事故的发生。

1.1.2　减少事故损失的安全技术措施

防止意外释放的能量引起人的伤害或物的损坏，或减轻其对人的伤害或对物的破坏的技术措施称为减少事故损失的安全技术措施。该类技术措施是在事故发生后，迅速控制局面，防止事故的扩大，避免引起二次事故的发生，从而减少事故造成的损失。常用的减少事故损失的安全技术措施有隔离、设置薄弱环节、个体防护、避难与救援等。

（1）隔离。隔离是把被保护对象与意外释放的能量或危险物质等隔开。隔离措施按照被保护对象与可能致害对象的关系可分为隔开、封闭和缓冲等。

（2）设置薄弱环节。利用事先设计好的薄弱环节，使事故能量按照人们的意图释放，防止能量作用于被保护的人或物，如锅炉上的易熔塞、电路中的熔断器等。

（3）个体防护。个体防护是把人体与意外释放能量或危险物质隔离开，是一种不得已的隔离措施，却是保护人身安全的最后一道防线。

（4）避难与救援。设置避难场所：当事故发生时，人员暂时躲避，免遭伤害或赢得救援的时间。事先选择撤退路线：当事故发生时，人员按照撤退路线迅速撤离。事故发生后，组织有效的应急救援力量实施救护，是减少事故人员伤亡和财产损失的有效措施。

此外，安全监控系统作为防止事故发生和减少事故损失的安全技术措施，是发现系统故障和异常的重要手段。安装安全监控系统，可以及早发现事故，获得事故发生、发展的数据，避免事故的发生或减少事故的损失。近年来，集团公司持续强化直接作业环节监管力度，强调施工作业现场必须设置安全视频监控并与中控室监控同步，也从一个方面反映了强化现场监控的重要性。

1.2　安全技术措施的目的和任务

通过分析各类施工作业过程造成各种事故的原因，研究防止各种事故的办法，提高设备的安全性，研讨新技术、新工艺、新设备的安全措施等工程技术手段，消除物的不安全因素，改进安全设备、作业环境或操作程序或方法，将危险作业改进为安全作业，将笨重劳动改进为轻便劳动，将手工操作改进为机械操作，防止人身事故和职业病的危害，控制或消除生产过程中的危险因素，实现生产工艺和机械设备等生产条件本质安全，达到预防、消除和避免事故的发生，保护施工作业者在生产劳动活动中的生命安全和身体健康，不断提高劳动生产效率，这是安全技术措施的最终目标。其主要任务包括：

（1）对将要开展的工程项目施工进行危险源和施工风险排查。

（2）对排查出的危险源和施工风险进行分析和评价、评估，找出并确定重大危险源，对重大危险源进行登记。

（3）根据评价结果，制订应对危险的安全技术措施和预防措施；对有较大危险的高危作业，制订专项安全预防措施，必要时，制订防范事故的应急措施。

（4）总结以往类似工程施工曾经发生的事故，进行分析，找出原因，结合将要开展的工程施工，制定相适应安全技术措施和预防措施，采取改善劳动条件、消除施工中的危险，防止事故发生，实现安全生产。

（5）收集各种与施工安全有关的信息和相关资料，作为制订安全技术措施和安全预防措施的依据。

（6）编制安全教育培训教材、安全生产宣传资料和落实计划。

（7）编制各项应对突发事件及生产安全事故应急预案。

（8）分析、研究和制定避免事故发生的方法、措施和方案。

2　安全技术措施编制

2.1　安全技术措施的编制要求

安全技术措施直接关系到业务承揽项目施工作业人员生命安全和健康，按照集团公司相关要求，业主方和施工方需共同参与安全技术措施的编制，确保编制的施工安全技术措施的有依据、有可行性、有针对性，能全面反应业务承揽施工项目的特点，管控施工作业工艺中的风险，保障施工作业过程和施工作业人员的安全和健康。

2.2　施工安全技术措施编制的针对性

（1）针对不同的工程特点可能造成的施工危害、危险，从技术上采取措施。

（2）针对不同的施工方法制定相应的安全技术措施。

（3）针对不同的分部、分项工程可能给工程带来的不安全因素，从技术上采取措施来保证施工安全。

（4）针对使用的各种机械设备，可能给施工人员带来的危险因素，采取安全的技术措施。

（5）针对施工中使用有毒、有害、易燃、易爆物品等作业可能给施工人员造成伤害，从技术上采取的措施。

（6）针对施工现场及周边环境可能给施工人员及周围居民造成的危害，从技术上采取的措施，防止安全事故的发生。

（7）针对不同季节的施工特点，制定相应的技术措施，以保证作业人员及设备设施的安全。

（8）针对新技术、新工艺、新材料在工程中使用，必须研究相应的安全技术措施。

2.3　施工安全技术措施编制的主要内容

（1）工业卫生技术措施。

（2）减轻劳动强度等其他安全技术措施。

（3）辅助措施。

（4）安全宣传教育措施。

安全生产技术措施编制完成后，应经施工企业主管技术负责人审定批准。施工安全技术措施应当具有技术法规的作用，应当认真贯彻执行，如遇有条件变化或考虑不周需添加新的内容时，应经原编制人员变更或增添，其他人不得随意更改。

3　安全技术措施交底

在工程施工开工前，业主单位及业务承揽项目管理人员需组织工程技术人员、施工管理人员和一线施工作业人员开展安全技术措施交底活动，把即将开展施工需要交代的施工工艺、工序，投入的机械设备、工程质量要求、施工过程中存在的危险因素，应对危险的安全技术措施、预防措施，应对突发事件危害的应急处置措施和救援行动需要注意的事项等进行交代。

3.1　安全技术措施交底的意义

安全技术措施交底是一种超前的管理手段，必须安排在工程施工开工前组织，提前对施工中需要关注的问题进行理解和消化，是施工安全管理中不可缺少的过程，是施工管理中的重要组成部分，是最大限度地避免质量和安全事故，实现安全、优质、高效地完成施工任务的必要手段和方法。

安全技术措施交底必须对将要开工的工程施工项目通过危险源和施工风险的排查，找出现实中存在的不安全因素，进行分析和评价，制订应对危险的对策、措施；交底活动需提前向作业人员告知，让作业人员提前有个认识的过程，提前运用预防危险的技术（安全措施），防止作业中的职业危害，实现无失误、无事故地完成工程建设施工任务的目标。

3.2　必须进行安全技术措施交底的项目

参照集团公司《直接作业环节安全管理十条措施》《中国石化承包商安全监督管理办法》《直接作业环节严重违章行为》等相关管理制度的规定，必须进行安全技术措施交底的项目如下：

（1）工程开工前，由业主或项目部组织工程技术人员和管理人员的大交底。

（2）分部、分项工程在开工前，组织工程施工的一线员工、工程技术人员和现场管理人员开展的安全技术交底活动。

（3）技术比较复杂或施工难度较大的施工项目，在开工前应当组织安全技术交底活动。

（4）危险性较大的施工项目，在开工前应当组织开展安全技术交底活动。

（5）新工艺、新设备、新技术、新材料使用前，组织开展安全技术交底活动。

3.3　安全技术措施交底的内容

（1）工程概况、工程技术措施和需要关注的相关重点。

（2）施工采用工艺、技术、关键工序、机械设备及安全技术措施和注意事项。

（3）施工存在的难度，重点交代工艺复杂的情况和部位。

（4）需要注意的工程质量关键问题和质量需要控制的内容。

（5）工程质量检验、检查时，应关注的重点要求和质量检查活动时需要配合的工作。

（6）工序交接时，应注意交代的重要事项和岗位职责。

（7）向施工作业人员如实告知在施工中存在的施工风险、危险因素和重大危险源的实际情况。

（8）向施工作业人员如实告知在施工作业中应如何应对危险因素的安全技术及预防措施。

（9）向施工作业人员如实告知应如何应对突发事件发生时的应急处置措施和自我保护措施。

（10）向施工作业人员交代清楚容易发生事故的作业内容、工序和部位，以及安全防护措施。

（11）其他需要交底的施工工艺、工序、设备工器具的注意事项。

3.4　安全技术措施交底的人员

（1）对施工一线的作业人员开展交底活动，因为一线作业人员需要在第一时间了解施工的工艺和质量、安全的要求，才能够实现安全、优质地完成施工的目标。

（2）有关的工程技术人员应参加安全技术交底活动。让他们了解工程施工中控制质量和安全的关键问题。

（3）与施工有关的所有现场管理人员必须参加安全技术交底活动，要求他们在施工管理中，必须控制好工程质量和施工安全，落实各级岗位职责。

（4）工艺复杂、危险性较大的施工项目，应在交底活动后组织讨论，进一步完善交底的内容，以防后患。

（5）工艺简单、危险性较小的施工项目，可采用文件传达的方法，但要在班前做好安全和质量的交代。

（6）安全技术交底须有文件下发至班组，供施工作业人员在需要时随时查阅，便于督促作业人员参照执行。

（7）发生事故，必须查阅交底资料。

3.5　安全技术措施交底的方法

（1）组织与施工有关的人员采用培训、开会的方法。交底活动应有交底资料、人员有签到、有现场照片记录。

（2）工艺简单、危险较大的施工项目，交底活动可与安全培训活动合并进行。必须向施工作业人员如实告知施工中存在的危险和应对危险的安全技术措施和预防措施。

（3）大型工程施工的安全技术交底活动，由于施工人员多，应按分部分项工程项目，分批开展活动；首先对管理人员和班组长、生产骨干进行交底，再组织作业人员传达、讨论。

（4）工艺复杂、危险性较大的施工项目在交底活动中应进行详细交代，并组织讨论。

（5）开展交底活动前，应提前将交底文件下发到班组，可以提前组织生产骨干讨论。

（6）应要求作业班组妥善保存下发的安全技术交底文件资料，便于随时参照执行。

4　安全技术措施交底的误区

（1）项目部主要负责人不重视安全技术交底活动。交底活动文件和记录中找不到项目经理、项目总工等主要领导参加的签字记录。交底活动流于形式。

（2）组织安全技术交底的干部不懂得安全技术交底是做什么的。

（3）没有建立安全技术交底制度或有制度不落实。不能按制度化管理的要求落实交底活动。在交底资料中找不到能证明开展活动和参加活动人员的有关记录。有的制度只是一纸空谈。

（4）有的单位技术负责人或编写资料的人根本不懂安全技术交底活动是怎么回事；由于不懂得安全技术交底的作用，他们将各工种的安全操作规程等安全技术培训用的资料，作为安全技术交底的文件下发、签收，其实，就没有开展安全技术交底活动。是为了应付检查而编造的资料，无法区分安全教育培训与安全技术交底的情况。

（5）编制的安全技术交底资料没有针对性，不能突出重点。反映在编写的资料中没有工程概况、没有交代清楚施工重点、没有施工工艺和重点工序的点评、没有指出施工存在的难度和危险的内容、没有提出控制安全质量的措施、没有配合质量检查验收提供的条件、没有应对危险的安全技术措施和预防措施、没有应对突发事件的应急措施、没有描述可能发生的事故及预防措施。

（6）交底文件编写存在工程技术部门与安全管理部门各自为政的分工分家问题。具体表现在：交底文件中出现了不同的两个文件版本。由于缺乏沟通和往来，两个交底文件多处出现了矛盾的地方。结果，两个部门各开展各的安全技术交底活动，作业人员在接受交底时，感觉到矛盾重重。施工技术是安全管理的载体，施工技术和安全管理是不可分割的，两者分家了，各做各的，相互不联系和沟通，施工管理很容易出现漏洞，甚至会发生安全事故。

（7）未组织一线作业人员开展安全技术交底活动。交底活动只是将交底文件下发给相关管理部门或某个现场管理干部，只要求接受交底文件的人在文件签收单上签字、签收就行了。安全技术交底活动究竟有没有开展，安全技术交底制度怎么落实，没有人过问。交底文件在签字、签收的人员手中"旅游"；真正需要接受交底的人员对交底内容一无所知，交底活动走过场，造成了安全、质量管理的被动局面。

（8）工程技术人员和现场管理人员对安全技术交底活动不当回事，错误认为交底活动是应付上级检查的活动。认为作业人员正确认识、掌握施工技术和安全操作知识与施工安全质量没有关系。

（9）由于施工管理混乱，造成不能正常组织有关施工作业人员开展安全技术交底活动。由于管理不到位，造成了安全技术交底活动确实没办法开展起来。

（10）在企业内部不能实行统一的管理，工程技术部门和安全管理部门各自为政，不能相互沟通。不能正常地开展安全技术交底活动；建立的交底台账混乱。在上级检查时，相互推卸责任。尤其在事故发生时，要提供安全技术交底资料依据时，没有一个部门能够提供说明问题的资料，造成十分被动局面。

5　安全技术措施交底台账

按照项目管理相关规定，项目管理需建立安全技术交底台账，将交底活动的有关文件、签到表、照片、图片、交底现场记录等资料收集，按照时间顺序，逐一登录在台账中，台账应做到清晰、整洁，在检查时能随时说明交底的质量。安全技术交底台账应由工程技术和安全管理两个部门共同建立、管理。

第二章　业务承揽项目 HSE 培训课程

第一节　常驻地风俗习惯礼仪培训

礼仪是人类为维系社会生活而要求人们共同遵守的、最起码的道德规范，它是人们在长期共同生活和相互交往中逐渐形成，并且以风俗、习惯和传统等方式固定下来。民俗是来自于民众，传承于民众，规范民众，又深藏于民众的行为、语言和心理中的一种特殊力量。业务承揽项目组织(基层单位)人员作为"外来人员"，一定要熟悉并尊重驻地风俗习惯，掌握一些礼仪技巧，才能融入当地社会环境，搞好公共关系，保证业务承揽项目顺利圆满的运行。

1　礼仪

礼仪是人类文明和社会进步的重要标志，它既是交往活动的重要内容，又是道德文化的外在表现形式，有着丰富的内涵。

1.1　礼仪的含义

礼仪就是指人们在各种社会交往中所形成的用以美化自身、敬重他人的行为规范和准则，具体表现为礼貌、礼节、仪表、仪式等。

礼仪在英文词典里可以找出几个相同的词义：一为 courtesy，即礼貌，泛指一般客气的仪态。二为 etiquette，指交际应酬的酬酢礼节。etiquette 一词是由法语演变而来的，其原意是指法庭上用的一种"通行证"，它上面记载着进入法庭时应遵守的事项。三为 protocol，意为礼规、礼仪等。英文词典对 protocol 的定义是"外交的或军事的礼节和秩序的规则"比如开会时关于悬挂国旗、奏国歌的规则，举行正式宴会时的座位安排，介绍客人的顺序，感谢出席宴会宾客的顺序等。

在中国，"礼之名，起于事神"。《说文·示部》解释："礼，履也，所以事神致福也。"其本意是指敬神，向神表示敬意的活动；由于礼的活动都有一定的规矩、仪式，于是又有了礼节、仪式的概念。进入文明社会以后，人们把这种礼仪活动由敬神转向敬人，首先用于宫廷，随后扩展到社会各阶层，运用于人们广泛的社会交往中。这样，凡是把人内心待人接物的尊敬之情，通过美好的仪表、仪式表达出来，就是礼仪。

为了更完整、更准确地理解"礼仪"这一概念，我们可从不同的角度对此加以表述。从个人修养的角度看，礼仪可以说是一个人的内在修养和素质的外在表现。也就是说，礼仪即教养，素质体现于对礼仪的认知和应用。从道德的角度看，礼仪可以被界定为为人处世的行为规范，或曰标准做法、行为准则。从交际的角度看，礼仪可以说是人际交往中的一种艺术，也可以说是一种交际方式或交际方法。从民俗的角度看，礼仪既可以说是在人际交往中必须遵行的律己敬人的习惯形式，也可以说是在人际交往中约定俗成的示人以尊重、友好的习惯做法。简言之，礼仪是待人接物的一种惯例。从传播的角度看，礼仪可以说是一种在人际交往中进行相互沟通的技巧。从审美的角度看，礼仪可以说是一种形式美。它是人的心灵美的必然外化。

1.2　礼仪的重要意义

礼仪是尊重和恭敬他人的表现形式和行为技巧，是一个人立身处世的根本、塑造形象的良方、赢得人脉的法宝和竞争取胜的利器。礼仪是人类文化的积淀，是世界各国几千年来共同创造、共同享有的文化积累和精神财富。古人云："国尚礼则国昌，家尚礼则家大，身有礼则身修，心有礼则心泰。"从小的方面来说，礼仪是一个人的思想道德水平、文化修养、交际能力的外在表现，从大的方面来说，礼仪是一个国家社会文明、道德风尚和风俗习惯的反映。企业员工的礼仪素养，不仅个人综合素养体现，也折射了业务承揽项目（基层单位）的管理现状和企业的在外形象。

孔子曰："不学礼，无以立"，就是说一个人如果不学习礼仪，不懂得礼仪，就很难在社会上很好地立足和发展，更谈不上受到他人的欢迎。中国素有"礼仪之邦"的美称，讲礼仪是我们民族的优秀传统。礼仪作为中华民族文化的内核和基本内容，深刻地影响着现代中国人日常生活和工作，有力地推动了中华民族社会文明的发展。随着社会的快速发展以及世界一体化进程的迅猛推进，人们的社会交往日益频繁，礼仪作为联系、沟通、交往的桥梁，显得更为重要。当今世界，国际交往日益频繁，东西方文化之间产生了频繁的交流与激烈的碰撞，这就促使世界各地的礼仪与习俗不断地融合与发展。因此，我们就要了解符合时代精神的礼仪知识，正确地应用礼仪。

"礼者，敬人也"。我们不仅能得出个人的审美水平、文化修养以及综合素质，更能体现他对别人的一种礼貌。同时，礼仪所体现的不仅仅是企业员工一个人的素养，而且还会影响到人生的发展，甚至业务项目的运行或成败。

1.3　礼仪的原则

礼仪的原则，是人们在处理人际关系时的出发点和应遵从的指导思想。它是保证礼仪的正确施行和达到礼仪应有目标的基本条件。

1.3.1　尊重原则

尊重原则是礼仪四项基本原则中最重要的原则。尊重是礼仪的感情基础。人与人之间彼此尊重，才能保持良好的人际关系。尊重包含自尊和尊敬他人。自尊是指一个人对自身的一种态度，它是自我意识的一种表现形式。一个人只有尊重自己，悦纳自己，自强不息，注意自身修养，保持自己的人格和尊严，才能赢得他人的尊重。

美国学者约翰·罗尔斯在他的伦理学名著《正义论》中指出："自尊是一个基本美。没有自尊，那就没有什么事情是值得去做的，或者即使有些事值得去做，我们也缺乏追求它们的意志。"自尊是自律的基础，它能以一种特殊的方式指导和调整人们的行为，使人们自觉地接受各种社会规范的约束。尊人指的是对待他人的一种态度，这种态度要求承认和重视每个人的人格、感情、爱好、职业、习惯、社会价值以及所应享有的权利。尊人，从社会角度来说，它是一个重要的道德规范；对个人来说，则是一种良好的道德品质。尊人的精神渗透在交际礼仪的方方面面，比如使用"请、您、谢谢、对不起"等礼貌用语；进入别人房间时要先敲门，得到允许后方才进入；家里来了客人起身招呼，上茶时双手捧；等等。有人说，有礼走遍天下。这里说的有礼，就是指的有尊重他人之心。正如孟子所说：

"恭敬之心，礼也。"(《孟子·告子下》)我国古代专门论述礼仪规范的《礼记·曲礼》开宗明义的第一句也是"毋不敬"。这些都充分说明了尊人的地位和意义。

自尊与尊人貌似两极，实则相通，它们是相辅相成的关系。首先，一个要想获得自尊的人就会是一个重视他人尊严的人。他知道，其他人也同他自己一样具有独立的人格，有着自尊的需要。一个人的自尊不是在幻想中存在的，而是通过人与人的关系实现的。因此，自尊绝不意味着孤芳自赏式的清高，它是同轻视他人的自高自大截然有别的。一个人要想满足自尊的需要，就要遵循一种"感情互换原则"，即"只能用爱来交换爱，用信任来交换信任"，同样，也只有用尊重他人才能换来别人的尊重。其次，一个懂得尊人真谛的人也必然是一个有着自尊品质的人。尊人并不是阿谀奉承，拍马溜须。如果靠贬低自己以取悦对方，这绝不是尊人。真正的尊人是发自内心的一种高尚情感的自然流露，是一种自觉自愿的行为，它与那种惧怕权势或虚情假意的行为绝不是一回事。因此，一个真正懂得尊人的人，也必然是一个懂得自尊的人。他既不不切实际地抬高别人，也不故意贬低自己；既不对人傲慢歧视，也不对己求全责备。只有具有这种品质的人，才能把礼仪的艺术圆满地表现出来，成为社会中受欢迎的人。

1.3.2 遵守原则

礼仪在人类共同生活、相互交往中自然形成，它的规范是因人们共同认可，并为维护社会生活稳定而存在和发展的。它客观上反映着人们的共同利益和要求，社会的每个成员都有义务去自觉遵守实行，而不是只要求别人去遵守实行，自己可以例外。遵守原则要求在礼仪问题上，不分职位高低、财富多寡，人们彼此在人格上都是平等的，都有讲礼重仪的义务，都要自觉遵守礼仪规范。遵守原则还要求我们，决不能只是学习、知晓礼仪规范，更重要的是在相互交往中，实实在在地按礼仪规范做。

1.3.3 适度原则

礼仪是人类智慧的结晶。礼仪作为人际交往的规范，有一定的标准。人人讲究礼仪，尊重他人，这是良好社交关系的基础，我们应当认真做到。但在人际交往中，应注意在不同情况下掌握礼仪程度，选择礼仪方式，即在实际的礼仪场合，要把握好与特定事情、特定人物、特定环境相协调的礼仪要求，注意社交距离，控制感情尺度。不能认为，无论在哪里，都是"礼多人不怪，无礼或欠礼人才怪"，应明白过犹不及的道理。例如，与人交往时，彬彬有礼、落落大方是必须的，而低三下四或趾高气扬，都是失礼的，与熟人相见时，握手致意、点头微笑都是恰当的，而纳头便拜或面无表情都是欠妥的。

1.3.4 自律原则

礼仪的最高境界是自律，即在没有任何监管的情况下，人能自觉地按照礼仪规范约束自己的行为。礼仪知识的学习，不仅使业务承揽项目(基层单位)员工更多地了解和掌握具体的礼仪规范，还使员工在内心逐渐树立起一种道德信念和行为修养。这种信念的形成，是潜移默化中的礼仪熏陶，它使我们的良知得到升华，从而获得内在的力量。这种内在力量要求我们不断深化对人际关系的认识，不断提高自我约束、自我克制的能力，不断养成非礼勿听、非礼勿视、非礼勿为的自觉性，这就是自律原则。礼仪不是一种客套、一种工作，而是我们自我意识的道德要求、自我素质的自然流露、自我修养的自觉行为。

虽然生活中的礼仪细节并非人人都能全部学到，但只要我们把礼仪的原则铭记于心，贯穿于行，那么礼仪这种文化现象就能在社会生活中发挥它应有的作用。对于业务承揽项目(基层单位)员工，需加强个人形象礼仪、生活礼仪、社交礼仪、职场礼仪、商务礼仪、节日民俗礼仪等方面的规范，熟悉业务承揽当地民风民俗。

企业制度及各单位规范职工行为的管理要求，均是企业从维护生产经营管理秩序、保障企业或业务承揽项目科学发展、依法合规规范的最低行为要求，适用于中国石化员工、承包商及在中国石化实施相关作业活动的所有人员。如中国石化颁布实施《中国石化集团公司员工安全守则》《中国石化全员安全行为规范(试行)》《中国石油化工集团公司职工违纪违规行为处分规定》等制度以及油田、各单位实施的办法、细则等均是对员工基本礼仪及安全操作的要求。

2　民风民俗

民风民俗是特定社会文化区域内历代人们共同遵守的行为模式，是流传于民间的文化民俗事象。风俗的多样性，是以习惯上，人们往往将由自然条件的不同而造成的行为规范差异，称之为"风"，而将由社会文化的差异所造成的行为规则之不同，称之为"俗"，所谓"百里不同风，千里不同俗"正恰当地反映了风俗因地而异的特点，我国 56 个民族的风俗习惯也是各不相同的。大的地理区划造成的风俗特征是非常鲜明的，如饮食风俗中，北方人以面粉为主食，南方人以米饭为主食，东北人以玉米为主食，新疆、内蒙古、西藏的放牧人以牛羊肉为主食。同样，同一省区的各市县风俗特征也是有差别的。

礼仪与民俗的关系是"礼出于俗"、礼化为俗。二者相互联系，相互影响，相互转化。正因为如此，礼仪有时又被称为礼俗。了解并熟悉属地民俗，将有助于进一步解释礼仪；懂得基本礼仪原则，又将使人深入地理解民俗。所以，业务承揽项目管理人员在项目可行论证期间，宜对项目驻地的各类节庆、服饰、饮食起居、婚丧、宗教信仰等民俗风情做专项的调研，以便针对性地对员工开展项目驻地岁时节令习俗、社交往来习俗、烹调饮食习俗、婚嫁习俗等方面告知和礼仪培训。

3　员工基本礼仪要求(参看部分优秀企业员工手册汇总)

3.1　员工形象要求

3.1.1　仪表

(1)员工着装应稳重大方，修饰得体，发型适宜。女员工应淡妆为宜，不佩戴不当饰物。男员工要头发整齐，及时理发修剪胡须；

(2)穿职业装，不宜着休闲装，禁止男士着短裤、背心、无领衫和拖鞋，禁止女士着无袖衣裙、超短裙裤和拖鞋等奇装异服；如遇正式场合，应统一着工装。

3.1.2　言谈

(1)对领导、同事、长辈及亲友，应主动问好、并善用礼貌用语；

(2)言谈应诚恳，声调适度，不开伤人自尊的玩笑，处理事冷静，不恶语相对；

(3)与人交谈要保持适当的身体距离，正视对方，不可随便打断对方的谈话。不打听对方个人或家庭隐私等情况。遇到涉外活动不谈政治性及宗教信仰等方面的敏感话题。

3.1.3　举止

(1)坐姿稳重，背要直。不应跷腿叉脚，或瘫坐于椅子、沙发上。站姿应头正颈直，不叉腰，不抱胸，不斜倚他物；

（2）行走应抬头、挺胸、举止端详，尽量不匆忙、慌张及奔跑，行走、乘车、乘电梯等要注意礼让老人、尊重妇女、照顾儿童和残疾人；

（3）不随地吐痰，不乱扔废弃物，不在公共场所及有禁烟标志的场所吸烟。

3.2 日常工作行为规范

3.2.1 工作规范

（1）遵守考勤制度，上班应提前10min到岗，无迟到、无早退、无缺勤；

（2）工作时应佩戴胸牌，胸牌要置于衣外，端正佩戴；

（3）工作时间、会议时间内禁止闲谈，禁止吃东西，禁止做与工作无关的事或进行个人活动，工作场所禁止吸烟；

（4）爱护公司各类财物。在交接物品时应轻拿轻放，不抛不丢；公司配备的日常办公用品妥善保管，正常损坏或非一次性用品实行以旧换新；丢失的公司不再补配，自行解决；

（5）计算机屏幕保护应以风景画面或公司办公用语为主，禁止用明星或家庭人员图片。提高信息安全防范意识，防止公司秘密外泄；

（6）办公室保持整洁，无杂物，文件入柜或摆放整齐。工位物品应定位摆放，保持整洁有序；下班后应将桌上文件收拾整理好，机密资料和重要物品加锁保存，房间内最后一个离开的员工负责检查所有电源、窗户等关闭情况，确保安全方可离开。

3.2.2 电话礼仪

（1）接打电话时应注意控制语气、语态、语调，做到语言亲切、热情有礼、简明扼要，讲求效率；员工接听电话应先问："您好，××项目部（基层单位）×××，请问…"，语气谦和；

（2）听到电话铃声，及时接听，并首先向对方问好。电话铃响三次内接起，如果稍迟，应主动致歉；

（3）接打电话时不要使用免提，不影响同事工作。本室同事不在时，应主动代接电话。

3.2.3 会议规范

（1）守时、守约，应提前10min到会。如因故不能到会应提前向领导请假；参加会议时，应将通信工具关闭或置于震动方式，避免干扰他人。不得频繁进、出会场；

（2）会议准备工作要充分、细致。参会人员要自带会议记录本、笔及会议所需材料；

（3）不随意干扰他人发言，与他人有不同意见，应坦诚、理智地阐述自己的意见。

第二节　交通安全管理

油气生产场站远离生活基地，交通安全是不可忽视的较大风险。加强交通安全管理，落实交通安全生产责任制，预防和减少交通安全事故（事件）的发生，是保护员工和公众生命财产安全、生产平稳运行的必要措施。业务承揽项目（基层单位）不仅需进行生产运行，更涉及轮休、轮班等人员交替，交通安全管理更需重点强化、持续细化管理。

1　道路交通安全的影响因素

1.1　人的因素

部分道路参与人文化素质偏低，安全意识淡薄，行路、骑自行车、乘车易出交通事故；驾驶员经常处于紧张状态，精神容易疲劳，易出交通事故。特别是近几年机动车驾驶员大量增加，开车时间少，技术素质低，有许多取得驾驶资格，无车开或者很少开，缺乏山区道路行车经验，易出交通事故。部分汽车驾驶员对路况不熟，环境不明，缺乏道路行车处理紧急情况应变能力，易出交通事故。

1.2　车辆技术设备的因素

主要表现为一是汽车保有量的增加，增高车辆流量密度，增加了交通事故的发生频率；二是夜间行车增多；三是客、货汽车向大、中、小型，高、中、低档多层次发展，车辆技术性能差异大，车辆资源配置结构种类增多，技术性能和安全系数比原道路行车安全相对降低，更增大了交通事故发生的频率。部分交通运输企业客货汽车的陈旧老化，企业无资金更新改造，部分接近报废的车辆仍在行驶，该报废的没有报废，该更新的没有更新。驾驶员掌握的汽车技术性能经常发生变化，边运行、边适应，易出交通事故。

1.3　道路设施及交通环境因素

道路设施与安全行驶的匹配滞后，交通环境的弯多、弯急、坡陡、路窄，季节变化大，冰雪路、泥泞路、险路、山雾路，道路警告指示标志或警语不全，路边集镇摆摊设点占道现象仍然存在等道路设施及交通环境因素，是导致交通事故的重要原因。

1.4　安全管理因素

交通道路点多线长，安全管理机构人员少，无资金、设备，现场跟踪检查难度大，使"三违"难于经常监督检查，对运行单车无监督管理手段，驾驶员驾车运行安全意识淡化，易出交通事故。

2　驾驶员管理

在由驾驶员、车辆、道路及环境三大因素构成的交通安全系统中，驾驶员是系统的理解者和指令的发出和操作者，驾驶员的因素起到了关键主导性作用，它是整个系统的核心，车和环境的因素必须通过人才能起作用，三要素协调运动才能实现道路交通系统的安全性要求。

企业实行内部准驾证制度，无内部准驾证人员不得驾驶油田车辆和租赁车辆；在山区施工作业的车辆，必须由专职驾驶员驾驶。

（1）专职、兼职驾驶员和特殊岗位人员应持有机动车驾驶证和油田准驾证驾驶油田车辆或租赁车辆，禁止驾驶车辆从事其他与工作无关的活动或交无准驾证人员驾驶；兼职驾驶员只限于在规定的区域内执行任务，特殊岗位人员不得执行长途任务。

（2）驾驶 10 座以上客车、特种专用工程车辆、危险货物运输车的驾驶员应在 26 周岁以上，具备 5 年以上安全驾驶经历或安全行驶 15 万 km 以上。

（3）特种专用工程车辆驾驶员从事车载设备操作作业的，应经培训合格，能熟练掌握设备性能、施工工艺流程等；驾驶危险货物运输车辆的驾驶员应取得政府部门颁发的从业资格证。

（4）认真遵守道路交通法规和集团公司、油田安全管理规章制度，按照操作规范安全驾驶、文明驾驶，并达到以下要求：

①出车前应当对车辆、证件进行认真检查，不得驾驶存在安全隐患和证件不全的车辆。

②按时参加各类安全活动，加强法规业务学习，不断提升安全意识和驾驶技能，拒绝执行任何违章指挥。

③全面了解出车任务，按照行车路线、任务预测分析途中风险因素，提前做好预防措施，确认身体状况不会对安全行车造成影响。

④执行任务时，应按路单要求，不得无故绕行，杜绝"三超一疲劳"等违法行为，每日累计驾驶时间不得超过 8h，日间连续驾驶时间不得超过 4h，夜间连续驾驶时间不得超过 2h，每次停车休息时间应不少于 20min。

⑤遇有险路、险桥、水淹路段时，驾驶员应下车察看，必要时乘车人下车步行通过，车辆低速慢行，乘车人协助瞭望，严禁冒险强行通过。

⑥在山路行驶时，弯道多、视线不良，应注意路标指示，提前减速、鸣号、中低速行驶，不宜频繁使用刹车，尽量利用发动机控制车速，严禁熄火或空挡滑行。

⑦从事危险货物的押运员、装卸管理人员应经过相关安全知识培训，取得政府部门颁发的相应资质，做到持证上岗。

3 车辆安全管理

3.1 一般要求

（1）车辆单位负责车辆注册登记，未经注册登记的车辆需要上道路行驶时，应办理临时牌证，并按规定投保第三者责任强制保险和其他险种。

（2）驾驶员应保持车辆号牌清晰、完整、无遮挡，放置检验合格标志、保险标志等有关证件；坚持做好"清洁、润滑、紧固、调整、防腐"工作。

（3）车辆所有装置符合《机动车运行安全技术条件》（GB 7258）的要求；应保持随车工具、敲击锤、灭火器材和故障车警告标志牌等设施完好齐全；行驶在山区、冰雪、泥泞道路上的车辆，应配备防滑链和防溜掩木。

（4）车辆必须按行驶里程进行强制检查、维修保养；车辆单位按时组织进行车辆检验，未检验或检验不合格达到报废标准的，不得继续使用。

（5）按照国家和集团公司有关规定建立车载卫星定位系统，加强车辆动态监管，及时制止违法违规驾驶行为。

（6）机动车辆必须经批准后方可进入生产区域，并在进入前安装防火帽、静电接地带等必要的防护装置。

（7）生产管理部门、交通安全管理部门和基层车辆单位安排运输任务时，应对驾驶员、车辆、道路、天气、任务等进行 HSE 风险识别分析，制定防范措施，合理调派车辆，不得强迫或诱导驾驶员疲劳驾驶、超速行驶等。

（8）3 台及以上车辆共同执行同一任务时，应指定负责人，制定安全行车预案，编队行驶。

（9）严禁汽车吊车、叉车、电瓶车等专用工程车辆载人；汽车吊车、轮式专用机械车（翻斗车、叉车、铲车）不得作为牵引车辆。

（10）驾驶员执行完任务后应将行车证件和车钥匙上交基层单位统一保管，车辆停放在指定车位。

（11）在外部单位值班车辆 3 台车及以上的，指定专人负责，车辆应集中停放，车辆管理单位应及时向外驻值班车辆驾驶员传达贯彻有关交通安全管理规定、交通安全信息，评估车辆所在地交通风险，并提出防范措施。

（12）用车单位按照"谁使用谁负责"的原则，加强对车辆和驾驶员的监督检查，及时制止和消除违法现象及隐患。

3.2 车辆管理

3.2.1 路单管理

（1）车辆管理单位对执行任务的车辆要签发路单，大型运输车辆和特种专用工程车辆应凭当日路单执行运输或作业任务；小型车辆应当凭当日（月）路单行驶，遇重大节假日，凭当日有效路单行驶；驾驶员按路单要求执行任务。

（2）执行 200km 以下任务的，各单位签发具有风险识别和消减措施的短途路单；执行 200km 以上任务的，签发"长途车辆审批表"和"长途车辆行驶令"。

3.2.2 长途车及 10 座以上客车管理

（1）应严格控制长途车辆派放，确需安排长途车辆的，逐级审批，并严格遵守下列规定：

①执行长途任务的专职驾驶员应具有 5 年以上安全驾驶经历，无严重违法记录。

②单位派放 200～600km 以内长途车辆的，由生产调度部门或基层车队负责对驾驶员进行安全教育、车辆检查、驾驶员确认，单位交通安全管理部门审核，主管领导审批；600km 以上长途车辆，经主要领导审批后，报油田交通安全管理部门备案；10 座以上客车执行 200km 以上长途任务时，按照 600km 以上长途车辆审批程序执行，并由车辆使用单位指定专人负责行驶过程中的安全监管；20 座以上客车原则上禁止执行 200km 以上接送任务。

③机关处（部）室和其他没有车辆的单位，安排有关人员外出执行任务需要派放长途车辆时，经处（部）室、单位领导同意，车辆管理单位负责"检查、教育、审批、备案"，用车部门或单位履行安全监督员义务。

（2）车辆所属基层单位主要管理人员要对管理的 10 座以上客车（含租赁客车）实行"安全承包"制，做到台台承包、重点监控、责任到人，承包人应定期对车辆和驾驶员进行安全检查、教育。

3.2.3 特种专用工程车辆管理

特种专用工程车辆指法律法规规定的特种车辆设备，或者安装固定有特种施工作业设备、仪器，且设备、仪器运行使用具有一定的危险性、涉及人身安全的专用工程车辆。具体包括汽车起重机、修井作业车、酸化车、压裂车、锅炉车、管汇车、钻机车、绞车、发电车、压风机车、测井仪器车、现场照明车、震源车等。管理要求如下：

（1）根据不同特种专用工程车辆的设备安全运行技术要求，制定完善安全操作规程。

（2）设备操作人员应熟知设备的性能和安全技术要求，持证上岗。

（3）施工作业时要放置警示标志，驾驶员应坚守岗位，发现异常情况及时通知相关人员采取应急措施。

3.2.4 危险货物运输车辆管理

（1）运输单位应具有《道路危险货物运输许可证》、车辆具有《危险货物道路运输证》，运输民用爆炸物品应同时办理《民用爆炸物品运输许可证》。

（2）车辆技术性能符合国家标准，定期进行检验；紧急切断装置、行驶记录仪、定位系统、安全防护、消防器材、静电拖地带、阻火器、危险品运输标志等齐全、有效。

（3）装卸过程中，关闭车辆电源开关，检查防静电接地，驾驶员现场监护，及时处置应急情况。

（4）运输过程中必须配备押运人员全程监管，按照指定路线行驶；禁止无资质车辆运输剧毒化学品。

3.2.5 生产作业区巡检用车管理

巡检车辆是由车辆管理中心提供车辆，采油（气）区、治保等兼职驾驶员驾驶，从事采油（气）井维护管理、治保防范的车辆。

（1）车辆管理中心与采油（气）厂等用车单位签订车辆安全协议，明确双方责任。

（2）采油（气）厂负责车辆的动态管理、检查、驾驶员教育等日常监控；定期分析、评估存在的交通安全风险，制定预防措施，加强管理。

（3）巡检车辆只限于在本单位采油（气）区、治保区域内执行巡检任务，不得挪作他用；车辆需要维修、加油、审验驶出采油（气）区、治保防范区域时，凭采油（气）区、治保主管领导签发的路单执行，做到一事一签。

（4）采油（气）厂每月配合车辆管理中心对车辆安全技术性能状况进行检查评估 1 次，发现问题及时进行维修保养；采油（气）区、治保每周进行检查评估 1 次，确保车辆本质安全。

（5）车辆管理中心对采油（气）区车辆停放、违法驾驶等情况，开展检查、网络查询，对检查情况每月通报至采油（气）厂，并报油田交通安全管理部门。

（6）车辆管理中心每月对采油（气）厂兼职驾驶员至少进行 1 次专项交通安全教育培训；发生事故，采油（气）厂要及时报告，车辆管理中心负责处理，双方配合开展事故调查。

3.2.6 节假日车辆管理

（1）节假日无工作任务的车辆实行"三交一封一定"（准驾证、车辆钥匙、行车证件上交，车辆固定封存停放）。

（2）车辆封存统计表于节假日前 1 日报油田交通安全管理部门备案；因生产需要启用封存车辆，应经单位交通安全管理部门审核、主管领导审批后，方可启用。

3.2.7 恶劣天气行车管理

（1）恶劣天气条件下应尽量减少派放车辆；确需派放车辆的，应安排专职驾驶员执行任务。

（2）恶劣天气条件下行驶，应降低车速、保持安全车距、正确使用灯光，必要时在安全地带停车等候。

（3）在沙漠地区行驶，应先进行沙漠驾驶培训，掌握迷路或抛锚后遇险救生的基本技能，经考核合格后方可单独驾驶。

3.2.8 其他类型车辆管理

（1）燃气（LMG、CMG）车辆单位要按时对有关压力部件进行检测；驾驶员要经过培训，熟悉操作规程，掌握车辆日常维护、检查、保养、停放和应急处置措施等有关要求，并做好个人安全防护；车辆停放位置应通风空旷，配备灭火器材，禁止烟火。

（2）单位不得向职工提供电动车、摩托车、自行车等作为上下班交通工具，不得安排私家车用于工作活动。

（3）公用电动车辆应明确责任人，负责日常使用和管理，上道路行驶时要符合法规、标准要求，遵守交通安全法规，做到安全驾驶。

3.2.9　承运商和租赁车辆管理

（1）按照"谁的业务谁负责"的原则，加强对承运商资质审核和日常监督考核，双方应签订安全协议，明确各自安全生产管理职责，发生事故，应按照承担责任追究业务发包方责任。

（2）承担油田危险货物运输的企业、人员应取得政府部门颁发的许可资质；有健全的安全生产管理制度和突发事件应急预案，配备专职安全管理人员。

（3）配备与运输危险货物性质相适应的安全防护、环境保护和消防设备；车辆和容器符合国家法规标准要求。

（4）租用单位要将租赁车辆和驾驶员纳入本单位交通安全管理范畴，签订合同时要明确安全责任，及时查处各种隐患，履行监督管理职责；对隐患不能及时整改或不服从管理的，要终止租赁合同。

3.2.10　大型搬迁、联合作业管理

（1）车辆进出搬迁现场要编队行驶，服从现场指挥；吊车操作人员应严格遵守吊车安全操作"十不吊"。

（2）运输超长、超宽、超高及超重货物时，办理相关手续，货物捆绑牢固，设置警示标志，派人跟车监护。

4　乘员与私家车驾驶员管理

（1）乘员乘坐车辆时，不得携带易燃易爆等危险物品上车，自觉遵守交通法规要求，做到文明乘车。

（2）带车人应为义务安全员，负责监督驾驶员安全驾驶、纠正违法、约束其他乘员配合驾驶员安全驾驶、紧急情况下打开安全逃生门、指挥乘员安全逃离危险区域。

（3）加强大中型客车义务安全监督员的应急能力培训，切实提升应急处置能力。

（4）大中型客车主要承担接送职工上下班任务，人员集中，安全逃生门处应设立义务安全监督员专座，车辆管理单位和使用单位要定期组织司乘人员开展应急逃生演练，熟练掌握应急器材的使用和防护逃生知识。

（5）私家车驾驶员应与所在单位签订"交通安全承诺书"，健全管理台账，定期进行交通法规教育培训；驾驶私家车辆禁止从事与工作有关的活动或驶入停放在生产区域；不得驾驶私家车辆、外借车辆接送职工上下班。

（6）加强私家车驾驶员管理，倡导安全出行，遇到特殊天气、节假日要及时提醒员工尽量少驾车或不驾车，乘坐公共交通工具出行，做到安全文明驾驶。

5　事故管理

（1）事故上报范围：凡油田车辆和租赁车辆在公共道路、生产厂区、作业场所内等发生的各类交通事故均应上报（事故等级按公安部划分的等级统计）。

（2）发生交通事故后，事故单位应立即向事发地公安机关报案，并在30min内将信息电话报告油田应急指挥中心办公室，1h内必须书面报告油田应急指挥中心办公室，同时报告交通安全管理部门，事故持续发展的，每半小时报告一次进展情况，处置结束后10h内进行终报，伤亡人数7日内有变化的及时补报；发生事故后不得隐瞒不报、谎报或拖延不报。

6 交通管理制度及记录

车辆单位及使用单位要建立交通安全管理制度、档案、台账，包括但不限于以下内容：

（1）交通安全管理制度及岗位责任制。

（2）机动车辆、驾驶员、交通事故档案。

（3）安全活动、隐患整改、教育培训、保险、私家车驾驶员、车载卫星定位监控等台账。

（4）有关单位结合实际制定专用铁道调车装卸安全管理制度和海（水）上船舶交通安全管理制度。

7 轮休（轮班）交通安全管理

业务承揽项目（基层单位）员工远离生活基地，按照轮休计划每间隔2~3月需往返项目所在地与生活基地之间，换班轮休人员的交通管理也是项目管理的重要内容。

（1）业务承揽项目部（基层单位）应准确掌握每次换班的人员信息，对人员进行出行前的安全告知，督促人员选择安全可靠的出行方式，并及时向单位生产调度室报告人员换班情况。

（2）不少于3人的出行团队应设立临时负责人，负责人应为路途义务安全员，负责监督驾驶员安全驾驶、纠正违法、约束其他乘员配合驾驶员安全驾驶、紧急情况下打开安全逃生门、指挥乘员安全逃离危险区域。

（3）业务承揽项目部（基层单位）每季度至少开展1次换班路途风险事故演练，并建立相关记录。

8 交通安全监督管理量化考核（表3-2-1）

表3-2-1 交通安全监督管理量化考核评分标准

序号	考核项目	检查考核内容	标准分	检查考核标准	扣分	得分
一	管理机构	1. HSE委员会有分管交通安全的领导，基层车辆管理单位HSE小组机构健全，各级人员职责明确； 2. 交通安全管理机构设置或专（兼）职交通安全管理人员配备情况	5	1. 没有明确分管交通安全领导、基层车辆单位HSE小组不健全、交通安全管理职责不明确的，每一项扣5分； 2. 没有交通安全管理机构或专（兼）职交通安全管理人员的，扣5分		

续表

序号	考核项目	检查考核内容	标准分	检查考核标准	扣分	得分
二	管理制度及台账	1. 单位交通安全管理制度制定、修订完善情况； 2. 建立机动车辆、准驾证、检查、隐患整改、私家车驾驶员、车辆动态监控台账情况； 3. 建立交通事故、保险档案情况； 4. 按照"一人一档、一车一档"建立驾驶员安全驾驶、车辆技术档案情况	15	1. 未及时制定、修订完善交通安全管理制度的，扣5分； 2. 未建立或没有及时更新机动车辆、准驾证、检查、隐患整改、私家车驾驶员、车辆监控台账的，每一项扣2分； 3. 未建立交通事故、保险档案或内容不完整的，每一项扣2分； 4. 未建立档案或内容未及时更新的，每一项扣2分		
三	日常管理	二级单位交通安全业务管理部门： 1. 油田的各项通知、交通安全活动落实情况； 2. 对驾驶员和其他人员的交通安全教育培训及交通安全责任目标书签订情况； 3. 承包车队领导的安全检查情况； 4. 落实长途车辆"检查－教育－审批－备案"情况； 5. 机动车辆注册、变更、转移、注销登记等落实情况； 6. 季度交通安全检查情况； 7. "三不"抽查情况； 8. 重大节日期间对无工作任务的车辆执行"三交一封一定"情况； 9. 车辆检验和驾驶证审验情况； 10. 交通基础资料建立及日常安全活动工作开展记录情况； 11. 利用网络对驾驶员违法违规查询监管情况； 12. 交通安全日常监管报表等资料的上报情况； 13. 租赁车辆和承运商的监督管理情况； 14. 车辆集中管理和监控系统安装使用情况； 15. 生产管理部门安排运输任务时风险识别情况； 16. 油区巡检车辆管理情况； 17. 交通法规、标准、制度执行落实情况	20	1. 未及时转发通知的，扣5分；未按照通知要求落实的，扣5分；未按要求时间上报材料的，扣5分； 2. 无交通安全培训计划、方案的，扣5分；没有按计划落实的，扣5分；驾驶员交通安全责任目标书人人签订，每年签订一次，未签订或不全的，一人扣2分； 3. 未定期到承包点检查的，扣5分；代替检查或签字的，扣5分；未查出问题的，扣2分； 4. 10座以上客车执行200km、其他车辆执行600km以上未按要求备案的，一台次扣2分； 5. 未按规定进行注册、变更、转移、注销登记或有挂靠车辆的，发现一台扣2分； 6. 季度检查通报无交通安全方面内容的，扣5分；查出的问题未及时整改的，每一处扣2分； 7. "三不"抽查每月至少进行一次，缺一次扣2分； 8. 未按规定封存的，每台扣2分；封存车辆统计表未按要求时间上报的，扣2分； 9. 车辆超期未检验继续使用的，一台扣5分；驾驶证记满12分或持有B1证以上记分未按时审验继续驾驶车辆的，一人扣5分； 10. 未按要求建立基础资料和日常安全活动无记录的，每缺一项扣2分； 11. 未开展网上查询或无查询记录的，扣2分； 12. 交通安全日常监管、车辆统计报表未报的，扣2分； 13. 引进资质不全或双方未签订安全协议的，扣5分；未监管的，扣5分； 14. 车辆未集中管理停放的，扣5分；未按要求安装车载卫星定位系统或安装后无法正常使用的，每一项扣5分； 15. 未进行风险识别、制定防范措施的，扣5分； 16. 未签订交通安全协议和不按时检查教育的，每一项扣5分； 17. 未按照法规、标准、制度等要求落实执行的，扣5分		

序号	考核项目	检查考核内容	标准分	检查考核标准	扣分	得分
三	日常管理	基层车辆管理单位： 1. 各项制度修订完善及有关通知落实执行情况； 2. 各岗位人员职责修订及时、职责明确； 3. 月度HSE小组工作会议执行情况； 4. 组织开展的安全活动内容具体、措施落实到位情况； 5. 周一安全活动、出车前风险识别、检查、安全教育持续有效开展情况； 6. 每月一次安全检查落实情况； 7. 领导承包检查和上级部门检查查出问题整改情况； 8. 驾驶员的安全教育培训情况； 9. 典型交通事故案例分析讨论会开展情况； 10. 交通基础资料建立及日常安全活动工作开展记录情况； 11. 车辆动态监控管理情况； 12. 执行大型搬迁运输保障任务领导跟车监护及3台车执行同一任务预案制定情况； 13. 危险货物运输车辆和驾驶员的资质管理情况； 14. 特种车辆日常管理情况； 15. 外部值班车辆监督管理情况； 16. 10座以上接送职工客车安全承包、应急逃生演练及义务安全监督情况； 17. 燃气（LMG、CMG）车辆、电动车管理情况； 18. 起重车辆、厂内机动车辆的管理情况； 19. 车辆维护保养制度落实情况； 20. 恶劣天气或重大节日及其他重要活动期间安全防范措施制定落实情况； 21. 油区巡检车辆管理情况； 22. 交通法规、标准、制度执行落实情况	20	1. 制度修订不及时、上级通知精神未传达到每名驾驶员学习落实的，每一项扣5分； 2. 未结合各岗位工作情况及时修订相应岗位职责的，扣2分；岗位职责不明确的，扣2分； 3. 每月召开一次HSE小组会议，对上月安全工作有分析总结，下月工作有部署，未召开的，扣5分；未开展风险识别分析的，扣5分；未制定防控措施的，扣5分； 4. 安全活动有方案、记录、总结，每缺一项扣2分； 5. 周一安全活动每周一次，缺一次，扣5分；出车前未开展风险识别、检查、安全教育或缺乏针对性的，扣5分； 6. 每月开展一次安全检查、路检夜查，有总结、查出的问题隐患有整改记录，每缺一项扣2分； 7. 查出问题或隐患未及时整改的，每一处扣5分； 8. 每季度对驾驶员进行一次交通安全知识教育培训，有培训记录、内容、人员签到、考卷，每缺一项扣2分； 9. 每月召开一次案例分析讨论会，分析原因，吸取教训，制定防范措施，每缺一项，扣5分； 10. 未按要求建立基础资料和日常安全活动无记录的，一项扣2分； 11. 无路单出车或私自出车、不能有效监控的，发现一次扣2分； 12. 领导未跟车监护、没有制定安全行车保障预案的，每项扣2分； 13. 车辆、人员未取得危险货物运输资质运输危险货物的，每项扣5分； 14. 违规载人、载货、违反操作规程或未按要求取证的，发现一次扣2分； 15. 车辆管理单位和被服务单位未履行监督管理责任的，扣5分； 16. 10座以上客车未承包到人的，一台扣5分；教育检查不落实的，一台扣2分；每半年组织一次司乘人员逃生演练，未开展的，扣5分；未落实义务安全监督员的，一台扣2分； 17. 违反操作规程或有关制度要求的，扣2分； 18. 未取得地方有关部门颁发的操作证或从业资格证驾驶操作的，扣5分； 19. 未开展"清洁、润滑、紧固、调整、防腐"等工作的，扣5分； 20. 未制定防范措施或制定未落实的，扣2分； 21. 车辆未经批准驶出巡检区域的，发现一台次扣2分；对驾驶员未开展教育的，扣5分； 22. 未按照法规、标准、制度等要求落实执行的，扣5分		

续表

序号	考核项目	检查考核内容	标准分	检查考核标准	扣分	得分
四	现场管理	1. 车场门禁制度执行情况； 2. 停车场、厂区道路交通信号设置情况； 3. 配电设施、用电设备的安全使用情况； 4. 车场、车库、维修工房（车间）的安全规范管理情况； 5. 车辆维修作业时安全防护措施落实情况； 6. 维修人员上岗时劳动防护用品穿戴情况； 7. 车辆的回场检查执行情况	10	1. 无值班人员值班的，扣5分；值班室电器设施一处不符合标准要求的，扣5分；对出入停车场车辆未登记的，一台扣2分； 2. 车场门口设限速标志，车场内设禁火、禁酒等标志，并施划停车线、安全通道线，放置停车看齐牌，厂区道路根据交通安全情况设置标志、标线等，每缺一项扣2分； 3. 配电设施做到可靠接地，用电设备做到"一机一闸一保护"，线路、工作灯符合标准要求，一项不合格的，扣5分； 4. 地面平整、无油污、无杂物、物品摆放符合安全要求，无易燃易爆危险物品等，一处不合格的，扣2分；消防设施齐全有效，并按期进行检查，一处不合格的，扣2分； 5. 车辆维修作业时，不拉手制动、不打掩木，更换保养轮胎、轮毂等不放置车辆防倾倒设施的，每一项扣5分； 6. 上岗时未穿戴劳动防护用品的，扣2分； 7. 未设置回场检查台的，扣2分；设置回场检查台车辆回场未检查的，扣2分；回场检查情况或查出问题无整改记录的，一项扣2分		
五	驾驶员与车辆管理	1. 驾驶员对道路交通安全法律、法规和油田交通安全管理制度掌握情况； 2. 驾驶油田车辆持有准驾证情况； 3. 对驾驶员日常违法违规驾驶监管情况； 4. 私家车驾驶员的管理情况； 5. 车辆安全设施的配置情况； 6. 车辆安全技术条件符合标准要求； 7. 车辆的证照管理情况	20	1. 随机提问驾驶员或对驾驶员考试，回答错误的，扣2分，考试成绩达不到90分的，一人扣2分； 2. 无准驾证驾驶油田车辆或租赁车辆的，扣5分；不按时参加考核审验继续驾驶车辆的，一人扣2分；驾车不携带准驾证的，扣2分； 3. 驾驶员违法超速、超员、超载、酒后、违规拉运危险物品等，发生一起扣5分；驾车不携带驾驶证，扣2分； 4. 未开展对私家车驾驶员教育的，扣2分；未签订交通安全承诺书的，一人扣2分；驾私车办公事或驶入生产区域的，一台扣2分； 5. 车辆必须配备灭火器、敲击锤（客车）、警示牌等安全设施，缺一项扣5分； 6. 车辆的转向、灯光、制动、传动等部位应符合《机动车运行安全技术条件》，有一项不符合要求的，扣5分； 7. 上道路行驶的机动车号牌保持清晰，行驶证、检验合格标志、保险标志等齐全有效，一项不合格的，扣2分		
六	交通事故管理	1. 交通事故的档案建立情况； 2. 发生交通事故后的报告、调查处理情况； 3. 交通事故应急预案的制定及演练情况	10	1. 交通事故档案应包括事故认定书、调解书、现场图、现场照片、保险理赔、对责任人的处理等内容，缺一项扣2分； 2. 发生交通事故后未按程序、时间上报的，扣5分；隐瞒不报、谎报、拖延不报的，扣5分；调查报告、交通事故认定书不及时上报的，扣5分；未按照"四不放过"处理的，扣5分； 3. 未制定交通事故应急预案的，扣5分；未定期演练的，扣2分		

说明：1. 因交通事故造成人员死亡、重伤的扣分直接从安全生产1000分中扣除。

2. 交通事故的伤残等级按照司法部、最高人民法院、最高人民检察院、公安部的有关规定执行。

3. 按照《公安部关于修订道路交通事故等级划分标准的通知》，道路交通事故分为四类：轻微事故、一般事故、重大事故、特大事故。

4. 交通事故责任分为全部、主要、同等、次要和无责任。

第三节　驻地营区食品安全及公共安全管理

公共安全，是指社会和公民个人从事和进行正常的生活、工作、学习、娱乐和交往所需要的稳定的外部环境和秩序。所谓公共安全管理，则是指国家行政机关为了维护社会的公共安全秩序，保障公民的合法权益，以及社会各项活动的正常进行而做出的各种行政活动的总和。涉及范围包括信息安全、食品安全、公共卫生安全、公众出行规律安全、避难者行为安全、人员疏散的场地安全、建筑安全、城市生命线安全、恶意和非恶意的人身安全和人员疏散等。其中，食品安全（food safety）指食品无毒、无害，符合应当有的营养要求，对人体健康不造成任何急性、亚急性或者慢性危害。根据世界卫生组织的定义，食品安全问题是"食物中有毒、有害物质对人体健康影响的公共卫生问题"。本文讨论的公共安全管理和食品安全是指企业或单位在业务承揽项目（基层单位）涉及的公共安全管理及驻地营区食品安全。

1　驻地营区食品安全

食品安全也是一门专门探讨在食品加工、存储、销售等过程中确保食品卫生及食用安全，降低疾病隐患，防范食物中毒的一个跨学科领域，所以食品安全很重要，应严格执行餐饮服务食品安全操作规范。

1.1　食品质量一般要求

食品（食物）的种植、养殖、加工、包装、储藏、运输、销售、消费等活动符合国家强制标准和要求，不存在可能损害或威胁人体健康的有毒有害物质以导致消费者病亡或者危及消费者及其后代的隐患。食品质量要求：

（1）有营养价值；易吸收。

（2）有较好的色、香、味和外观形状。

（3）无毒、无害，无防腐剂符合食品卫生质量要求。

1.2　餐厅管理要求

（1）岗位职工劳保上岗，护具齐全，岗位职工必须持健康证上岗，严格门禁制度，非岗位职工不能进入操作岗位。

（2）食堂操作间内应保持清洁、卫生、无杂物，设备设施应摆放整齐并留有安全操作空间。

（3）食堂操作间应铺设防滑胶皮。

（4）食堂必须建立健全卫生管理制度，必须对职工进行相关的食品安全培训。

（5）清洁剂、消毒剂、杀虫剂、润滑剂、燃料等物质应分别安全包装，明确标识。

（6）和面机、压面机、绞肉机、馒头机等设备要在醒目位置张贴操作规程。

（7）燃气使用完毕后，应关闭燃气阀门，燃气软管符合要求，长度不超过 3m。

（8）食堂安全的可燃气体报警器符合规范要求，且有联锁自动切断报警功能，灵敏可靠，每月检查一次，有检查记录。

（9）电烤箱、和面机、蒸饭车等电气设备须采用单独线路供电，同时加装漏电保护器，每次使用完毕，应及时切断电源，做好清洁保养工作。

(10)采购的食品原料应当查验供货者的许可证和产品合格证明文件；对无法提供合格证明文件的食品原料，应当依照食品安全标准进行检验。

(11)食品原料必须经过验收合格后方可使用。验收不合格的食品原料应在指定区域与合格品分开放置并明显标记，并应及时进行退、换货等处理。

(12)食品原料仓库应设专人管理，建立管理制度，定期检查质量和卫生情况，生熟食须分开存储，及时清理变质或超过保质期的食品原料。仓库出货顺序应遵循先进先出的原则。

(13)进入作业区域应规范穿着洁净的工作服，并按要求洗手、消毒；头发应藏于工作帽内或使用发网约束，不应配戴饰物、手表，不应化妆、染指甲、喷洒香水；不得携带或存放与食品生产无关的个人用品。

(14)餐具必须消毒，餐厅必须清洁卫生。

1.3 餐厅卫生管理

(1)工作人员必须经常保持仪表整洁，保持好个人卫生，勤洗手，勤修剪指甲，勤洗澡，勤洗换工作服，不得留长指甲、染指甲，工作时间不得佩戴戒指、手镯、耳环等。

(2)工作时间必须穿戴白色工作服、工作帽。

(3)工作人员每年进行一次健康体检，上岗前必须持有有效的健康证和卫生知识培训合格证。

(4)食堂要做好防腐烂、防霉变、防止蚊蝇鼠害工作，保证饭菜卫生。

(5)各种蔬菜等食品必须清洗干净，先洗后切，防止食物营养成分流失，餐具每天必须进行高温灭菌消毒。

(6)餐具、储藏室和厨房要定期进行彻底清洁和消毒处理，避免食物中毒和传染病流行。

(7)厨房各种用品、用具，用后必须及时清洗干净，摆放到指定位置。冰箱(柜)内存放物品要分袋存放，定期清理。

(8)食堂餐桌、地面，饭后必须及时进行清扫，保持餐桌、餐椅的干净整齐。

1.4 就餐管理

(1)员工用餐实行自助餐制度。

(2)就餐人员必须自觉排队，不得插队、替他人打饭，员工不得进入操作间打饭或动手拿取食物。

(3)就餐人员必须按自己饭量盛饭，杜绝浪费现象。

(4)食堂内要做到文明用餐，不得抽烟、随地吐痰及大声喧哗。

(5)就餐后，必须将自己碗中所剩饭菜残渣倒入垃圾桶内，餐具放到食堂指定地点，不得堆放在桌面上。

(6)爱护食堂公物，公共物品不得随便搬动或挪作他用，无故损坏食堂设备、餐具的，由本人照价赔偿。

(7)所有人员要严格按照项目部规定时间就餐，不得无故违反。

(8)禁止穿短裤、拖鞋进入餐厅就餐。

(9)严格禁止将饭菜、餐具带出餐厅。

(10)非项目部人员临时就餐，需要得到批准后凭就餐卡、签字就餐。外来就餐人员，一律通过项目部提前通知厨房准备。

（11）不得与服务人员发生争吵，出现问题可向项目部办公室反映解决。

1.5　食品采购、储存、索证管理制度

（1）采购人员所采购的食品务必须符合国家有关标准和规定，禁止采购下列食品：

①有毒、有害、腐烂、变质、酸败、霉变、生虫、污秽不洁、混有异物或者其他感性异常的食品、原料及调料。

②无检验合格证明的定型包装食品及调料。

③已过保质期的定型包装食品及调料。

④不符合标签规定的食品及调料。

⑤无动检证明的冷鲜肉系列。

⑥无资质的生产厂家或供应商带给的产品。

（2）采购运输食品的工具（车辆）务必持续清洁。

（3）储存食品的场所、设备要持续清洁，无毒斑、鼠迹、苍蝇、蟑螂。

（4）仓库通风要持续良好，与外界相通的门要设置防鼠版，地漏、地沟要设置防鼠网，孔径不大于6mm。

（5）仓库内禁止存放有毒有害物品及个人生活物品。

（6）食品要分类、分架、隔墙、离地存放，由专职或兼职食品卫生管理人员定期检查，并处理变质或超过保质期的食品；主食库要建有防鼠台，各类散装原料要用密闭的容器存放。

（7）采购食品时，应向供货商索取该批产品卫生检验合格证。

（8）采购鲜（冻）畜、禽、肉及其制品，应索取畜类兽医部门出具的兽医卫生检验合格证明。

（9）采购进口食品，应索取由进口食品卫生监督检验机构出具的卫生检验合格证明。

（10）采购员违反制度，造成经济损失或事故，由其个人负责赔偿，并根据有关规定追究法律责任。

1.6　食品卫生管理

（1）烹制菜品的原料符合卫生使用要求，外观新鲜无腐烂、无农药味。

（2）经洗涤切配程序的原料方可烹制。

（3）加工前检查肉类是否新鲜，有无异味、变色现象。

（4）当天未加工完的原料要及时存入冰柜内，加工的成品要加盖防尘、防蝇罩。

（5）炖煮肉类食品应烧熟煮透，中心温度大于70℃。

（6）调料缸内禁止混放调料，并持续外观整洁。

（7）严格按照原料、半成品和成品加工顺序操作，避免交叉污染。

（8）洗涤分设洗菜池、洗肉池、洗水产品池，做到专池专用，避免交叉污染。

（9）切配墩生熟分开，专墩专用，操作结束后，将墩、刀清洗干净，按要求存放。

（10）清真食具按要求专柜存放，操作时产生的废弃物及时放入垃圾桶内，并加盖。

（11）工作结束后将垃圾及时清倒，并将垃圾桶清洗干净。

（12）操作间原料不准落地存放，应摆放到货架上。

1.7　餐具消毒管理制度

（1）清洗餐具按照一洗、二消、三冲、四保的顺序操作。

(2)洗涤后的餐具、用具务必无水迹、无油迹、无食物残渣。

(3)按要求配比消毒液，对餐具消毒。

(4)消毒后的餐具及时放入保洁柜内，按规定摆放，防止二次污染。

(5)每次消毒完毕，将消毒设施冲洗干净。

(6)经常检查餐具、饮具的破损状况，对破损的要及时进行更换。

1.8　员工购买包装食品注意事项。

(1)注意看经营者是否有营业执照，其主体资格是否合法。

(2)看食品包装标识是否齐全，注意食品外包装是否标明商品名称，配料表、净含量、厂名、厂址、电话、生产日期、保质期、产品标准号等内容。

(3)看食品的生产日期及保质期限，注意食品是否超过保质期。

(4)看产品标签，注意区分认证标志。

(5)看食品的色泽，不要被外观过于鲜艳、好看的食品所迷惑。

(6)看散装食品经营者的卫生状况，注意有无健康证，卫生合格证等相关证照，有无防蝇防尘设施。

(7)看食品价格，注意同类同种食品的市场比价，理性购买"打折""低价""促销"食品。

(8)购买肉制品、腌腊制品最好到规范的市场、"放心店"购买，慎购游商(无固定营业场所、推车销售)销售的食品。

(9)妥善保管好购物凭据及相关依据，以便发生消费争议时能够提供维权依据。

1.9　食品安全卫生管理档案

(1)有专人负责、专人保管；

(2)档案应定期进行整理；

(3)档案资料：食品安全卫生许可证照申请基础资料、食品安全卫生管理机构、各项安全卫生管理制度、各种记录、个人健康、卫生知识培训、索证资料、餐具消毒自检记录、检验报告等。

2　驻地营区公共安全

宿舍管理要求：

(1)用电、防火消防等内容齐全。

(2)值班人员每天巡回检查，有记录。

(3)建立宿舍电气消防教育制度和巡回检查制度，定期组织防火教育。

(4)宿舍灯具、插座、开关等必须使用符合国家标准的合格产品。

(5)宿舍内热水器壳体密封良好无渗漏；机体漏电保护装置触发灵敏。

(6)线路铺设规范，接头无松漏。

(7)漏电保护器触发灵敏，接地线路连接无松动，烟雾报警器正常，安全负责人每月触发实验按钮一次。

(8)员工宿舍内无禁用的高功率用电器；无私拉乱接电线现象。

(9)人员离开时关闭房间内电器电源，无长明灯。

(10)员工宿舍禁止存放易燃易爆物品(如烟花爆竹、汽柴油)。

（11）宿舍区域明显地方设置紧急逃生标志；逃生通道禁止摆放杂物，保持通道畅通。

（12）员工宿舍区域内灭火器按要求配备齐全，每半月进行一次灭火器检查并填写检查卡。

（13）严禁在宿舍内使用热得快、电热棒、电炉子、太阳灯、电饭锅等大功率电器，禁止在宿舍做饭烧水。

3 公共安全

业务承揽项目场站及生活基地距离管理基地较远，多分布在远离人群聚集的荒凉的地点。企业应依据国家及集团公司公共安全相关管理规定，依据《中国石化境内公共安全风险评估规范（试行）》等规定确定所属管道系统部位的治安风险等级，建立人力防范、实体防范、技术防范相结合的机制，提升安全防范水平。

3.1 油田企业安保风险级别

参照《中国石化境内公共安全风险评估规范（试行）》进行安保风险评估，依据评估结果确定企业安保风险部位的安保风险级别。

3.1.1 一级风险

（1）《石油天然气工程设计防火规范》（GB 50183）中划分的一级、二级油品站场。

（2）《石油天然气工程设计防火规范》（GB 50183）中划分的三级及以上天然气站场。

（3）油气田公司级调度指挥中心。

（4）重要储油（气）库。

（5）油气处理、净化站场。

（6）危险化学品库、放射源库、民用爆炸物品库。

（7）重点防范区域的固定生活及办公场所。

3.1.2 二级风险

（1）《石油天然气工程设计防火规范》（GB 50183）中划分的三级、四级和五级油品站场。

（2）《石油天然气工程设计防火规范》（GB 50183）中划分的四级和五级天然气站场。

（3）除上述3.1.1规定以外的调度指挥中心。

（4）除上述3.1.1规定以外的储油（气）库。

（5）发电厂、变电站。

（6）水源地。

（7）信息中心、通信站。

（8）供热站。

（9）净化水厂。

3.1.3 三级风险

（1）有人值守的单井及单井站场。

（2）单井管道重点防范部位。

安全防范级别由高到低划分为一级、二级和三级。评估部位的安全防范级别应与该部位治安风险等级相适应，即一级风险部位应满足一级安全防范要求，二级风险部位应不低于二级安全防范要求，三级风险部位应不低于三级安全防范要求。

3.2 安保防范原则

（1）企业应按照安保风险级别采取对应的安保防范措施。

（2）安保防范措施应坚持管理、人防、物防、技防相结合的原则。

（3）技术防范系统应考虑环境适应性，符合《安全防范工程技术规范》（GB 50348）中关于环境适应性的规定。

（4）新建、改建、扩建工程必须落实反恐防范的"三防"措施，与主体工程同时设计、同时施工、同时投入生产和使用，反恐防范工程建设应严格按照《安全防范工程程序与要求》（GA/T 75）和《安全防范系统验收规则》（GA 308）执行。

（5）坚持安保防范常态与非常态相结合的原则，在常态安保防范措施的基础上，实行非常态时期安保防范措施升级。

（6）企业所管辖的集输管道的安保防范应严格按照《石油天然气管道系统治安风险等级和安全防范要求》（GA 1166）执行。

（7）常态防范条件下，涉及费用按规定执行，非常态防范条件下，根据实际情况特殊解决。

（8）企业应与属地公安机关建立日常联系机制，了解当地社会民情、治安状况和反恐形势等情况。

3.3 常态防范要求

3.3.1 管理要求

（1）制定并落实值守、巡查、备勤、教育、培训、检查、考核、奖惩、安保设备设施维护保养、演习和训练、人员安全背景审查、人员及车辆来访和应急程序等公共安全工作规章制度，专/兼职保卫人数应符合属地政府反恐防范工作要求。直属企业成立公共安全工作领导机构及必要的辅助机构，配备专职工作人员。

（2）定期通过评估、巡护、检查等形式，针对管理和现场等开展多环节、全方位的公共安全隐患排查，并及时治理隐患。

（3）一级安保风险部位应建立风险部位管理档案，包括名称、地址或位置、风险等级、负责人、现有人防、物防、技防措施等。

（4）公共安全工作经费纳入财务预算管理，明确开支范围、审批程序、监督检查等要求。

（5）应落实技防、物防设施的建设和维护，与生产经营同部署、同落实、同检查、同考核。

（6）加强员工教育和培训，将公共安全培训工作纳入企业教育培训计划。

（7）发生公共安全事件要严格遵守信息报告制度，不得迟报、漏报、谎报、瞒报。

（8）建立举报奖励制度，根据案件性质、挽回损失情况等实施奖励。

3.3.2 人防要求

3.3.2.1 常态三级人防要求

（1）定期组织员工进行安保培训教育。

（2）对安保风险部位进行巡逻，巡逻周期不大于 12h。

（3）应将风险目标防护基本情况及时与属地政府及相关部门沟通，建立联防、联动机制。

（4）应对可能发生的公共安全事件制定应急预案，并定期开展应急演练。

（5）主动争取当地公安机关和相关部门的支持，对外来施工及服务人员进行严格的安全背景审查。

3.3.2.2　常态二级人防要求

在满足常态三级人防要求的基础上，执行以下要求：

(1)设置安保巡查队，巡逻周期不大于4h。

(2)执行人员出入登记制度，对进入风险部位的非本单(部)位人员，实行从进入到离开的全过程跟踪管理。

(3)每年至少组织一次专门的安保防恐宣传和培训。

3.3.2.3　常态一级人防要求

在满足常态二级人防要求的基础上，执行以下要求：

(1)出入口设安保岗位。

(2)实行24h保卫制度，保卫人员巡逻周期不大于2h。

(3)油气田外输管道应配备专职巡查、巡护人员，巡逻周期不大于12h。

(4)在高风险区域应当设置突发事件应急避难场所。

3.3.3　物防要求

3.3.3.1　常态三级物防要求

(1)配置对讲机等通信装备、橡胶(木)棒等防卫装备、灭火器等消防器材。

(2)应建实体围墙(栏)，区域较大的野外临时作业应设置警戒线或警戒区域。

(3)周界出入口应设置固定式硬隔离桩(墩)。

(4)周界的门、窗应达到防撬、防盗、防投掷要求。

(5)无人值守区域应达到封闭化管理的相应要求。

(6)重点区域加装警示标志与标识。

3.3.3.2　常态二级物防要求

在满足常态三级物防要求的基础上，执行以下要求：

(1)配置个人一次性高效防化口罩(采用OPHC2复合生物酶降解技术)、防爆头盔等防护装备。

(2)周界防护墙(栏)高度不低于2.5m，围墙(栏)上加装铁丝网或刀片刺网，高度应不低于1m，围墙外围增加缓冲区。

(3)周界入口大门前应增设破胎器(阻车钉)。

3.3.3.3　常态一级物防要求

在满足常态二级物防要求的基础上，执行以下要求：

(1)周界出入口处应安装与出入口控制系统联动的防撞柱、破胎器等实体阻挡装置。

(2)应配置个人手持防化洗消喷剂(采用OPHC2复合生物酶降解技术)。

3.3.4　技防要求

3.3.4.1　常态三级技防要求

设置视频监控系统，对监控区域进行24h实时监控。

3.3.4.2　常态二级技防要求

在满足常态三级技防要求的基础上，执行以下要求：

(1)安保风险重点部位(例如场所出入口、围墙及转角处、主要通道等重点风险处；油罐区、油品装卸区、压缩机房、泵房、变配电间、中心控制室等重点生产区域处；位于重点防护区域的管道阀池等)应安装高清视频监控系统，监控画面上应有摄像机编号、时间和日期显示，且视频图像保存不少于 90d。视频监控系统宜具有远程联网功能，能将报警图像上传远程监控中心，远程监控中心能远程查看现场实时图像，并能检查设备运行状况。视频安防监控系统应符合《视频安防监控系统技术要求》(GA/T 367)的规定。

(2)设置具备防拆、开路、短路报警，以及自检、故障报警、断电报警功能的周界报警系统，实现对防护区域的无盲区连续监控。周界报警系统传输线路的出入端线隐蔽设置，并设有保护功能。中心控制室设置声、光显示，周界报警系统对入侵事件报警后，能准确指示发出报警位置。周界报警系统应与视频监控系统联动，实现对入侵报警进行图像复核。

(3)值班室应安装一键报警装置或警铃(手摇报警器)，安装位置应易于报警；应配置有线和无线通信设备，确保 24h 通信畅通。

(4)生产区域和作业工地等封闭化管理的重要部位入口门岗处应配置手持金属探测器，人流量达到 500 人/天以上的宜增设通过式金属探测门。

3.3.4.3 常态一级技防要求

在满足常态二级技防要求的基础上，执行以下要求：

(1)设置出入口控制系统(具备自动记录、打印、存储、防篡改和防销毁等功能)，能实现对被设防区域的位置、通过对象及时间等进行实时和多级程序控制，并具备报警功能。出入口控制系统应与安全技术防范系统监控中心联网，满足监控中心对出入口控制系统进行集中管理和控制的要求。出入口控制系统应符合《出入口控制系统技术要求》(GA/T 394)的规定。

(2)出入口控制系统应与消防报警系统联动，如遇突发事件，能及时开启紧急逃生通道。

(3)对重点外输原油管道安装具备定位功能的在线泄漏监测系统。

(4)重点防范区域可试验论证使用无人机主动防御系统。

3.4 非常态防范要求

非常态时期应在升级常态防范要求的基础上，执行以下要求。

3.4.1 管理要求

(1)对重点安保风险部位实施定点联系承包责任制和领导干部现场带班制度，加强重点安保风险部位的安保防范工作。

(2)加强对物防、技防措施的检查与维护，确保无安全隐患。

(3)加强新闻舆论的正面引导，建立舆情应对和新闻发布机制，及时通报重特大案(事)件和相关工作信息。

(4)构建情报信息搜集网络，加强与政府部门和企业之间的联动沟通，建立信息分析、研判和评价决策机制。

(5)与上级部门建立实时的沟通与联系，及时向上级部门报告安保工作信息。

(6)新疆及环北京地区按照属地政府要求配备动物防范。

3.4.2 人防要求

(1)根据属地政府要求，在常态防范基础上增派一定数量的安保力量。加强与属地政府及相关部门的联防、联动。

(2)安保防恐工作部门负责人带班组织防范工作，其他人员 24h 通信畅通。

（3）发布预警，设置警戒区域，关闭非主要出入口，加强对出入库区、站场的人员、车辆所携带物品的监督检查，限制无关人员、车辆进出。

（4）成立应急处突和物防、技防设施抢险抢修队伍，实行24h待命。

（5）组织专人收集、通报情况信息，保持指挥通信畅通。

（6）做好其他应急响应准备工作。

3.4.3 物防要求

（1）做好消防设施、救援器材、应急物资的应急储备工作，并加强检查和维护，确保随时调用。

（2）加强对物防设施的检查和维护，确保无安全隐患。

（3）加强对出入各安保风险部位的人员、车辆所携带物品的监督检查，限制无关人员、车辆进出。

（4）周界主出入口防冲撞装置、破胎器等实体阻挡设施均设置为阻截状态。

3.4.4 技防要求

（1）根据属地政府要求，增加必要的技防措施。

（2）加强对技防设施、设备运转情况的检查，确保运转正常。

3.4.5 治安区域协作要求

（1）完善治安区域综治协作机制，拓展"大治安、大稳定"格局。

（2）各单位融入区域协作，实现技防共享、人防联动、警企联动。

（3）协作单位密切配合，协同作战，构建"合作、参与、共赢"协作架构。

3.5 应急处置

（1）发生公共安全突发事件，应第一时间报警，立即启动应急预案。

（2）按应急预案规定的程序进行处置，防止事态进一步扩大。

（3）对重点区域重点防护，特别是防止人员密集场所、关键装置及重点要害部位遭到破坏。

（4）对公安机关、武警部门参与处突的公共安全事件，积极协助公安、武警部门进行处置。

第四节 驻外员工心理监测及健康管理

油田企业驻外员工长期远离油田生活基地，以宿舍、站场"两点一线"的模式开展工作和生活，员工工作压力大、业余生活相对单调，健康管理更是面临较大困难。因此，必须采取可行且有效的措施，预防和减少非生产性死亡事故事件的发生，保障员工健康权益，促进员工全面健康。

1 健康管理难点分析

（1）油田外派员工驻地点多、面广，统一管理难度大。驻地遍布全国十多个区域，包括吉林、新疆、内蒙古等边远省份，四川、重庆、贵州等崇山峻岭地区，以及广东、广西、海南等气候异常炎热工区。部分地区自然环境恶劣，员工受高温、严寒、风沙等影响大。

（2）用工结构不合理，员工接害年龄偏大，平均年龄 46 岁，患慢性病者比例高，健康风险加大。据统计，××分公司 2020 年接害人员体检结果显示，参加职业健康体检的人员 1170 人，体检指标完全正常的仅有 1 人，健康风险高。

（3）业务承揽项目分散，各工区生活服务设施配备不能完全适应驻外生活需要，大部分驻外员工远离家庭和亲人，工作时间长、任务艰巨紧张、压力大，业余生活单调、枯燥，容易导致职业性抑郁、焦虑，且缺少心理调适专业人员，不易开展心理调查和测评。

（4）职业危害因素多，普遍存在噪声、高温、工频电场、粉尘等多种职业病危害因素，部分工作区域接触的职业病危害因素多达 10 余种，包含硫化氢、氨、一氧化碳、盐酸、二氧化硫等高毒物质，对员工健康潜在威胁大。

2　管理原则与思路

以做好职业健康管理为基础，保障驻外员工身体健康和心理健康，预防职业危害，减少身体损害。

2.1　驻外员工健康管理原则

（1）依法合规、以人为本原则。全体员工应当严格执行国家及驻在国法律法规规定的各项要求，依法履行职业病防治、劳动保护等与健康相关的责任。岗位上以预防或减少职业危害为核心，按时对各项健康指标进行监测，预防非生产性死亡事故发生。

（2）预防为主、防治结合原则。注重各种健康危险因素源头管控，优先采用工程技术措施降低职业性有害因素浓（强）度和员工劳动强度，动态监控重点危险因素和重点场所，促进员工自我健康管理。定期开展职业健康体检，有针对性地开展体质测试、心理测试，及时掌握员工身体、心理指标。

（3）多措并举，健康促进原则。有针对性地开展文体等娱乐活动，舒缓员工工作压力，减少职业紧张。

2.2　驻外员工健康管理思路

（1）做好预防性管理。重点做好工作场所职业病危害因素检测、职业健康监护、个体劳动防护用品配备、健康知识宣教培训。

（2）普及岗位员工应急医疗救护知识。重点做好心肺复苏术、自动体外除颤仪（AED）使用、突发急症处置等培训，提高岗位应急自救互救能力。

（3）做好员工健康促进，改善员工健康环境。不间断对职业病危害因素超标场所开展治理，降低危害浓度（强度），减少健康危害。

3　对外员工健康管理具体措施

3.1　健全健康管理组织网络

坚持"员工至上，生命第一"的原则，明确要求各驻外项目部成立员工健康管理基层组织，将党建管理融入健康管理中，及时掌握员工思想动态，化解健康风险。驻外单位、各项目部党政正职为第一责任人，配备专兼职人员负责健康管理，健全健康管理档案、教育培训档案、个体劳动防护用品档案。

3.2 定期开展职业健康检查

3.2.1 坚持健康监护初心

对接触职业病危害的员工开展岗前、在岗期间及离岗时职业健康检查，及时掌握员工身体状况，及时发现职业损害、职业禁忌证及疑似职业病患者，并开展岗位适应性评价，对员工身体状况开展评估和管理。

3.2.2 体检项目优化

通过对员工接触职业病危害因素、气田常见病多发病及预防非生产性死亡的要求，对员工职业健康体检项目不断优化，探索优化采用"1＋1＋X"的体检模式。

(1)职业健康必检项目，即1。依照员工接触职业病危害因素及《职业健康技术规范》(GB 188—2014)要求，包括：内外神经科检查、血常规、尿常规、心电图等15项必检项目。

(2)预防非生产性死亡必检项目，即1。结合集团公司、油田等有关非生产性死亡的有关要求，包括：心脏彩超、颈动脉彩超、动脉硬化检测等5项必检项目。

(3)选检项目，即X。依据普光气田常见的甲状腺、幽门螺旋杆菌等常见病、多发病要求，制定针对消化系统、占位性病变等11项选检项目，员工自主选择，更具有针对性、人性化。

3.2.3 过程质量控制

(1)体检人员体检前，应做好体检信息维护，做到人像采集、上岗证、身份证"三合一"，确保应查尽查。

(2)做好体检前的生化实验室数据比对，同一个样品与另外两家医院开展结果比对，确保数据误差率小于5%。

(3)安排专门人员协调，分析当天体检人员体检结果。

(4)体检设备须经有资质的单位计量检定合格，设备完好率100%、检定率100%。

(5)确保接触噪声作业的岗位人员脱离岗位48h以上开展电测听测试。

3.3 健康关注人员管理

3.3.1 健康关注人员识别标准

(1)高血压、冠心病、风心病、肺心病、高血糖、脑卒中、外周动脉疾病、肾脏疾病、身体占位性病变、支架下入等疾病员工。

(2)具有职业紧张、抑郁症、神经症等严重心理疾病员工。

3.3.2 管控措施

(1)利用智能信息化平台，对员工实施"四色"动态管理，建立"一人一档"的健康档案并每月实时更新，健康指标对比分析。

(2)实施关注人员分级管控方式：①针对三级以上高血压、支架下入等高危人员，公司专门组织人员每月开展"面对面"健康随访，及时掌握健康状况，并指导合理用药，档案用红色。②针对二级以上高血压、冠心病等重点关注人员，由各项目部(基层单位)定期开展随访，公司不定期抽查，档案用橙色。③针对一级以上高血压等一般关注人员，由项目部(基层单位)开展随访，各单位不定期抽查，档案用黄色。③体检正常人员档案用绿色。

(3)有针对性开展"一对一"健康教育，有目的、个性化地开展健康促进工作，最大程度促进重点关注人员健康。

(4)开展健康讲座，引导员工改变不良生活习惯。

（5）邀请驻地市医院，对重点关注人员开展体检报告解读、现场诊断及健康咨询活动。

3.4 个体劳动防护用品配备

（1）根据员工接害因素，为员工配备正压式空呼、个人专用面罩、便携检测仪、防尘口罩、耳罩及工服等个体防护用品，酸碱作业场所配备护目镜；硫黄粉尘作业场所，配备KM95 以上防尘口罩；噪声超标场所，配备耳罩并定期检测。

（2）委托第三方有资质的单位开展产品质量抽检，确保个体劳动防护用品质量。

（3）定期委托有资质的单位，为员工空呼面罩及检测仪等个体防护用品，开展清洗消毒及仪器标定。

3.5 设置健康驿站

在人员较为集中的区域，设置健康驿站。健康驿站集简易健康检查、健康知识宣教、健康档案建立完善、应急医疗救治、心理疏导等功能于一体。

3.6 员工健康促进工作

以开展群众性活动为手段，减轻员工压力、提高员工体质。一是坚持组织徒步等广泛参与的群众活动，增强员工的集体凝聚感和团队协作意识；二是举办太极拳、健身操、勾技等多种形式的文体活动，提升员工的幸福感；三是定期对员工家庭进行随访，了解员工思想动态。

4 心理健康干预

为了加强对员工心理健康风险的控制，需要实施有效的心理干预措施，减轻员工工作生活压力，增进心理健康，增强对组织的归属感。

4.1 EAP 服务的优势

EAP 即员工心理援助计划（项目），又称全员心理管理技术，是由组织为员工设置的一套系统的、长期的福利综合性的服务项目。这套项目通过专业心理学工作者对组织的诊断和建议，以及对员工和直系亲属提供的专业咨询、指导和培训，旨在帮助和改善组织的环境和氛围，解决员工及亲属的各种心理和行为问题，提高员工在组织中的工作绩效。

EAP 能够很好地体现组织人文管理的精神：关注人、尊重人、注重人的价值、帮助人面对困难、开发潜能，以及保持人的心理健康和成熟，促进组织全面发展。其内容包括压力管理、职业心理健康、裁员心理危机、灾难性事件、职业生涯、健康生活方式、法律纠纷、心理养生、拓展训练等各个方面。

4.2 EAP 服务体系建立

为构建高效、迅捷的 EAP 服务体系，依据公司现状，设立专职 EAP 岗位，各项目部（基层单位）优选兼职人员参与，由公司工会统一管理，建立以 EAP 服务中心为核心，基层 EAP 服务站（室）为服务点，以项目部（基层单位）党政工团为推手，由 EAP 骨干与志愿者相结合的"4S 润心"服务体系，即 Summy（阳光）、Safety（安全）、Smile（微笑）、Smart（敏捷）的服务体系，使员工心理调节就近随时、人文关爱有家园有超市。

4.3 EAP 服务模式

在日常运行中，采取"请进来 走出去 邀进来"的服务模式，即邀请 EAP 专业团队提供技术支撑，为驻外项目部提供人员培养、技术更新迭代，确保 EAP 服务落地，符合业务承揽项目发展需求；通过驻区服务或"点餐式"服务，将 EAP 服务送到一线员工、项目部（基层单位），满足员工精神需求；邀请基层班站根据自己生产经营、日常管理需求，进入服务中心接受专项、专属服务。从而形成了融合思政，结合安全、团队建设、危机干预、心态提升、家庭生活等六个方向，企业、家庭、员工三个层面的核心服务内容。

第五节 应急医疗救护与现场急救

应急医疗救护是一项系统工程，包括应急医疗点的确定、应急医疗用品的配备、检查、培训等预防性应急医疗响应，还包括常见典型慢性疾病紧急救护、生产现场常见伤害救护、心肺复苏术等驻外员工现场处置急救技能，是驻外项目部（基层单位）保障员工职业健康的基础。

1 应急医疗救护系统

以××公司应急医疗救护系统为例，简要介绍应急医疗救护系统的建设。

1.1 应急医疗救护系统设置原则

（1）快速、及时救治；

（2）根据场所内员工分布情况，合理设置应急救护点；

（3）依据接触职业病危害因素与危险因素，科学配备应急用品；

（4）由低到高，逐级启动救护程序；

（5）提高岗位员工应急救护技能。

1.2 应急医疗用品配备点

根据××公司工作场所人员集中情况、职业病危害因素和生产安全危险因素，划分含硫化氢工作区、非含硫化氢工作区及人员集中公共区三类场所进行分类配备应急医疗用品，同时满足预防性应急医疗救护和员工应急救治技能培训的双重目的。明确专门部门和人员负责对应急医疗用品配备点进行日常管理和应急用品的检查、维护以及更换。

1.3 应急医疗用品配备种类

（1）三类应急医疗用品配备点配备不同种类的应急医疗用品，突出针对性适用性。一般包括治疗硫化氢、氨急性职业中毒、蛇咬伤、外伤等急救药品，以及自动除颤仪、氧气瓶、呼吸气囊、担架、剪刀等急救器材。无人值守站场可配备满足蛇咬伤、心脑血管病等紧急救治的应急药品，数量可比有人值守站适当减少。配备种类见表 3-2-2~表 3-2-4。

（2）应急医疗用品配备及管理注意事项：

①岗位人员都应熟练掌握应急医疗用品的用途和使用方法；

②建章立制，明确非急救情况不得动用应急医疗用品；

③妥善保管急救药箱，应放于通风干燥处；

④医疗急救设备应置于方便取用地方，并保持卫生干净；

⑤急救用的氧气瓶应每周检查 1 次瓶内氧气压力，做好检查记录，压力不够时及时补充，氧气瓶及压力表由直属单位负责按照年限进行检定。氧气压力不够或过期时，应及时向本单位汇报并负责联系有资质的单位充装或更换。

表 3 - 2 - 2　涉硫作业场所应急医疗用品配备标准

药品类别	名称	数量	用途	备注
急救器材	4L 氧气瓶	2 个	中毒、昏迷、呼吸困难时使用	
	钢制担架	1 个	抬不能行走的病人使用	
	急救药箱	1 个	装急救药品和急救器材使用	
	手术剪刀	1 把	剪医用敷料使用	
	镊子	1 把		
	简易呼吸气囊	2 个	对有害气体中毒人员进行人工呼吸	
	体温计	1 个	测量体温使用	
	止血带	4 根	对四肢大出血病人进行止血	
	电子血压计	1 台	用于血压的测量	
外伤包扎类	医用三角巾	2 个	包扎头部、背部伤口	
	医用胶布	2 卷	包扎伤口	
	医用绷带	2 卷	对伤口进行固定包扎	
	创可贴	2 盒	用于止血，对小的创伤进行简单包扎	
	夹板	2 个	用于固定骨折部位	
	医用纱布	2 包	用于包扎伤口	
	医用棉签	2 包	用来蘸酒精、碘伏对创面进行消毒	
	一次性医用纱布垫	2 包	用于较大伤口的填塞	
硫化氢抢救药品	地塞米松磷酸钠注射液	10mg 10 支	硫化氢中毒抢救使用	处方药
	氢化可的松注射液	10mg 10 支	硫化氢中毒抢救使用	
	注射器	5mL 2 支	硫化氢中毒抢救使用，紧急情况下，无须消毒，直接将药物注射到职工上臂三角肌或者臀大肌	
外用消毒类	生理盐水	2 瓶	供给电解质和维持体液的张力、清洁伤口和换药	
	酒精	2 瓶	用于伤口消毒、消炎	
	碘伏	2 瓶	用于伤口消毒、消炎	
眼药水	氯霉素眼药水	2 支	用于沙眼、结膜炎、角膜炎、眼睑缘炎	
止血类	云南白药胶囊	2 盒	用于化瘀活血止痛，消肿。用于跌打损伤，瘀血肿痛及软组织挫伤，闭合性骨折	
心血管药物	硝酸甘油片	1 瓶	用于冠心病，心绞痛的治疗及预防，也可用于降低血压或治疗充血性心力衰竭	
	速效救心丸	2 盒	行气活血，祛瘀止痛，增加冠脉血流量，缓解心绞痛。适用于冠心病，心绞痛	
	硝苯地平缓释片	1 盒	钙离子拮抗剂，抑制心肌收缩、扩张血管、降低循环阻力，达到降低血压、改善心绞痛的功效	
烧烫伤类	湿润烧伤膏	1 支	用于烫伤，烧伤	
消炎腹痛类	氟哌酸	2 盒	用于腹泻等	
抗过敏类	西替利嗪片	1 盒	缓解各种过敏症状	
解痉平喘类	沙丁胺醇气雾剂	1 盒	预防和治疗支气管哮喘或喘息型支气管炎	
蛇咬伤类	季德胜蛇药	2 盒	用于治疗蝮蛇、竹叶青、眼镜蛇、银环蛇、五步蛇咬伤	非处方药
解热镇痛类	对乙酰氨基酚片	1 盒	缓解头痛、发烧等症状	

备注：对于视屏作业人员，应配备润洁滴眼液，根据需求进行配备。

表 3 - 2 - 3　非涉硫作业场所应急医疗用品配备标准

药品类别	名称	数量	用途	备注
急救器材	4L 氧气瓶	1 个	中毒、昏迷、呼吸困难时使用	
	钢制担架	1 个	抬不能行走的病人使用	
	急救药箱	1 个	装急救药品和急救器材使用	
	手术剪刀	1 把	剪医用敷料使用	
	镊子	1 把		
	简易呼吸气囊	1 个	对人员进行人工呼吸	
	体温计	1 个	测量体温使用	
	止血带	4 根	对四肢大出血病人进行止血	
	电子血压计	1 台	用于血压的测量	
外伤包扎类	医用三角巾	2 个	包扎头部、背部伤口	
	医用胶布	2 卷	包扎伤口	
	医用绷带	2 卷	对伤口进行固定包扎	
	创可贴	2 盒	用于止血,对小的创伤进行简单包扎	
	夹板	2 个	用于固定骨折部位	
	医用纱布	2 包	用于包扎伤口	
	医用棉签	2 包	用来蘸酒精、碘伏对创面进行消毒	
	一次性医用纱布垫	2 包	用于较大伤口的填塞	
外用消毒类	生理盐水	2 瓶	供给电解质和维持体液的张力、清洁伤口和换药	
	酒精	2 瓶	用于伤口消毒、消炎	
	碘伏	2 瓶	用于伤口消毒、消炎	
眼药水	氯霉素眼药水	2 支	用于沙眼、结膜炎、角膜炎、眼睑缘炎	
止血类	云南白药胶囊	2 盒	用于化瘀活血止痛,消肿。用于跌打损伤,瘀血肿痛及软组织挫伤,闭合性骨折	
心血管药物	硝酸甘油片	1 瓶	用于冠心病,心绞痛的治疗及预防,也可用于降低血压或治疗充血性心力衰竭	处方药
	速效救心丸	2 盒	行气活血,祛瘀止痛,增加冠脉血流量,缓解心绞痛。适用于冠心病,心绞痛	
	硝苯地平缓释片	1 盒	钙离子拮抗剂,抑制心肌收缩、扩张血管、降低循环阻力,达到降低血压、改善心绞痛的功效	
烧烫伤类	湿润烧伤膏	1 支	用于烫伤,烧伤	
消炎腹痛类	氟哌酸	2 盒	用于腹泻等	
抗过敏类	西替利嗪片	1 盒	缓解各种过敏症状	
解痉平喘类	沙丁胺醇气雾剂	1 盒	预防和治疗支气管哮喘或喘息型支气管炎	
蛇咬伤类	季德胜蛇药	2 盒	用于治疗蝮蛇、竹叶青、眼镜蛇、银环蛇、五步蛇咬伤	非处方药
解热镇痛类	对乙酰氨基酚片	1 盒	缓解头痛、发烧等症状	

表 3 - 2 - 4　公共场所应急医疗用品配备标准

序号	药、物品	规格	配备数量	使用说明	备注
1	体温计	个	1	测量体温	
2	止血带	根	1	用于四肢外伤严重出血的捆扎止血	
3	医用绷带	卷	1	外伤伤口缠绕包扎	
4	创可贴	贴	20	小型外伤伤口包扎	
5	医用纱布	包	1	外伤伤口覆盖包扎	
6	医用棉签	包	1	用于伤口消毒	
7	酒精	瓶	1	皮肤与伤口消毒	
8	云南白药胶囊	盒	1	用于跌打损伤，淤血肿痛，外伤出血以及溃疡病止血	处方药
9	速效救心丸	盒	1	用于冠心病，心绞痛发作	
10	西替利嗪片	盒	1	缓解各种原因所致的过敏症状	
11	对乙酰氨基酚片	盒	1	退烧及缓解轻中度疼痛	非处方药

1.4　应急医疗救护响应

建立三级应急医疗救护机制：公司医疗救护站为一级应急医疗救护响应，属地××县人民医院为二级应急医疗救护响应，属地××市中西医结合医院、××市中心医院为三级应急医疗救护响应。

1.4.1　一级应急医疗救护

在发生紧急事件时，由医疗救护站接到指令后，动用医疗救护车、医生到达现场，先期进行应急处置，开展初期救护，同时向××县人民医院告知。

1.4.2　二级应急医疗救护

在接到医疗救护站救护指令后，××县人民医院选派医护人员到达现场开展救护，并将急危重症患者转至医院救治。

1.4.3　三级应急医疗救护

××县人民医院在对急危重症患者救治过程中，发现情况危急，需要向上一级××市医疗机构转诊，启动三级救护程序。

2　常见突发疾病判断及急救

2.1　脑血管意外

症状：突然头痛、头晕、呕吐、一侧肢体活动不利，意识障碍。

急救：让其静卧不动，解开衣领或皮带，切忌推摇病人和晃动病人头部。轻拧皮肤，判断意识反应，病人意识清醒，可让其仰卧，保持头部安稳，头略向后仰，以利气道通畅，不要垫枕头；若病人发生呕吐时，让其头转向一侧，取出口内的假牙，并用干净手帕缠在指上，伸进其口内清除呕吐物，以防误吸或堵塞气道、引起窒息；病人发生抽搐时，按抽搐急救；若病人昏迷，按昏迷急救。

2.2 心肌梗死心绞痛

症状：心前区不适，胸痛胸闷，心梗时疼痛时间较长，可持续 15～30min 以上，范围也较广，可波及左前胸与中上腹部，可伴有恶心，呕吐和发热等症状，严重者可发生休克、甚至猝死；老年病人或非胸骨后疼痛或呼吸困难可不伴胸痛而无特殊症状。

急救：急性发作时马上停止一切活动，卧床休息，尽量减少激动，保持室内安静，以免刺激病人加重发生休克，应轻轻将病人头部放低，足部抬高，以增加回心血量；如果病人出现喘憋，口吐大量泡沫样痰，以及过于肥胖的病人，禁止头低足高位，以免加重胸闷，可给病人取半卧位，减轻心脏负荷，让病人舌下含服硝酸甘油，消心痛，阿司匹林等药物。

2.3 抽搐、惊厥、癫痫、昏迷

急救：保持呼吸通畅：平卧位，头偏向一侧，用包有手帕的手指清除病人的口咽部分泌物，血块、痰液、呕吐物，摘掉假牙，以免误吸阻塞呼吸道；解开衣领及腰带，有利呼吸；在判断没有颈椎损伤的情况下，将颈略托起，或颈后部垫起，双手托起下颌骨，头尽量后仰，使气道通畅，如舌头仍后坠，可将舌头拖出，垫上手帕或纱布拉住，在牙的两边垫上缠好手帕或纱布的筷子或勺柄，防止舌咬伤；对于昏迷者可按压或针刺人中，合谷穴，使其清醒；对于抽搐与惊厥癫痫病人应保持室内通风、安静，不要刺激病人，以免加重病情，不要强行喂水或按压肢体。

2.4 晕厥

急救：解开衣领及松解其紧身衣着，取下病人所戴眼镜，立即平卧，取头低脚高位，有利血液流向心和脑，注意环境、空气流通及保暖，宽慰病人并劝离无关人员，可按压或针刺人中、百会穴，充分休息后，慢慢坐起。

2.5 高血压危象

症状：突然头痛，头晕，视物不清或失明，恶心、呕吐，心慌气短、面色苍白或潮红；两手抖动，烦躁不安；严重可出现暂时瘫痪、失语、心绞痛、尿混浊；更严重的则抽搐，昏迷。

急救：在病人面前不要惊慌失措，让病人安静休息，头部抬高，取半卧位，尽量避光。

2.6 呼吸困难、喘息

急救：给病人采取舒适体位，如利用枕头采取半坐卧位，或坐着身体前倾的姿势，以维持舒适。切忌慌张，守在身边，让病人保持情绪稳定，有安全感，有条件者立即吸氧，有慢性肺部疾患者可口服平喘、镇咳、强心药；因痰液阻塞而致者，可叩击病人后背部，协助将痰咳出，改善通气。

2.7 咯血及呕血

症状：咯血伴呼吸困难、胸闷痛，血呈液态状，有泡；呕血伴腹痛、腹胀、恶心，血中有凝固小块，无泡沫。

急救：取患者侧卧位或平卧位，头偏向一侧，咳血者将血轻轻咳出，勿吞下，尽量避免座位，以免引流不畅，导致窒息，让病人安静，给病人适当安慰，避免紧张，不可憋气，造成大出血。

2.8　中暑

急救：高热定(体温 >40℃)：首先脱离湿热环境，降低患者的体温，将患者置于阴凉的地方，并脱去衣服，寻找一床单、毛巾或类似物，用凉水浸湿并拧干，覆盖在患者身上，也可用电风扇、手摇扇或打开窗户及其他降温方法使空气流通，当患者体温降至安全水平时换上干床单，让其安静休息，予以足量液体；热痉挛，(患者脸色发青，感到头痛、恶心、头晕并发痉挛，皮肤湿润，体温不高)。如痉挛时取昏迷体位，保持呼吸道通畅，清醒者喝凉的盐水，补充丢失的水分及盐分。

2.9　触电

急救：立即切断电源，拉下电闸或用不导电的竹、木棍将导电体与触电者分开，在未切断电源或触电者未脱离电源时，切不可触摸触电者，神志清醒者将其安置于安全舒适处，如出现呼吸和心跳停止者，立即进行心肺复苏术，如电击伤口出血，应按出血护理。

3　外伤急救

3.1　出血

出血是创伤的突出表现，故止血是创伤现场救护的基本任务。有效地止血能减少出血，保存有效血容量，防止休克的发生。止血方法如下：

3.1.1　包扎止血法

适用于表浅伤口出血，损伤小血管和毛细血管，出血量少。

(1)粘贴创可贴止血。将自粘贴的一面先粘贴在伤口的一侧，然后向对侧拉紧粘贴另一侧。

(2)敷料包扎止血。将足够厚度的敷料、纱布覆盖在伤口上，覆盖面积要超过伤口周边至少3cm。

(3)就地取材。选用三角巾、手帕、纸巾、清洁布料等包扎止血。

3.1.2　加压包扎止血法

适用于全身各部位的小动脉、静脉、毛细血管出血。用敷料或洁净的毛巾、手绢、三角巾等覆盖伤口、加压包扎达到止血的目的。

3.1.2.1　直接压法(通过直接压迫出血部位而达到止血)

a)伤病员坐位或卧位，抬高伤肢(骨折除外)。

b)检查伤口是否有异物。

c)如无异物，用敷料覆盖伤口，敷料要超过伤口周边至少3cm，如果敷料已被血液浸湿，可直接再加上另外一块敷料覆盖。

d)用手施加压力直接压迫。

e)用绷带、三角巾等直接包扎。

3.1.2.2　间接压法

a)伤病员坐位或卧位。

b)伤口有异物，如扎入身体导致外伤出血的剪刀、小刀、玻璃片。

c)保留异物，并在伤口边缘将异物固定。

d)然后用绷带做加压包扎。

3.1.3 指压止血法

用手指压迫伤口近心端的动脉，阻断动脉血运，能有效达到快速止血的目的。指压止血法适用于出血量多的伤口，是一种临时止血的方法。

3.1.3.1 操作要点

a)准确掌握动脉压迫点。

b)压迫力度要适中，以伤口不出血为准。

c)压迫 10～15min，仅是短暂急救止血。

d)保持伤处肢体抬高。

3.1.3.2 常用指压止血部位

a)颞浅动脉压迫点。用于头顶部出血。一侧头顶部出血时，在同侧耳前，对准耳屏前上方 1.5cm 处，用拇指压迫颞浅动脉止血。

b)肱动脉压迫点。肱动脉位于上臂中段的内侧，位置较深，前臂出血时，在上臂中段的内侧摸到肱动脉搏动后，用拇指按压止血。

c)桡、尺动脉压迫点。桡、尺动脉在腕部掌面两侧。腕及手出血时，要同时按压桡、尺两条动脉方可止血。

d)股动脉压迫点。用于下肢大出血。股动脉在腹股沟韧带中点偏内侧的下方，该处损伤时出血量大，要用拳头或双手拇指同时压迫出血的远近两端，压迫时间也要延长。如果转运时间长时可试行加压包扎。

3.1.4 填塞止血法

对于四肢较大较深的伤口或盲管伤、穿通伤，出血多，组织损伤严重的紧急现场救治、用消毒布、敷料填塞在伤口内，再用加压包扎法包扎。注意应使用整条敷料来填塞。

3.1.5 止血带止血法

四肢有大血管损伤，或伤口大、出血量多时，采用以上止血方法仍不能止血，方可选用止血带止血的方法。止血带有气囊止血带、橡皮止血带(橡皮条和橡皮带)和布料止血带。布料止血带在现场取得和制作较为容易，其操作方法如下：

(1)将三角巾或围巾、领带等布料折叠成带状。

(2)在上臂的上 1/3 段或大腿中上段垫好衬垫(绷带、毛巾、平整的衣物等)。

(3)用制好的布料带在衬垫上加压绕肢体一周，两端向前拉紧，打一个活结。

(4)取绞棒(竹棍、木棍、笔、勺把等)插在带状的外圈内，提起绞棒绞紧，将绞紧后的棒的另一端插入活结小圈内固定。

(5)最后记录止血带安放时间。

上止血带使用应注意以下事项：

a)上止血带的部位要正确，上肢在上臂的上 1/3 处，下肢在大腿的中上部。

b)止血带的压力：以阻断动脉出血为准，一般压力上肢不超过 40 千帕，下肢不超过 80 千帕。

c)上止血带部位要有衬垫且松紧适度。

d)记录上止血带的时间，每隔 40～50min 要放松 3～5min。

e)放松止血带期间，要用指压法、直接压迫法止血，以减少出血。

3.2　骨折

骨的完整性由于受直接外力(撞击、机械碾伤)、间接外力(外力通过传导、杠杆、旋转和肌内收缩)、积累性劳损(长期、反复、轻微的直接或间接损伤)等原因的作用，使其完整性发生改变，称为骨折。

骨折固定的目的：制动，减少伤病员的疼痛；避免损伤周围组织、血管、神经；减少出血和肿胀；防止闭合性骨折转化为开放性骨折；便于搬运伤病员。不同部位固定方法如下：

3.2.1　上肢骨折

3.2.1.1　肱骨干骨折

a)两块木板，一块木板放于上臂外侧，从肘部到肩部，另一块放于上臂内侧，从肘部到腋下。

b)放衬垫。

c)用绷带或三角巾固定上下两端，屈肘位悬吊前臂。

d)指端露出，检查末梢血液循环

3.2.1.2　前臂骨折

a)用两块木板固定，加垫。

b)分别置于前臂的外侧、内侧，用三角巾或绷带捆绑固定。

c)屈肘位大悬臂带吊于胸前。

d)指端露出，检查末梢血液循环。

3.2.2　下肢骨折

3.2.2.1　股骨干骨折(大腿骨骨折)

股骨干粗大，骨折常由巨大外力，如车祸、高空坠落及重物砸伤所致，损伤严重，出血多，易出现休克。骨折后大腿肿胀、疼痛、变形或缩短。如使用木板固定应注意：

a)用两块木板，一块长木板从伤侧腋窝到外踝，一块短木板从大腿跟内侧到内踝。

b)在腋下、膝关节、踝关节骨突部放棉垫保护，空隙处用柔软物品填实。

c)用七条宽带固定。先固定骨折上下两端，然后固定腋下、腰部、髋部、小腿及踝部。

d)如只有一块夹板则放于伤腿外侧，从腋下到外踝，内侧夹板用健肢代替，固定方法同上。

e)"8"字法固定足踝。将宽带置于踝部，环绕足背交叉，再经足底中部绕回至足背打结。

f)趾端露出，检查末梢血液循环。

如健肢需固定，需注意事项：

a)用三角巾、腰带、布带等五条宽带将双下肢固定在一起。

b)两膝、两踝及两腿间隙之间垫好衬垫。

c)"8"字法固定足踝。

d)趾端露出，检查末梢血液循环。

3.2.2.2　小腿骨折

小腿骨折，尤其是胫骨骨折，骨折端易刺破小腿前方皮肤，造成骨外露。因此，在骨折处要加厚垫保护。出血、肿胀严重时会导致骨筋膜室综合征，造成小腿缺血、坏死，发生肌肉挛缩畸形。小腿骨折固定时切忌固定过紧。注意事项：

a) 用两块木板，一块长木板从伤侧髋关节到外踝，一块短木板从大腿根内侧到内踝。

b) 分别放于伤肢的内侧和外侧。

c) 在膝关节、踝关节骨突部放棉垫保护，空隙处用柔软物品填实。

d) 五条宽带固定。先固定骨折上下两端，然后固定髋部、大腿、踝部。

e) "8"字法固定足踝。

f) 趾端露出，检查末梢血液循环。

3.2.3 颈椎骨折

要制作颈套固定颈部；搬动伤员时要有专人双手抱于伤员头部两侧，头、颈随躯干一同沿脊柱轴线滚动置于木板上；用沙袋或折好的衣物放在颈部两侧加以固定；若伤员呼吸肌麻痹，现场和转送途中要做人工呼吸。

3.2.4 胸腰椎骨折

胸腰椎骨折伤员在现场要采用置于木板上固定、搬运：三人同时用手将伤员平直托至木板上，或将其整体滚动移至木板上，并在腰部垫一个高约10cm的小垫。搬运时禁用搂抱，一人抬头、一人抬足的方法。转送过程中，禁止病人坐起或翻身，这样会加重椎骨和脊髓的损伤。

3.2.5 骨盆骨折

(1) 伤病员为仰卧位，两膝下放置软垫，膝部屈曲以减轻骨盆骨折的疼痛。

(2) 用宽布带从臀后向前绕骨盆，捆扎紧。

(3) 在下腹部打结固定。

(4) 两膝之间加放衬垫，用宽带捆扎固定。

3.3 烧烫伤

烧烫伤是生活中常见的意外。由火焰、沸水、热油、电流、热蒸汽、辐射、化学物质（强酸强碱）等引起。烧烫伤造成局部组织损伤，轻者损伤皮肤，出现肿胀、水泡、疼痛；重者皮肤烧焦，甚至血管、神经、肌等同时受损。呼吸道也可烧伤。烧伤引起的剧痛和皮肤渗液等因素导致休克，晚期出现感染、败血症等并发症而危及生命。

3.3.1 症状

烧伤对人体组织的损伤程度一般分为三度。可按三度四分法进行分类，如表3-2-5所示。

表3-2-5 烧烫伤程度分类表

Ⅰ度烧伤		轻度红、肿、痛、热、感觉过敏，表面干燥无水泡，成为红斑性烧伤
Ⅱ度烧伤	浅Ⅱ度	剧痛、感觉过敏、有水泡；泡皮剥落后，可见创面均匀发红，水肿明显。Ⅱ度烧伤又称水泡性烧伤
	深Ⅱ度	感觉迟钝，有或无水泡，基底苍白，间有红色斑点，创面潮湿
Ⅲ度烧伤		皮肤疼痛消失，无弹性，干燥无水泡，皮肤呈皮革状、蜡状、焦黄或碳化；严重时可伤及肌肉、神经、血管、骨髓和内脏

3.3.2 烧烫伤现场救护要点

烧烫伤现场救护的原则是先除去伤因，脱离现场，保护创面，维持呼吸道畅通，再组织转送医院治疗。针对烧伤的原因可分别采取相应的措施：

(1)冷清水长时间冲洗或浸泡伤处，降低表面温度。同时紧急呼救，启动救援医疗服务系统。

(2)迅速剪开取下伤处的衣裤、袜类，不可剥脱，取下受伤处的饰物。

(3)Ⅰ度烧烫伤可涂外用烧烫伤膏药，一般 3 ~7d 治愈。

(4)Ⅱ度烧烫伤，表皮水泡不要刺破，不要在创面上涂任何油脂或药膏，应用干净清洁的敷料或毛巾、床单等覆盖伤部，以保护创面，防止污染。

(5)严重口渴者，可口服少量淡盐水或淡茶水。条件许可时，可服用烧伤饮料。

(6)窒息者，进行人工呼吸；伴有外伤大出血者应予止血；骨折者应作临时固定。

(7)大面积烧伤伤员或严重烧伤者，应尽快组织转送医院治疗。

4 心肺复苏术

心肺复苏术(cardio pulmomary resuscitatiom)简称 CPR，是针对呼吸心跳停止的急症危重病人，通过胸外按压形成暂时的人工循环，采用人工呼吸代替自主呼吸，使病人重新恢复心跳和呼吸的急救技术。其主要施救程序如下：

(1)发现员工异常情况，首先判断员工意识、呼吸。

a)判断意识：拍打病人肩部、呼喊姓名，判断意识反应。

b)呼吸是否停止：用看、听、感来判断。看：通过观察胸部的起伏，或用棉花毛贴在伤病员的鼻翼上，看是否摆动，如有起伏或棉花毛有摆动，则有呼吸。听：侧头用耳尽量接近病人的鼻部，去听有否气体交换。感：是在听的同时，用脸感觉有无气流呼出，如听到有气体交换或气流感，说明尚有呼吸。

注意，判定一个病人是否有呼吸及心跳，要在最短的时间内完成，以免延误抢救时间，一般此过程不超过 10s。

(2)如患者无意识无呼吸必须立即启动呼救系统，包括找人共同急救、拨打 120 急救电话报警、安排人员取 AED 等环节。

(3)实施胸外心脏按压。

a)将患者仰卧在坚硬的平面。

b)按压点位置为两乳头连线的中点，或者胸骨剑突以下 2 指。

c)救护人员跪在伤员一侧肩旁，两肩位于伤员胸骨正上方，两臂伸直，肘关节固定不屈，两手掌根相叠，手指翘起，不接触伤员胸壁；以髋关节为支点，利用上身的重力，垂直将正常成人胸骨压陷 5 ~6cm，按压频率 100 ~120 次/min。要求按压快速、有力，按压与放松比大致相等，每次按压后胸廓完全恢复。

(4)将患者头偏向一侧，食指勾出异物，清除呕吐物。

(5)使用仰头举颌法开放患者气道，达到下颌角、耳垂连线与地面垂直的标准。

(6)进行口对口人工呼吸，缓慢匀速吹气至患者胸壁抬起，每次吹气不少于 1s。按照按压通气比例，每按压 30 次，吹气 2 次，做 5 个循环。

（7）经过 5 个循环后，判断患者有无意识和呼吸。若无意识呼吸，继续实施心肺复苏术，直到医护人员接替救护工作；若复苏成功后，将患者置于侧卧位。

（8）当 AED 到达现场，应立即使用 AED 进行除颤。

5 自动体外除颤器

自动体外除颤器（以下简称 AED）又称自动体外电击器、自动电击器、自动除颤器、心脏除颤器及傻瓜电击器等，是一种便携式的医疗设备，它可以诊断特定的心律失常，并且给予电击除颤，是可被非专业人员使用的用于抢救心脏骤停患者的医疗设备。

5.1 配备的目的意义

自动体外除颤器是一种专为现场急救设计的急救设备。机器本身会自动判读心电图，经内置电脑分析和确定发病者是否需要予以电除颤。与医院中专业除颤器不同的是，自动体外心脏除颤器只需要短期的教学即可会使用，只要求施救者替病患贴上电击贴片后，它即可自己判断并产生电击。除颤过程中，AED 的语音提示和屏幕动画操作提示使操作更为简便易行。自动体外心脏除颤器是继心肺复苏术后，使心脏急救可以推广至大众的重要发明。

5.2 急救原理

自动体外心脏除颤器，于伤者脉搏停止时使用。然而它并不会对无心率，且心电图呈水平直线的伤者进行电击。而是通过电击使致命性心律失常终止（如室颤，室扑等），之后再通过心脏高位起搏点兴奋重新控制心脏搏动从而使心脏恢复跳动（但有部分患者因其心脏基础疾病可能在除颤后无法恢复心跳，此时自动体外除颤器会提示没有除颤指征，并建议立即进行心肺复苏）。

5.3 使用步骤

（1）开启 AED，打开 AED 的盖子，依据视觉和声音的提示操作（有些型号需要先按下电源）。

（2）给患者贴电极，在患者胸部适当的位置上，紧密地贴上电极。通常而言，两块电极板分别贴在右胸上部和左胸左乳头外侧，具体位置可以参考 AED 机壳上的图样和电极板上的图片说明。

（3）将电极板插头插入 AED 主机插孔。

（4）开始分析心律，在必要时除颤，按下"分析"键（有些型号在插入电极板后会发出语音提示，并自动开始分析心率，在此过程中请不要接触患者，即使是轻微的触动都有可能影响 AED 的分析），AED 将会开始分析心率。分析完毕后，AED 将会发出是否进行除颤的建议，当有除颤指征时，不要与患者接触，同时告诉附近的其他任何人远离患者，由操作者按下"放电"键除颤。

（5）一次除颤后未恢复有效灌注心律，进行 5 个周期 CPR。除颤结束后，AED 会再次分析心律，如未恢复有效心律，操作者应进行 5 个周期 CPR，然后再次分析心律，除颤，CPR，反复至急救人员到来。